国家示范性高等职业院校建设规划教材

教育部高职高专水工专业教学指导委员会推荐教材

水利水电工程施工项目
管理实务

主 编　梁建林　陶永霞　闫国新　吴 伟

副主编　孙鹏辉　马国胜　王晨阳

主 审　张卫东

黄河水利出版社

·郑 州·

内 容 提 要

本书是国家示范性高等职业院校建设规划教材,是教育部高等学校高职高专水利水电工程专业教学指导委员会推荐教材。本书是根据教育部国家示范性高等职业院校建设计划水利水电建筑工程重点建设专业及专业群人才培养方案要求,按照水利水电工程施工项目管理实务课程标准编写完成的。本书依据现行法律、法规、规范、规程编写,突出针对性与实用性。全书共有 1 个导论,10 个项目,项目包括施工项目投标、施工项目合同管理、施工项目准备工作、施工项目进度管理、施工项目成本管理、施工项目计量与支付、施工项目安全与环境管理、施工项目资源管理、施工项目质量管理、水利水电工程验收等,主要介绍水利水电工程施工项目管理规定和方法。

本书主要作为高职高专水利水电工程建筑类和管理类各专业的教材,也可作为水利水电职业(执业)资格培训与考试参考教材、水利工程技术人员的参考书。

图书在版编目(CIP)数据

水利水电工程施工项目管理实务/梁建林等主编. —郑州:黄河水利出版社,2015.2 (2018.8 修订版重印)

国家示范性高等职业院校建设规划教材

ISBN 978 - 7 - 5509 - 1034 - 8

Ⅰ.①水… Ⅱ.①梁… Ⅲ.①水利水电工程 - 施工管理 - 高等职业教育 - 教材 Ⅳ.①TV512

中国版本图书馆 CIP 数据核字(2015)第 042826 号

组稿编辑:王路平 电话:0371 - 66022212 E-mail:hhslwlp@ 163. com

出 版 社:黄河水利出版社　　　　　　　　　　　网址:www.yrcp. com

　　　　地址:河南省郑州市顺河路黄委会综合楼 14 层　邮政编码:450003

发行单位:黄河水利出版社

　　　　发行部电话:0371 - 66026940、66020550、66028024、66022620(传真)

　　　　E-mail:hhslcbs@ 126. com

承印单位:河南承创印务有限公司

开本:787 mm × 1 092 mm　1/16

印张:23.25

字数:540 千字　　　　　　　　　　　　　　　印数:3 101—6 000

版次:2015 年 1 月第 1 版　　　　　　　　　　印次:2018 年 8 月第 2 次印刷

　　　2018 年 8 月修订版

定价:50.00 元

前　言

　　本书是根据《教育部关于全面提高高等职业教育教学质量的若干意见》(教高〔2006〕16号)、《教育部关于推进高等职业教育改革创新　引领职业教育科学发展的若干意见》(教职成〔2011〕12号)等文件精神,在教育部高等学校高职高专水利水电工程专业教学指导委员会指导下组织编写完成的。

　　本书以学生能力培养为主线,以实际工程案例为载体,融"教、学、练、做"为一体,适合开展项目化教学,体现出实用性、实践性、创新性的教材特色,是一套紧密联系工程实际、教学面向生产的高职高专教育精品规划教材。

　　《水利水电工程施工项目管理实务》是根据水利水电建筑工程专业人才培养方案的要求编写的,是水利水电建筑工程专业及其相关专业群的专业技能课程。

　　本书以项目为导向,任务为驱动,结合水利工程施工项目,共划分为10个项目,主要介绍水利水电工程施工项目管理的各项任务和目标。在编写过程中,编者努力体现高职高专教育教学特点,并结合我国水利水电工程施工项目管理的实际精选内容,以贯彻理论联系实际,突出新规定、新标准,案例注重分析问题和解决问题,进行课程内容的整体设计。同时,教材内容力求与水利施工技术管理岗位相对接,与职业(执业)资格培训和考试相对接,兼顾区域水利工程施工特点,以及民生水利工程施工管理要求,重点介绍水利水电工程施工项目管理的新规定和新标准。在教材结构设计上力求体现"教、学、练、做"一体化的教学模式,注重培养学生的基本技能和分析问题、解决问题的能力。

　　本书由黄河水利职业技术学院承担编写工作,编写人员及编写分工如下:梁建林(导论,项目2),闫国新(项目1、附录Ⅰ),河南金龙水利水电工程有限公司马国胜(项目3),杨二静(项目4、项目7任务1),陶永霞(项目5、项目8),山西水利职业技术学院王经国(项目6),湖南水利水电职业技术学院方珍明(项目7任务2),许昌水利建筑工程有限公司王晨阳(项目7任务3、任务4),新乡黄河河务局原阳黄河河务局吴伟(项目9),黄河勘测规划设计有限公司孙鹏辉(项目10),开封市尉氏县水利局司绍华(附录Ⅱ)。本书由梁建林、陶永霞、闫国新、吴伟担任主编,梁建林教授负责全书统稿、框架及结构整体设计;由孙鹏辉、马国胜、王晨阳担任副主编;由中国水电十一局有限公司副总工程师、教授级高工张卫东担任主审。

由于编者水平有限,加之时间仓促,本书难免存在错误和不足之处,诚恳地希望读者批评、指正。

编 者

2018 年 8 月

目 录

导　论

水利水电工程项目的施工是一项多工种、多专业、复杂的系统工程,要使施工全过程顺利进行,达到预定的目标,就必须用科学的方法进行施工管理,做到确保工程质量、合理控制工期、降低工程成本,实现安全文明施工。同时,施工科学管理能够推进施工企业的进步,提高施工企业的竞争力。

水利水电工程施工项目管理实务是在有关管理的知识和理论的基础上,在国家有关建设方针政策的指导下,根据设计文件、合同和有关部门的要求,研究工程所在地的自然条件、社会经济状况、资源的供应情况(设备、材料、人力)、工程特点等,从施工全局出发,采用科学的管理手段。以合同管理为核心,解决好水利水电工程施工项目所进行的施工投标、施工准备、施工进度、施工质量、施工成本、计量与支付、施工安全与环境、施工资源、工程验收等方面的问题。水利水电工程施工项目管理实务是探讨水利水电工程施工项目目标管理的对立统一关系,以实现施工管理各项目标的有机结合,顺利完成工程项目的建设,最大化地实现工程的经济效益和社会效益。

1　水利建设发展的主要目标

水是生命之源、生产之要、生态之基,水利是国家基础设施。水利是现代农业建设不可或缺的首要条件,是经济社会发展不可替代的基础支撑,是生态环境改善不可分割的保障系统,具有很强的公益性、基础性、战略性。水利工程不仅关系到防洪安全、供水安全、粮食安全,而且关系到经济安全、生态安全、国家安全。

2011 年 1 月,中共中央、国务院以中发〔2011〕1 号文件印发了《关于加快水利改革发展的决定》,从经济社会发展全局出发,科学阐述了水利发展的阶段性特征和战略地位,明确提出了水利改革发展的指导思想和主要原则,全面部署了今后 10 年水利改革发展的目标任务和政策举措。2011 年 7 月,中央召开了水利工作会议,对贯彻落实 2011 年中央 1 号文件进行了全面部署,动员全党全社会力量,推动水利实现跨越式发展。新时期,要针对水利发展中的突出问题和重点薄弱环节,紧密围绕全面建设小康社会和加快转变经济发展方式要求,把水利作为国家基础设施建设的优先领域,把农田水利作为农村基础设施建设的重点任务,把严格水资源管理作为加快转变经济发展方式的战略举措,通过深化水利改革、加快水利基础设施建设、加强水资源管理,不断提升水利服务于经济社会发展的综合能力,为促进经济长期平稳较快发展和全面建设小康社会提供坚实的水利保障。针对水利仍然存在着的一些薄弱环节,诸如洪涝灾害、干旱缺水、水污染严重以及农田水利建设滞后等问题,水利设施薄弱仍然是国家基础设施的明显短板,仍需加大投入,加强建设。新时期水利发展的主要目标如下。

1.1　防洪减灾

基本建成工程措施与非工程措施相结合的大江大河综合防洪减灾体系。基本完成重点中小河流(包括大江大河支流、独流入海、内陆河流)重要河段治理,全面完成水库除险加固任务,重要海堤达到规划标准,重要防洪城市达到国家规定的防洪标准,基本建立山洪地质灾害重点防治区监测预报预警体系,重点低洼地区排涝标准达到 5 年一遇以上。

1.2　水资源保障

全面解决约 3 亿农村居民饮水安全问题,农村集中式供水受益人口比例提高到 80% 左右;水利工程新增年供水能力 400 亿 m³,其中新增城市供水能力 260 亿 m³ 左右,城市供水水源保证率不低于 95%;充分发挥现有灌溉工程作用,力争完成 70% 以上的大型灌区和 50% 以上的重点中型灌区骨干工程续建配套与节水改造任务,新增农田有效灌溉面积 4 000 万亩。初步建立抗旱减灾体系,重要城市应急备用水源建设得到全面加强,干旱易发区、粮食主产区抗旱能力显著提高。

1.3　水资源节约保护

全国用水总量力争控制在 6 350 亿 m³ 以内;单位工业增加值用水量比 2010 年下降 30% 以上;新增高效节水灌溉面积 5 000 万亩,农田灌溉水有效利用系数提高到 0.53 以上。重要江河湖泊水功能区水质达标率提高到 60% 以上,提高集中式饮用水水源地水质达标率;城市污水处理率达到 85%,资源型和水质型缺水城市的污水再生利用率达到 20% 以上。

1.4　水土保持与河湖生态修复

新增水土流失综合治理面积 25 万 m²。生态环境脆弱地区及重点河湖的生态环境用水状况得到初步改善,生态环境得到一定程度的修复;地下水严重超采区超采状况初步好转。

1.5　水利改革与管理

初步建成有利于水利科学发展的制度体系。建立和完善国家水权制度,基本完成主要江河水量分配方案,流域综合管理体制改革取得明显进展。水利投融资改革取得重大突破,水利建设领域全面开放,项目法人招标制、代建制等加快推进,健全水利工程良性运行与管护机制。形成较为完善的水法规体系,河湖管理水平大幅提升。水利科技创新能力显著增强,信息化水平进一步提高。按照国家实施区域发展总体战略和主体功能区战略部署,针对流域和区域实际,合理布局,突出重点,加强水利薄弱环节建设,提高水利支撑与保障能力,逐步形成与经济社会发展相适应的水利发展格局。

2　水利水电工程建设程序

水利工程建设要严格按基本建设程序进行。根据 2016 年 8 月 1 日水利部令第 48 号对《水利工程建设项目管理规定》的修订,水利工程建设程序一般分为项目建议书、可行性研究报告、初步设计、施工准备、建设实施、生产准备、竣工验收、项目后评价等八个阶段。项目建议书、可行性研究报告、初步设计称为前期工作。

2.1　项目建议书

项目建议书是对拟进行建设项目提出的初步说明,主要解决项目建设的必要性问题。

应根据国民经济和社会发展规划、流域综合规划、区域综合规划、专业规划,按照国家产业政策和国家有关投资建设方针进行编制,按照国家现行有关规定权限向主管部门申报审批。项目建议书审批后,由政府向社会公布,如有投资意向,应及时组建项目法人筹备机构,开展下一建设程序的工作。

项目建议书编制一般委托有相应资格的工程咨询或设计单位承担。项目建议书应按照《水利水电工程项目建议书编制规程》(SL 617—2013)编制。

2.2　可行性研究报告

根据目前管理状况,可行性研究报告由水行政主管部门或项目法人组织编制。根据批准的项目建议书,可行性研究报告应对项目技术、经济、环境、社会可行性问题进行方案比较,对技术上是否可行和经济上是否合理进行充分的科学分析与论证。经过批准的可行性研究报告,是项目决策和进行初步设计的依据。可行性研究报告编制一般委托有相应资格的工程咨询或设计单位承担。可行性研究报告经批准后,不得随意修改或变更。如在主要内容上有重要变动,应经过原批准机关复审同意。

2.3　初步设计

初步设计是根据批准的可行性研究报告和必要而准确的勘察设计资料,对设计对象进行通盘研究,进一步阐明拟建工程在技术上的可行性和经济上的合理性,确定项目的各项基本技术参数,编制项目的总概算。初步设计报告编制应委托有项目相应资格的设计单位承担,初步设计报告中设计概算静态总投资原则上不得突破已批准的可行性研究报告估算的静态总投资。由于工程项目基本条件发生变化,引起工程规模、工程标准、设计方案、工程量的改变,其静态总投资超过可行性研究报告相应估算静态总投资在 15% 以下时,要对工程变化内容和增加投资提出专题分析报告。超过 15% 以上(含 15%)时,必须重新编制可行性研究报告并按原程序报批。初步设计报告经批准后,主要内容不得随意修改或变更,并作为项目建设实施的技术文件基础。在工程项目建设标准和概算投资范围内,依据批准的初步设计原则,一般非重大设计变更、生产性子项目之间的调整,由主管部门批准。在主要内容上有重要变动或修改(包括工程项目设计变更、子项目调整、建设标准调整、概算调整)等,应按程序上报原批准机关复审同意。

2.4　施工准备(包括招标设计)

施工准备是指建设项目的主体工程开工前,必须完成的各项准备工作。其中,招标设计指为施工以及设备材料招标而进行的设计工作。

2.5　建设实施

建设实施是指主体工程的建设实施,项目法人按照批准的建设文件,组织工程建设,保证项目建设目标的实现。

2.6　生产准备(运行准备)

生产准备是指为工程建设项目投入运行前所进行的准备工作,完成生产准备(运行准备)是工程由建设转入生产(运行)的必要条件。项目法人应按照建设为管理创造条件和项目法人责任制的要求,适时做好有关生产准备(运行准备)工作。生产准备(运行准备)一般包括以下主要工作内容:生产(运行)组织准备、招收和培训人员、生产(运行)技术准备、生产(运行)物资准备、正常的生活福利设施准备。

2.7　竣工验收

竣工验收是工程完成建设目标的标志,是全面考核建设成果、检验设计和工程质量的重要步骤。竣工验收合格的工程建设项目即可以从基本建设转入生产(运行)。竣工验收按照《水利水电建设工程验收规程》(SL 223—2008)进行。

2.8　项目后评价

项目后评价是指水利工程建设项目竣工验收后,一般经过 1~2 年生产(运行)之后,对照项目立项及建设相关文件资料,与项目建成后所达到的实际效果进行对比分析,总结经验教训,提出对策建议。

项目后评价工作必须遵循独立、公正、客观、科学的原则,做到分析合理、评价公正。项目后评价一般按三个层次组织实施,即项目法人的自我评价、项目行业的评价、主管部门(或主要投资方)的评价。

项目后评价主要内容包括:

(1)过程评价——前期工作、建设实施、运行管理等;

(2)经济评价——财务评价、国民经济评价等;

(3)社会影响及移民安置评价——社会影响和移民安置规划实施及效果等;

(4)环境影响及水土保持评价——工程影响区主要生态环境、水土流失问题,环境保护、水土保持措施执行情况,环境影响情况等;

(5)目标和可持续性评价——项目目标的实现程度及可持续性的评价等;

(6)综合评价——对项目实施成功程度的综合评价。

3　水利水电建设项目管理体系

根据水利部《水利工程建设项目管理规定》(水建〔1995〕128 号)规定,水利工程项目建设实行项目法人责任制、招标投标制和建设监理制,简称"三项制度"。项目法人责任制是为了建立建设项目的投资约束机制,规范项目法人的有关建设行为,明确项目法人的责、权、利,提高投资效益、保证工程建设质量和建设工期。实行项目法人责任制,对于生产经营性水利工程建设项目,由项目法人对项目的策划、资金筹措、建设实施、生产经营、债务偿还和资产的保值增值,实现全过程负责。《国务院办公厅关于加强基础设施工程质量管理的通知》(国发办〔1999〕16 号)中指出,要"建立项目法人责任制。基础设施项目,除军事工程等特殊情况外,都要按政企分开的原则组成项目法人,实行建设项目法人责任制,由项目法定代表人对工程质量负总责"。因为水利工程属基础设施,所以不管是经营性还是公益性水利工程建设项目,都得实行项目法人责任制。

3.1　水利工程建设项目的分类

(1)水利工程建设项目按其功能和作用分为公益性、准公益性和经营性三类。

(2)水利工程建设项目按其对社会和国民经济发展的影响分为中央水利基本建设项目(简称中央项目)和地方水利基本建设项目(简称地方项目)。

(3)水利基本建设项目根据其建设规模和投资额分为大中型项目和小型项目。

3.2　水利工程建设项目的管理体系

根据水利部《水利工程建设项目管理规定》（水建〔1995〕128 号），水利工程建设项目管理实行统一管理、分级管理和目标管理。实行水利部、流域机构和地方水行政主管部门以及项目法人分级、分层次管理的管理体系。其中：

（1）水利部是国务院水行政主管部门，对全国水利工程建设实行宏观管理。

（2）流域机构是水利部的派出机构，对其所在流域行使水行政主管部门的职责，负责本流域水利工程建设的行业管理。

（3）省（自治区、直辖市）水利（水电）厅（局）是本地区的水行政主管部门，负责本地区水利工程建设的行业管理。

（4）水利工程项目法人对建设项目的立项、筹资、建设、生产经营、还本付息以及资产保值增值的全过程负责，并承担投资风险。代表项目法人对建设项目进行管理的建设单位是项目建设的直接组织者和实施者。负责按项目的建设规模、投资总额、建设工期、工程质量，实行项目建设的全过程管理，对国家或投资各方负责。

（5）施工单位按照与项目法人签订的施工合同进行施工项目的质量、工期、成本目标控制，加强施工项目管理，实现安全文明施工。

（6）水利工程建设监理是指建设监理单位受项目法人的委托，具有相应执（职）业资格的监理人员依据国家有关工程建设的法律、法规和批准的项目建设文件、工程建设合同以及工程建设监理合同，对工程建设实行管理。水利工程建设监理的主要内容是进行工程建设合同管理和信息管理，按照合同控制工程建设的投资、工期和质量，并协调有关各方的工作关系。

4　水利工程建设实施阶段管理

根据水利部《水利工程建设程序管理暂行规定》（水建〔1998〕16 号），水利工程建设实施阶段是指主体工程的建设实施，项目法人按照批准的建设文件，组织工程建设，保证项目建设目标的实现。此阶段的主要管理工作如下。

4.1　主体工程开工

水利工程具备开工条件后，主体工程方可开工，项目法人应当自开工之日起 15 个工作日内，将开工报告报项目主管部门和上一级主管部门备案。主体工程开工须具备的条件如下：

（1）项目法人或建设单位已经设立；

（2）初步设计已经批准，施工详图设计可以满足主体工程施工需要；

（3）建设资金已经确定；

（4）质量与安全监督单位已经确定并已办理质量、安全监督手续；

（5）主体工程的施工、监理单位已经确定，施工、监理合同已经签订；

（6）施工准备和征地移民等工作能够满足主体工程开工需要；

（7）主要设备和材料已落实来源，能够满足主体工程施工需要。

4.2　建设项目管理专项制度

《水利工程建设项目管理规定（试行）》（水建〔1995〕128 号）明确，水利工程项目建设

实行项目法人责任制、招标投标制和建设监理制。

4.2.1 项目法人责任制

项目法人责任制是为了建立建设项目的投资约束机制,规范项目法人的有关建设行为,明确项目法人的责、权、利,提高投资效益,保证工程建设质量和建设工期。实行项目法人责任制,对于生产经营性水利工程建设项目,由项目法人对项目的策划、资金筹措、建设实施、生产经营、债务偿还和资产的保值增值,实现全过程负责。

项目法人在水利工程建设程序中各阶段的主要职责是:

(1)组织初步设计文件的编制、审核、申报等工作。

(2)按照基本建设程序和批准的建设规模、内容、标准,组织工程建设。

(3)根据工程建设的需要组建现场管理机构并负责任免其主要行政及技术、财务负责人。

(4)负责办理工程质量监督、工程报建和主体工程开工报告报批手续。

(5)负责与项目所在地方人民政府及有关部门协调解决工程建设外部环境问题。

(6)依法组织工程项目的勘察、设计、监理、施工及材料和设备的招标,签订有关合同。

(7)组织编制、审核、上报项目年度建设计划,落实年度建设资金,按照概算控制工程投资,用好、管好建设资金。

(8)负责检查现场管理机构建设管理情况,包括工程投资、工期、质量、生产安全和建设责任制情况等。

(9)负责组织制订、上报在建工程度汛计划、安全度汛措施,并对在建工程安全度汛负责。

(10)负责组织编制竣工决算。

(11)负责按照有关验收规程组织或参加验收工作。

(12)负责档案资料的管理,包括对参建单位所形成的档案资料的收集、整理、归档工作进行监督和检查。

4.2.2 招标投标制

招标投标制是指通过招标投标的方式,选择水利工程建设的勘察设计、施工、监理、材料设备供应等单位。招标可以由项目法人自行招标或委托招标代理公司招标。

4.2.3 建设监理制

水利工程建设监理是指具有相应资质的水利工程建设监理单位,受项目法人(或建设单位)委托,按照监理合同对水利工程建设项目实施中的质量、进度、资金、安全生产、环境保护等进行的管理活动,包括水利工程施工监理、水土保持工程施工监理、机电及金属结构设备制造监理、水利工程建设环境保护监理。

4.2.4 政府质量安全监督

水利工程按照分级管理的原则,由相应水行政主管部门授权的质量安全监督机构实施质量安全监督。水利部主管全国水利工程质量安全监督工作,水利工程质量监督机构包含水利部设置的全国水利工程质量监督总站(含流域分站)、省水利厅中心站、市水利主管单位设站等三级设置。对项目法人、设计单位、监理单位、施工单位等参建各单位的质量管理和安全管理实施监督管理。

水利工程质量监督实施以抽查为主的监督方式,运用法律和行政手段,做好监督抽查后的处理工作。工程竣工验收前,质量监督机构应对工程质量结论进行核备。未经质量核备的工程,项目法人不得报验,工程主管部门不得验收。

安全生产监督机构配备一定数量的专职安全生产监督人员,严格按照有关安全生产的法律、法规、规章和技术标准,对水利工程施工现场实施监督检查和受理检举、投诉、控告有关安全事故和安全隐患问题。对检查中发现的安全事故隐患,责令立即排除;重大安全事故隐患排除前或者排除过程中无法保证安全的,责令从危险区域内撤出作业人员或者暂时停止施工。

5　水利工程建设管理模式

对于公益性和准公益性水利项目,一般由国家或地方财政投资,通常由各级水行政主管部门按项目隶属关系组建项目法人(建设单位或建设管理中心)组织实施项目管理;对于经营性水利水电工程建设项目,通常由投资方组建项目法人或建设单位,如三峡工程、白鹤滩水电站的项目法人三峡总公司负责项目策划、建设、资产负债、产品增值保值等管理。除此之外,我国近几年在南水北调工程和水生态工程建设中,根据我国具体情况,创建了代建制管理模式和PPP制(政府和社会资本合作)的融资建设管理模式。

5.1　代建制

根据《中共中央 国务院关于加快水利改革发展的决定》《国务院关于投资体制改革的决定》(国发〔2004〕20号)等有关规定,水利部发布了《关于印发水利工程建设项目代建制管理指导意见的通知》(水建管〔2015〕91号),在水利建设项目特别是基层中小型项目中推行代建制等新型建设管理模式,发挥市场机制作用,增强基层管理力量,实现专业化的项目管理。

水利工程建设项目代建制,是指政府投资的水利工程建设项目在可行性研究报告中提出代建制管理方案,通过招标等方式,选择具有水利工程建设管理经验、技术和能力的专业化项目建设管理单位(代建单位),负责对水利工程建设项目施工准备至竣工验收的建设实施过程进行管理项目,对代建项目的工程质量、安全、进度和资金管理负责。地方政府负责协调落实地方配套资金和征地移民等工作,为工程建设创造良好的外部环境。代建管理费要与代建单位的代建内容、代建绩效挂钩,计入项目建设成本,在工程概算中列支。

代建单位确定后,项目管理单位应与代建单位依法签订代建合同。代建合同内容应包括项目建设规模、内容、标准、质量、工期、投资和代建费用等控制指标,明确双方的责任、权利、义务、奖惩等法律关系及违约责任的认定与处理方式。代建合同应报项目管理单位上级水行政主管部门备案。

代建单位不得将所承担的项目代建工作转包或分包。代建单位可根据代建合同约定,对项目的勘察、设计、监理、施工和设备、材料采购等依法组织招标,不得以代建为理由规避招标。代建单位(包括与其有隶属关系或股权关系的单位)不得承担代建项目的施工以及设备、材料供应等工作。代建单位应具备以下条件:

（1）具有独立的事业或企业法人资格。

（2）具有满足代建项目规模等级要求的水利工程勘测设计、咨询、施工总承包一项或多项资质以及相应的业绩；或者是由政府专门设立（或授权）的水利工程建设管理机构并具有同等规模等级项目的建设管理业绩；或者是承担过大型水利工程项目法人职责的单位。

（3）具有与代建管理相适应的组织机构、管理能力、专业技术与管理人员。

近 3 年在承接的各类建设项目中发生过较大以上质量、安全责任事故或者有其他严重违法、违纪和违约等不良行为记录的单位不得承担项目代建业务。

5.2　政府和社会资本合作（PPP 制）

国家发改委、财政部、水利部联合发布的《关于鼓励和引导社会资本参与重大水利工程建设运营的实施意见》（发改农经〔2015〕488 号）中明确，除法律、法规、规章特殊规定的情形外，重大水利工程建设运营一律向社会资本开放。只要是社会资本，包括符合条件的各类国有企业、民营企业、外商投资企业、混合所有制企业，以及其他投资、经营主体愿意投入的重大水利工程，原则上应优先考虑由社会资本参与建设和运营。鼓励统筹城乡供水，实行水源工程、供水排水、污水处理、中水回用等一体化建设运营。通过股权出让、委托运营、整合改制等方式，吸引社会资本参与，筹得的资金用于工程建设。鼓励社会资本以特许经营、参股控股等多种形式参与重大水利工程建设运营。对公益性较强、没有直接收益的河湖堤防整治等水利工程建设项目，可通过与经营性较强项目组合开发、按流域统一规划实施等方式，吸引社会资本参与。

（1）县级以上人民政府或其授权的有关部门应与投资经营主体通过签订合同等形式，对工程建设运营中的资产产权关系、责权利关系、建设运营标准和监管要求、收入和回报、合同解除、违约处理、争议解决等内容予以明确。政府和投资者应对项目可能产生的政策风险、商业风险、环境风险、法律风险等进行充分论证，完善合同设计，健全纠纷解决和风险防范机制。

（2）政府和社会投资原则上按功能、效益进行合理分摊和筹措，并按规定安排政府投资。对同类项目，中央水利投资优先支持引入社会资本的项目。政府投资安排使用方式和额度，应根据不同项目情况、社会资本投资合理回报率等因素综合确定。公益性部分政府投入形成的资产归政府所有，同时可按规定不参与生产经营收益分配。鼓励发展支持重大水利工程的投资基金，政府可以通过认购基金份额、直接注资等方式予以支持。

（3）政府可对工程维修养护和管护经费等给予适当补贴。财政补贴的规模和方式要以项目运营绩效评价结果为依据，综合考虑产品或服务价格、建设成本、运营费用、实际收益率、财政中长期承受能力等因素合理确定、动态调整。社会资本参与的重大水利工程实行税收优惠，自项目取得第一笔生产经营收入所属纳税年度起，第一年至第三年免征企业所得税，第四年至第六年减半征收企业所得税。

（4）政府有关部门应加强对投资经营主体应对自然灾害等突发事件的指导，监督投资经营主体完善和落实各类应急预案。政府有关部门应建立健全社会资本退出机制，在严格清产核资、落实项目资产处理和建设与运行后续方案的情况下，允许社会资本退出，妥善做好项目移交接管，确保水利工程的顺利实施和持续安全运行，维护社会资本的合法

权益,保证公共利益不受侵害。

(5)开展社会资本参与重大水利工程项目后评价和绩效评价,建立健全评价体系和方式方法,根据评价结果,依据合同约定对价格或补贴等进行调整,提高政府投资决策水平和投资效益,激励社会资本通过管理、技术创新提高公共服务质量和水平。

6 本课程的主要内容和学习方法

本课程以项目为导向,结合水利水电工程施工项目管理的目标和任务,主要阐述水利水电工程施工项目管理的基本原理、基本方法、基本措施以及有关法律法规等。同时,结合主要工程案例介绍项目管理的基本要点、分析问题和解决问题的方法等。通过学习,要求了解水利水电施工项目管理中发生的常见问题与主要任务和目标、工作原理、主要方法和措施选择;掌握主要施工投标、施工准备、合同管理、质量管理、安全和环境管理、施工资源管理、计量与支付、工程验收的有关规定和方法。

根据教材的内容和特点,学习中应重点掌握行业标准和规定、管理的基本方法,结合所学过的课程,配合生产实习、多媒体教学、课堂训练、项目化实训和顶岗实践等教学环节运用所学的知识,才能有效地掌握本课程的内容。

项目1　施工项目投标

为加强水利工程建设项目招标投标工作的管理，进一步规范水利工程建设项目施工领域的招标投标活动，依据《中华人民共和国招标投标法》、水利部发布的《水利工程建设项目招标投标管理规定》（水利部令第14号），以及2012年《中华人民共和国招标投标法实施条例》（国务院令第613号）等规定，2015年《国务院办公厅关于印发整合建立统一的公共资源交易平台工作方案的通知》（国办发〔2015〕63号）要求建设项目招标投标进入统一平台进行交易，实现公共资源交易平台从依托有形场所向以电子化平台为主转变。

任务1　施工招标投标程序

1　编制招标文件

招标人应依据《水利水电工程标准施工招标文件》（2009年版）编制招标文件。招标文件一般包括招标公告、投标人须知、评标办法、合同条款及格式、工程量清单、招标图纸、合同技术条款和投标文件格式等内容。其中，投标人须知、评标办法和通用合同条款应全文引用《水利水电工程标准施工招标文件》（2009年版），招标人设有最高投标限价的，应当在招标文件中明确最高投标限价或者最高投标限价的计算方法。招标人不得规定最低投标限价。投标最高限价可以是一个总价，也可以是总价及构成总价的主要分项价。

2　发布招标公告

依法必须招标项目的招标公告和公示信息应当在"中国招标投标公共服务平台"或者项目所在地省级电子招标投标公共服务平台发布。招标文件的发售期不得少于5日。依法必须招标项目的招标公告除在发布媒介发布外，招标人或其招标代理机构也可以同步在其他媒介公开，并确保内容一致。其他媒介可以依法全文转载依法必须招标项目的招标公告和公示信息，但不得改变其内容，同时必须注明信息来源。

采用邀请招标方式的，招标人应当向3个以上有投标资格的法人或其他组织发出投标邀请书，投标人少于3个的，招标人应当重新招标。

3　组织踏勘现场和投标预备会

根据招标项目的具体情况，招标人可以组织投标人踏勘项目现场，向其介绍工程场地和相关环境的有关情况。投标人可自主参加踏勘和投标预备会，依据招标人介绍情况作出的判断和决策，由投标人自行负责。招标人不得单独或者分别组织部分投标人进行现场踏勘。对于投标人在阅读招标文件和踏勘现场中提出的疑问，招标人可以书面形式或召开投标预备会的方式解答,但需同时将解答以书面方式通知所有购买招标文件的投标人。该解答属于澄清和修改招标文件的范畴,其内容为招标文件的组成部分。

4　招标文件修改和澄清

投标人应仔细阅读和检查招标文件的全部内容。如发现缺页或附件不全,应及时向招标人提出,以便补齐。如有疑问,应在投标截止时间17天前以书面形式(包括信函、电报、传真等可以有形地表现所载内容的形式,下同)要求招标人对招标文件予以澄清。招标人也可主动对招标文件进行澄清和修改。

招标文件的澄清和修改通知将在投标截止时间15天前以书面形式发给所有购买招标文件的投标人,但不指明澄清问题的来源。如果澄清和修改通知发出的时间距投标截止时间不足15天,且影响投标文件编制的,相应延长投标截止时间。

投标人应在收到澄清和修改通知后1天内以书面形式通知招标人,确认已收到该通知。采取电子招标方式的,招标文件的澄清和修改一般载于相应公告栏里,并不另以书面形式发送,投标人须密切注意相关公告栏。

潜在投标人或者其他利害关系人对招标文件有异议的,应当在投标截止时间10日前向招标人或其委托的招标代理公司提出。招标人或其委托的招标代理公司应当自收到异议之日起3日内作出答复;作出答复前,应当暂停招标投标活动。未在规定时间提出异议的,不得再对招标文件相关内容提出异议或投诉。对答复不满意的,投标人可以向行政监督部门投诉。

5　施工投标的主要管理要求

5.1　资格条件

5.1.1　资质

资质条件包括资质证书有效性和资质符合性两个方面的内容。资质证书有效性要求资质证书在投标时必须在有效期内,没有被吊销资质证书等情况;资质符合性要求必须具有相应专业和级别的资质。水利水电工程建筑业企业资质等级分为总承包、专业承包和劳务分包三个序列,水利水电工程施工总承包企业资质等级分为特级、一级、二级、三级。其中,特级企业一级注册建造师必须50人以上,二级企业水利水电工程专业一级注册建造师不少于8人;其他等级企业没有数量要求。

2015年3月1日施行的《建筑业企业资质管理规定和资质标准实施意见》(建市〔2015〕20号文)规定:

(1)水利水电工程施工总承包企业资质等级特级资质的企业,限承担施工单项合同额6000万元以上的建筑工程。

一级企业可承担各等级水利水电工程的施工。

二级企业可承担工程规模中型以下水利水电工程和建筑物级别3级以下水工建筑物的施工,但下列工程规模限制在以下范围内:坝高70 m以下、水电站总装机容量150 MW以下、水工隧洞洞径小于8 m(或断面面积相等的其他型式)且长度小于1 000 m、堤防级别2级以下。

三级企业可承担单项合同额 6 000 万元以下的下列水利水电工程的施工：小(1)型以下水利水电工程和建筑物级别 4 级以下水工建筑物的施工总承包，但下列工程限制在以下范围内：坝高 40 m 以下、水电站总装机容量 20 MW 以下、泵站总装机容量 800 kW 以下、水工隧洞洞径小于 6 m(或断面面积相等的其他型式)且长度小于 500 m、堤防级别 3 级以下。

取得水利水电工程施工总承包资质的企业，可以从事资质证书许可范围内的相应工程总承包、工程项目管理等业务。可以对所承接的施工总承包工程内各专业工程全部自行施工，也可以将专业工程或劳务作业依法分包给具有相应资质的专业承包企业或劳务分包企业。

(2)水利水电工程施工专业承包资质划分为水工金属结构制作与安装工程、水利水电机电安装工程、河湖整治工程 3 个专业，每个专业等级分为一级、二级、三级。其中，河湖整治工程资质一级企业可承担各类河道、水库、湖泊以及沿海相应工程的河势控导、险工处理、疏浚与吹填、清淤、填塘固基工程的施工；二级企业可承担堤防工程级别 2 级以下堤防相应的河道、湖泊的河势控导、险工处理、疏竣与吹填、填塘固基工程的施工；三级企业可承担堤防工程级别 3 级以下堤防相应的河湖疏浚整治工程及吹填工程的施工。

取得专业承包资质的企业，可以承接施工总承包企业分包的专业工程和发包人依法发包的专业工程。专业承包企业可以对所承接的专业工程全部自行施工，也可以将劳务作业依法分包给具有相应资质的劳务分包企业。

5.1.2　财务状况

财务状况包括注册资本金、净资产、利润、流动资金投入等方面。投标人应按招标文件要求填报"近 3 年财务状况表"，并附经会计师事务所或审计机构审计的财务会计报表，包括资产负债表、现金流量表、利润表和财务情况说明书的复印件。

5.1.3　投标人业绩

投标人业绩一般指类似工程业绩。业绩的类似性包括功能、结构、规模、造价等方面。

投标人业绩以合同工程完工证书颁发时间为准。投标人应按招标文件要求填报"近 5 年完成的类似项目情况表"，并附中标通知书和(或)合同协议书、工程接收证书(工程竣工验收证书)、合同工程完工证书的复印件。

5.1.4　信誉

投标单位及其法定代表人、拟任项目负责人开标前有行贿犯罪记录，投标单位被列入政府采购严重违法失信行为记录名单且被限制投标，重大税收违法案件当事人、失信被执行人或在国家企业信用信息公示系统列入严重违法失信企业名单，有上述情形之一的将否决其投标。行贿犯罪记录查询以检察院出具的查询结果为准，投标人投标时须提供查询结果；其他不良行为信息由评标委员会通过"信用中国"网站、国家税务总局网站、中国政府采购网、最高人民法院网站、国家企业信用信息公示系统网站官方渠道查询相关主体信用记录。

招标人对投标人信用有量化要求的，应当采用水利部发布的水利市场主体信用等级信息，并从时间、单位、个人等方面提出明确的信用信息使用方法。根据《水利部关于印发水利建设市场主体信用评价管理暂行办法的通知》(水建管〔2015〕377 号)，信用等级分为 AAA(信用很好)、AA(信用好)、A(信用较好)、BBB(信用一般)和 CCC(信用较差)三等五级。水利建设市场主体信用评价实行一票否决制,凡发生严重失信行为的,其信用等级一律为 CCC 级;取得 BBB 级以上(含)信用等级的水利建设市场主体发生严重失信行为的,应立即将其信用等级降为 CCC 级并向社会公布,3 年内不受理其升级申请。

5.1.5　项目经理资格

项目经理应由注册于本单位(须提供社会保险证明)、级别符合注册建造师执业工程规模标准要求的注册建造师担任。不得有在建工程,有一定数量已通过合同工程完工验收的类似工程业绩,具备有效的安全生产考核合格证书(B 类)。

5.1.6　其他

(1)投标人营业执照应在有效期内,无被吊销营业执照等情况。

(2)投标人应持有有效的安全生产许可证,没有被吊销安全生产许可证等情况。

(3)投标人应按招标文件要求填报"投标人基本情况表",并附营业执照和安全生产许可证正、副本复印件。

(4)投标人的单位负责人应当具备有效的安全生产考核合格证书(A 类),专职安全生产管理人员应当具备有效的安全生产考核合格证书(C 类)。

(5)不存在被责令停业的、被暂停或取消投标资格的、财产被接管或冻结的,以及在最近 3 年内有骗取中标或严重违约或重大工程质量问题的情形。

(6)委托代理人、安全管理人员(专职安全生产管理人员)、质量管理人员、财务负责人应是投标人本单位人员。

除此之外,如果招标文件对投标人其他岗位人员、设备、有效生产能力、认证体系提出要求,投标人应按照招标文件的规定提供。

6　编制投标文件

投标文件应按招标文件要求编制(详见任务 2),未响应招标文件实质性要求的作无效标处理。投标文件格式要求如下:

(1)投标文件签字盖章要求是:投标文件正本除封面、封底、目录、分隔页外的其他每一页必须加盖投标人单位章并由投标人的法定代表人或其委托代理人签字。

(2)投标文件份数要求是正本 1 份,副本 4 份。

(3)投标文件用 A4 纸(图表页除外)装订成册,编制目录和页码,并不得采用活页夹装订。

(4)投标人应按招标文件"工程量清单"的要求填写相应表格。投标人在投标截止时间前修改投标函中的投标总报价,应同时修改"工程量清单"中的相应报价,并附修改后的单价分析表(含修改后的基础单价计算表)或措施项目表(临时工程费用表)。

7　递交投标保证金和投标文件

7.1　递交投标保证金

投标人在递交投标文件的同时,应按招标文件规定的金额、形式和"投标文件格式"规定的投标保证金格式递交投标保证金,并作为其投标文件的组成部分。投标保证金一

般不超过合同估算价的 2% , 但最高不得超过 80 万元。投标保证金提交的具体要求如下:

  (1)以现金或者支票形式提交的投标保证金应当从其基本账户转出。

  (2)联合体投标的,其投标保证金由牵头人递交,并应符合招标文件的规定。

  (3)投标人不按要求提交投标保证金的,其投标文件作无效标处理。

  (4)招标人与中标人签订合同后 5 个工作日内,向未中标的投标人和中标人退还投标保证金及相应利息。

  (5)投标保证金与投标有效期一致。投标人在规定的投标有效期内撤销或修改其投标文件,或中标人在收到中标通知书后,无正当理由拒签合同协议书或未按招标文件规定提交履约担保的,投标保证金将不予退还。

7.2 递交投标文件

  投标人应在投标截止时间前,将密封好的投标文件向招标人递交。投标文件密封不符合招标文件要求的或逾期送达的,将不被接受。投标人应当向招标人索要投标文件接受凭据,凭据的内容包括递(接)受人、接受时间、接受地点、投标文件密封标识情况、投标文件密封包数量。

7.2.1 投标文件的撤销和撤回

  投标截止时间前投标人可以撤回已经提交的投标文件。投标截止时间后,投标人不得撤销投标文件。投标人撤回已提交的投标文件,应当在投标截止时间前书面通知招标人。招标人已收取投标保证金的,应当自收到投标人书面撤回通知之日起 5 日内退还。投标截止时间后投标人撤销投标文件的,招标人可以不退还投标保证金。

7.2.2 按评标委员会要求澄清和补正投标文件

  评标过程中,评标委员会可以书面形式要求投标人对所提交的投标文件进行书面澄清或说明,或者对细微偏差进行补正。投标人澄清和补正投标文件应遵守下述规定:

  (1)投标人不得主动提出澄清、说明或补正。

  (2)澄清、说明和补正不得改变投标文件的实质性内容(算术性错误修正的除外)。

  (3)投标人的书面澄清、说明和补正属于投标文件的组成部分。

  (4)评标委员会对投标人提交的澄清、说明或补正仍有疑问时,可要求投标人进一步澄清、说明或补正,投标人应予配合。

  (5)投标人拒不按照评标委员会的要求进行书面澄清或说明的,其投标文件按无效标处理。

7.2.3 遵守投标有效期约束

  水利工程施工招标投标有效期一般为 56 天。在招标文件规定的投标有效期内,投标人不得要求撤销或修改其投标文件。定标应当在投标有效期内完成,不能在投标有效期内完成的,招标人应当通知所有投标人延长投标有效期。拒绝延长投标有效期的投标人有权收回投标保证金。同意延长投标有效期的投标人应当相应延长其投标担保的有效期,但不得修改投标文件的实质性内容。因延长投标有效期造成投标人损失的,招标人应当给予补偿,但因不可抗力需延长投标有效期的除外。

7.2.4　禁止行为

7.2.4.1　禁止投标人串通投标

有下列情形之一的,属于投标人相互串通投标:

(1)投标人之间协商投标报价等投标文件的实质性内容。

(2)投标人之间约定中标人。

(3)投标人之间约定部分投标人放弃投标或者中标。

(4)属于同一集团、协会、商会等组织成员的投标人按照该组织要求协同投标。

(5)投标人之间为谋取中标或者排斥特定投标人而采取的其他联合行动。

(6)不同投标人的投标文件由同一单位或者个人编制。

(7)不同投标人委托同一单位或者个人办理投标事宜。

(8)不同投标人的投标文件载明的项目管理成员为同一人。

(9)不同投标人的投标文件异常一致或者投标报价呈规律性差异。

(10)不同投标人的投标文件相互混装。

(11)不同投标人的投标保证金从同一单位或者个人的账户转出。

认定串通投标的主体包括评标委员会、行政监督机构、仲裁和司法机关。视为投标人相互串通投标的,评标过程中评标委员会可以视情况给予投标人澄清、说明的机会。评标结束后,投标人可以通过投诉寻求行政救济,由行政监督机构作出认定。

7.2.4.2　禁止招标人与投标人串通投标

有下列情形之一的,属于招标人与投标人串通投标:

(1)招标人在开标前开启投标文件并将有关信息泄露给其他投标人。

(2)招标人直接或者间接向投标人泄露标底、评标委员会成员等信息。

(3)招标人明承或者暗示投标人压低或者抬高投标报价。

(4)招标人授意投标人撤换、修改投标文件。

(5)招标人明示或者暗示投标人为特定投标人中标提供方便。

(6)招标人与投标人为谋求特定投标人中标而采取的其他串通行为。

7.2.4.3　禁止弄虚作假投标

投标人有下列情形之一的,属于弄虚作假的行为:

(1)使用通过受让或者租借等方式获取的资格、资质证书投标的。

(2)使用伪造、变造的许可证件。

(3)提供虚假的财务状况或者业绩。

(4)提供虚假的项目负责人或者主要技术人员简历、劳动关系证明。

(5)提供虚假的信用状况。

(6)其他弄虚作假的行为。

8　开标

自招标文件开始发出之日起至投标人提交投标文件截止,最短不得少于20日。投标截止时间与开标时间应当为同一时间。招标人应当按照招标文件的要求在规定时间、地点组织开标会,投标人的法定代表人或委托代理人应持本人身份证件及法定代表人或委托代理人证明文件参加。投标人少于 3 个的,不得开标。开标应当有开标记录,开标记录应当提交评标委员会。

发生下述情形之一的,招标人不得接收投标文件:

(1)未通过资格预审的申请人递交的投标文件。

(2)逾期送达的投标文件。

(3)未按招标文件要求密封的投标文件。

除以上外,招标人不得以未提交投标保证金(或提交的投标保证金不合格)、未备案或注册、原件不合格、投标文件修改函不合格、投标文件数量不合格、投标人的法定代表人或委托代理人身份不合格等作为不接收投标文件的理由。发生前述相关问题应当形成开标记录,交由评标委员会处理。

开标现场可能出现对投标文件的提交、截止时间、开标程序、投标文件密封检查和开封、唱标内容、标底价格的合理性、开标记录、唱标次序等的争议以及投标人和招标人或者投标人之间是否存在利益冲突的情形,投标人应当在现场提出异议,异议成立的,招标人应当及时采取纠正措施,或者提交评标委员会评审确认;不成立的,招标人应当当场解释说明。异议和答复应记入开标会记录。

9 确定中标人

招标人可授权评标委员会直接确定中标人,也可根据评标委员会提出的书面评标报告和推荐的中标候选人顺序确定中标人。评标委员会推荐的中标候选人应当限定在 1～3 人,并标明排列顺序。国有资金占控股或者主导地位的依法必须进行招标的项目,确定中标人应遵守下述规定:

(1)招标人应当确定排名第一的中标候选人为中标人。

(2)排名第一的中标候选人放弃中标、因不可抗力不能履行合同、不按照招标文件要求提交履约保证金,或者被查实存在影响中标结果的违法行为等情形,不符合中标条件的,招标人可以按照评标委员会提出的中标候选人名单排序依次确定其他中标候选人为中标人,也可以重新招标。

(3)当招标人确定的中标人与评标委员会推荐的中标候选人顺序不一致时,应当有充足的理由,并按项目管理权限报水行政主管部门备案。

(4)在确定中标人之前,招标人不得与投标人就投标价格、投标方案等实质性内容进行谈判。

(5)中标人确定后,招标人应当向中标人发出中标通知书,同时通知未中标人。中标通知书对招标人和中标人具有法律约束力。中标通知书发出后,招标人改变中标结果或者中标人放弃中标的,应当承担法律责任。

10 公示

招标人应当自收到评标报告之日起 3 日内公示中标候选人,公示期不得少于 3 日。依法必须招标项目的中标候选人公示应当载明以下内容:

(1)中标候选人排序、名称、投标报价、质量、工期(交货期),以及评标情况。

（2）中标候选人按照招标文件要求承诺的项目负责人姓名及其相关证书名称和编号。

（3）中标候选人响应招标文件要求的资格能力条件。

（4）提出异议的渠道和方式。

（5）招标文件规定公示的其他内容。

投标人或者其他利害关系人对依法必须进行招标项目的评标结果有异议的，应当在中标候选人公示期间提出。招标人应当自收到异议之日起3日内作出答复；作出答复前，应当暂停招标投标活动。未在规定时间提出异议的，不得再针对评标提出投诉。

11　签订合同

招标人和中标人应当依照招标文件的规定签订书面合同，合同的标的、价款、质量、履行期限等主要条款应当与招标文件和中标人的投标文件的内容一致。招标人和中标人不得再行订立背离合同实质性内容的其他协议。

12　重新招标

有下列情形之一的，招标人将重新招标：

（1）投标截止时间止，投标人少于3个的。

（2）经评标委员会评审后否决所有投标的。

（3）评标委员会否决不合格投标或者界定为废标后因有效投标不足3个使得投标明显缺乏竞争，评标委员会决定否决全部投标的。

（4）同意延长投标有效期的投标人少于3个的。

（5）中标候选人均未与招标人签订合同的。

重新招标后，仍出现前述规定情形之一的，属于必须审批的水利工程建设项目，经行政监督部门批准后可不再进行招标。

【案例1-1】　施工招标投标程序

背景资料

某拦河水闸工程，13孔，闸孔净宽8m。设计引水流量2 000 m³/s，为开敞式钢筋混凝土水闸，地基为黏土层，上游铺盖为黏土铺盖，下游海漫为浆砌石和钢丝笼网兜，采用挖深式消力池底流式消能，边墩为空箱式挡土墙，工程建设过程中发生以下事件：

事件1：工程按照《水利水电工程标准施工招标文件》（2009年版）招标选择承包人。招标前，首先编制了招标文件，2011年2月10日向省水利厅提交了招标报告，2011年2月12日在《中国水利报》上发布了招标公告，2011年2月23～25日发售资格预审文件，10家企业购买了资格预审文件。以下是部分企业提供的资格审查资料：

（1）F是外省企业，信用等级为A。

（2）B企业项目经理具有安全考核C证和水利水电专业一级建造师执业资格证，并从事过5个堤防工程施工，具有一定的施工经验。

（3）E企业提供有2004年的财务状况复印件，并经当地会计事务所审计。

（4）A 企业提供了专职安全员的安全考核合格证在水利部网站的遗失声明材料。

（5）C 企业财务人员聘请 A 单位人员。

事件 2：经资格审查有 5 家购买了招标文件，2011 年 3 月 20 日 10 时投标截止，5 家在此之前均递交了投标文件。其中：

（1）H 企业的投标人项目经理未到开标现场，只有法定代表人到场，并在投标截止前递交一份备选方案。

（2）E 企业报价有两个，招标文件未标明哪个有效。

（3）D 企业投标文件的工程量清单加盖有本单位公章以及法定代表人签字。

事件 3：评标时，发现 G 施工单位报价低于标底甚远，因此排除了 G 施工单位。经评审，P 为中标人，1 个月后签订合同，合同约定工期为 18 个月。

问题

1. 根据法规，指出事件 1 中的违规之处。

2. 分别指出 5 家企业能否通过资格预审，并说明理由。

3. 指出事件 2 中投标的有效标，并说明理由。

4. 指出事件 3 有无不妥，并说明理由。

答案

1. 应首先提出招标申请报告，经审批后发出招标公告；招标公告还应在《中国采购与招标网》上发布；资格预审文件发售期不得少于 5 日。

2.（1）信用等级为 A，属于诚信企业，可以。

（2）应具有安全考核 B 证，堤防和拦河闸不具有类似工程经验，不可以。

（3）不是近 3 年的财务状况，不可以。

（4）安全考核合格证丢失应公示 1 个月后补办，方有效，不可以。

（5）企业财务负责人必须为本单位人员，不可以。

3.（1）可以，备选方案只有中标后考虑。

（2）无效，不能提交两个报价，并没有声明哪个报价有效。

（3）无效，还应加盖注册水利造价师执业印章。

4. 标底不得决定 G 施工单位低于企业成本价。

任务 2　工程投标文件编制

1　工程投标文件的组成

根据《水利水电工程标准施工招标文件》（2009 年版）的规定，水利水电工程招标文件包括四卷八章的内容：第一卷包括第 1 章招标公告（投标邀请书）、第 2 章投标人须知、第 3 章评标办法、第 4 章合同条款及格式和第 5 章工程量清单等内容；第二卷由第 6 章图纸（招标图纸）组成；第三卷由第 7 章技术标准和要求组成；第四卷由第 8 章投标文件格式组成。

投标文件格式包括：

（1）投标函及投标函附录；

（2）法定代表人身份证明/授权委托书；

（3）联合体协议书；

（4）投标保证金；

（5）已标价工程量清单；

（6）施工组织设计；

（7）项目管理机构表；

（8）拟分包项目情况表；

（9）资格审查资料；

（10）原件的复印件；

（11）其他材料。

其中，施工组织设计和工程量清单报价编制是投标文件编制的主要内容，下面分别简述施工组织设计和工程量清单报价编制方法。

2　施工组织设计编制

2.1　水利水电工程施工组织设计文件编制的依据

（1）有关法律、法规、规章和技术标准，如《水利水电工程施工组织设计规范》（SL 303—2004）。

（2）招标文件工期要求、技术条款、评标标准、招标图纸等。

（3）设计报告及审批意见、上级单位对本工程建设的要求或批件。

（4）工程所在地区有关基本建设的法规或条例，地方政府、项目法人对本工程建设的要求。

（5）国民经济各有关部门对本工程建设期间有关要求及协议。

（6）当前水利水电工程建设的施工装备、管理水平和技术特点。

（7）工程所在地区和河流的自然条件（地形、地质、水文、气象特征和当地建材情况等）、施工电源、水源及水质、交通、环保、旅游、防洪、灌溉、航运、过木、供水等现状和近期发展规划。

（8）当地城镇现有修配、加工能力，生活、生产物资和劳动力供应条件，居民生活、卫生习惯等。

（9）施工导流及通航等水工模型试验、各种原材料试验、混凝土配合比试验、重要结构模型试验、岩土物理力学试验等成果。

（10）工程有关工艺试验或生产性试验成果。

（11）勘测、设计各专业有关成果。

2.2　施工组织设计文件的内容

工程投标和施工阶段，施工单位编制的施工组织设计应当包括下列主要内容：

（1）工程任务情况及施工条件分析；

（2）施工总方案、主要施工方法；

（3）工程施工进度计划、主要单位工程综合进度计划和施工力量、机具及部署；

（4）施工组织技术措施,包括工程质量、施工进度、安全防护、文明施工以及环境污染防治等各种措施;

（5）施工总平面布置图;详见项目3施工准备工作;

（6）总包和分包的分工范围及交叉施工部署等。

施工组织设计主要内容,可以简单概括为"一图一案一表","一图"是施工场地布置图,该部分内容参考项目3施工准备工作;"一案"是施工方案,根据工程特点和有关施工条件拟订施工方案;"一表"是施工进度计划图表,根据招标文件要求通常采用横道图或网络图表示,该部分内容可参考项目4。

2.3　施工组织设计文件的编制程序

（1）分析原始资料(拟建工程地区的地形、地质、水文、气象、当地材料、交通运输等)及工地临时给水、动力供应等施工条件。

（2）确定施工场地和道路、堆场、附属企业、仓库以及其他临时建筑物可能的布置情况。

（3）考虑自然条件对施工可能带来的影响和必须采取的技术措施。

（4）确定各工种每月可以施工的有效工日和冬、夏期及雨期施工技术措施的各项参数。

（5）确定各种主要建材的供应方式和运输方式,以及可供应的施工机具设备数量与性能,临时给水和动力供应设施的条件等。

（6）根据工程规模和等级,以及对工程所在地区地形、地质、水文等条件的分析研究,初步拟订施工导流方案。

（7）研究主体工程施工方案,确定施工顺序,初步编制整个工程的进度计划。

（8）当大致地确定了工程总的进度计划以后,即可对主要工程的施工方案作出详细的规划计算,进行施工方案的优化,最后确定选用的施工方案及有关的技术经济指标,并用来平衡调整、修正进度计划。

（9）根据修正后的进度计划,即可确定各种材料、物件、劳动力及机具的需要量,以此来编制技术与生活供应计划,确定仓库和附属企业的数量、规模及工地临时房屋需要量,工地临时供水、供电、供风(压缩空气)设施的规模与布置。

（10）确定施工现场的总平面布置,设计施工总平面布置图。

投标人编制施工组织设计时,应采用文字并结合图表形式说明工程的施工组织、施工方法、技术组织措施,同时应对关键工序、复杂环节重点提出相应技术措施,如冬雨季施工技术,减少噪声、降低环境污染、地下管线及其他地上地下设施的保护加固措施等。施工组织设计还应结合工程特点提出切实可行的工程质量、工程进度、安全生产、防汛度汛、文明施工、水土保持、环境保护管理方案。

3　工程量清单报价编制

工程量清单(Bill of Quantity,简称BOQ)是水利工程招投标工作中,由招标人按国家统一的工程量计算规则提供工程数量,由投标人自主报价,并按照招标人要求的评标办法评标确定承包人的工程造价计价模式。

3.1　工程量清单编制

《水利水电工程标准施工招标文件》(2009年版)提供了两种工程量清单编制格式,

招标人可根据招标项目具体特点选择使用。第一种格式的编制基础是《水利工程工程量清单计价规范》(GB 50501—2007)(简称清单规范);第二种格式的编制基础是《水利水电工程施工合同和招标文件示范文本》(GF－2000－0208)(简称范本)。

工程量清单由分类分项工程量清单、措施项目清单、其他项目清单和零星工作项目清单组成。

3.1.1 分类分项工程量清单

分类分项工程量清单应包括序号、项目编码、项目名称、计量单位、工程数量、主要技术条款编码和备注。分类分项工程量清单应根据《水利工程工程量清单计价规范》规定的项目编码、项目名称、主要项目特征、计量单位、工程量计算规则、主要工作内容和一般适用范围由招标人编制。具体要求如下:

(1)项目编码:采用十二位阿拉伯数字表示(由左至右计位)。一~九位为统一编码,其中,一、二位为水利工程顺序码,三、四位为专业工程顺序码,五、六位为分类工程顺序码,七~九位为分项工程顺序码,十~十二位为清单项目名称顺序码。建筑工程工程量清单项目自001起顺序编制,安装工程工程量清单项目自000起顺序编制。例如一般石方开挖的项目编号为500102001001。

(2)分项目名称:根据主要项目特征并结合招标工程的实际确定。

(3)计量单位:应按规定的计量单位确定。

(4)工程数量:清单工程量又称为招标工程量、估算工程量,签订合同后为合同工程量,编制施工计划的计划工程量。工程数量应根据合同技术条款计量和支付规定计算。工程数量的有效位数应遵守下列规定:以"立方米"、"平方米"、"米"、"千克"、"个"、"项"、"根"、"块"、"组"、"面"、"只"、"相"、"站"、"孔"、"束"为单位的,应取整数;以"吨"、"千米"为单位的,应保留小数点后2位数字,第3位数字四舍五入。例如表1-1为南水北调某分类分项工程量清单。

表 1-1 南水北调某分类分项工程量清单

合同编号:HNJ－2010/XZ/SG－001

工程名称:南水北调中线一期工程总干渠沙河南—黄河南(委托建管项目)新郑南段

序号	项目编码	项目名称	计量单位	工程数量	单价(元)	合价(元)	备注
1		建筑工程					
1.1		渠道建筑工程					
1.1.1		渠道土方工程					
1.1.1.1	500101002001	土方开挖	m³	1 634 824			
1.1.1.2	500103001001	渠堤土方填筑	m³	159 205			
⋮							

3.1.2 措施项目清单

措施项目是指为完成工程项目施工,发生于该工程施工前和施工过程中招标人不要求列示工程量的施工措施项目。措施项目清单主要包括环境保护措施、文明施工措施、安全防护措施、小型临时工程、施工企业进退场费、大型施工设备安拆费等,应根据招标工程的具体情况参考表 1-2 编制。

表 1-2　措施项目一览表

序号	项目名称
1	环境保护措施
2	文明施工措施
3	安全防护措施
4	小型临时工程
5	施工企业进退场费
6	大型施工设备安拆费
⋮	

3.1.3　其他项目清单

其他项目是指为完成工程项目施工,发生于该工程施工过程中招标人要求计列的费用项目。其他项目清单列暂列金额和暂估价项目。

暂列金额是指招标人为暂定项目和可能发生的合同变更而预留的金额,一般可取分类分项工程项目和措施项目合价的 5%。

暂估价是指发包人在工程量清单中给定的用于支付必然发生但暂时不能确定价格的材料、设备以及专业工程(如土坝工程管理房建设、观测设备等)的金额。

3.1.4　零星工作项目清单

零星工作项目是指完成招标人提出的零星工作项目所需的人工、材料、机械单价,也称计日工。

零星工作项目清单的编制应根据招标工程具体情况,对工程实施过程中可能发生的变更或新增加的零星项目,列出人工(按工种)、材料(按名称和规格型号)、机械(按名称和规格型号)的计量单位,并随工程量清单发至投标人。

3.1.5　工程量清单格式

工程量清单根据清单规范应采用统一格式。工程量清单格式应由下列内容组成:

(1)封面。

(2)填表须知。

(3)总说明。

(4)分类分项工程量清单。

(5)措施项目清单。

(6)其他项目清单。

(7)零星工作项目清单。

(8)其他辅助表格:招标人供应材料价格表、招标人提供施工设备表、招标人提供施工设施表。

3.1.6　工程量清单填写规定

工程量清单的填写应符合下列规定：

(1)工程量清单应由招标人编制。

(2)清单中的填表须知除本规范内容,招标人可根据具体情况进行补充。

(3)总说明填写招标工程概况,工程招标范围,招标人供应的材料、施工设备、施工设施简要说明,以及其他需要说明的问题。

(4)分类分项工程量清单填写：

①项目编码按清单规范规定填写,项目编码中的十至十二位由编制人自001起顺序编码。

②项目名称根据招标项目规模和范围,参照行业有关规定,并结合工程实际情况设置。

③计量单位的选用和工程量的计算应符合清单规范的规定。

④主要技术条款编码按招标文件中相应技术条款的编码填写。

(5)措施项目清单按招标文件确定的措施项目名称填写,由投标人报总价。凡能列出工程数量并按单价结算的措施项目,均应列入分类分项工程量清单。

(6)其他项目清单按招标文件确定的其他项目名称(包括暂列金额和暂估价)、金额填写。

(7)零星工作项目清单填写：

①名称及规格型号：人工按工种,材料按名称和规格型号,机械按名称和规格型号,分别填写。

②计量单位：人工以工日或工时,材料以t、m^3等,机械以台时或台班,分别填写。

③其单价由投标人根据现行规定和现行价格报价。

(8)招标人供应材料价格表按表中材料名称、型号规格、计量单位和供应价格填写,并在供应条件和备注栏内说明材料供应的边界条件。

(9)招标人提供施工设备表按表中设备名称、型号规格、设备状况、设备所在地点、计量单位、数量和折旧费填写,并在备注栏内说明对投标人使用施工设备的要求。

(10)招标人提供施工设施表按表中项目名称、计量单位和数量填写,并在备注栏内说明对投标人使用施工设施的要求。

3.2　工程量清单报价编制

3.2.1　水利工程工程量清单计价编制要求

工程量清单计价应包括按招标文件规定完成工程量清单所列项目的全部费用,包括分类分项工程费、措施项目费和其他项目费。

分类分项工程量清单计价应采用工程单价计价。分类分项工程量清单的工程单价应根据清单规范规定的工程单价组成内容,按招标设计文件、图纸、项目的"主要工作内容"确定,除另有规定外,对有效工程量以外的超挖、超填工程量,施工附加量,加工、运输损耗量等所消耗的人工、材料和机械费用,均应摊入相应有效工程量的工程单价之内。

措施项目清单的金额,应根据招标文件的要求以及工程的施工方案或施工组织设计,以每一项措施项目为单位,按项计价。

其他项目清单的暂估价由招标人按估算金额确定。

零星工作项目清单的单价由投标人确定。

按照招标文件的规定,根据招标项目涵盖的内容,投标人一般应编制以下基础单价,作为编制分类分项工程单价的依据:

(1)人工费单价;

(2)主要材料预算价格;

(3)电、风、水单价;

(4)砂石料单价;

(5)块石、料石单价;

(6)混凝土配合比材料费;

(7)施工机械台时(班)费。

投标报价应根据招标文件中的工程量清单和有关要求、施工现场情况,以及拟订的施工方案,参考有关现行定额,按市场价格进行编制。

工程量清单的合同工程量,除另有约定外,应按清单规范及合同文件约定的招标图纸有效工程量进行计算。

3.2.2　水利工程工程量清单报价表组成

工程量清单报价表由以下表格组成:

(1)投标总价表。

(2)工程项目总价表。

(3)分类分项工程量清单计价表。

(4)措施项目清单计价表。

(5)其他项目清单计价表。

(6)零星工作项目计价表。

(7)工程单价汇总表。

(8)工程单价费(税)率汇总表。

(9)投标人生产电、风、水、砂石基础单价汇总表。

(10)投标人生产混凝土配合比材料费表。

(11)招标人供应材料价格汇总表(若招标人提供)。

(12)投标人自行采购主要材料预算价格汇总表。

(13)招标人提供施工机械台时(班)费汇总表(若招标人提供)。

(14)投标人自备施工机械台时(班)费汇总表。

(15)总价项目分类分项工程分解表。

(16)工程单价计算表。

(17)人工费单价汇总表。

(1)~(6)为主表,(7)~(17)为附表。

3.2.3　工程量清单报价表填写规定

(1)除招标文件另有规定外,投标人不得随意增加、删除或涂改招标文件工程量清单中的任何内容。工程量清单中列明的所有需要填写的单价和合价,投标人均应填写;未填写的单价和合价,视为已包括在工程量清单的其他单价和合价中。

（2）工程量清单中的工程单价是完成工程量清单中一个质量合格的规定计量单位项目所需的直接费（包括人工费、材料费、机械使用费和季节、夜间、高原、风沙等原因增加的费用）、间接费、利润和税金,并考虑到风险因素。投标人应根据规定的工程单价组成内容,按招标文件和清单规范的"主要工作内容"确定工程单价。除另有规定外,对有效工程量以外的超挖、超填工程量,施工附加量,加工、运输损耗量等,所消耗的人工、材料和机械费用,均应摊入相应有效工程量的工程单价内。

（3）投标金额（价格）均应以人民币表示。

（4）投标总价应按工程项目总价表合计金额填写。

（5）工程项目总价表中一级项目名称按招标文件工程项目总价表中的相应名称填写,并按分类分项工程量清单计价表中相应项目合计金额填写。

（6）分类分项工程量清单计价表中的序号、项目编码、项目名称、计量单位、工程数量和合同技术条款章节号,按招标文件分类分项工程量清单计价表中的相应内容填写,并填写相应项目的单价和合价。

（7）措施项目清单计价表中的序号、项目名称按招标文件措施项目清单计价表中的相应内容填写,并填写相应措施项目的金额和合计金额。

（8）其他项目清单计价表中的序号、项目名称、金额,按招标文件其他项目清单计价表中的相应内容填写。

（9）计日工项目计价表的序号、人工、材料、机械的名称、规格型号以及计量单位,按招标文件计日工项目计价表中的相应内容填写,并填写相应项目单价。

（10）工程单价汇总表按工程单价计算表中的相应内容、价格（费率）填写。

（11）工程单价费（税）率汇总表按工程单价计算表中的相应内容、费（税）率填写。

（12）投标人生产电、风、水、砂石基础单价汇总表按基础单价分析计算成果的相应内容、价格填写,并附相应基础单价的分析计算书。

（13）投标人生产混凝土配合比材料费表按表中工程部位、混凝土强度等级（附抗渗、抗冻等级）、水泥强度等级、级配、水灰比、相应材料用量和单价填写,填写的单价必须与工程单价计算表中采用的相应混凝土材料单价一致。

（14）招标人供应材料价格汇总表按招标人供应的材料名称、规格型号、计量单位和供应价格填写,并填写经分析计算后的相应材料预算价格,填写的预算价格必须与工程单价计算表中采用的相应材料预算价格一致（若招标人提供）。

（15）投标人自行采购主要材料预算价格汇总表按表中的序号、材料名称、规格型号、计量单位和预算价格填写,填写的预算价格必须与工程单价计算表中采用的相应材料预算价格一致。

（16）招标人提供施工机械台时（班）费汇总表按招标人提供的机械名称、规格型号和招标人收取的台时（班）折旧费填写;投标人填写的台时（班）费用合计金额必须与工程单价计算表中相应的施工机械台时（班）费单价一致（若招标人提供）。

（17）投标人自备施工机械台时（班）费汇总表按表中的序号、机械名称、规格型号、一类费用和二类费用填写,填写的台时（班）费合计金额必须与工程单价计算表中相应的施工机械台时(班)费单价一致。

(18)投标人应参照分类分项工程量清单计价表格式编制总价项目分类分项工程分解表,每个措施清单中的总价项目分解表一份。

(19)工程单价计算表按表中的施工方法、序号、名称、规格型号、计量单位、数量、单价、合价填写,填写的人工、材料和机械等基础价格必须与人工单价汇总表、基础材料单价汇总表、主要材料预算价格汇总表及施工机械台时(班)费汇总表中的单价相一致,填写的施工管理费、企业利润和税金等费(税)率必须与工程单价费(税)率汇总表中的费(税)率相一致。

(20)人工费单价相应的人工费单价计算表。汇总表应按人工费单价计算表的内容、价格填写。

【案例1-2】　工程量清单编制

背景资料

某新建水库,其库容为 3 亿 m^3,土石坝坝高 75 m。批准项目概算中的土坝工程概算为 1 亿元。

事件1:土坝工程施工招标工作实际完成情况如表1-3所示。

表1-3　土坝工程施工招标工作实际完成情况

工作序号	(一)	(二)	(三)	(四)	(五)
时间 (年·月·日)	2010.5.25	2010.6.5~2010.6.9	2010.6.10	2010.6.11	2010.6.27
工作内容	在《采购与招标网》上发布招标公告	发售招标文件,投标人A、B、C、D、E购买了招标文件	组织投标人A、B、C踏勘现场	电话通知更改招标文件中坝前护坡内容	9:00 投标截止。10:00 组织开标,投标人A、B、C、D、E参加

事件2:某招标代理机构组织了此次招标工作。在招标文件审查会上,专家甲、乙、丙、丁、戊分别提出了如下建议:

甲:为了防止投标人哄抬报价,建议招标文件规定投标报价超过标底5%的为废标。

乙:投标人资格应与工程规模相称,建议招标文件规定投标报价超过注册资本金5倍的为废标。

丙:开标是招标工作的重要环节,建议招标文件规定投标人的法定代表人或委托代理人不参加开标会的,招标人可宣布其弃权。

丁:招标由招标人负责,建议招标文件规定评标委员会主任由招标人代表担任,且评标委员会主任在投标人得分中所占权重为20%,其他成员合计占80%。

戊:地方政府实施的征地移民工作进度难以控制,建议招标文件专用合同条款中规定,由于地方政府的原因未能及时提供施工现场的,招标人不承担违约责任。

事件3:投标人A编制的该标段投标文件正本1份,副本3份,正本除封面、封底、目录和分隔页外的其他页,均加盖了单位公章。

事件4:投标人B中标,并与招标人签订了施工合同。其中,工程项目总价表如表1-4所示。

表1-4 工程项目总价表

序号	项目编码	工程项目名称	金额(万元)	备注
一		分类分项工程	A	
1.1		土方开挖工程	200	
1.1.1	500101002001	一般土方开挖	200	
1.2		石方开挖工程	150	
1.3		砌筑工程	15	
1.4		锚喷支护工程	70	
1.5		钻孔灌浆工程	100	
1.6		混凝土工程	4 000	
1.7		钢筋加工及安装工程	40	
1.8		其他建筑工程	200	
二		措施项目	500	
三		其他项目	C	
3.1		暂列金额	B	取一与二之和的5%
3.2		管理房装饰装修工程	210	暂估价
四		总价	D	

问题

1.根据建筑业企业资质等级标准的有关规定,除水利水电工程施工总承包特级外,满足本工程坝体施工要求的企业资质等级还有哪些?

2.指出事件1土坝工程施工招标投标实际工作中不符合现行水利工程招标投标有关规定之处,并说明正确做法。

3.事件1施工招标工作计划中,招标人可以不开展哪些工作?确定中标人后,招标人还需执行的招标程序有哪些?

4.事件2专家甲、乙、丙、丁、戊中,哪些专家的建议不可采纳?说明理由。

5.事件3中,根据《水利水电工程标准施工招标文件》(2009年版),指出投标人A的投标文件在签字盖章和份数方面的不妥之处并改正。

6.事件4工程项目总价表中项目编码"500101002001"各部分所代表的含义是什么?除人工外,零星工作项目计价表包含的项目名称还有哪些?

7.事件4中,指出工程项目总价表中A、B、C、D所代表的金额。

答案

1.水利水电工程施工总承包一级。

2.(一)违反规定。应在"中国招标投标公共服务平台"上发布。

（三）违反规定。招标人不得单独或者分别组织任何一个投标人进行现场踏勘。

（四）违反规定。招标人对招标文件的修改应当采用书面形式。

（五）违反规定。投标截止时间与开标时间应相同。

3.（1）招标人可以不开展的工作有现场踏勘。

（2）确定中标人之后，还需开展的招标程序有：

①向水行政主管部门提交招标投标情况的书面总结报告（或备案报告）；

②发中标通知书，并将中标结果通知所有投标人；

③进行合同谈判并与中标人订立书面合同。

4.专家甲、丁、戊的建议不可以采纳。

理由:（1）标底不能作为废标的直接依据；

（2）评标委员会主任与评标委员会其他成员权利相同；

（3）提供施工用地是发包人的义务和责任。

5.（1）签字盖章不完整，每页均需要投标人 A 的法定代表人或其委托代理人签字。

（2）副本数量不够，副本应为 4 份。

6.（1）一、二位为水利工程顺序码；三、四位为专业工程顺序码（或建筑工程）；五、六位为分类工程顺序码（或土方开挖工程）；七～九位为分项工程顺序码（或一般土方开挖）；十～十二位为清单项目名称顺序码。

（2）除人工外，零星工作项目计价表包含的项目名称还有材料、机械。

7.A 代表 4 775 万元；B 代表 263.75 万元；C 代表 473.75 万元；D 代表 5 748.75 万元。

任务3　工程量清单计价

《水利工程工程量清单计价规范》（GB 50501—2007）附录 A 水利建筑工程工程量清单项目包括土方开挖工程，石方开挖工程，土石方填筑工程，疏浚和吹填工程，砌筑工程，锚喷支护工程，钻孔和灌浆工程，基础防渗和地基加固工程，混凝土工程，模板工程，钢筋、钢构件加工及安装工程，预制混凝土工程，原料开采及加工工程和其他建筑工程，共 14 节,130 个子目。

1　土方开挖工程

1.1　清单计价

（1）场地平整包括测量放线标点，清除植被及废弃物处理，推、挖、填、压、找平，弃土（取土）装、运、卸等工作。施工过程中增加的超挖量和施工附加量所发生的费用，应摊入有效工程量的工程单价中。场地平整中有压实密度要求的，应在土石方填筑工程中另行计量计价。

（2）一般土方开挖，渠道土方开挖，沟、槽土方开挖，坑土方开挖，包括测量放线标点，处理渗水、积水，支撑挡土板，挖、装、运、卸，弃土场平整等工作。施工过程中增加的超挖量和施工附加量所发生的费用，应摊入有效工程量的工程单价中。

（3）砂砾石开挖包括测量放线标点，校验土石分界线，挖、装、运、卸，弃土场平整等工作。施工过程中增加的超挖量和施工附加量所发生的费用，应摊入有效工程量的工程单价中。

（4）平洞土方开挖、斜洞土方开挖、竖井土方开挖，包括测量放线标点，处理渗水、积水，通风、照明，挖、装、运、卸，安全处理，弃土场平整等工作。施工过程中增加的超挖量和施工附加量所发生的费用，应摊入有效工程量的工程单价中。

（5）其他土方开挖工程按招标设计计量计价。施工过程中增加的超挖量和施工附加量所发生的费用，应摊入有效工程量的工程单价中。

（6）各类土方开挖运输距离按开挖部位中心点至卸料区中心点道路运输距离计算。对于土方洞挖，通风管路应按通风散烟口至最远工作面的距离计价。渣料运输按洞内装运、洞外增运方式计价，如需倒渣，则应计入二次转运费用。

1.2　其他

（1）夹有孤石的土方开挖中，大于 $0.7 \ m^3$ 的孤石按石方开挖工程计量规则计量，在土方开挖计量中应予以扣除；小于 $0.7 \ m^3$ 的孤石仍按土方开挖工程计量规则计量。

（2）土方开挖工程均包括弃土运输的工作内容，直接利用开挖土料作为填筑料时，土料的开挖运输费用应计入土方开挖工程。

（3）开挖与运输不在同一标段的工程，应分别选取开挖与运输的工作内容计量，开挖标段按招标设计图示轮廓尺寸计算的有效自然方体积计量，弃土运输标段按弃土土方的堆方体积计量，填筑料运输标段按填筑体的有效压实方体积计量。

（4）对于底宽 >3 m、长度 ≤3 倍底宽，深度小于等于上口短边或直径的土方明挖应按一般土方开挖计量。

2　石方开挖工程

2.1　清单计价

（1）一般石方开挖，坡面石方开挖，渠道石方开挖，沟、槽石方开挖，坑石方开挖，保护层石方开挖，包括测量放线标点，钻孔、爆破，安全处理，解小、清理，装、运、卸，施工排水，渣场平整等工作。施工过程中增加的超挖量和施工附加量所发生的费用，应摊入有效工程量的工程单价中。

（2）平洞石方开挖、斜洞石方开挖、竖井石方开挖、洞室石方开挖、窑洞石方开挖，包括测量放线标点，钻孔、爆破，通风散烟，照明，安全处理，解小、清理，装、运、卸，施工排水，渣场平整等工作。施工过程中增加的超挖量和施工附加量所发生的费用，应摊入有效工程量的工程单价中。

（3）预裂爆破包括测量放线标点，钻孔、爆破，清理等工作，若招标设计文件有要求但未列出预裂爆破工程量，可采取摊入相应项目有效工程量的工程单价方式，不在工程量清单中单独列示预裂爆破项目。

（4）其他石方开挖工程按招标设计计量计价。施工过程中增加的超挖量和施工附加量所发生的费用，应摊入有效工程量的工程单价中。

（5）各类石方开挖运输距离按开挖部位中心点至卸料区中心点道路运输距离计算。

对于石方洞挖,通风管路应按通风散烟口至最远工作面的距离计价,石渣运输按洞内装运、洞外增运方式计价。

2.2　其他

(1)石方开挖均包括渣料运输的工作内容,直接利用开挖料作为混凝土骨料或填筑料的原料时,原料进入骨料加工系统进料仓或填筑工作面以前的开挖运输费用应计入石方开挖工程。

(2)石方开挖与运输不在同一标段的工程,应分别选取开挖与运输的工作内容计量。开挖标段按招标设计图示轮廓尺寸计算的有效自然方体积计量,渣料运输标段按弃渣石方的堆方体积计量,填筑料运输标段按填筑体的有效压实方体积计量。石方开挖可利用渣料的回采运输(如用于石方填筑、砂石料骨料加工)费用应计入相应的填筑料或砂石料骨料的材料单价中。

(3)对于底宽 > 7 m、长度 ≤ 3 倍底宽,深度小于等于上口短边或直径的石方开挖应按一般石方开挖计量。

(4)爆破试验费用可根据需要单独列项计价,或将其费用摊入石方开挖工程有效工程量的工程单价中。

3　土石方填筑工程

3.1　清单计价

(1)一般土方填筑、黏土料填筑、人工掺合料填筑、防渗风化料填筑、反滤料填筑、过渡层料填筑、垫层料填筑,包括挖、装、运、卸、分层铺料、平整、洒水、碾压等工作,施工过程中增加的超填量、施工附加量、填筑体及基础的沉陷损失、填筑操作损耗等所发生的费用,应摊入有效工程量的工程单价中。

(2)堆石料填筑、石渣料填筑,包括确定填筑参数,挖、装、运、卸、分层铺料、平整、洒水、碾压等工作,施工过程中增加的超填量、施工附加量、填筑体及基础的沉陷损失、雨后清理、边坡削坡、接缝削坡、取土坑、试验坑、填筑操作损耗等所发生的费用,应摊入有效工程量的工程单价中。

(3)石料抛投、混凝土块抛投,包括抛投准备、装运、抛投等工作。

(4)钢筋笼块石抛投包括抛投准备,笼体加工,石料装运、装笼、抛投等工作。

(5)袋装土方填筑包括装土、封包、运输、堆筑等工作,施工过程中增加的操作损耗等所发生的费用,应摊入有效工程量的工程单价中。

(6)土工合成材料铺设包括铺设、接缝、运输等工作,施工过程中增加的操作损耗等所发生的费用,应摊入有效工程量的工程单价中。

(7)水下土石填筑体拆除包括测量拆除前后水下地形,挖、装、运、卸等工作。

3.2　其他

(1)填筑土石料的松实系数换算,应按现场土工试验资料确定,无现场土工试验资料时,参照 GB 50501—2007 表 A.3.2 确定。

(2)抛投水下的抛填物,按抛填物的堆方体积或规格尺寸计算体积。

(3)钢筋笼块石的钢筋笼加工,按招标设计文件要求和钢筋、钢构件加工及安装工程的计量计价规则计算,摊入钢筋笼块石抛投有效工程量的工程单价中。

(4)混凝土块抛投中混凝土块应按预制混凝土工程的计量计价规则计算,摊入混凝土块抛投有效工程量的工程单价中。

(5)利用开挖料进行填筑应注意挖填分界点,分别按开挖工程和填筑工程计量计价规则进行计量计价。

(6)填筑碾压试验费用可根据需要单独列项计价,或将其费用摊入填筑工程有效工程量的工程单价中。

4　疏浚和吹填工程

4.1　清单计价

(1)船舶疏浚、其他机械疏浚,包括测量地形、设立标志,避险、防干扰,排泥管安拆、移动、挖泥、排泥(或驳船运输排泥),作业面移动及辅助工作,开工展布、收工集合等工作。施工过程中疏浚设计断面以外增加的超挖量、施工期自然回淤量、开工展布与收工集合、避险与防干扰措施、排泥管安拆移动以及使用辅助船只等所发生的费用,应摊入有效工程量的工程单价中,辅助工程(如浚前扫床和障碍物清除、排泥区围堰、隔埂、退水口及排水渠等项目)另行计量计价。

(2)船舶吹填,其他机械吹填,包括测量地形、设立标志,避险、防干扰,排泥管安拆、移动、挖泥、排泥(或驳船运输排泥),作业面移动及辅助工作,围堰、隔埂、退水口及排水渠等的维护,吹填体的脱水固结,开工展布、收工集合等工作。施工过程中吹填土体沉陷量、原地基因上部吹填荷载而产生的沉降量和泥沙流失量、对吹填区平整度要求较高的工程配备的陆上土方机械等所发生的费用,应摊入有效工程量的工程单价中。辅助工程(如浚前扫床和障碍物清除、排泥区围堰、隔埂、退水口及排水渠等项目)另行计量计价。

4.2　其他

(1)河道疏浚和吹填工程的土(砂)分级,水力冲挖机组的土类分级,按 GB 50501—2007 确定。

(2)利用疏浚工程排泥进行吹填的工程,疏浚和吹填单价施工分界按招标设计文件的规定执行。

5　砌筑工程

5.1　清单计价

(1)干砌块石包括选石、修石、砌筑、填缝、找平等工作。施工过程中的超砌量、施工附加量、砌筑操作损耗等所发生的费用,应摊入有效工程量的工程单价中。

(2)钢筋(铅丝)石笼包括笼体加工、装运笼体就位、块石装笼等工作。施工过程中的超砌量、施工附加量、砌筑操作损耗等所发生的费用,应摊入有效工程量的工程单价中。

(3)浆砌块石、浆砌卵石、浆砌条(料)石包括选石、修石、冲洗,砂浆拌和、砌筑、勾缝等工作。施工过程中的超砌量、施工附加量、砌筑操作损耗等所发生的费用,应摊入有效工程量的工程单价中。

(4)砌砖包括砂浆拌和、砌筑、勾缝等工作。施工过程中的超砌量、施工附加量、砌筑操作损耗等所发生的费用,应摊入有效工程量的工程单价中。

(5)干砌混凝土预制块包括砌筑等工作。施工过程中的超砌量、施工附加量、砌筑操作损耗等所发生的费用,应摊入有效工程量的工程单价中。

(6)浆砌混凝土预制块包括冲洗、拌砂浆、砌筑、勾缝等工作。施工过程中的超砌量、施工附加量、砌筑操作损耗等所发生的费用,应摊入有效工程量的工程单价中。

(7)砌体拆除包括有用料堆存、弃渣装、运、卸,清理等工作。施工过程中的施工附加量等所发生的费用,应摊入有效工程量的工程单价中。

(8)砌体砂浆抹面包括拌砂浆、抹面等工作。施工过程中的施工附加量、操作损耗等所发生的费用,应摊入有效工程量的工程单价中。

5.2 其他

(1)钢筋(铅丝)石笼笼体加工和砌筑体拉结筋,按招标设计图示要求和钢筋、钢构件加工及安装工程的计量计价规格计算,分别摊入钢筋(铅丝)石笼和埋有拉结筋砌筑体的有效工程量的工程单价中。

(2)主要砌筑材料(如块石、混凝土预制块、卵石、砖等)应以材料费列示计入砌筑工程有效工程量的工程单价中。

6 锚喷支护工程

6.1 清单计价

(1)注浆黏结锚杆、水泥卷锚杆、普通树脂锚杆、加强锚杆束、预应力锚杆、其他黏结锚杆,包括布孔、钻孔,锚杆、锚杆束及附件加工、锚固,锚杆张拉,拉拔试验等工作。钻孔、锚杆或锚杆束、附件加工及安装过程中操作损耗等所发生的费用,应摊入有效工程量的工程单价中。

(2)单锚头预应力锚索、双锚头预应力锚索,包括钻孔、清孔及孔位测量,锚索及附件加工、运输、安装,单锚头的孔底段锚固,孔口承压垫座混凝土浇筑和钢垫板安装,张拉、锚固、注浆、封闭锚头等工作。钻孔、锚索、附件加工及安装过程中操作损耗等所发生的费用,应摊入有效工程量的工程单价中。

(3)岩石面喷浆、混凝土面喷浆,包括岩面浮石撬挖及清洗,混凝土面凿毛、清洗,材料装、运、卸,砂浆配料、施喷、养护,回弹物清理等工作。由于被喷表面超挖等原因引起的超喷量、施喷回弹损耗量、操作损耗等所发生的费用,应摊入有效工程量的工程单价中。

(4)岩石面喷混凝土包括岩石面清洗,材料装、运、卸,混凝土配料、拌和、试验、施喷、养护,回弹物清理,喷护厚度检测等工作。由于被喷表面超挖等原因引起的超喷量、施喷回弹损耗量、操作损耗等所发生的费用,应摊入有效工程量的工程单价中。

(5)钢支撑加工、钢支撑安装、钢筋格构架加工、钢筋格构架安装,包括机械性能试验,除锈、加工、焊接,运输、安装等工作。计算钢支撑或钢筋格构架重量时,不扣除孔眼的重量,也不增加电焊条、铆钉、螺栓等的重量。一般情况下,钢支撑或钢筋格构架不拆除,如需拆除,招标人应另外支付拆除费用,在计价时应考虑残值回收。

(6)木支撑安装包括木支撑加工,木支撑运输、架设、拆除等工作。木支撑拆除在计价时应考虑残值回收。

6.2 其他

（1）锚杆和锚索钻孔的岩石分级，按 GB 50501—2007 确定。

（2）喷浆和喷混凝土工程中如设有钢筋网，一般情况下，钢筋网费用不宜直接摊入喷浆和喷混凝土工程中，应在工程量清单中单独列项，按钢筋、钢构件加工及安装工程的计量计价规则另行计量计价。

7 钻孔和灌浆工程

7.1 清单计价

（1）砂砾石层帷幕灌浆（含钻孔）包括钻孔，镶筑孔口管，泥浆护壁，制浆、灌浆、封孔，抬动观测，检查孔钻孔、压水试验及灌浆封堵，废漏浆液和弃渣清除等工作。钻孔、检查孔钻孔灌浆、浆液废弃、钻孔灌浆操作损耗等所发生的费用，应摊入砂砾石层帷幕灌浆有效工程量的工程单价中。

（2）土坝（堤）劈裂灌浆（含钻孔）包括钻孔，泥浆或套管护壁，制浆、灌浆、封孔，检查孔钻孔取样、灌浆封堵，坝体变形、渗流等观测，坝体变形、裂缝、冒浆及串浆处理等工作。钻孔、检查孔钻孔灌浆、浆液废弃、钻孔灌浆操作损耗等所发生的费用，应摊入土坝（堤）劈裂灌浆有效工程量的工程单价中。

（3）岩石层钻孔、混凝土层钻孔，包括埋设孔口管，钻孔、洗孔、孔位转移，取芯样，量孔深、测孔斜，孔口加盖保护等工作。有效钻孔进尺按钻机钻进工作面的位置开始计算。先导孔或观测孔取芯、灌浆孔取芯和扫孔等所发生的费用，应摊入岩石层钻孔、混凝土层钻孔有效工程量的工程单价中。

（4）岩石层帷幕灌浆、岩石层固结灌浆，包括洗孔、扫孔、简易压水试验，制浆、灌浆、封孔，抬动观测，废漏浆液清除等工作。补强灌浆、浆液废弃、灌浆操作损耗等所发生的费用，应摊入岩石层帷幕灌浆、固结灌浆有效工程量的工程单价中。

（5）回填灌浆（含钻孔）包括钻进混凝土后入岩或通过预埋灌浆管钻孔入岩，洗孔、制浆、灌浆、封孔，变形观测，检查孔压浆检查和封堵等工作。

隧洞回填灌浆按招标设计图示尺寸规定的计量角度，以设计衬砌外缘弧长与灌浆段长度的乘积计算的有效灌浆面积计量。混凝土层钻孔、预埋灌浆管路、预留灌浆孔的检查和处理、检查孔钻孔和压浆封堵、浆液废弃、灌浆操作损耗等所发生的费用，应摊入有效工程量的工程单价中。

高压钢管回填灌浆按招标设计图示衬砌钢板外缘全周长乘回填灌浆钢板衬砌段长度计算的有效灌浆面积计量。连接灌浆管、检查孔回填灌浆、浆液废弃、灌浆操作损耗等所发生的费用，应摊入有效工程量的工程单价中。钢板预留灌浆孔封堵不属回填灌浆的工作内容，应计入压力钢管的安装费中。

（6）检查孔钻孔、检查孔压水试验、检查孔灌浆，包括钻孔取岩芯，检查、验收，扫孔、洗孔，压水试验，制浆、灌浆、封孔，废浆液及弃渣清除等工作。各工序操作损耗等所发生的费用，应摊入有效工程量的工程单价中。

（7）接缝灌浆、接触灌浆，包括灌浆管路、灌浆盒及止浆片安装，钻灌浆孔，通水检查、冲洗、压水试验，制浆、灌浆、变形观测等工作。灌浆管路、灌浆盒及止浆片的制作、埋设、

检查和处理,钻混凝土孔、灌浆操作损耗等所发生的费用,应摊入接缝灌浆、接触灌浆有效工程量的工程单价中。

(8)排水孔包括钻孔、洗孔、孔位转移,填料,插管,检查、验收等工作。

(9)化学灌浆包括埋设灌浆嘴,化学灌浆试验,选定浆液配合比和灌浆工艺,钻孔、洗孔及裂缝处理,配浆、灌浆、封孔等工作。化学灌浆试验、灌浆过程中操作损耗等所发生的费用,应摊入有效工程量的工程单价中。

7.2　其他

(1)岩石层钻孔的岩石分级,按 GB 50501—2007 确定。砂砾石层钻孔地层分类,按 GB 50501—2007 确定。

(2)直接用于灌浆的水泥或掺合料的干耗量按设计净耗灰量计量。

(3)钻孔和灌浆工程的工作内容不包括招标文件规定按总价报价的钻孔取芯样的检验试验费和灌浆试验费。

(4)岩石层帷幕灌浆、岩石层固结灌浆计量单位可采用“m”或“t”计量,若以“m”为单位,则应按入岩深度计量,不包括混凝土层钻孔长度。

(5)检查孔钻孔、检查孔压水试验、检查孔灌浆可根据需要不单独列项,其费用摊入岩石层帷幕灌浆、岩石层固结灌浆有效工程量的工程单价中。

(6)灌浆试验费用可根据需要单独列项计价,或将其费用摊入相应灌浆项目有效工程量的工程单价中。

8　基础防渗和地基加固工程

清单计价应注意以下问题:

(1)混凝土地下连续墙包括地质复勘,生产性试验,选定施工工艺及参数,槽段造(钻)孔、泥浆固壁、清孔,混凝土配料、拌和、浇筑,钻取芯样检验等工作。施工过程中的操作损耗等所发生的费用,应摊入有效工程量的工程单价中。地下连续墙施工的导向槽、施工平台以及墙体内预埋灌浆管、墙体内观测仪器(观测仪器的埋设、率定、下设桁架等)及钢筋笼下设(指保护预埋灌浆管的钢筋笼的加工、运输、垂直下设及孔口对接等),另行计量计价。

(2)高压喷射注浆连续防渗墙包括地质复勘,生产性试验,选定施工工艺及参数,钻孔,配制浆液,高压喷射注浆、固结体连接成墙等工作。施工过程中的操作损耗等所发生的费用应摊入有效工程量的工程单价中。

(3)高压喷射水泥搅拌桩包括地质复勘,生产性试验,选定施工工艺及参数,钻孔,配制浆液,高压喷射注浆等工作。施工过程中的操作损耗等所发生的费用应摊入有效工程量的工程单价中。

(4)混凝土灌注桩包括地质复勘、成孔成桩试验、校验施工参数和工艺,埋设孔口装置、泥浆护壁造孔或跟管钻进造孔,清孔,加工、吊放钢筋笼,混凝土配料、拌和、运输,水下混凝土灌注,成桩承载力检验等工作。检验试验、灌注于桩顶设计高程以上需要挖去的混凝土、钻孔(沉管)灌注混凝土的操作损耗等所发生的费用和周转使用沉管的费用,应摊入有效工程量的工程单价中。钢筋笼按钢筋、钢构件加工及安装工程的计量计价规则另行计量计价。

（5）钢筋混凝土预制桩包括地质复勘、选择停锤标准、购置或预制混凝土桩，起吊、运输、存放，打（压）桩、接桩、停锤，桩斜度测量，桩基承载力检验等工作。运桩、打桩和接桩过程中的操作损耗等所发生的费用，应摊入有效工程量的工程单价中。自行预制的预制混凝土桩按预制混凝土工程的计量计价规则另行计量计价后，计入有效工程量的工程单价中。

（6）振冲桩加固地基包括振冲试验、选择施工参数，填料开采、运输、检验，填料振实、逐段加密，桩体密实度和承载力的检验等工作。填料及在振冲造孔填料振密过程中的操作损耗等所发生的费用，应摊入有效工程量的工程单价中。

（7）钢筋混凝土沉井、钢制沉井，包括地质复勘、校验地质资料及持力层特征，制作沉井及刃脚，沉井运输，沉井定位、挖井内泥土、沉井下沉、抽排地下水，浇筑封底混凝土（于封底或水下浇筑混凝土）等工作。施工过程中清基或水中筑岛、操作损耗等所发生的费用，应摊入有效工程量的工程单价中。

9　混凝土工程

9.1　清单计价

（1）普通混凝土包括冲（凿）毛、冲洗、清仓、铺水泥砂浆，维护并保持仓内模板、钢筋及预埋件的准确位置，混凝土配料、拌和、运输、平仓、振捣、养护，取样检验等工作。施工过程中由于超挖引起的超填量，冲（凿）毛、拌和、运输和浇筑过程中的操作损耗所发生的费用，应摊入有效工程量的工程单价中。混凝土配合比试验费另行计量计价。

（2）碾压混凝土包括冲（刷）毛、冲洗、清仓、铺水泥砂浆，混凝土配料、拌和、运输、平仓、碾压、养护，切缝，取样检验等工作。施工过程中由于超挖引起的超填量，冲（刷）毛、拌和、运输和碾压过程中的操作损耗所发生的费用，应摊入有效工程量的工程单价中。碾压混凝土配合比试验和生产性碾压试验的费用另行计量计价。

（3）水下浇筑混凝土包括清基、测量浇筑前的水下地形，混凝土配料、拌和、运输，直升导管法连续浇筑，测量浇筑后水下地形，计算工程量，钻取芯样检验等工作。拌和、运输和浇筑过程中的操作损耗所发生的费用，应摊入有效工程量的工程单价中。

（4）模袋混凝土包括模袋加工，模袋铺设，混凝土配料、拌和、运输、灌注，取样检查等工作。施工过程中的操作损耗等所发生的费用，应摊入有效工程量的工程单价中。

（5）预应力混凝土包括冲（凿）毛、冲洗，锚索及其附件加工、运输、安装，维护并保持模板、钢筋、锚索及预埋件的准确位置，混凝土配料、拌和、运输、振捣、养护，预应力钢筋的张拉实验及张拉、灌浆封闭等工作。锚索及其附件的加工、运输、安装、张拉、注浆封闭、混凝土浇筑过程中操作损耗等所发生的费用，应摊入有效工程量的工程单价中。预应力混凝土中固定锚索位置的钢管等所发生的费用，应分别摊入相应混凝土有效工程量的工程单价中。

（6）二期混凝土包括凿毛、清洗，维护并保持安装件的准确位置，混凝土配料、拌和、运输、振捣、养护等工作。拌和、运输和浇筑过程中的操作损耗所发生的费用，应摊入有效工程量的工程单价中。

（7）沥青混凝土包括原料加热,配料及拌和,保温运输、摊铺和碾压,施工接缝及层间处理、封闭层施工,取样检验等工作。施工过程中由于超挖引起的超填量及拌和、运输和摊铺碾压过程中的操作损耗所发生的费用,应摊入有效工程量的工程单价中。室内试验、现场试验和生产性能试验的费用另行计量计价。

（8）止水工程包括制作、安装、维护等工作。止水片的搭接长度、加工和安装过程操作损耗等所发生的费用应摊入有效工程量的工程单价中。

（9）伸缩缝包括制作、安装、维护等工作。缝中填料及其在加工和安装过程中的操作损耗所发生的费用,应摊入有效工程量的工程单价中。

（10）混凝土凿除包括混凝土凿除、凿除面的清洗,弃渣运输,周围建筑物保护等工作。

9.2　其他

（1）计算混凝土有效工程量时,不扣除设计单位体积小于 0.1 m³ 的圆角或斜角,单体占用的空间体积小于 0.1 m³ 的钢筋和金属件,单体横截面及小于 0.1 m² 的孔洞、排水管、预埋管和凹槽等所占的体积,按设计要求对上述孔洞回填的混凝土也不重复计量。

（2）温控混凝土中的温控措施费应摊入相应温控混凝土的工程单价中。预埋冷却水管、通冷水等所发生的费用,应分别摊入相应混凝土有效工程量的工程单价中。

（3）混凝土冬季施工中对原材料(如砂石料)加温、热水拌和、成品混凝土的保温等措施所发生的机动施工增加费应包含在相应混凝土的工程单价中。

（4）混凝土拌和与浇筑分属两个投标人时,价格分界点按招标文件的规定执行。

（5）当开挖与混凝土浇筑分属两个投标人时,混凝土工程按开挖实测断面计算工程量,相应由于超挖引起的超填量所发生的费用,不应摊入混凝土有效工程量的工程单价中。

（6）招标人如要求将模板使用费摊入混凝土工程单价中,各摊入模板使用费的混凝土工程单价应包括模板周转使用摊销费。

（7）洞内混凝土浇筑运输一般情况下应按洞外装运、洞内增运方式计价。

10　钢筋、钢构件加工及安装工程

清单计价应注意以下问题:

（1）钢筋加工及安装包括钢筋机械性能试验,除锈、调直、加工、绑扎、丝扣连接(焊接)、安装等工作。施工架立筋、搭接、焊接、套筒连接、加工及安装过程中操作损耗等所发生的费用,应摊入有效工程量的工程单价中。

（2）钢构件加工及安装包括钢筋机械性能试验,除锈、调直、加工、焊接、安装、埋设等工作。施工架立件、搭接、焊接、套筒连接、加工及安装过程中操作损耗等所发生的费用,应摊入有效工程量的工程单价中。

（3）钢构件加工及安装有效重量中不扣减切肢、切边和孔眼的重量,不增加电焊条、铆钉和螺栓的重量。

（4）喷混凝土中的钢筋网可按钢筋加工及安装工程计量计价。

11　预制混凝土工程

清单计价应注意以下问题：

（1）预制混凝土构件、预制混凝土模板，包括立模、绑(焊)筋、清洗仓面，维护并保持模板、钢筋、预埋件的准确位置，混凝土配料、拌和、浇筑、养护、成品检验、吊运、堆存备用等工作。预制混凝土模板价格包括预制、预制场内吊运、堆存等所发生的全部费用。

（2）预制预应力混凝土构件包括立模、绑(焊)筋及穿索钢管的安装定位，混凝土配料、拌和、浇筑、养护，锚索及附件加工安装，张拉、封孔注浆、封闭锚头，成品检验、吊运、堆存备用等工作。预制预应力混凝土构件价格包括预制(含锚索张拉)、预制场内吊运、堆存等所发生的全部费用。

（3）预应力钢筒混凝土(PCCP)输水管道安装包括试吊装，安装基础验收，起吊装车、运输、吊装就位，检查及清扫管材，上胶圈、对口、调直、牵引，管件、阀门安装，阀门井砌筑，管道试压等工作全部费用。

（4）混凝土预制件吊装包括试吊装，安装基础验收，起吊装车、运输、吊装就位、撑拉固定，填缝灌浆，复检、焊接等工作。运输费用包括混凝土预制件从预制件成品堆存点至吊装就位点的水平运输和垂直运输费用。

（5）预制混凝土工程中的模板、钢筋、埋件、预应力锚索及附件、加工及安装过程中操作损耗等所发生的费用，应摊入有效工程量的工程单价中。

（6）构成永久结构混凝土工程有效实体、不周转使用的预制混凝土模板，按预制混凝土构件计量。

（7）预制混凝土工程计算有效体积时，不扣除埋设于构件体内的埋件、钢筋、预应力锚索及附件等所占体积。

12　原料开采及加工工程

12.1　清单计价

（1）黏性土料包括清除植被，开采运输，改善土料特性，堆存，弃料处理等工作。料场查勘及试验费用，清除植被层与弃料处理费用，开采、运输、加工、堆存过程中的操作损耗等所发生的费用，应摊入有效工程量的工程单价中。

（2）天然砂料、天然卵石料，包括清除覆盖层，原料开采运输，筛分、清洗，级配平衡及破碎，成品运输、分类堆存，弃料处理等工作。料场查勘及试验费用，清除覆盖层与弃料处理费用，开采、运输、加工、堆存过程中的操作损耗等所发生的费用，应摊入有效工程量的工程单价中。

（3）人工砂料、人工碎石料，包括清除覆盖层，钻孔爆破，安全处理，解小、清理，原料装、运、卸，破碎、筛分、清洗，成品运输、分类堆存，弃料处理等工作。料场查勘及试验费用，清除覆盖层与弃料处理费用，开采、运输、加工、堆存过程中的操作损耗等所发生的费用，应摊入有效工程量的工程单价中。

（4）块(堆)石料包括清除覆盖层，钻孔、爆破，安全处理，解小、清面，原料装、运、卸，成品运输、堆存，弃料处理等工作。料场查勘及试验费用，清除覆盖层与弃料处理费用，开采、运输、加工、堆存过程中的操作损耗等所发生的费用，应摊入有效工程量的工程单价中。

(5)条(料)石料包括清除覆盖层、人工开采、清凿、成品运输、堆存、弃料处理等工作。料场查勘及试验费用、清除覆盖层与弃料处理费用、开采、运输、加工、堆存过程中的操作损耗等所发生的费用，应摊入有效工程量的工程单价中。

(6)混凝土半成品料包括配料和拌和，如需温控要求，还要包括混凝土拌制过程中的温控措施等工作。加工过程中的配料、拌和损耗等发生的费用，应摊入有效工程量的工程单价中。

12.2 其他

(1)采挖、堆料区域的边坡、地面和弃料场的整治费用，按招标设计要求计算。

(2)若原料开采及加工工程和主体工程同属一个投标人时，则原料开采及加工工程不单独列项计价，其费用应摊入到主体工程有效工程量的工程单价中。若原料开采及加工标段供应其他标段商品原料，原料开采及加工工程应按招标文件规定进行计量计价。

(3)直接利用开挖料作为混凝土骨料或填筑料的原料时，开挖料进入骨料加工系统进料仓或填筑工作面以前的开采运输费用，不计入混凝土骨料或填筑料的原料费中。

(4)计算混凝土半成品材料价格时，如混凝土系统设有骨料调节料仓，则应包括骨料调节料仓至拌和系统骨料仓以及拌和系统骨料仓至拌和系统的运输费用。如未设骨料调节料仓，则应包括砂石成料堆存点至拌和系统的运输费用。喷混凝土一般为现场拌制，所用砂石料价格应计入自成品料堆存点至现场搅拌机进料口的运输费用。

13 其他建筑工程

其他建筑工程根据项目的组成内容组合工程单价，也可采用扩大单位指标计价。

【案例1-3】 工程量清单项目划分与计价

背景资料

某水闸年久失修需要除险加固，利用中央财政专项资金结合地方配套资金对闸室和上游连接段部分护坡、护底工程需要拆除重建，根据工程量清单计价规范，招标人提供的分类分项工程量清单见表1-5。

问题

1.指出表1-5中A、B代表编码。

2.一般土方填筑单价编制时，应包括哪些施工项目发生费用？

3.如果土方开采料场需要覆盖层清除，料场开采后需要植被恢复，其费用在单价编制时如何处理？

4.指出表1-5中土方开挖的工程量与计量工程量的主要区别，招标标底的单价和施工单位投标单价确定的主要区别，以及应考虑的主要因素。

答案

1.A—500105001001；B—500103001001。

2.包括挖、装、运、卸、分层铺料、平整、洒水、碾压等工作，施工过程中增加的超填量、施工附加量、填筑体及基础的沉陷损失、填筑操作损耗等所发生的费用，应摊入有效工程量的工程单价中。

表1-5 分类分项工程量清单

合同编号:(招标项目合同号)

工程名称:(招标项目名称) 第 页,共 页

序号	项目编码	项目名称	计量单位	工程数量	单价	合价	备注
1		上游连接段					
1.1		土方开挖工程					
1.1.1	500101002001	一般土方开挖	m³	2 000			
1.2		土方填筑工程					
1.2.1	500103007001	渠底垫层	m³	1 200			
1.3		砌筑工程					
1.3.1	500105003001	底部浆砌块石	m³	500			
1.3.2	A	护坡干砌块石	m³	700			
2		闸室段					
2.1		土方开挖工程					
2.1.1	500101002002	一般土方开挖	m³	1 200			
2.2		土方填筑工程					
2.2.1	B	一般土方填筑	m³	530			
2.2.2	500103007002	底板砂石垫层	m³	240			

3. 开采料场需要覆盖层清除费用应包含在填筑单价中,料场开采后需要植被恢复,其费用应另行计价。

4. 表中的土方开挖工程量为招标工程量,是根据招标图纸估算的工程量,不能作为支付工程量,计量工程量是承包人完成的施工图轮廓尺寸并经监理人确认的工程量。

招标标底的单价要考虑社会平均水平,施工单位投标单价主要考虑企业的平均先进水平和投标策略,两者在确定单价时均要考虑土的级别、运距、施工方法、工程量大小、环境条件、市场情况、工期长短等因素。

项目 2　施工项目合同管理

水利部组织编制了《水利水电工程标准施工招标资格预审文件》(2009 年版)和《水利水电工程标准施工招标文件》(2009 年版),并以《关于印发水利水电工程标准施工招标资格预审文件和水利水电工程标准施工招标文件的通知》(水建管〔2009〕629 号)予以发布。凡列入国家或地方建设计划的大中型水利水电工程使用《水利水电工程标准施工招标文件》,小型水利水电工程可参照使用。

《水利水电工程标准施工招标资格预审文件》中的"申请人须知"(申请人须知前附表及附件格式除外)、"资格审查办法"(资格审查办法前附表及附件格式除外),以及《水利水电工程标准施工招标文件》中的"投标人须知"(投标人须知前附表及附件格式除外)、"评标办法"(评标办法前附表及附件格式除外)、"通用合同条款",应不加修改地引用。《水利水电工程标准施工招标文件》中的其他内容,供招标人参考。

"申请人须知前附表"和"投标人须知前附表"用于进一步明确"申请人须知"和"投标人须知"正文中的未尽事宜,招标人应结合招标项目具体特点和实际需要编制、填写,但不得与"申请人须知"和"投标人须知"正文内容相抵触,否则抵触内容无效。

"资格审查办法前附表"和"评标办法前附表"用于进一步补充、明确资格审查和评标的因素、标准。招标人应根据招标项目具体特点和实际需要,详细列明正文之外的审查或评审因素、标准,没有列明的因素、标准不得作为资格审查或评标的依据。

"专用合同条款"可根据招标项目的具体特点和实际需要,按其条款编号和内容对"通用合同条款"进行补充、细化,但除"通用合同条款"明确"专用合同条款"可作出不同约定外,补充、细化的内容不得与通用合同条款规定相抵触,不得违反法律、法规及行业规章的有关规定与平等、自愿、公平和诚实信用原则。

"技术标准和要求(合同技术条款)"是参考性的文本,招标人可根据工程项目的具体需要进行修改,但应注意与"通用合同条款"、"专用合同条款"以及"工程量清单"的衔接。

《水利水电工程标准施工招标文件》中须不加修改引用的内容,若确因工程的特殊条件需要改动,应按项目的隶属关系报项目主管部门批准。

根据《水利水电工程标准施工招标文件》,合同文件指组成合同的各项文件,包括协议书、中标通知书、投标函及投标函附录、专用合同条款、通用合同条款、技术标准和要求(合同技术条款)、图纸、已标价工程量清单,以及经合同双方确认进入合同的其他文件。上述次序也是解释合同的优先顺序。

(1)合同文件(或称合同)。

合同文件(或称合同)是指由发包人与承包人签订的为完成本合同规定的各项工作所列入本合同条件的全部文件和图纸,以及其他在协议书中明确列入的文件和图纸。

（2）协议书。

承包人按中标通知书规定的时间与发包人签订合同协议书。除法律另有规定或合同另有约定外，发包人和承包人的法定代表人或其委托代理人在合同协议书上签字并盖单位章后，合同生效。

（3）中标通知书。

中标通知书是指发包人正式向中标人授标的通知书。中标人确定后，发包人应发中标通知书给中标人，表明发包人已接受其投标并通知该中标人在规定的期限内派代表前来签订合同。若在签订合同前尚有遗留问题需要洽谈，可在发中标通知书前先发中标意向书，邀请对方就遗留问题进行合同谈判。一般来说，中标意向书仅表达发包人接受投标的意愿，但尚有一些问题需进一步洽谈，并不说明该投标人已中标。

（4）投标函及投标函附录。

投标函是指构成合同文件组成部分的由承包人填写并签署的投标函。投标函附录是指附在投标函后构成合同文件的投标函附录。

（5）专用合同条款。

专用合同条款是补充和修改通用合同条款中条款号相同的条款或当需要时增加的条款。通用合同条款与专用合同条款应对照阅读，一旦出现矛盾或不一致，则以专用合同条款为准，通用合同条款中未补充和修改的部分仍有效。

（6）通用合同条款。

通用合同条款的编制依据是我国《合同法》和《标准施工招标文件》，其编制体系参照了国际通用的菲迪克施工合同条件，吸收了现行水利水电工程建设项目中有关质量、安全、进度、变更、索赔、计量支付、风险管理等方面的规定。

（7）技术标准和要求（合同技术条款）。

列入施工合同的技术条款是构成施工合同的重要组成部分，专用合同条款和通用合同条款主要是划清发包人与承包人双方在合同中各自的责任、权利及义务，而合同技术条款则是双方责任、权利及义务在工程施工中的具体工作内容，也是合同责任、权利及义务在工程安全和施工质量管理等实物操作领域的具体延伸。合同技术条款是发包人委托监理人进行合同管理的实物标准，也是发包人与监理人在工程施工过程中实施进度、质量和费用控制的操作程序及方法。

合同技术条款是投标人进行投标报价和发包人进行合同支付的实物依据。投标人应按合同进度要求和技术条款规定的质量标准，根据自身的施工能力和水平，参照行业定额，运用实物法原理编制其企业的施工定额，计算投标价进行投标；中标后，承包人应根据合同约定和技术条款的规定组织工程施工；在施工过程中，发包人与监理人则应根据技术条款规定的质量标准进行检查和验收，并按计量支付条款的约定执行支付。

（8）图纸。

图纸是指列入合同的招标图纸、投标图纸和发包人按合同约定向承包人提供的施工图纸及其他图纸（包括配套说明和有关资料）。列入合同的招标图纸已成为合同文件的一部分，具有合同效力，主要用于在履行合同中作为衡量变更的依据，但不能直接用于施工。经发包人确认进入合同的投标图纸亦成为合同文件的一部分，作为在履行合同中检验承包人是否按其投标时承诺的条件进行施工的依据,也不能直接用于施工。

(9)已标价工程量清单。

已标价工程量清单是指构成合同文件组成部分的由承包人按照规定的格式和要求填写并标明价格的工程量清单。

任务1　发包人的义务和责任界定

《水利水电工程标准施工招标文件》(2009 年版)将发包人和承包人的义务和责任进行了合理划分。合同约定的发包人义务和责任反映了合同管理的主要方面。除合同约定外,发包人还须根据有关规定承担法定的义务和责任。

1　发包人的义务和责任

(1)遵守法律。

(2)发出开工通知。

(3)提供施工场地。

(4)协助承包人办理证件和批件。

(5)组织设计交底。

(6)支付合同价款。

(7)组织法人验收。

(8)专用合同条款约定的其他义务和责任。

2　发包人在履行义务和责任时应注意的事项

(1)发包人在履行合同过程中应遵守法律,并保证承包人免予承担因发包人违反法律而引起的任何责任。

(2)发包人应及时向承包人发出开工通知,若延误发出开工通知,将可能使承包人失去开工的最佳时机,影响工程工期,并可能形成索赔。开工通知的具体要求如下:

①监理人应在开工日期 7 天前向承包人发出开工通知。监理人在发出开工通知前应获得发包人同意。

②工期自监理人发出的开工通知中载明的开工日期起计算。

③承包人应在开工日期后尽快施工。承包人在接到开工通知后 14 天内未按进度计划要求及时进场组织施工,监理人可通知承包人在接到通知后 7 天内提交一份说明其进场延误的书面报告,报送监理人。书面报告应说明不能及时进场的原因和补救措施,由此增加的费用和工期延误责任由承包人承担。

(3)提供施工场地是发包人的义务和责任,特殊条件下,临时征地可由承包人负责实施,但责任仍旧是发包人的。施工场地包括永久占地和临时占地。发包人提供施工场地的要求如下:

①发包人应在双方签订合同协议书后的 14 天内,将本合同工程的施工场地范围图提交给承包人。发包人提供的施工场地范围图应标明场地范围内永久占地与临时占地的范

围和界限,以及指明提供给承包人用于施工场地布置的范围和界限及其有关资料。

②发包人提供的施工用地范围在专用合同条款中约定。

③除专用合同条款另有约定外,发包人应按技术标准和要求(合同技术条款)的约定,向承包人提供施工场地内的工程地质图纸和报告,以及地下障碍物图纸等施工场地有关资料,并保证资料的真实、准确、完整。

(4)发包人应协助承包人办理法律规定的有关施工证件和批件。

(5)发包人应根据合同进度计划,组织设计单位向承包人进行设计交底。

(6)发包人应按合同约定向承包人及时支付合同价款,包括按合同约定支付工程预付款和进度付款,工程通过完工验收后支付完工付款,保修期期满后及时支付最终结清款。

(7)发包人应按合同约定及时组织法人验收。发包人在验收方面的义务即承担法人验收职责:法人验收包括分部工程验收、单位工程验收、中间机组启动验收和合同工程完工验收。水利水电工程竣工验收是政府验收范畴,由政府负责。验收的具体要求根据《水利水电建设工程验收规程》(SL 223—2008)在合同验收条款中约定(见项目 4)。

3　发包人提供材料和工程设备时应注意的事项

3.1　供货计划

(1)发包人提供的材料和工程设备,应在专用合同条款中写明材料和工程设备的名称、规格、数量、价格、交货方式、交货地点和计划交货日期等。

(2)承包人应根据合同进度计划的安排,向监理人报送要求发包人交货的日期计划。发包人应按照监理人与合同双方当事人商定的交货日期,向承包人提交材料和工程设备。

3.2　验收

(1)发包人应在材料和工程设备到货 7 天前通知承包人,承包人应会同监理人在约定的时间内,赴交货地点共同进行验收。

(2)发包人提供的材料和工程设备运至交货地点验收后,由承包人负责接收、卸货、运输和保管。

(3)发包人要求向承包人提前交货的,承包人不得拒绝,但发包人应承担承包人由此增加的费用。

(4)承包人要求更改交货日期或地点的,应事先报请监理人批准,所增加的费用和(或)工期延误由承包人承担。

(5)发包人提供的材料和工程设备的规格、数量或质量不符合合同要求,或由于发包人原因发生交货日期延误及交货地点变更等情况的,发包人应承担由此增加的费用和(或)工期延误,并向承包人支付合理利润。

3.3　发包人提供材料时的费用处理

发包人提供材料时,材料供应商一般由招标选定。材料费的处理有以下两种情形。

(1)材料费包含在承包人签约合同价中。

根据合同约定的计量规则计量(通常以监理人批准的领料计划作为领料和扣除的依据),按约定的材料预算价格(通常比该材料供应商中标价低)作为扣除价,由发包人在工程进度支付款中扣除发包人供应材料费。

（2）材料费不包括在承包人签约合同价中。

合同规定材料预算价格及其损耗率的计入和扣回方式，承包人只获得该材料预算价格带来的管理费率滚动产生的费用，材料费由发包人直接向材料供应商支付。

4　发包人在履行义务和责任时应注意的事项

4.1　监理人的职责和权力

4.1.1　监理人角色

监理人是受发包人委托在施工现场实施合同管理的执行者。监理人按发包人与承包人签订的施工合同进行监理，监理人不是合同的第三方，他无权修改合同，无权免除或变更合同约定的发包人与承包人的责任、权利和义务。监理人的任务是忠实地执行合同双方签订的合同，监理人的指示被认为已取得发包人授权。

4.1.2　监理人权力来源

监理人的权力范围在专用合同条款中明确。发包人宜将工程的进度控制、质量监督、安全管理和日常的合同支付签证尽量授权给监理人，使其充分行使职权。有关工程分包、工期调整和重大变更（可规定合同价格限额）等重大问题，监理人应在作出指示前得到发包人的批准。

4.1.3　紧急事件的处置权

当监理人认为出现了危及生命、工程或毗邻财产等安全的紧急事件时，在不免除合同约定的承包人责任的情况下，监理人可以指示承包人实施为消除或减少这种危险所必须进行的工作，即使没有发包人的事先批准，承包人也应立即遵照执行。监理人应按变更的约定增加相应的费用，并通知承包人。

4.1.4　监理人履行权力的限制

监理人发出的任何指示应视为已得到发包人的批准，但监理人无权免除或变更合同约定的发包人和承包人的权利、义务和责任。

4.1.5　监理人的检查和检验

合同约定应由承包人承担的义务和责任，不因监理人对承包人提交文件的审查或批准，对工程、材料和设备的检查和检验，以及为实施监理作出的指示等职务行为而减轻或解除。

4.2　监理人的指示

（1）监理人的指示应盖有监理人授权的施工场地机构章，并由总监理工程师或总监理工程师授权的监理人员签字。

（2）承包人收到监理人指示后应遵照执行。指示构成变更的，应按变更条款处理。

（3）在紧急情况下，总监理工程师或被授权的监理人员可以当场签发临时书面指示，承包人应遵照执行。承包人应在收到上述临时书面指示后24小时内，向监理人发出书面确认函。监理人在收到书面确认函后24小时内未予答复的，该书面确认函应被视为监理人的正式指示。

（4）除合同另有约定外，承包人只从总监理工程师或其授权的监理人员处取得指示。

（5）由于监理人未能按合同约定发出指示、指示延误或指示错误而导致承包人费用增加和（或）工期延误的，由发包人承担赔偿责任。

4.3　监理人的商定或确定权

监理人与合同双方经常通过协商处理好各项合同事宜，及时解决合同纠纷是提高合同管理效能的良好方法。监理人履行商定或确定权的要求如下：

（1）合同约定总监理工程师对如变更、价格调整、不可抗力、索赔等事项进行商定或确定时，总监理工程师应与合同当事人协商，尽量达成一致。不能达成一致的，总监理工程师应认真研究后审慎确定。

（2）总监理工程师应将商定或确定的事项通知合同当事人，并附详细依据。

（3）监理人的商定和确定不是强制的，也不是最终的决定。对总监理工程师的确定有异议的，构成争议，按照合同争议的约定处理。在争议解决前，双方应暂按总监理工程师的确定执行，按照合同争议的约定对总监理工程师的确定作出修改的，按修改后的结果执行。

合同争议的处理有以下方法：

（1）友好协商解决。

合同争议的调解，包括社会调解、行政调解、仲裁调解和司法调解。无论采用哪种调解方式，都应遵守自愿和合法两项原则。

（2）提请争议评审组评审。

发包人和承包人在签订协议书后，应共同协商成立争议调解组，并由双方与争议调解组签订协议。争议调解组由3（或5）名有合同管理和工程实践经验的专家组成，专家的聘请方法可由发包人和承包人共同协商确定，一般其中2（或4）名组员可由合同双方各提1（或2）名，并征得另一方同意，组长可由2（或4）名组员协商推荐并征得合同双方同意。也可请政府主管部门推荐或通过行业合同争议调解机构聘请，并经双方认同。争议调解组成员应与合同双方均无利害关系。争议调解组的各项费用由发包人和承包人平均分担。

（3）仲裁。

争议双方不愿通过和解或调解，或者经过和解或调解不能解决争议时，可以选择由仲裁机构进行仲裁或由法院进行诉讼审判方式。

我国实行"或裁或审制"，即当事人只能选择仲裁或诉讼两种解决争议方式中的一种，如果合同中有仲裁条款，则因申请仲裁，且经过仲裁的合同争议不得再向法院起诉。

工程建设合同纠纷的仲裁，应由双方选定的仲裁委员会进行仲裁。

平等主体的公民、法人和其他组织之间发生的合同纠纷和其他财产权益纠纷，可以仲裁。

当事人采用仲裁方式解决纠纷，应当双方自愿，达成仲裁协议。没有仲裁协议，一方申请仲裁的，仲裁委员会不予受理。

当事人达成仲裁协议，一方向人民法院起诉的，人民法院不予受理，但仲裁协议无效的除外。

仲裁委员会应当由当事人协议选定。仲裁不实行级别管辖和地域管辖。

仲裁应当根据事实,符合法律规定,公平、合理地解决纠纷。

仲裁依法独立进行,不受行政机关、社会团体和个人的干涉。

仲裁实行一裁终局的制度。裁决作出后,当事人就同一纠纷再申请仲裁或者向人民法院起诉的,仲裁委员会或者人民法院不予受理。

裁决被人民法院依法裁定撤销或者不予执行的,当事人就该纠纷可以根据双方重新达成的仲裁协议申请仲裁,也可以向人民法院起诉。

仲裁委员会独立于行政机关,与行政机关没有隶属关系。仲裁委员会之间也没有隶属关系。

中国仲裁协会是社会团体法人。仲裁委员会是中国仲裁协会的会员。中国仲裁协会的章程由全国会员大会制定。

仲裁时效,是指当事人获得、丧失仲裁权利的一种时间上的效力。权利人在此期限内不行使其权利,就不能再向仲裁机构申请仲裁。按照我国《合同法》规定,仲裁时效的期限为两年。

仲裁时效的开始,是当事人知道或应当知道其权力被侵害之日起计算,而不是自当事人权利事实上被侵害之日起开始。

(4)诉讼。

合同争议案件诉讼活动必须有明确的原告和被告,经济组织与非经济组织参与争议案件的诉讼活动人应是法定代表人。

如果法定代表人不能参加诉讼活动,可以委托他人代办诉讼。

原告和被告在诉讼过程中有平等的权利和义务。双方都有申请回避、提供证据、进行辩论、请求调解、提起上诉、申请保全或执行、使用本民族语言诉讼的权利。原告和被告都有遵守诉讼程序和自动执行发生法律效力的调解、裁定和判决的义务。

诉讼时效,是指当事人获得、丧失诉讼权利的一种时间上的效力。权利人在此期限内不行使其权利,不提起诉讼,就丧失了实际意义上的诉讼权利。我国合同争议的诉讼时效在各种单项经济法律规范性文件中有规定,其长短不一。

单项经济法律、法规没有明确规定的,合同争议的诉讼时效为两年,法律另有规定的除外。

诉讼时效期从当事人知道或应当知道其权力被侵害时起算。

对超过期限的诉讼,法院一般不予受理。

【案例2-1】 发包人的义务和责任界定

背景资料

某土石坝除险加固施工中发生如下关于合同管理事件:

事件1:10月6日开工,发包人要求征地拆迁、施工用水、施工用电均由承包人自行解决,费用包括在投标报价中。

事件2:10月10日,在坝体填筑期间,当地群众因土料场征地补偿款未及时兑现,聚众到工地阻挠施工,并挖断施工进场道路,导致施工无法进行,监理单位未及时作出暂停施工指示。经当地政府协调,事情得到妥善解决。施工单位在暂停施工1个月后根据监理单位通知及时复工。

事件3:10月11日,因料场实际可开采深度小于设计开采深度,需开辟新的料场以满足施工需要,增加费用1万元。

事件4:12月10日,护坡施工中,监理工程师检查发现碎石垫层厚度局部不足,造成返工,损失费用0.5万元。

问题

指出事件1~4的责任方?

答案

事件1:征地拆迁、施工用电、施工用水由承包商解决不妥,该三项工作属于施工准备阶段的主要工作,应由项目法人完成。

事件2:承包人应先暂停施工,并及时向监理人提出暂停施工的书面申请,承包人按监理人答复意见处理,若监理人在接到申请的24小时内未答复,视为同意承包人的要求。

事件3属于设计问题,责任在业主,施工单位可获得1万元补偿。

事件4属于施工问题,责任在施工单位,施工单位不能获得补偿。

■ 任务2　承包人的义务和责任界定

《水利水电工程标准施工招标文件》(2009年版)将发包人与承包人的义务和责任进行了合理划分。合同约定的发包人义务和责任反映了合同管理的主要方面。除合同约定外,承包人还须根据有关规定承担法定的义务和责任。

1　承包人的义务和责任

(1)遵守法律。

(2)依法纳税。

(3)完成各项承包工作。

(4)对施工作业和施工方法的完备性负责。

(5)保证工程施工和人员的安全。

(6)负责施工场地及其周边环境与生态的保护工作。

(7)避免施工对公众与他人的利益造成损害。

(8)为他人提供方便。

(9)对工程进行维护和照管。

(10)履行专用合同条款约定的其他义务和责任。

2　承包人在履行义务和责任时应注意的事项

(1)承包人在履行合同过程中应遵守法律,并保证发包人免予承担因承包人违反法律而引起的任何责任。

(2)承包人应按有关法律规定纳税,应缴纳的税金包括在合同价格内。承包人应纳税包括营业税、城建税、教育费附加、企业所得税等。

（3）承包人应按合同约定以及监理人指示，实施、完成全部工程，并修补工程中的任何缺陷。除合同条款另有约定外，承包人应提供为完成合同工作所需的劳务、材料、施工设备、工程设备和其他物品，并按合同约定负责临时设施的设计、建造、运行、维护、管理和拆除。

　（4）承包人应按合同约定的工作内容和施工进度要求，编制施工组织设计和施工措施计划，并对所有施工作业和施工方法的完备性及安全可靠性负责。

　（5）承包人应采取施工安全措施，确保工程及其人员、材料、设备和设施的安全，防止因工程施工造成的人身伤害和财产损失。承包人必须按国家法律法规、技术标准和要求，通过详细编制并实施经批准的施工组织设计和措施计划，确保建设工程能满足合同约定的质量标准和国家安全法规的要求。承包人安全生产方面的职责和义务参见《水利工程建设项目安全生产管理规定》。

　（6）承包人在进行合同约定的各项工作时，不得侵害发包人与他人使用公用道路、水源、市政管网等公共设施的权利，避免对邻近的公共设施产生干扰。承包人占用或使用他人的施工场地，影响他人作业或生活的，应承担相应责任。

　（7）承包人应按监理人的指示为他人在施工场地或附近实施与工程有关的其他各项工作提供可能的条件。除合同另有约定外，提供有关条件的内容和可能发生的费用，由监理人商定或确定。

　（8）除合同另有约定外，合同工程完工证书颁发前，承包人应负责照管和维护工程。合同工程完工证书颁发时尚有部分未完工程的，承包人还应负责该未完工程的照管和维护工作，直至完工后移交给发包人为止。

3　履约担保的期限

　承包人应按招标文件的要求，在中标前提交履约担保，履约担保在发包人颁发合同工程完工证书前一直有效。发包人应在合同工程完工证书颁发后28天内将履约担保退还给承包人。

4　承包人项目经理

4.1　项目经理驻现场的要求

　（1）承包人应按合同约定指派项目经理，并在约定的期限内到职。

　（2）承包人更换项目经理应事先征得发包人同意，并应在更换14天前通知发包人和监理人。

　（3）承包人项目经理短期离开施工场地，应事先征得监理人同意，并委派代表代行其职责。

　（4）监理人要求撤换不能胜任本职工作、行为不端或玩忽职守的承包人项目经理和其他人员的，承包人应予以撤换。

4.2　项目经理职责

　（1）项目经理应按合同约定以及监理人指示，负责组织合同工程的实施。

　（2）在情况紧急且无法与监理人取得联系时，可采取保证工程和人员生命财产安全的紧急措施,并在采取措施后 24 小时内向监理人提交书面报告。

(3)承包人为履行合同发出的一切函件均应盖有承包人授权的施工场地管理机构章,并由承包人项目经理或其授权代表签字。

(4)承包人项目经理可以授权其下属人员履行其某项职责,但事先应将这些人员的姓名和授权范围通知监理人。

5　现场地质资料

5.1　发包人提供的现场资料

(1)发包人应将其持有的现场地质勘探资料、水文气象资料提供给承包人,并对其准确性负责。

(2)承包人应对其阅读发包人提供的有关资料后所作出的解释和推断负责。

(3)承包人应对施工场地和周围环境进行查勘,并收集有关地质资料、水文气象资料、交通条件、风俗习惯以及其他为完成合同工作有关的当地资料。

(4)在全部合同工作中,应视为承包人已充分估计了应承担的责任和风险。

5.2　不利物质条件

5.2.1　不利物质条件的界定原则

水利水电工程的不利物质条件,是指在施工过程中遭遇诸如地下工程开挖中遇到发包人进行的地质勘探工作未能查明的地下溶洞或溶蚀裂隙和坝基河床深层的淤泥层或软弱带等,使施工受阻。

5.2.2　不利物质条件的处理方法

承包人遇到不利物质条件时,应采取适应不利物质条件的合理措施继续施工,并及时通知监理人。承包人有权要求延长工期及增加费用。监理人收到此类要求后,应在分析上述外界障碍或自然条件是否不可预见及不可预见程度的基础上,按照变更的约定办理。

6　承包人提供的材料和工程设备应注意的事项

6.1　材料和工程设备的提供

水利水电工程所需材料宜由承包人负责采购;主要工程设备(如闸门、启闭机、水泵、水轮机、电动机)可由发包人另行组织招标采购。而对于电气设备、清污机、起重机、电梯等设备可根据招标项目具体情况在专用合同条款中进一步约定。

承包人负责采购、运输和保管完成合同工作所需的材料和工程设备的,承包人应对其采购的材料和工程设备负责。

6.2　承包人采购要求

承包人应按专用合同条款的约定,将各项材料和工程设备的供货人及品种、规格、数量和供货时间等报送监理人审批。承包人应向监理人提交其负责提供的材料和工程设备的质量证明文件,并满足合同约定的质量标准。

6.3　验收

对承包人提供的材料和工程设备,承包人应会同监理人进行检验和交货验收,查验材料合格证明和产品合格证书,并按合同约定和监理人指示,进行材料的抽样检验和工程设

备的检验测试。检验和测试结果应提交监理人,所需费用由承包人承担。

6.4 材料和工程设备专用于合同工程

(1)运入施工场地的材料、工程设备,包括备品备件、安装专用工器具与随机资料,必须专用于合同工程,未经监理人同意,承包人不得运出施工场地或挪作他用。

(2)随同工程设备运入施工场地的备品备件、专用工器具与随机资料,应由承包人会同监理人按供货人的装箱单清点后共同封存,未经监理人同意不得启用。承包人因合同工作需要使用上述物品时,应向监理人提出申请。

6.5 禁止使用不合格的材料和工程设备

(1)监理人有权拒绝承包人提供的不合格材料或工程设备,并要求承包人立即进行更换。监理人应在更换后再次进行检查和检验,由此增加的费用和(或)工期延误由承包人承担。

(2)监理人发现承包人使用了不合格的材料和工程设备,应即时发出指示要求承包人立即改正,并禁止在工程中继续使用不合格的材料和工程设备。

7 施工交通

7.1 道路通行权和场外设施

除专用合同条款另有约定外,承包人应根据合同工程的施工需要,负责办理取得出入施工场地的专用和临时道路的通行权,以及取得为工程建设所需修建场外设施的权利,并承担相关费用。发包人应协助承包人办理上述手续。

7.2 场内施工道路

(1)除合同约定由发包人提供的部分道路和交通设施外,承包人应负责修建、维修、养护和管理其施工所需的全部临时道路和交通设施(包括合同约定由发包人提供的部分道路和交通设施的维修、养护和管理),并承担相应费用。

(2)承包人修建的临时道路和交通设施,应免费提供发包人、监理人以及与合同有关的其他承包人使用。

7.3 场外交通

(1)承包人车辆外出行驶所需的场外公共道路的通行费、养路费和税款等由承包人承担。

(2)承包人应遵守有关交通法规,严格按照道路和桥梁的限制荷重安全行驶,并服从交通管理部门的检查和监督。

7.4 超大件和超重件的运输

由承包人负责运输的超大件或超重件,应由承包人负责向交通管理部门办理申请手续,发包人给予协助。运输超大件或超重件所需的道路和桥梁临时加固改造费用和其他有关费用,由承包人承担,但专用合同条款另有约定除外。

7.5 道路和桥梁的损坏责任

因承包人运输造成施工场地内外公共道路和桥梁损坏的,由承包人承担修复损坏的全部费用和可能引起的赔偿。

8　测量放线

8.1　施工控制网

（1）除专用合同条款另有约定外，施工控制网由承包人负责测设，发包人应在本合同协议书签订后的 14 天内，向承包人提供测量基准点、基准线和水准点及其相关资料。承包人应在收到上述资料后的 28 天内，将施测的施工控制网资料提交监理人审批。监理人应在收到报批件后的 14 天内批复承包人。

（2）承包人应负责管理施工控制网点。施工控制网点丢失或损坏的，承包人应及时修复。承包人应承担施工控制网点的管理与修复费用，并在工程竣工后将施工控制网点移交发包人。

（3）监理人需要使用施工控制网的，承包人应提供必要的协助，发包人不再为此支付费用。

8.2　施工测量

（1）承包人应负责施工过程中的全部施工测量放线工作，并配置合格的人员、仪器、设备和其他物品。

（2）监理人可以指示承包人进行抽样复测，当复测中发现错误或出现超过合同约定的误差时，承包人应按监理人指示进行修正或补测，并承担相应的复测费用。

8.3　基准资料错误的责任

（1）发包人应对其提供的测量基准点、基准线和水准点及其书面资料的真实性、准确性和完整性负责。

（2）发包人提供上述基准资料错误导致承包人测量放线工作的返工或造成工程损失的，发包人应当承担由此增加的费用和（或）工期延误，并向承包人支付合理利润。

（3）承包人发现发包人提供的上述基准资料存在明显错误或疏忽的，应及时通知监理人。

8.4　补充地质勘探

在合同实施期间，监理人可以指示承包人进行必要的补充地质勘探并提供有关资料。承包人为合同永久工程施工的需要进行补充地质勘探时，须经监理人批准，并应向监理人提交有关资料，上述补充勘探的费用由发包人承担。承包人为其临时工程设计及施工的需要进行的补充地质勘探，其费用由承包人承担。

【案例 2-2】　承包人的义务和责任界定

背景资料

某混凝土水闸施工中发生如下关于合同管理事件：

事件 1：开挖地基过程中发现局部地质条件与项目法人提供的勘察报告不符，需进行处理，使得实际工作时间比计划工期拖延 4 天。

事件 2：在闸墩施工中，部分钢筋安装质量不合格，施工单位按监理单位要求进行返工处理，使得拖延 6 天。

事件 3：在闸墩施工中，由于拖延，监理人要求施工单位采取赶工措施，增加人员和设备费用 6 万元,施工方要求补偿费用。

　　事件 4:由于项目法人未能及时提供设计图纸,导致闸门在开工后第 153 天末才运抵现场。但未影响安装工作。

　　问题

　　指出事件 1~4 的责任方。

　　答案

　　事件 1 属于发包人责任,应顺延工期和补偿处理费用。

　　事件 2 属于承包人责任。

　　事件 3:由于前期属于承包人责任,其赶工费不能获得补偿。

　　事件 4:虽然属于发包人责任,但未影响工期。

■ 任务 3　施工安全生产、工程进度、质量管理

　　根据《水利水电工程标准施工招标文件》(2009 年版),合同管理中有关安全生产、工程进度、质量管理等主要要求如下。

1　施工安全生产管理

1.1　发包人的施工安全责任

　　(1)发包人应按合同约定履行安全职责。

　　(2)发包人委托监理人对承包人的安全责任履行情况进行监督和检查。监理人的监督检查不减轻承包人应负的安全责任。

　　(3)发包人应对其现场机构雇用的全部人员的工伤事故承担责任,但由于承包人原因造成发包人人员工伤的,应由承包人承担责任。

　　(4)发包人应负责赔偿以下各种情况造成的第三者人身伤亡和财产损失:

　　①工程或工程的任何部分对土地的占用所造成的第三者财产损失;

　　②由于发包人原因在施工场地及其毗邻地带造成的第三者人身伤亡和财产损失。

　　(5)除专用合同条款另有约定外,发包人负责向承包人提供施工现场及施工可能影响的毗邻区域内供水、排水、供电、供气、供热、通信、广播电视等地下管线资料,气象和水文观测资料,拟建工程可能影响的相邻建筑物地下工程的有关资料,并保证有关资料的真实、准确、完整,满足有关技术规程的要求。

　　(6)发包人按照已标价工程量清单所列金额和合同约定的计量支付规定,支付安全作业环境及安全施工措施所需费用。

　　(7)发包人负责组织工程参建单位编制保证安全生产的措施方案。工程开工前,就落实保证安全生产的措施进行全面系统的布置,进一步明确承包人的安全生产责任。

　　(8)发包人负责在拆除工程和爆破工程施工 15 天前向有关部门或机构报送相关备案资料。

1.2　承包人的施工安全责任

　　(1)承包人应按合同约定履行安全职责,执行监理人有关安全工作的指示。承包人

应编制施工安全技术措施提交监理人审批。

（2）承包人应加强施工作业安全管理，特别应加强易燃易爆材料、火工器材、有毒与腐蚀性材料和其他危险品的管理，以及对爆破作业和地下工程施工等危险作业的管理。

（3）承包人应严格按照国家安全标准制定施工安全操作规程，配备必要的安全生产和劳动保护设施，加强对承包人人员的安全教育，并发放安全工作手册和劳动保护用具。

（4）承包人应按监理人的指示制订应对灾害的紧急预案，报送监理人审批。承包人还应按预案做好安全检查，配置必要的救助物资和器材，切实保护好有关人员的人身和财产安全。

（5）合同约定的安全作业环境及安全施工措施所需费用应遵守有关规定，并包括在相关工作的合同价格中。因采取合同未约定的安全作业环境及安全施工措施增加的费用，由监理人商定或确定。

（6）承包人应对其履行合同所雇用的全部人员，包括分包人人员的工伤事故承担责任，但由于发包人原因造成承包人人员工伤事故的，应由发包人承担责任。

（7）由于承包人原因在施工场地内及其毗邻地带造成的第三者人员伤亡和财产损失，由承包人负责赔偿。

（8）承包人已标价工程量清单应包含工程安全作业环境及安全施工措施所需费用。

（9）承包人应建立健全安全生产责任制度和安全生产教育培训制度，制定安全生产规章制度和操作规程，保证本单位建立和完善安全生产条件所需资金的投入，对本工程进行定期和专项安全检查，并做好安全检查记录。

（10）承包人应设立安全生产管理机构，施工现场应有专职安全生产管理人员。专职安全生产管理人员应与投标文件承诺一致，专职安全生产管理人员应持证上岗并负责对安全生产进行现场监督检查。发现生产安全事故隐患，应当及时向项目经理和安全生产管理机构报告；对违章指挥、违章操作的，应当立即制止。

（11）承包人应负责对特种作业人员进行专门的安全作业培训，并保证特种作业人员持证上岗。特种作业人员是指垂直运输作业人员、安装拆卸工、爆破作业人员、起重信号工、登高架设作业人员等与安全生产紧密相关的人员。

（12）承包人应在施工组织设计中编制安全技术措施和施工现场临时用电方案。基坑支护与降水工程、土方和石方开挖工程、模板工程、起重吊装工程、脚手架工程、拆除爆破工程、围堰工程和其他危险性较大的工程对专用合同条款约定的工程，应编制专项施工方案报监理人批准。对高边坡、深基坑、地下暗挖工程、高大模板工程施工方案，还应组织专家进行论证、审查。

（13）承包人在使用施工起重机械和整体提升脚手架、模板等自升式架设设施前，应组织有关单位进行验收。

2 工程进度管理

2.1 合同进度计划

（1）承包人应编制详细的施工总进度计划及其说明，提交监理人审批。

（2）监理人应在约定的期限内批复承包人，否则该进度计划视为已得到批准。

（3）经监理人批准的施工进度计划称为合同进度计划，是控制合同工程进度的依据。

（4）承包人还应根据合同进度计划，编制更为详细的分阶段或单位工程或分部工程进度计划，报监理人审批。

2.2　合同进度计划的修订

（1）不论何种原因造成工程的实际进度与合同进度计划不符时，承包人均应在14天内向监理人提交修订合同进度计划的申请报告，并附有关措施和相关资料，报监理人审批。

（2）监理人应在收到申请报告后的14天内批复。当监理人认为需要修订合同进度计划时，承包人应按监理人的指示，在14天内向监理人提交修订的合同进度计划，并附调整计划的相关资料，提交监理人审批。监理人应在收到进度计划后的14天内批复。

（3）不论何种原因造成施工进度延迟，承包人均应按监理人的指示，采取有效措施赶上进度。承包人应在向监理人提交修订合同进度计划的同时，编制一份赶工措施报告提交监理人审批。

（4）施工进度延迟在分清责任的基础上按合同约定处理。

2.3　开工

（1）监理人应在开工日期7天前向承包人发出开工通知。监理人在发出开工通知前应获得发包人同意。工期自监理人发出的开工通知中载明的开工日期起计算。

（2）承包人应向监理人提交工程开工报审表，经监理人审批后执行。开工报审表应详细说明按合同进度计划正常施工所需的施工道路、临时设施、材料设备、施工人员等施工组织措施的落实情况以及工程的进度安排。

（3）若发包人未能按合同约定向承包人提供开工的必要条件，承包人有权要求延长工期。监理人应在收到承包人的书面要求后，与合同双方商定或确定增加的费用和延长的工期。

（4）承包人在接到开工通知后14天内未按进度计划要求及时进场组织施工，监理人可通知承包人在接到通知后7天内提交一份说明其进场延误的书面报告，报送监理人。书面报告应说明不能及时进场的原因和补救措施，由此增加的费用和工期延误责任由承包人承担。

2.4　完工

承包人应在约定的期限内完成合同工程。合同工程实际完工日期在合同工程完工证书中明确。

2.4.1　发包人的工期延误

在履行合同过程中，由于发包人的下列原因造成工期延误的，承包人有权要求发包人延长工期和（或）增加费用，并支付合理利润。需要修订合同进度计划的，按照约定办理。

（1）增加合同工作内容；

（2）改变合同中任何一项工作的质量要求或其他特性；

（3）发包人迟延提供材料、工程设备或变更交货地点；

（4）因发包人原因导致的暂停施工；

（5）提供图纸延误；

（6）未按合同约定及时支付预付款、进度款；

（7）发包人造成工期延误的其他原因。

2.4.2　异常恶劣的气候条件

异常恶劣气候条件的界定，应按当地政府气象部门的气象报告为准。可参考的因素有：

（1）日降雨量大于＿＿＿＿＿mm 的雨日超过＿＿＿＿＿天；

（2）风速大于＿＿＿＿＿m/s 的＿＿＿＿＿级以上台风灾害；

（3）日气温超过＿＿＿＿＿℃的高温大于＿＿＿＿＿天；

（4）日气温低于＿＿＿＿＿℃的严寒大于＿＿＿＿＿天；

（5）造成工程损坏的冰雹和大雪灾害：＿＿＿＿＿。

以上内容具体由合同约定。

当工程所在地发生危及施工安全的异常恶劣气候时，发包人和承包人应及时采取暂停施工或部分暂停施工措施。异常恶劣气候条件解除后，承包人应及时安排复工。

异常恶劣气候条件造成的工期延误和工程损坏，应由发包人与承包人参照不可抗力的约定协商处理。

2.4.3　承包人的工期延误

由于承包人原因，未能按合同进度计划完成工作，或监理人认为承包人施工进度不能满足合同工期要求的，承包人应采取措施加快进度，并承担加快进度所增加的费用。由于承包人原因造成工期延误，承包人应支付逾期竣工违约金。逾期竣工违约金的计算方法在专用合同条款中约定。承包人支付逾期竣工违约金，不免除承包人完成工程及修补缺陷的义务。

2.4.4　工期提前

发包人要求承包人提前完工，或承包人提出提前完工的建议能够给发包人带来效益的，应由监理人与承包人共同协商采取加快工程进度的措施和修订合同进度计划。发包人应承担承包人由此增加的费用，并向承包人支付专用合同条款约定的相应奖金。

发包人要求提前完工的，双方协商一致后应签订提前完工协议，协议内容包括：

（1）提前的时间和修订后的进度计划；

（2）承包人的赶工措施；

（3）发包人为赶工提供的条件；

（4）赶工费用（包括利润和奖金）。

2.5　暂停施工

2.5.1　承包人暂停施工的责任

因下列暂停施工增加的费用和（或）工期延误由承包人承担：

（1）承包人违约引起的暂停施工；

（2）由于承包人原因为工程合理施工和安全保障所必需的暂停施工；

（3）承包人擅自暂停施工；

（4）承包人其他原因引起的暂停施工；

（5）专用合同条款约定由承包人承担的其他暂停施工。

2.5.2 发包人暂停施工的责任

由于发包人原因引起的暂停施工造成工期延误的,承包人有权要求发包人延长工期和(或)增加费用,并支付合理利润。

属于下列任何一种情况引起的暂停施工,均为发包人的责任:

(1)由于发包人违约引起的暂停施工;

(2)由于不可抗力的自然或社会因素引起的暂停施工;

(3)专用合同条款中约定的其他由于发包人原因引起的暂停施工。

2.5.3 监理人暂停施工指示

(1)监理人认为有必要时,可向承包人作出暂停施工的指示,承包人应按监理人指示暂停施工。

(2)不论由于何种原因引起的暂停施工,暂停施工期间承包人应负责妥善保护工程并提供安全保障。

(3)由于发包人的原因发生暂停施工的紧急情况,且监理人未及时下达暂停施工指示的,承包人可先暂停施工,并及时向监理人提出暂停施工的书面请求。监理人应在接到书面请求后的24小时内予以答复,逾期未答复的,视为同意承包人的暂停施工请求。

2.5.4 暂停施工后的复工

(1)暂停施工后,监理人应与发包人和承包人协商,采取有效措施积极消除暂停施工的影响。当工程具备复工条件时,监理人应立即向承包人发出复工通知。承包人收到复工通知后,应在监理人指定的期限内复工。

(2)承包人无故拖延和拒绝复工的,由此增加的费用和工期延误由承包人承担;因发包人原因无法按时复工的,承包人有权要求发包人延长工期和(或)增加费用,并支付合理利润。

2.5.5 暂停施工持续56天以上

2.5.5.1 发包人原因

监理人发出暂停施工指示后56天内未向承包人发出复工通知,除该项停工属于承包人责任外的情况,承包人可向监理人提交书面通知,要求监理人在收到书面通知后28天内准许已暂停施工的工程或其中一部分工程继续施工。如监理人逾期不予批准,则承包人可以通知监理人,将工程受影响的部分视为可取消工作。如暂停施工影响到整个工程,可视为发包人违约。

2.5.5.2 承包人原因

由于承包人责任引起的暂停施工,如承包人在收到监理人暂停施工指示后56天内不认真采取有效的复工措施,造成工期延误,可视为承包人违约。

3 质量管理

3.1 承包人的质量管理

(1)承包人应在施工场地设置专门的质量检查机构,配备专职质量检查人员,建立完善的质量检查制度。

(2)承包人应按时编制工程质量保证措施文件,包括质量检查机构的组织和岗位责任、质量检查人员的组成、质量检查程序和实施细则等,提交监理人审批。

(3)承包人应加强对施工人员的质量教育和技术培训,定期考核施工人员的劳动技能,严格执行规范和操作规程。

(4)承包人应按合同约定对材料、工程设备以及工程的所有部位及其施工工艺进行全过程的质量检查和检验,并作详细记录,编制工程质量报表,报送监理人审查。

3.2　监理人的质量检查

(1)监理人有权对工程的所有部位及其施工工艺、材料和工程设备进行检查与检验。

(2)承包人应为监理人的检查与检验提供方便,包括监理人到施工场地,或制造、加工地点,或合同约定的其他地方进行查看和查阅施工原始记录。

(3)承包人应按监理人指示,进行施工场地取样试验、工程复核测量和设备性能检测,提供试验样品、提交试验报告和测量成果以及监理人要求进行的其他工作。

(4)监理人的检查与检验,不免除承包人按合同约定应负的责任。

3.3　工程隐蔽部位覆盖前的检查

3.3.1　通知监理人检查

经承包人自检确认的工程隐蔽部位具备覆盖条件后,承包人应通知监理人在约定的期限内检查。承包人的通知应附有自检记录和必要的检查资料。监理人应按时到场检查。经监理人检查确认质量符合隐蔽要求,并在检查记录上签字后,承包人才能进行覆盖。监理人检查确认质量不合格的,承包人应在监理人指示的时间内修整返工后,由监理人重新检查。

3.3.2　监理人未到场检查

监理人未按约定的时间进行检查的,除监理人另有指示外,承包人可自行完成覆盖工作,并作相应记录报送监理人,监理人应签字确认。监理人事后对检查记录有疑问的,可重新检查。

3.3.3　监理人重新检查

承包人覆盖工程隐蔽部位后,监理人对质量有疑问的,可要求承包人对已覆盖的部位进行钻孔探测或揭开重新检验,承包人应遵照执行,并在检验后重新覆盖恢复原状。经检验证明工程质量符合合同要求的,由发包人承担由此增加的费用和(或)工期延误,并支付承包人合理利润;经检验证明工程质量不符合合同要求的,由此增加的费用和(或)工期延误由承包人承担。

3.3.4　承包人私自覆盖

承包人未通知监理人到场检查,私自将工程隐蔽部位覆盖的,监理人有权指示承包人钻孔探测或揭开检查,由此增加的费用和(或)工期延误由承包人承担。

【案例2-3】　施工安全生产、工程进度、质量管理

背景资料

某水利工程施工中发生如下关于合同管理事件:

事件1:1月,突降大雪,在进行水电站厂房上部结构施工过程中,在15 m高处的大模板由于受到雪荷载作用,支撑失稳倒塌,新浇混凝土结构毁坏,2人坠落身亡,1人当场砸

死,2 人砸成重伤,2 人砸成轻伤,起重机被砸坏。事故发生后,施工单位、项目法人立即向当地水行政主管部门及安全生产监督管理部门如实进行了报告。在事故调查时发现,该工程施工前,按安全生产的相关规定,结合本工程的实际情况,编制了大模板专项施工方案,并附荷载验算结果,该方案编制完成后直接报监理单位批准实施。

事件 2:该工程施工过程中,由于大坝工程施工的需要,在征得监理单位批准后,施工单位进行了补充地质勘探,由此承包人向发包人提出费用索赔 2 万元。该工程施工过程中,由于临时围堰施工的需要,在征得监理单位批准后,施工单位进行了补充地质勘探,由此承包方向发包人提出费用索赔 1 万元。

事件 3:承包人在用车辆场外运输闸门过程中,路遇一桥梁需要加固方能通行,路途收费、运输费以及加固费用承包人向发包人索要。

事件 4:承包人根据发包人提供的测量基准测设自己的施工控制网。监理人员使用了该施工控制网。施工中承包人照管了控制网和维修费用。施工中监理人要求施工人对施工测量进行复测,承包人要求监理人全部支付费用。

事件 5:在基础回填过程中,总承包商已按规定取土样,试验合格,但监理工程师对填土质量表示异议,责成总承包商再次取样复验,结果合格。因此,总承包商要求监理单位支付试验费。

事件 6:土方公司为总承包商选定的分包商;土方公司在基础开挖中遇有地下文物,采取了必要的保护措施。为此,总承包商请土方公司向业主要求索赔。

事件 7:总承包商对混凝土搅拌设备的加水计量器进行改进研究,在本公司试验室内进行试验,改进成功用于本工程,总承包商要求此项试验费由业主支付。

事件 8:合同签订后,承包人按规定时间向监理人提交了施工总进度计划并得到监理人的批准。但是,由于 6~9 月四个月为当地雨季,降雨造成了必要的停工、工效降低等,实际施工进度比原施工进度计划缓慢。为保证工程按照合同工期完工,承包人增加了挖掘、运输设备和衬砌工人。由此,承包人向监理人提交了索赔报告。

事件 9:在基坑开挖实际施工中发现,地下水位比招标资料提供的地下水位高 3.10 m(属于发包人提供资料不准),需要采取降水措施才能正常施工。据此,承包人提出了降低地下水位措施并按规定程序得到监理人的批准。同时,承包人提出了费用补偿要求,但未得到发包人的同意。发包人拒绝补偿的理由是:地下水位变化属于正常现象,属于承包人风险。在此情况下,承包人采取了暂停施工的做法。

事件 10:由于发包人图纸供应问题,承包人已接到监理工程师暂停工指令 56 天,施工单位未接到任何复工指令,施工单位向监理提交了书面通知,要求开工。过了 28 天,现场监理工程师口头答应复工,而施工单位认为未提供图纸部分工程可以取消。监理人认为发包人可以承担责任,但不能取消。

问题

针对以上事件分析界定责任和补偿要求是否合理。

答案

事件 1:大模板专项施工方案(并附荷载验算结果)编制完成后首先应经专家论证,施工单位技术负责人签字,再报监理单位由总监理工程师核签后方能实施。

事件2：围堰属于临时工程,补充地质勘探不得索赔,大坝补充地质勘探2万元可以索赔。

事件3：属于场外运输,由承包人承担。

事件4：施工单位有提供施工控制网的义务。

事件5：要求合理,但是不应该由监理人承担,应由发包人承担。

事件6：应该分包人向总包人索赔,总包人要求发包人索赔。

事件7：施工单位要求不合理,属于自用设备,由承包人承担。

事件8属于可预见正常降雨,索赔不合理。

事件9：施工方提出补偿要求合理,但是不能擅自停工,应采取措施继续施工。

事件10：根据合同规定,提出取消停工项目是合理的。

任务4　工程保险、不可抗力、违约的管理

1　保险

1.1　工程保险

除专用合同条款另有约定外,承包人应以发包人和承包人的共同名义向双方同意的保险人投保建筑工程一切险、安装工程一切险。其具体的投保内容、保险金额、保险费率、保险期限等有关内容在专用合同条款中约定。

1.2　人员工伤事故的保险

1.2.1　承包人员工伤事故的保险

承包人应依照有关法律规定参加工伤保险,为其履行合同所雇用的全部人员缴纳工伤保险费,并要求其分包人也参加此项保险。

1.2.2　发包人员工伤事故的保险

发包人应依照有关法律规定参加工伤保险,为其现场机构雇用的全部人员缴纳工伤保险费,并要求其监理人也参加此项保险。

1.2.3　人身意外伤害险

(1)发包人应在整个施工期间为其现场机构雇用的全部人员投保人身意外伤害险,缴纳保险费,并要求其监理人也参加此项保险。

(2)承包人应在整个施工期间为其现场机构雇用的全部人员投保人身意外伤害险,缴纳保险费,并要求其分包人也参加此项保险。

1.3　第三者责任险

(1)第三者责任是指在保险期内,对因工程意外事故造成的、依法应由被保险人负责的工地上及毗邻地区的第三者人身伤亡、疾病或财产损失(本工程除外),以及被保险人因此而支付的诉讼费用和事先经保险人书面同意支付的其他费用等赔偿责任。

(2)在缺陷责任期终止证书颁发前,承包人应以承包人和发包人的共同名义,投保第三者责任险,其保险费率、保险金额等有关内容在专用合同条款中约定。

1.4 其他保险

除专用合同条款另有约定外,承包人应为其施工设备、进场的材料和工程设备等办理保险。

2 不可抗力

2.1 不可抗力的确认

不可抗力是指承包人和发包人在订立合同时不可预见,在工程施工过程中不可避免发生并不能克服的自然灾害和社会性突发事件,如地震、海啸、瘟疫、水灾、骚乱、暴动、战争和专用合同条款约定的其他情形。

不可抗力发生后,发包人和承包人应及时认真统计所造成的损失,收集不可抗力造成损失的证据。合同双方对是否属于不可抗力或其损失的意见不一致的,由监理人商定或确定。发生争议时,按争议的约定办理。

2.2 不可抗力的通知

(1)合同一方当事人遇到不可抗力事件,使其履行合同义务受到阻碍时,应立即通知合同另一方当事人和监理人,书面说明不可抗力和受阻碍的详细情况,并提供必要的证明。

(2)如不可抗力持续发生,合同一方当事人应及时向合同另一方当事人和监理人提交中间报告,说明不可抗力和履行合同受阻的情况,并于不可抗力事件结束后 28 天内提交最终报告及有关资料。

2.3 不可抗力后果及其处理

2.3.1 不可抗力造成损害的责任

除专用合同条款另有约定外,不可抗力导致的人员伤亡、财产损失、费用增加和(或)工期延误等后果,由合同双方按以下原则承担:

(1)永久工程,包括已运至施工场地的材料和工程设备的损害,以及因工程损害造成的第三者人员伤亡和财产损失由发包人承担。

(2)承包人设备的损坏由承包人承担。

(3)发包人和承包人各自承担其人员伤亡与其他财产损失及其相关费用。

(4)承包人的停工损失由承包人承担,但停工期间应监理人要求照管工程和清理、修复工程的金额由发包人承担。

(5)不能按期竣工的,应合理延长工期,承包人不需支付逾期竣工违约金。发包人要求赶工的,承包人应采取赶工措施,赶工费用由发包人承担。

2.3.2 延迟履行期间发生的不可抗力

合同一方当事人延迟履行,在延迟履行期间发生不可抗力的,不免除其责任。

2.3.3 避免和减少不可抗力损失

不可抗力发生后,发包人和承包人均应采取措施尽量避免和减少损失的扩大,任何一方没有采取有效措施导致损失扩大的,应对扩大的损失承担责任。

2.3.4 因不可抗力解除合同

(1)合同一方当事人因不可抗力不能履行合同的,应当及时通知对方解除合同。

（2）合同解除后，承包人应撤离施工场地。已经订货的材料、设备由订货方负责退货或解除订货合同，不能退还的货款和因退货、解除订货合同发生的费用，由发包人承担，因未及时退货造成的损失由责任方承担。

3 违约

3.1 承包人违约

在履行合同过程中发生的下列情况属承包人违约：

（1）承包人私自将合同的全部或部分权利转让给其他人，或私自将合同的全部或部分义务转移给其他人。

（2）承包人未经监理人批准，私自将已按合同约定进入施工场地的施工设备、临时设施或材料撤离施工场地。

（3）承包人使用了不合格材料或工程设备，工程质量达不到标准要求，又拒绝清除不合格工程。

（4）承包人未能按合同进度计划及时完成合同约定的工作，已造成或预期造成工期延误。

（5）承包人在缺陷责任期（工程质量保修期）内，未能对合同工程完工验收鉴定书所列的缺陷清单的内容或缺陷责任期（工程质量保修期）内发生的缺陷进行修复，而又拒绝按监理人指示再进行修补。

（6）承包人无法继续履行或明确表示不履行或实质上已停止履行合同。

（7）承包人不按合同约定履行义务的其他情况。

3.2 发包人违约

在履行合同过程中发生的下列情形，属发包人违约：

（1）发包人未能按合同约定支付预付款或合同价款，或拖延、拒绝批准付款申请和支付凭证，导致付款延误的。

（2）发包人原因造成停工的。

（3）监理人无正当理由没有在约定期限内发出复工指示，导致承包人无法复工的。

（4）发包人无法继续履行或明确表示不履行或实质上已停止履行合同的。

（5）发包人不履行合同约定其他义务的。

【案例2-4】 工程保险、不可抗力、违约的管理

背景资料

某水利工程施工中发生如下事件：

施工中突遇日降雨强度超过专用合同条款规定的 50 mm，将工地的袋装水泥毁坏，闸门以及施工机械等设备冲坏，并且围堰坍塌造成下游村庄毁坏房屋。雨后监理人要求施工单位赶工，以上损失要求发包人承担。

问题

指出事件造成损失的责任方。

答案

属于不可抗力,水泥毁坏和闸门冲坏、下游村庄毁坏的房屋、赶工费由发包人承担,施工机械冲坏由承包人承担。

任务5 工程变更与索赔管理

1 变更管理

1.1 变更的范围和内容

在履行合同中发生以下情形之一,应进行变更:

(1)取消合同中任何一项工作,但被取消的工作不能转由发包人或其他人实施;

(2)改变合同中任何一项工作的质量或其他特性;

(3)改变合同工程的基线、标高、位置或尺寸;

(4)改变合同中任何一项工作的施工时间或改变已批准的施工工艺或顺序;

(5)为完成工程需要追加的额外工作;

(6)增加或减少专用合同条款中约定的关键项目工程量超过其工程总量的一定数量百分比。

上述变更内容引起工程施工组织和进度计划发生实质性变动及影响其原定的价格时,才予调整该项目的单价。情形(6)下单价调整方式在专用合同条款中约定。

1.2 变更权

在履行合同过程中,经发包人同意,监理人可按变更程序向承包人作出变更指示,承包人应遵照执行。没有监理人的变更指示,承包人不得擅自变更。

1.3 变更程序

1.3.1 变更的提出

(1)在合同履行过程中,可能发生变更约定情形的,监理人可向承包人发出变更意向书。

(2)变更意向书应说明变更的具体内容和发包人对变更的时间要求,并附必要的图纸和相关资料。

(3)变更意向书应要求承包人提交包括拟实施变更工作的计划、措施和完工时间等内容的实施方案。

(4)发包人同意承包人根据变更意向书要求提交的变更实施方案的,由监理人发出变更指示。

(5)在合同履行过程中,发生变更情形的,监理人应向承包人发出变更指示。

(6)承包人收到监理人发出的图纸和文件,经检查认为其中存在变更情形的,可向监理人提出书面变更建议。变更建议应阐明要求变更的依据,并附必要的图纸和说明。

(7)监理人收到承包人书面建议后,应与发包人共同研究,确认存在变更的,应在收到承包人书面建议后的14天内作出变更指示。经研究后不同意作为变更的,应由监理人书面答复承包人。

（8）若承包人收到监理人的变更意向书后认为难以实施此项变更，应立即通知监理人，说明原因并附详细依据。监理人与承包人和发包人协商后确定撤销、改变或不改变原变更意向书。

1.3.2　变更估价

（1）除专用合同条款对期限另有约定外，承包人应在收到变更指示或变更意向书后的14天内，向监理人提交变更报价书。报价内容应根据约定的估价原则，详细开列变更工作的价格组成及其依据，并附必要的施工方法说明和有关图纸。

（2）变更工作影响工期的，承包人应提出调整工期的具体细节。监理人认为有必要时，可要求承包人提交要求提前或延长工期的施工进度计划及相应的施工措施等详细资料。

（3）除专用合同条款对期限另有约定外，监理人收到承包人变更报价书后的14天内，根据约定的估价原则，按照商定或确定变更价格。

1.3.3　变更指示

（1）变更指示只能由监理人发出。

（2）变更指示应说明变更的目的、范围、变更内容以及变更的工程量及其进度和技术要求，并附有关图纸和文件。承包人收到变更指示后，应按变更指示进行变更工作。

1.3.4　变更的估价原则

除专用合同条款另有约定外，因变更引起的价格调整按照以下约定处理。

（1）已标价工程量清单中有适用于变更工作的子目的，采用该子目的单价。

（2）已标价工程量清单中无适用于变更工作的子目，但有类似子目的，可在合理范围内参照类似子目的单价，由监理人按《水利水电工程标准施工招标文件》（2009年版）第3.5款商定或确定变更工作的单价。

（3）已标价工程量清单中无适用或类似子目的单价，可按照成本加利润的原则，由监理人商定或确定变更工作的单价。

2　索赔管理

2.1　承包人的索赔

2.1.1　承包人提出索赔程序

（1）承包人应在知道或应当知道索赔事件发生后28天内，向监理人递交索赔意向通知书，并说明发生索赔事件的事由。承包人未在前述28天内发出索赔意向通知书的，丧失要求追加付款和（或）延长工期的权利。

（2）承包人应在发出索赔意向通知书后28天内，向监理人正式递交索赔通知书。索赔通知书应详细说明索赔理由以及要求追加的付款金额和（或）延长的工期，并附必要的记录和证明材料。

（3）索赔事件具有连续影响的，承包人应按合理时间间隔继续递交延续索赔通知，说明连续影响的实际情况和记录，列出累计的追加付款金额和（或）工期延长天数。

（4）在索赔事件影响结束后的28天内，承包人应向监理人递交最终索赔通知书，说明最终要求索赔的追加付款金额和延长的工期，并附必要的记录和证明材料。

2.1.2　承包人索赔处理程序

（1）监理人收到承包人提交的索赔通知书后，应及时审查索赔通知书的内容、查验承包人的记录和证明材料，必要时监理人可要求承包人提交全部原始记录副本。

（2）监理人应商定或确定追加的付款和（或）延长的工期，并在收到上述索赔通知书或有关索赔的进一步证明材料后的 42 天内，将索赔处理结果答复承包人。

（3）承包人接受索赔处理结果的，发包人应在作出索赔处理结果答复后 28 天内完成赔付。承包人不接受索赔处理结果的，按争议约定办理。

2.1.3　承包人提出索赔的期限

（1）承包人接受了完工付款证书后，应被认为已无权再提出在合同工程完工证书颁发前所发生的任何索赔。

（2）承包人提交的最终结清申请单中，只限于提出合同工程完工证书颁发后发生的索赔。提出索赔的期限自接受最终结清证书时终止。

2.2　发包人的索赔

（1）发生索赔事件后，监理人应及时书面通知承包人，详细说明发包人有权得到的索赔金额和（或）延长缺陷责任期的细节与依据。

（2）发包人提出索赔的期限和要求与承包人索赔相同，延长工程质量保修期的通知应在工程质量保修期届满前发出。

（3）监理人商定或确定发包人从承包人处得到赔付的金额和（或）工程质量保修期的延长期。

（4）承包人应付给发包人的金额可从拟支付给承包人的合同价款中扣除，或由承包人以其他方式支付给发包人。

（5）承包人对监理人发出的索赔书面通知内容持异议时，应在收到书面通知后的 14 天内，将持有异议的书面报告及其证明材料提交监理人。

（6）监理人应在收到承包人书面报告后的 14 天内，将异议的处理意见通知承包人，并执行赔付。若承包人不接受监理人的索赔处理意见，可按合同争议的规定办理。

【案例 2-5】　工程变更与索赔管理

背景资料

某水利工程施工中发生如下关于合同管理事件：

事件 1：项目法人采用专家建议并通过专题会议论证，拟采用现浇混凝土板衬砌方案。承包人通过其他渠道得到信息后，在未得到监理人指示的情况下对现浇混凝土板衬砌方案进行了一定的准备工作，并对原有工作（如石料采购、运输、工人招聘等）进行了一定的调整。但是，由于其他原因现浇混凝土板衬砌方案最终未予正式采用实施。承包人在分析了由此造成的费用损失和工期延误基础上，向监理人提交了索赔报告。

事件 2：工程开工后，由于征地工作受阻未及时提供施工场地，土方工程开工滞后 1 个月，承包人提出了书面索赔意向书报送监理人。监理人签收了意向书，并指示承包人调整土方工程施工进度计划，混凝土浇筑施工计划不变。承包人提出的设备索赔费用包括 2 台挖掘机、2 台推土机、10 辆自卸汽车和 1 套拌和站进场后 1 个月的闲置费用。

事件3:工程开工后,发包人变更了招标文件中拟定的取土区。新取土区的土质为黏土,取土区变更后,施工运距由500 m增加到1 500 m。

事件4:施工方租赁设备30天,每天租赁费500元,为依次作业的关键工程项目A、B使用,但发包人根据结构需要将B取消,造成机械闲置10天,每天台时费1 000元,施工方按10×1 000＝10 000(元)要求发包人承担。

事件5:分别为2个月和1个月依次作业的关键工程项目A、B,由于征地,监理人要将B提前于A完成,施工方提出补偿机械闲置费。后监理人要求赶工,A的费率最小,经压缩后增加2万元,施工方要求一并补偿。

事件6:堤顶道路为关键工作计划5个月匀速施工,合同工程量1 000 m³,单价为10元/m³。该工程完工后工程全部完工。专用合同规定超过10%以上为变更,工程完工如果拖期罚款10 000元/月。施工结束后,经监理人认定P的工程量为1 200 m³。施工方6.5个月完成。

问题

1.事件1、2索赔是否合理?

2.事件3取土区变更后,其土方填筑工程单价调整适用的原则是什么?

3.事件4、5索赔费用是否合理?

4.分析计算事件6工程完工后应罚(奖)承包人的费用。

答案

1.事件1:监理人未发出变更指令,承包人实施变更,其索赔费用不予补偿。

事件2:属于土方项目变更,承包人提出的设备索赔费用包括2台挖掘机、2台推土机、10辆自卸汽车进场后1个月的闲置费用要求合理,属于变更,应予以补偿。1套拌和站的不予补偿。

2.因投标辅助资料中有类似项目,所以在合理的范围内参考类似项目的单价作为单价调整的基础。

3.事件4:只计算租赁费500×10＝5 000(元)。

事件5:应补偿承包人2万元。

4.事件6:由于(1 200－1 000)÷1 000×100%＝20%,超了1 200－1 000×(1＋10%)＝100(m³),因此100÷200＝0.5个月为变更发包人承担,最后完工承包人拖延(6.5－5.5)×10 000＝10 000(元),应罚承包人10 000元。

任务6　工程完工与保修管理

1　完工付款证书及支付时间

(1)监理人在收到承包人提交的完工付款申请单后的14天内完成核查,提出发包人到期应支付给承包人的价款送发包人审核并抄送承包人。

(2)发包人应在收到后14天内审核完毕,由监理人向承包人出具经发包人签认的完工付款证书。

（3）监理人未在约定时间内核查，又未提出具体意见的，视为承包人提交的完工付款申请单已经监理人核查同意。

（4）发包人未在约定时间内审核又未提出具体意见的，监理人提出发包人到期应支付给承包人的价款视为已经发包人同意。

（5）发包人应在监理人出具完工付款证书后的 14 天内，将应支付款支付给承包人。发包人不按期支付的，将逾期付款违约金支付给承包人。

（6）承包人对发包人签认的完工付款证书有异议的，发包人可出具完工付款申请单中承包人已同意部分的临时付款证书。

（7）完工付款涉及政府投资资金的，按照国库集中支付等国家相关规定和专用合同条款的约定办理。

2　最终结清

2.1　最终结清申请单

工程质量保修责任终止证书签发后，承包人应按监理人批准的格式提交最终结清申请单。

2.2　最终结清证书和支付时间

（1）监理人收到承包人提交的最终结清申请单后的 14 天内，提出发包人应支付给承包人的价款送发包人审核并抄送承包人。

（2）发包人应在收到后 14 天内审核完毕，由监理人向承包人出具经发包人签认的最终结清证书。

（3）监理人未在约定时间内核查，又未提出具体意见的，视为承包人提交的最终结清申请已经监理人核查同意。

（4）发包人未在约定时间内审核又未提出具体意见的，监理人提出应支付给承包人的价款视为已经发包人同意。

（5）发包人应在监理人出具最终结清证书后的 14 天内，将应支付款支付给承包人。发包人不按期支付的，将逾期付款违约金支付给承包人。

（6）最终结清付款涉及政府投资资金的，按照国库集中支付等国家相关规定和专用合同条款的约定办理。

（7）最终结清后，发包人的支付义务结束。

3　保修

3.1　缺陷责任期（工程质量保修期）的起算时间

（1）除专用合同条款另有约定外，缺陷责任期（工程质量保修期）从工程通过合同工程完工验收后开始计算。

（2）在合同工程完工验收前，已经发包人提前验收的单位工程或部分工程，若未投入使用，其缺陷责任期（工程质量保修期）亦从工程通过合同工程完工验收后开始计算。

（3）若已投入使用，其缺陷责任期（工程质量保修期）从通过单位工程或部分工程投入使用验收后开始计算。缺陷责任期（工程质量保修期）的期限在专用合同条款中约定。

3.2 工程质量保修责任终止证书

（1）合同工程完工验收或投入使用验收后，发包人与承包人应办理工程交接手续，承包人应向发包人递交工程质量保修书。

（2）工程质量保修期满后30个工作日内，发包人应向承包人颁发工程质量保修责任终止证书，并退还剩余的质量保证金，但保修责任范围内的质量缺陷未处理完成的应除外。

【案例2-6】 工程完工与保修管理

背景资料

某河道疏浚工程施工中发生如下关于合同管理事件：

最终结清程序为：保修期满发包人30个工作日内退剩余保留金并颁发保修期终止证书→施工方提交最终结清申请单→28天内监理审核→提交发包人收到28天内→监理向施工单位出具发包人批准的最终结清证书→28天内发包人支付承包人款→双方权利义务解除。

问题

1．根据合同条件规定，指出保修期起算日期以及该工程保修期为多少天。

2．最终结清程序有无不妥？说明正确程序。

答案

1．从完工证书上写明的工程移交日期算起，该工程属于河湖疏浚工程，无保修期。

2．有不妥。正确程序为：保修期满发包人30个工作日内退剩余保留金并颁发保修期终止证书→施工方提交最终结清申请单→14天内监理审核→提交发包人收到14天内→监理向施工单位出具发包人批准的最终结清证书→14天内发包人支付承包人款→双方权利义务解除。

项目 3 施工项目准备工作

根据《水利水电工程施工组织设计规范》,工程建设全过程可划分为工程筹建期、工程准备期、主体工程施工期和工程完建期四个施工时段。编制施工总进度时,工程施工总工期应为后三项工期之和。工程建设相邻两个阶段的工作可交叉进行。

(1)工程筹建期:指工程正式开工前应完成对外交通、施工供电和通信系统、征地、移民以及招标、评标、签约等工作所需的时间。

(2)工程准备期:指准备工程开工起至关键线路上的主体工程开工或河道截流闭气前的工期,一般包括"四通一平"、导流工程、临时房屋和施工工厂设施建设等。

(3)主体工程施工期:指自关键线路上的主体工程开工或一期截流闭气后开始,至第一台机组发电或工程开始发挥效益为止的工期。

(4)工程完建期:指自水电站第一台发电机组投入运行或工程开始受益起,至工程竣工的工期。

施工项目准备工作是由与项目法人签订施工合同的施工单位所进行的施工前和施工过程中的一系列准备工作。

实践证明,凡是重视施工准备工作,积极为拟建工程创造一切施工条件,其工程的施工就会顺利地进行;凡是不重视施工准备工作,就会给工程的施工带来麻烦和损失,甚至给工程施工带来灾难,其后果不堪设想。

按准备工作范围分全场性施工准备、单项(位)工程施工条件准备、分部(项)工程作业条件准备;按工程所处施工阶段分开工前的施工准备工作、开工后的施工准备工作。水利水电工程施工项目准备工作按其性质和内容,通常包括技术准备、物资准备、劳动组织准备、施工现场准备和施工场外准备。其中,技术准备是施工准备工作的核心。

任务 1 施工项目部建设

1 施工项目管理的组织

水利工程项目的实施除项目法人外,还有设计单位、施工单位、供货单位和工程管理咨询单位以及有关的政府质量与安全监督部门等,项目组织应注意表达项目法人以及项目的参与单位有关的各工作部门之间的组织关系。

从施工单位所组织的施工项目部的组织结构进行分解,并用图的方式表示,就形成项目组织结构图。项目组织结构图反映一个组织系统中各组成部门(组成元素)之间的组织关系(指令关系)。在组织结构图中,矩形框表示工作部门,上级工作部门对其直接下属工作部门的指令关系用单向箭线表示。常用的组织结构模式包括职能组织结构(见图3-1)、线性组织结构(见图3-2)和矩阵组织结构(见图3-3)等。

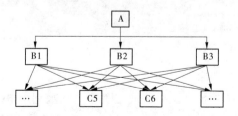

图 3-1　职能组织结构

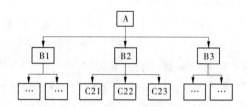

图 3-2　线性组织结构

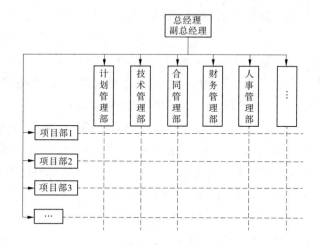

图 3-3　矩阵组织结构

职能组织结构的 A 为项目负责人;B 为职能部门,可以按专业和管理目标分别设置,如质量管理部、安全管理部、财务管理部、技术管理部、合同管理部等;C 为现场作业队或施工班组,一般按工种划分。

线性组织结构的 B 通常是专业队伍,C 为各个工段(班组)。该组织模式机构简单、权力集中、命令统一、职责分明、决策迅速、隶属关系明确。缺点是"个人管理",一般专业性不强的工程可以采用此模式。

矩阵组织机构加强了各职能部门的横向联系。具有较大的机动性和适应性;把上下、左右集权与分权实行最优的结合,有利于解决复杂难题,适宜于国际工程事业部管理情况等。

2　施工项目负责人

2.1　对施工项目负责人的要求

施工项目负责人,是指参加全国一级或二级建造师水利水电工程专业考试通过,经注册取得相应执业资格,同时经安全考核合格,具有有效安全考核合格证(B 证),并具有一定数量类似工程经历,受施工企业法定代表人委托对工程项目施工过程全面负责的项目管理者,是施工企业法定代表人在工程项目上的代表人。

项目负责人应当由本单位的水利水电工程专业注册建造师担任,注册建造师级别按照表 3-1 和表 3-2 确定。除执业资格要求外,项目负责人还必须有一定数量类似工程业绩,且具备有效的安全生产考核合格证书。资格审查文件应提交项目负责人属于本单位人员的相关证明材料。安全生产许可证有效性可要求安全生产许可证应在有效期内,没有被吊销安全生产许可证等情况。属于本单位人员必须同时满足以下条件:

(1)聘任合同必须由投标人单位与之签订;

(2)与投标人单位有合法的工资关系;

(3)投标人单位为其办理社会保险关系,或具有其他有效证明其为本单位人员身份的文件。

2.2　施工项目负责人的职责

施工项目负责人在承担水利工程项目施工的管理过程中,应当按照施工企业与建设单位签订的工程承包合同,与本企业法定代表人签订项目承包合同,并在企业法定代表人授权范围内,行使组织项目管理班子;以企业法定代表人的代表身份处理与所承担的工程项目有关的外部关系,受托签署有关合同;指挥工程项目建设的生产经营活动,调配并管理进入工程项目的人力、资金、物资、施工设备等生产要素;选择施工作业队伍;进行合理的经济分配以及企业法定代表人授予的其他管理权力。

施工项目负责人不仅要考虑项目的利益,还应服从企业的整体利益。项目负责人的任务包括项目的行政管理和项目管理两方面。项目负责人应对施工工程项目进行组织管理、计划管理、施工及技术管理、质量管理、资源管理、安全文明施工管理、外联协调管理、竣工交验管理。具体岗位职责为:

(1)加强工程管理,确保工程按质按期完成,并最大限度地降低工程成本,节约投资。

(2)项目负责人在施工企业工程部经理的领导下,主要负责对工程施工现场的施工组织管理。通过施工过程中对项目部、施工队伍的现场组织管理及与甲方、监理、总包各方的协调,从而实现工程总目标。

表 3-1　水利水电工程注册建造师执业工程规模标准

序号	工程类型	项目名称	单位	规模			备注
				大型	中型	小型	
1	水库工程（蓄水枢纽工程）		亿 m^3	≥1.0	1.0 ~ 0.001	<0.001	总库容（总蓄水容积）
		主要建筑物工程（包括大坝、隧洞、溢洪道、电站厂房、船闸等）	级	1、2	3、4、5		建筑物级别
		次要建筑物工程	级		3、4	5	建筑物级别
		临时建筑物工程	级		3、4	5	建筑物级别
		基础处理工程	级	1、2	3、4、5		相应建筑物级别
		金属结构制作与安装工程	级	1、2	3、4、5		相应建筑物级别
		机电设备安装工程	级	1、2	3、4、5		相应建筑物级别
2	防洪工程			特别重要、重要	中等、一般		保护城镇及工矿企业的重要性
			10^4 亩	≥100	100 ~ 5	<5	保护农田
		主要建筑物工程	级	1、2	3、4	5	建筑物级别
		次要建筑物工程	级		3、4	5	建筑物级别
		临时建筑物工程	级		3、4	5	建筑物级别
		基础处理工程	级	1、2	3、4	5	相应建筑物级别
		金属结构制作与安装工程	级	1、2	3、4	5	相应建筑物级别
		机电设备安装工程	级	1、2	3、4	5	相应建筑物级别
3	治涝工程		10^4 亩	≥60	60 ~ 3	<3	治涝面积
		主要建筑物工程	级	1、2	3、4	5	建筑物级别
		次要建筑物工程	级		3、4	5	建筑物级别
		临时建筑物工程	级		3、4	5	建筑物级别
		基础处理工程	级	1、2	3、4	5	相应建筑物级别
		金属结构制作与安装工程	级	1、2	3、4	5	相应建筑物级别
		机电设备安装工程	级	1、2	3、4	5	相应建筑物级别

续表 3-1

序号	工程类型	项目名称	单位	规模			备注
				大型	中型	小型	
4	灌溉工程		10^4 亩	≥50	50 ~ 0.5	<0.5	灌溉面积
		主要建筑物工程	级	1、2	3、4	5	建筑物级别
		次要建筑物工程	级		3、4	5	建筑物级别
		临时建筑物工程	级		3、4	5	建筑物级别
		基础处理工程	级	1、2	3、4	5	相应建筑物级别
		金属结构制作与安装工程	级	1、2	3、4	5	相应建筑物级别
		机电设备安装工程	级	1、2	3、4	5	相应建筑物级别
5	供水工程			特别重要、重要	中等、一般		供水对象重要性
		主要建筑物工程	级	1、2	3、4		建筑物级别
		次要建筑物工程	级		3、4	5	建筑物级别
		临时建筑物工程	级		3、4	5	建筑物级别
		基础处理工程	级	1、2	3、4	5	相应建筑物级别
		金属结构制作与安装工程	级	1、2	3、4	5	相应建筑物级别
		机电设备安装工程	级	1、2	3、4	5	相应建筑物级别
6	发电工程		10^4 kW	≥30	30 ~ 1	<1	装机容量
		主要建筑物工程（包括大坝、隧洞、溢洪道、电站厂房、船闸等）	级	1、2	3、4	5	建筑物级别
		次要建筑物工程	级		3、4	5	建筑物级别
		临时建筑物工程	级		3、4	5	建筑物级别
		基础处理工程	级	1、2	3、4	5	相应建筑物级别
		金属结构制作与安装工程	级	1、2	3、4	5	相应建筑物级别
		机电设备安装工程	级	1、2	3、4	5	相应建筑物级别

续表3-1

序号	工程类型	项目名称	单位	规模			备注
				大型	中型	小型	
7	拦河水闸工程		m³/s	≥1 000	1 000~20	<20	过闸流量
		主要建筑物工程	级	1、2	3、4	5	建筑物级别
		次要建筑物工程	级		3、4	5	建筑物级别
		临时建筑物工程	级		3、4	5	建筑物级别
		基础处理工程	级	1、2	3、4	5	相应建筑物级别
		金属结构制作与安装工程	级	1、2	3、4	5	相应建筑物级别
		机电设备安装工程	级	1、2	3、4	5	相应建筑物级别
8	引水枢纽工程		m³/s	≥50	50~2	<2	引水流量
		主要建筑物工程	级	1、2	3、4	5	建筑物级别
		次要建筑物工程	级		3、4	5	建筑物级别
		临时建筑物工程	级		3、4	5	建筑物级别
		基础处理工程	级	1、2	3、4	5	相应建筑物级别
		金属结构制作与安装工程	级	1、2	3、4	5	相应建筑物级别
		机电设备安装工程	级	1、2	3、4	5	相应建筑物级别
9	泵站工程(提水枢纽工程)		m³/s	≥50	50~2	<2	装机流量
			10⁴ kW	≥1	1~0.01	<0.01	装机功率
		主要建筑物工程	级	1、2	3、4	5	建筑物级别
		次要建筑物工程	级		3、4	5	建筑物级别
		临时建筑物工程	级		3、4	5	建筑物级别
		基础处理工程	级	1、2	3、4	5	相应建筑物级别
		金属结构制作与安装工程	级	1、2	3、4	5	相应建筑物级别
		机电设备安装工程	级	1、2	3、4	5	相应建筑物级别

续表 3-1

序号	工程类型	项目名称	单位	规模			备注
				大型	中型	小型	
10	堤防工程		重现期（年）	≥50	50～20	<20	防洪标准
		堤基处理及防渗工程	级	1、2	3、4	5	堤防级别
		堤身填筑（含戗台、压渗平台）及护坡工程	级	1、2	3、4	5	堤防级别
		交叉、连接建筑物工程（含金属结构与机电设备安装）	级	1、2	3、4	5	堤防级别
		填塘固基工程	级		1、2、3	4、5	堤防级别
		堤顶道路（含坡道）工程	级		1、2、3	4、5	堤防级别
		堤岸防护工程	级		1、2、3	4、5	堤防级别
11	灌溉渠道或排水沟		m³/s	≥300	300～20	<20	灌溉流量
			m³/s	≥500	500～50	<50	排水流量
			级	1	2、3	4、5	工程级别
12	灌排建筑物		m³/s	≥100	100～5	<5	过水流量
		永久建筑物工程	级	1、2	3、4	5	建筑物级别
		临时建筑物工程	级		3、4	5	建筑物级别
		基础处理工程	级	1、2	3、4	5	相应建筑物级别
		金属结构制作与安装工程	级	1、2	3、4	5	相应建筑物级别
		机电设备安装工程	级	1、2	3、4	5	相应建筑物级别
13	农村饮水工程		万元	≥3 000	3 000～200	<200	单项合同额
14	河湖整治工程（含疏浚、吹填工程等）		万元	≥3 000	3 000～200	<200	单项合同额

续表3-1

序号	工程类型	项目名称	单位	规模			备注
				大型	中型	小型	
15	水土保持工程（含防浪林）		万元	≥3 000	3 000～200	<200	单项合同额
16	环境保护工程		万元	≥3 000	3 000～200	<200	单项合同额
17	其他	其他强制要求招标的项目或上述小型工程项目	万元	≥3 000	3 000～200	<200	单项合同额

表3-2　分等指标中的工程规模与执业工程规模的关系

序号	工程类别	分等指标中的工程规模	执业工程规模
1	①水库工程（蓄水枢纽工程）	大(1)型	大型
		大(2)型	
		中型	中型
		小(1)型	
		小(2)型	
		小(2)型以下	小型
2	②防洪工程	大(1)型	大型
		大(2)型	
		中型	中型
		小(1)型	
		小(2)型	小型

（3）认真贯彻执行公司的各项管理规章制度，逐级建立健全项目部各项管理规章制度。

（4）项目负责人是建筑施工企业的基层领导者和施工生产指挥者，对工程的全面工作负有直接责任。

（5）项目负责人应对项目工程进行组织管理、计划管理、施工及技术管理、质量管理、资源管理、安全文明施工管理、外联协调管理、验收管理。

（6）组织做好工程施工准备工作，对工程现场施工进行全面管理，完成公司下达的施工生产任务及各项主要工程技术经济指标。

（7）组织编制工程施工组织设计，组织并进行施工技术交底。

（8）组织编制工程施工进度计划，做好工程施工进度实施安排，确保工程施工进度按合同要求完成。

（9）抓好工程施工质量及材料质量的管理，保证工程施工质量，争创优质工程，树立公司形象，对用户负责。

（10）对施工安全生产负责，重视安全施工，抓好安全施工教育、加强现场管理，保证现场施工安全。

（11）组织落实施工组织设计中安全技术措施，组织并监督工程施工中安全技术交底和设备设施验收制度的实施。

（12）对施工现场定期进行安全生产检查，发现施工生产中不安全问题，组织制定措施并及时解决。对上级提出的安全生产与管理方面的问题要定时、定人、定措施予以解决。

（13）发生质量、安全事故，要做好现场保护与抢救工作并及时上报，组织配合事故的调查，认真落实制定的防范措施，吸取事故教训。

（14）重视文明施工、环境保护及职业健康工作开展，积极创建文明施工、环境保护及职业健康，创建文明工地。

（15）勤俭办事，反对浪费，厉行节约，加强对原材料机具、劳动力的管理，努力降低工程成本。

（16）建立健全和完善用工管理手续，外包队使用必须及时向有关部门申报。严格用工制度与管理，适时组织上岗安全教育，对外包队的健康与安全负责，加强劳动保护工作。

（17）组织处理工程变更洽商，组织处理工程事故及问题纠纷协调、组织工程自检、配合甲方阶段性检查验收及工程验收、组织做好工程撤场善后处理。

（18）组织做好工程资料台账的收集、整理、建档、交验规范化管理。

（19）树立"公司利益第一"的宗旨，维护公司的形象与声誉，洁身自律，杜绝一切违法行为的发生。

（20）协助配合公司其他部门进行相关业务工作。

（21）完成施工企业交办的其他工作。

3　施工项目部建立

3.1　建立施工项目领导机构

根据工程规模、结构特点和复杂程度，确定施工项目领导机构的人选和名额；遵循合理分工与密切协作、因事设职与因职选人的原则，建立有施工经验、有开拓精神和工作效率高的施工项目领导机构。除项目负责人和技术负责人外，还应配备一定数量的施工员、质检员、材料员、资料员、安全员、造价员等职业岗位人员。各岗位人员应各负其责，负责施工技术管理工作。其中，项目负责人、技术负责人、财务负责人、质量管理人员、安全管理人员必须为本单位人员。

水利部建设与管理部门和中国水利工程协会规定了相应的考核办法及管理办法。项目负责人、安全管理人员以及安全部门负责人必须取得有效的安全考核合格证。

3.2 建立精干的施工队伍

根据施工项目部的组织方式,确定合理的劳动组织,建立相应的专业或混合工作队或班组,并建立岗位责任制和考核办法。垂直运输机械作业人员、安装拆卸工、爆破作业人员、起重信号工、登高架设作业人员等特种作业人员,必须按照国家有关规定经过专门的安全作业培训,并取得特种作业操作资格证书后,方可上岗作业。

按照开工日期和劳动力需要量计划,组织工人进场,安排好职工生活,并进行项目部和班组二级安全教育,以及防火和文明施工等教育。

3.3 做好技术交底工作

为落实施工计划和技术责任制,应按管理系统逐级进行交底。交底内容通常包括:工程施工进度计划和月、旬作业计划;各项安全技术措施、降低成本措施和质量保证措施;质量标准和验收规范要求;设计变更和技术核定事项等。以上内容都应详细交底,必要时进行现场示范。例如,进行三级、特级、悬空高处作业时,应事先制定专项安全技术措施。施工前,应向所有施工人员进行技术交底。

3.4 建立健全各项规章制度

建立健全各项规章制度,规章制度主要包括:项目管理人员岗位责任制度,项目技术管理制度,项目质量管理制度,项目安全管理制度,项目计划、统计与进度管理制度,项目成本核算制度,项目材料和机械设备管理制度,项目现场管理制度,项目分配与奖励制度,项目例会及施工日志制度,项目分包及劳务管理制度,项目组织协调制度,以及项目信息管理制度。

【案例3-1】 施工项目部建立

背景资料

清源渠首枢纽工程为大(1)型水利工程,枢纽工程土建及设备安装招标文件按《水利水电工程标准施工招标文件》(2009年版)编制,该工程由某流域管理机构组建的项目法人负责建设,某施工单位负责施工,在工程施工过程中发生如下事件:

事件1:施工单位组建项目部模式如图3-1所示。

事件2:项目负责人须由持有一级建造师执业资格证书和安全生产考核合格证书的人员担任,并具有类似项目业绩;配备了水利五大员等职业岗位人员。各岗位人员各负其责,负责施工技术管理工作。各部门安排了主要负责人。

事件3:垂直运输机械作业人员、安装拆卸工、爆破作业人员、起重信号工、登高架设作业人员等特种作业人员,按照流域机构要求经安全作业培训后,取得特种作业操作资格证书,持证上岗。

事件4:按照开工日期和劳动力需要量计划,组织工人进场,并进行了二级安全教育,以及防火和文明施工等教育。

问题

1.施工单位组建项目部为何种模式? A、B、C分别代表什么岗位?

2.指出并改正已列出的对投标人资格要求的不妥之处。水利五大员包括哪些员?

3.施工项目部人员必须是本单位的管理人员,包括哪些? 如何界定是本单位人员?

4.事件3特种作业人员安全作业培训有否不妥之处?事件4二级教育为哪二级?

答案

1.施工项目部为职能组织结构;A代表项目负责人,B代表职能部门,C代表现场作业队或施工班组。

2.项目负责人,须由持有一级水利水电建造师执业资格证书和安全生产考核合格B证书的人员担任,并具有类似项目业绩;水利五大员包括施工员、质检员、材料员、资料员、安全员。

3.项目负责人、技术负责人、财务负责人、质量管理人员、安全管理人员必须为本单位人员。界定本单位人员的依据是:

(1)聘任合同必须由投标人单位与之签订;

(2)与投标人单位有合法的工资关系;

(3)投标人单位为其办理社会保险关系,或具有其他有效证明其为本单位人员身份的文件。

4.按照国家规定部门进行安全作业培训。二级教育包括项目部安全教育和进班组安全教育。

任务2　施工项目技术准备

1　编制施工技术方案和计划

项目负责人和技术负责人应组织技术岗位管理人员编制合同项目的施工技术方案,包括施工组织设计和专项安全措施方案(附验算结果),报监理机构审批。

根据《水利工程建设安全生产管理规定》的规定,施工单位应当在施工组织设计中编制安全技术措施和施工现场临时用电方案,对下列达到一定规模的危险性较大的工程应当编制专项施工方案,并附具安全验算结果,经施工单位技术负责人签字以及总监理工程师核签后实施。

同时,根据施工技术方案编制施工进度计划;再根据施工进度计划和签订的施工合同要求,编制施工用图计划、施工资金流量计划、施工材料、设备供应计划等,见表3-3～表3-10。如果施工单位要分包非主体结构项目,还应报审分包人资质、经验、能力、信誉、财务,主要人员经历等资料。

2　工程预付款申报

预付款用于承包人为合同工程施工购置材料、工程设备、施工设备、修建临时设施以及组织施工队伍进场等,分为工程预付款和工程材料预付款。预付款必须专用于合同工程。根据《水利水电工程标准施工招标文件》(2009年版)的合同条件规定:

2.1　工程预付款的额度和预付办法

一般工程预付款为签约合同价的10%,分两次支付,招标项目包含大宗设备采购的可适当提高但不宜超过20%。

表 3-3 施工技术方案申报表

(承包〔　〕技案　　号)

合同名称：　　　　　　　　　合同编号：　　　　　　承包人：

致：（监理机构）

　　我方已根据施工合同的约定完成了＿＿＿＿＿＿＿＿＿＿工程＿＿＿＿＿＿＿的编制，并经我方技术负责人审查批准，现上报贵方，请审批。

　　附：□施工组织设计

　　　　□安全措施计划

　　　　□分部工程施工工法

承　包　人：（全称及盖章）

项目负责人：（签名）

日　　　期：　年　月　日

监理机构将另行签发审批意见。

监理机构：（全称及盖章）

签　收　人：（签名）

日　　　期：　　年　月　日

　　说明：本表一式　　份，由承包人填写，监理机构审核后，随同审批意见承包人、监理机构、发包人、设计代表各 1 份。

表3-4　施工进度计划申报表

（承包〔　　〕进度　　号）

合同名称：　　　　　　　　　　合同编号：

致：(监理机构)

　　我方今提交＿＿＿＿＿＿＿＿＿＿＿工程(名称及编码)的：

　　□工程总进度计划

　　□工程年进度计划

　　□工程月进度计划

　　请贵方审查。

　　附件：1.施工进度计划。

　　　　　2.图表、说明书共　　页。

　　　　　3.

　　　　　　　　　　　　　　　　　　　　　　承　包　人：(全称及盖章)

　　　　　　　　　　　　　　　　　　　　　　项目负责人：(签名)

　　　　　　　　　　　　　　　　　　　　　　日　　　期：　年 月 日

监理机构将另行签发审批意见。

　　　　　　　　　　　　　　　　　　　　　　监理机构：(全称及盖章)

　　　　　　　　　　　　　　　　　　　　　　签　收　人：(签名)

　　　　　　　　　　　　　　　　　　　　　　日　　　期：　年 月 日

　　说明：本表一式　　份，由承包人填写，监理机构审核后，随同审批意见承包人、监理机构、发包人、设计代表各1份。

表3-5　施工用图计划报告

（承包〔　　〕图计　　　号）

合同名称：　　　　　　　　　　　合同编号：

致：(监理机构)

　　我方今提交＿＿＿＿＿＿＿＿＿＿＿工程(名称及编码)的：

　　□(总)供图计划

　　□时段供图计划

　　□

　　请审查。

　　附件:1.施工进度计划。

　　　　2.图表说明。

　　　　3.

　　　　　　　　　　　　　　　　　　　　承　包　人:(全称及盖章)

　　　　　　　　　　　　　　　　　　　　项目负责人:(签名)

　　　　　　　　　　　　　　　　　　　　日　　　期：　年 月 日

监理机构将另行签发审核意见。

　　　　　　　　　　　　　　　　　　　　监理机构:(全称及盖章)

　　　　　　　　　　　　　　　　　　　　签　收　人:(签名)

　　　　　　　　　　　　　　　　　　　　日　　　期：　年 月 日

　　说明:本表一式　 份,由承包人填写,监理机构审核后,随同审核意见承包人、监理机构、发包人、设计代表各1份。

表 3-6　资金流计划申报表

（承包〔　　〕资金　　号）

合同名称：　　　　　　　　　　合同编号：

月度	工程和材料预付款	完成工作量付款	保留金扣留	其他	应得付款
1					
2					
合计					

现提交＿＿＿＿＿＿＿＿＿＿＿＿＿＿＿＿＿＿工程项目的资金流计划，请审核。

附件：计划使用金额计算说明

承　包　人：（全称及盖章）

项目负责人：（签名）

日　　　期：　年 月 日

监理机构将另行签发审核意见。

监理机构：（全称及盖章）

签 收 人：（签名）

日　　　期：　年 月 日

说明：本表一式　　份，由承包人填写，监理机构审核后，随同审核意见承包人、监理机构、发包人各1份。

表3-7 施工分包申报表

(承包〔   〕分包   号)

合同名称: 合同编号:

致:(监理机构)

　　根据施工合同约定和工程需要,我方拟将本申报表中所列项目分包给所选分包人。经考察,所选分包人具备按照合同要求完成所分包工程的资质、经验、技术与管理水平、资源和财务能力,并具有良好的业绩和信誉,请审核。

分包人名称						
分包工程编码	分包工程名称	单位	数量	单价	分包金额(万元)	占合同总金额的比例(%)
合计						

附件:分包人简况(包括分包人资质、经验、能力、信誉、财务,主要人员经历等资料)

　　　　　　　　　　　　　　　　　　　　承包人:(全称及盖章)

　　　　　　　　　　　　　　　　　　　　负责人:(签名)

　　　　　　　　　　　　　　　　　　　　日　期:　年　月　日

监理机构将另行签发审核意见。

　　　　　　　　　　　　　　　　　　　　监理机构:(全称及盖章)

　　　　　　　　　　　　　　　　　　　　签 收 人:(签名)

　　　　　　　　　　　　　　　　　　　　日　　期:　年　月　日

　　说明:本表一式　份,由承包人填写,监理机构审核、发包人批准后,随同审批意见承包人、监理机构、发包人各1份。

表 3-8　现场组织机构及主要人员报审表

（承包〔　　〕机人　　号）

合同名称：　　　　　　　　　　　　合同编号：

序号	机构设置	职责范围	负责人/联系方式	主要技术、管理人员	各工种技术工人	备注

现提交第＿＿次现场机构及主要人员报审表，请审查。

附件:相关人员资质、资格或岗位证书

承　包　人:（全称及盖章）

项目负责人:（签名）

日　　　期:　年 月 日

监理机构将另行签发审核意见。

监理机构:（全称及盖章）

签　收　人:（签名）

日　　　期:　年 月 日

说明:本表一式　份,由承包人填写,监理机构审核后,随同审核意见承包人、监理机构、发包人各 1 份。

表 3-9　材料/构配件进场报验单

（承包[　　]材验[　　号）

合同名称：

合同编号：

致：（监理机构）

我方于　　年　　月　　日进场的工程材料/构配件数量如下表。拟用于下述部位：

1.　　　　　　　　2.　　　　　　　　3.

经自检，符合技术规范和合同要求，请审核，并准予进场使用。

附件：1. 出厂合格证；2. 检验报告；3. 质量保证书；4.

序号	材料/构配件名称	材料/构配件来源、产地	材料/构配件规格	用途	本批材料/构配件数量	承包人试验			材料/构配件进场日期
						试样来源	取样地点、日期	试验日期、操作人、试验结果	

承包人：（全称及盖章）

负责人：（签名）

日　期：　　年　　月　　日

致：（承包人）

上述工程材料□符合/□不符合合同要求，□准许/□不准许进场，□同意/□不同意使用在所述工程部位。

监　理　机　构：（全称及盖章）

专业监理工程师：（签名）

日　　　　期：　　年　　月　　日

说明：本表一式　　份，由承包人填写，监理机构检验，审核后，返回承包人 2 份，监理机构、发包人各 1 份。

表 3-10　施工设备进场报验单

（承包〔　　〕设备　　号）

合同名称：　　　　　　　　　合同编号：

致：（监理机构）

我方于_____年___月___日进场的施工设备如下表。拟用于下述部位：

1.

2.

3.

经自检，符合技术规范和合同要求，请审核，并准予进场使用。

附件：

序号	设备名称	规格型号	数量	进场日期	计划	完好状况	拟用工程项目	设备权属	生产能力	备注
1										
2										

上述设备已按合同约定进场并已自检合格，特此报验审核。

经查验：

□准予进场使用（设备性能、数量能满足施工需要）；

□由承包人更换后再报（设备性能不符合施工要求）；

□由承包人补充（设备数量或能力不足的设备）。

请你方尽快按施工进度要求配足所需设备。

承　包　人：（全称及盖章）　　　　监　理　机　构：（全称及盖章）

项目负责人：（全称及盖章）　　　　总监理工程师/监理工程师：（签名）

日　　　期：　年 月 日　　　　日　　　　　期：　年 月 日

说明：本表一式　份，由承包人填写，监理机构审签后，承包人、监理机构、发包人各 1 份。

2.2　工程预付款担保

（1）承包人在第一次收到工程预付款的同时需提交等额的工程预付款保函（担保）。

（2）第二次工程预付款保函可用承包人进入工地的主要设备（其估算价值已达到第二次预付款金额）代替。

（3）工程预付款担保的担保金额可根据工程预付款扣回的金额相应递减。

工程预付款申报表、工程材料预付款报审表分别见表 3-11、表 3-12。

表 3-11　工程预付款申报表
（承包〔　　〕工预付　　号）

合同名称：　　　　　　　　　　　　合同编号：

致：（监理机构）
我方承担的＿＿＿＿＿＿＿＿＿合同项目，依据施工合同约定，已具备工程预付款支付条件，现申请支付第＿＿次预付款，计（大写）＿＿＿＿＿＿万元（小写＿＿＿＿＿万元）。请审核。 　　附件：1.已具备的条件。 　　　　　2.计算依据及结果。 　　　　　3.   　　　　　　　　　　　　　　　　　　承　包　人：（全称及盖章）： 　　　　　　　　　　　　　　　　　　项目负责人：（签名） 　　　　　　　　　　　　　　　　　　日　　　期：　年 月 日
通过审核后，监理机构将另行签发工程预付款付款证书。   　　　　　　　　　　　　　　　　　　监理机构：（全称及盖章） 　　　　　　　　　　　　　　　　　　签　收　人：（签名） 　　　　　　　　　　　　　　　　　　日　　　期：　年 月 日

　　说明：本表一式　　份，由承包人填写，监理机构审批后，随同审批意见承包人 2 份，监理机构、发包人各 1 份。

表 3-12　工程材料预付款报审表

(承包〔　　〕材预付　　号)

合同名称:　　　　　　　　　　　合同编号:

致:(监理机构)

　　下列材料已采购进场,经自检和监理机构检验,符合技术规范和合同要求,特申请材料预付款。

项目号	材料、设备名称	规格	型号	单位	数量	单价	合价	付款收据编号
小计								

1. 材料、设备采购付款收据复印件　　张;

2. 材料、设备报验单　　份。

承　包　人:(全称及盖章)

项目负责人:(签名)

日　　　期:　年 月 日

　　经审核,本批材料预付款额为(大写)　　　　万元(小写　　　万元)。

监　理　机　构:(全称及盖章)

总监理工程师:(签名)

日　　　期:　年 月 日

说明:本表一式　份,由承包人填写。

3 熟悉和审查施工图纸

3.1 熟悉、审查设计图纸的内容

（1）审查拟建工程的总平面图水工建筑物或构筑物的设计功能与使用要求；

（2）审查设计图纸是否完整、齐全，以及设计图纸和资料是否符合国家有关工程建设的设计、施工方面的方针与政策；

（3）审查设计图纸与说明书在内容上是否一致，以及设计图纸与其各组成部分之间有无矛盾和错误；

（4）审查建筑总平面图与其他结构图在几何尺寸、坐标、标高、说明等方面是否一致，技术要求是否正确；

（5）审查工业项目的生产工艺流程和技术要求，掌握配套投产的先后次序和相互关系，以及设备安装图纸与其相配合的土建施工图纸在坐标、标高上是否一致，掌握土建施工质量是否满足设备安装的要求；

（6）审查地基处理与基础设计同拟建工程地点的工程水文、地质等条件是否一致，以及建筑物或构筑物与地下建筑物或构筑物、管线之间的关系；

（7）明确拟建工程的结构形式和特点，复核主要承重结构的强度、刚度和稳定性是否满足要求，审查设计图纸中的工程复杂、施工难度大和技术要求高的分部分项工程或新结构、新材料、新工艺，检查现有施工技术水平和管理水平能否满足工期与质量要求，并采取可行的技术措施加以保证；

（8）明确建设期限、分期分批投产或交付使用的顺序和时间，以及工程所需主要材料、设备的数量、规格、来源和供货日期；

（9）明确建设、设计和施工等单位之间的协作、配合关系，以及建设单位可以提供的施工条件。

3.2 熟悉、审查设计图纸的程序

熟悉、审查设计图纸的程序通常分为自审阶段、会审阶段和现场签证阶段等三个阶段。

3.2.1 设计图纸的自审阶段

图纸自审由施工单位主持，主要是对设计图纸的疑问和对设计图纸的有关建议等，并写出图纸自审记录。

3.2.2 设计图纸的会审阶段

一般由建设单位主持，由设计单位、施工单位和监理单位参加，四方共同进行设计图纸的会审。图纸会审时，首先由设计单位的工程主设计人向与会者说明拟建工程的设计依据、意图、功能及对特殊结构、新材料、新工艺、新技术的应用和要求；然后施工单位根据自审记录以及对设计意图的理解，提出对设计图纸的疑问和建议；最后在统一认识的基础上，对所探讨的问题逐一地做好记录，形成"图纸会审纪要"，由建设单位正式行文，参加单位共同会签、盖章，作为与设计文件同时使用的技术文件和指导施工的依据，以及建设单位与施工单位进行工程结算的依据。

3.2.3　设计图纸的现场签证阶段

在拟建工程施工的过程中,如果发现施工的条件与设计图纸的条件不符,或者发现图纸中仍然有错误,或者因为材料的规格、质量不能满足设计要求,或者因为施工单位提出了合理化建议,需要对设计图纸进行及时修订时,应遵循技术核定和设计变更的签证制度,进行图纸的施工现场签证。如果设计变更的内容对拟建工程的规模、投资影响较大,要报请项目的原批准单位批准。在施工现场的图纸修改、技术核定和设计变更资料,都要有正式的文字记录,归入拟建工程施工档案,作为指导施工、工程结算和竣工验收的依据。

4　原始资料调查分析

4.1　自然条件调查分析

自然条件调查分析包括施工场地所在地区的气象、地形、地质和水文、施工现场地上和地下障碍物状况、周围民宅的坚固程度及其居民的健康状况等项调查。自然条件调查分析为编制施工现场的"四通一平"计划提供依据。

4.2　技术经济条件调查分析

技术经济条件调查主要包括:地方建筑生产企业情况,地方资源情况,交通运输条件,水、电和其他动力条件,主要设备、材料和特殊物资供应情况,参加施工的各单位(含分包)生产能力情况调查等。

5　编制施工预算

施工预算是根据中标后的合同价、施工图纸、施工组织设计或施工方案、施工定额等文件进行编制的,它直接受中标后合同价的控制。它是施工企业内部控制各项成本支出、考核用工、"两价"对比、签发施工任务单、限额领料、基层进行经济核算的依据。

【案例3-2】　施工准备

背景资料

大河水利枢纽工程建设内容包括大坝、隧洞、水电站等建筑物。该工程由某流域管理机构组建的项目法人负责建设,根据《水利水电工程标准施工招标文件》(2009年版)的合同条件,黄河施工单位与流域机构签订施工合同,合同价5.2亿元:

(1)《水利水电工程标准施工招标文件》(2009年版)的合同条件规定:工程预付款为签约合同价的10%,分两次支付。

(2)在进行深基坑施工过程中,基坑垮塌,致2人死亡,3人重伤,3人轻伤。事故发生后,施工单位、项目法人立即向流域管理机构和安全生产监督管理部门如实进行了报告。在事故调查时发现,该工程施工前,施工单位已按安全生产的相关规定,并结合本工程的实际情况,编制了模板专项施工方案,该方案编制完成后直接报监理单位批准实施。

(3)2014年施工前,黄河施工单位向立新大河水利枢纽工程监理机构申报大坝施工技术方案,申报表如表3-13所示。

表3-13 施工技术方案申报表

(A〔B〕技案C号)

合同名称:大河水利枢纽工程　　　　合同编号:　　　　　　承包人:黄河施工单位

致:(监理机构)立新大河水利枢纽工程监理部
我方已根据施工合同的约定完成了大河水利枢纽大坝工程的编制,并经我方技术负责人审查批准,现上报贵方,请审批。 　　附:□施工组织设计 　　　　□安全措施计划 　　　　□分部工程施工工法   　　　　　　　　　　　　　　　　　　承 包 人:(全称及盖章) 　　　　　　　　　　　　　　　　　　项目负责人:(签名) 　　　　　　　　　　　　　　　　　　日　　　期:　年 月 日
监理机构将另行签发审批意见。   　　　　　　　　　　　　　　　　　　监理机构:(全称及盖章) 　　　　　　　　　　　　　　　　　　签 收 人:(签名) 　　　　　　　　　　　　　　　　　　日　　　期:　年 月 日

问题

1. 根据《水利水电工程标准施工招标文件》(2009年版)的合同条件规定,工程预付款应如何支付?

2. 施工单位编制的基坑开挖专项施工方案的报批过程有无不妥之处? 如有,请分别说明理由。

3. 施工技术方案报审表 A、B、C 应填写什么? 本表后应附哪些技术文件?

答案

1.(1)承包人在第一次收到工程预付款的同时需提交等额的工程预付款保函(担保)。

(2)第二次工程预付款保函可用承包人进入工地的主要设备(其估算价值已达到第二次预付款金额)代替。

(3)当履约担保的保证金额度大于工程预付款额度,发包人分析认为可以确保履约安全时,承包人可与发包人协商不提交工程预付款保函,但应在履约保函中写明其兼具预付款保函的功能。此时,工程预付款的扣款办法不变,但不能递减履约保函金额。

（4）工程预付款担保的担保金额可根据工程预付款扣回的金额相应递减。

2. 有不妥。理由是：根据《水利工程建设安全生产管理规定》深基坑专项措施方案，应首先由施工单位组织专家论证审查，技术负责人签字，再报监理机构由总监理工程师核签，由安全管理人员监督实施。

3. A—填写施工单位简称"黄河"；B—填写 2014；C—填写 001。应附施工组织设计、深基坑和地下隧洞安全施工计划。

任务 3　施工现场准备

1　施工现场平面布置

施工平面布置图是拟建项目施工场地的总布置图，是施工组织设计的重要组成部分。它是根据工程特点和施工条件，对施工场地上拟建的永久建筑物、施工辅助设施和临时设施等进行平面和高程上的布置。施工现场的布置应在全面了解掌握枢纽布置、主体建筑物的特点及其他自然条件等基础上，合理地组织和利用施工现场，妥善处理施工场地内外交通，使各项施工设施和临时设施能最有效地为工程服务，以保证施工质量、加快施工进度、提高经济效益，也为文明施工、节约土地、减少临时设施费用创造条件。另外，将施工现场的布置成果标在一定比例尺的施工地区地形图上，就构成施工现场布置图。绘制的比例一般为 1∶1 000 或者 1∶2 000。

1.1　施工总布置的内容

施工总布置的内容主要有：

（1）配合选择对外运输方案，选择场内运输方式以及两岸交通联系的方式，布置线路，确定渡口、桥梁位置，组织场内运输。

（2）选择合适的施工场地，确定场内区域划分原则，布置各施工辅助企业及其他生产辅助设施，布置仓库站场、施工管理及生活福利设施。

（3）选择给水、供电、压气、供热以及通信等系统的位置，布置干管、干线。

（4）确定施工场地排水、防洪标准，规划布置排水、防洪沟槽系统。

（5）规划弃渣、堆料场地，做好场地土石方平衡以及开挖土石方调配。

（6）规划施工期环境保护和水土保持措施。

施工总布置的内容概括起来包括：原有地形已有的地上、地下建筑物、构筑物、铁路、公路和各种管线等；一切拟建的永久建筑物、构筑物、道路和管线；为施工服务的一切临时设施；永久、半永久性的坐标位置，料场和弃渣场位置。

1.2　施工总布置原则

施工总布置应根据工程总体布置结合现场环境，遵循因地制宜、因时制宜、有利生产、方便生活、易于管理、安全可靠、经济合理的原则。

（1）施工总布置应综合分析水工枢纽布置、主体建筑物规模、型式、特点、施工条件和工程所在地区社会、自然条件等因素，妥善处理好环境保护和水土保持与施工场地布局的关系，合理确定并统筹规划为工程施工服务的各种临时设施。

（2）施工总布置方案应贯彻执行十分珍惜和合理利用土地的方针，遵循因地制宜、因时制宜、有利生产、方便生活、易于管理、安全可靠、注重环境保护、减少水土流失、充分体现人与自然和谐相处以及经济合理的原则，经全面系统比较论证后选定。

（3）施工总布置设计时应考虑以下各点：

①施工临时设施与永久性设施，应研究相互结合、统一规划的可能性。临时性建筑设施不要占用拟建永久性建筑或设施的位置。

②确定施工临时性建筑设施项目及其规模时，应研究利用已有企业设施为施工服务的可能性与合理性。

③主要施工工厂设施和临时设施的布置应考虑施工期洪水的影响，防洪标准根据工程规模、工期长短、河流水文特性等情况，分析不同标准洪水对其危害程度，在5～20年重现期范围内酌情采用。高于或低于上述标准时，应进行充分论证。

④场内交通规划必须满足施工需要，适应施工程序、工艺流程；全面协调单项工程、施工企业、地区间交通运输的连接与配合，运输方便，费用少，尽可能减少二次转运；力求使交通联系简便，运输组织合理，节省线路和设施的工程投资，减少管理运营费用。

⑤施工总布置应做好土石方挖填平衡，统筹规划堆、弃渣场地；弃渣应符合环境保护及水土保持要求。在确保主体工程施工顺利的前提下，要尽量少占农田。

⑥施工场地应避开不良地质区域、文物保护区。

⑦避免在以下地区设置施工临时设施：严重不良地质区域或滑坡体危害地区；泥石流、山洪、沙尘暴或雪崩可能危害地区；重点保护文物、古迹、名胜区或自然保护区；与重要资源开发有干扰的地区；受爆破或其他因素严重影响的地区。

施工总布置应该根据施工需要分阶段逐步形成，做好前后衔接，尽量避免后阶段拆迁。初期场地平整范围按施工总布置最终要求确定。

1.3　施工平面的布置

1.3.1　收集基本资料

（1）当地国民经济现状及发展的前景。

（2）可为工程施工服务的建筑、加工制造、修配、运输等企业的规模、生产能力及其发展规划。

（3）现有水陆交通运输条件和通过能力，近远期发展规划。

（4）水、电以及其他动力供应条件。

（5）邻近居民点、市政建设状况和规划。

（6）当地建筑材料及生活物资供应情况。

（7）施工现场土地状况和征地的有关问题。

（8）工程所在地区行政区规划图、施工现场地形图及主要临时工程剖面图，三角水准网点等测绘资料。

（9）施工现场范围内的工程地质与水文地质资料。

（10）河流水文资料、当地气象资料。

（11）规划、设计各专业设计成果或中间资料。

（12）主要工程项目定额、指标、单价、运杂费率等。

(13)当地及各有关部门对工程施工的要求。

(14)施工现场范围内的环境保护要求。

1.3.2　编制临时建筑物的项目清单

在充分掌握基本资料的基础上,根据施工条件和特点,结合类似工程经验或有关规定,编制临时建筑物的项目单,并初步确定它们的服务对象、生产能力、主要设备、风水电等需要量及占地面积、建筑面积和布置的要求。

以混凝土工程为主体的枢纽工程,临建工程项目一般包括以下内容:

(1)混凝土系统(包括搅拌楼、净料堆场、水泥库、制冷楼)。

(2)砂石加工系统(包括破碎筛分厂、毛料堆场、净料堆场)。

(3)金属结构机电安装系统(包括金属结构加工厂、金属结构拼装场、钢管加工厂、钢管拼装场、制氧厂)。

(4)机械修配系统(包括机械修配厂、汽车修配厂、汽车停放保养场、船舶修配厂、机车修配厂)。

(5)综合加工系统(包括木材加工厂、钢筋加工厂、混凝土预制构件厂)。

(6)风、水、电、通信系统(包括空压站、水厂、变电站、通信总机房)。

(7)基础处理系统(包括基地、灌浆基地)。

(8)仓库系统(包括基地冲击钻机仓库、工区仓库、现场仓库、专业仓库)。

(9)交通运输系统(包括铁路场站、公路汽车站、码头港区、轮渡)。

(10)办公生活福利系统(办公房屋、单身宿舍房屋、家属宿舍房屋、公共福利房屋、招待所)。

1.3.3　现场布置总规划

1.3.3.1　施工分区规划

根据主体工程施工需求及现场地形条件,水利水电工程施工场地一般分为以下几个分区:①主体工程施工区;②施工工厂区;③当地建材开采区;④工程存、弃渣场区;⑤仓库、站、场、码头等储运系统区;⑥机电、金属结构和大型施工机械设备安装场区;⑦施工管理及生活区;⑧工程建设管理及生活区。

1.3.3.2　场地规划

现场布置总规划是施工现场布置中的最关键一步。应该着重解决施工现场布置中的重大原则问题,具体包括:

(1)施工场地是一岸布置还是两岸布置。

(2)施工场地是一个还是几个,如果有几个场地,哪一个是主要场地。

(3)施工场地怎样分区。

(4)临时建筑物和临时设施采取集中布置还是分散布置,哪些集中、哪些分散。

(5)施工现场内交通线路的布置和场内外交通的衔接及高程的分布等。

一般施工现场为了方便施工,利于管理,都将现场划分成主体工程施工区,辅助企业区,仓库、站、场、转运站,码头等储运中心,当地建筑材料开采区,机电金属结构和施工机械设备的停放修理场地,工程弃料堆放场,施工管理中心和主要施工分区,生活福利区等。各区域用场内公路沟通,在布置上相互联系,形成统一的、高度灵活的、运行方便的整体。

在进行各分区布置时,应满足主体工程施工的要求。对以混凝土建筑物为主体的工程枢纽,应该以混凝土系统为重点,即布置时以砂石料的生产、混凝土的拌和、运输线路和堆弃料场地为主,重要的施工辅助企业集中布置在所服务的主体工程施工工区附近,并妥善布置场内运输线路,使整个枢纽工程的施工形成最优工艺流程。对于其他设施的布置,则应围绕重点来进行,确保主体工程施工。

在区域规划时,围绕集中布置、分散布置和混合布置等三种方式,水利水电工程一般多采用混合布置。

(1)地形较狭窄时,可沿河流一岸或两岸冲沟绵延布置,按临时建筑物及其设施对施工现场影响程序分类排队,对施工影响大的靠近坝址区布置,其他项目按对工程影响程序大小顺序逐渐远离布置,如水布垭工程采用了这种布置方式。

(2)地形特别狭窄时,可把与施工现场关系特别密切的设施(如混凝土生产系统)布置在坝址附近,而其他一些施工辅助企业等布置在离大坝较远的基地,这是典型的混合布置,如三门峡水库等。

对于引水式水电站或大型输水工程,常在取水口、中间段和厂房段设立施工场地,即形成"一条龙"的布置形式,又称分散布置。其缺点是施工管理不便、场内运输量大等。

在现场规划布置时,要特别注意场内运输干线的布置,如两岸交通联系的线路,砂石骨料运输线路,上、下游联系的过坝线路等。

1.3.4　施工现场布置

施工总平面布置图应根据设计资料和设计原则,结合工程所在地的实际情况,编制出几个可能方案进行比较,然后选择较好的布置方案。

1.3.4.1　施工交通运输的布置

施工交通包括对外交通和场内交通两部分。对外交通是指联系施工工地与国家公路或地方公路、铁路车站、水运港口及航空港之间的交通,一般应充分利用现有设施,选择较短的新建、改建里程,以减少对外交通工程量。场内交通是联系施工工地内部各工区、料场、堆料场及各生产生活区之间的交通,一般应与对外交通衔接。

在进行施工交通运输方案的设计时,应主要解决的问题有:选定施工场内外的交通运输方式和场内外交通线路的连接方式;进行场内运输线路的平面布置和纵剖面设计;确定路基、路面标准及各种主要的建筑物(如桥涵、车站、码头等)的位置、规模和形式;提出运输工具和运输工程量、材料和劳动力的数量等。

1.确定对外交通和场内交通的范围

对外交通方案应确保施工工地与国家公路或地方公路、铁路车站、水运港口之间的交通联系,具备完成施工期间外来物资运输任务的能力;场内交通方案应确保施工工地内部各工区、当地材料产地、堆渣场、各生产生活区之间的交通联系,主要道路与对外交通的衔接。

2.场内交通规划的任务

场内交通规划的任务是正确选择场内运输主要和辅助的运输方式,合理布置线路,合理规划和组织场内运输。各分区间交通道路布置合理、运输方便可靠、能适应整个工程施工进度和工艺流程要求,尽量避免或减少反向运输和二次倒运。

3. 场内运输的特点

场内运输的特点是：物料品种多、运输量大、运距短；物料流向明确，车辆单向运输；运输不均衡；对运输保证性要求高；场内交通的临时性；个别情况允许降低标准；运输方式多样性等。

4. 交通运输方式的选择

运输方式的选择应考虑工程所在地区可资利用的交通运输设施情况，施工期总运输量、分年度运输量及运输强度，重大件运输条件，国家（地方）交通干线的连接条件以及场内、外交通的衔接条件，交通运输工程的施工期限及投资，转运站以及主要桥涵、渡口、码头、站场、隧道等的建设条件。

场外运输方式的选择，主要取决于工程所在地区的交通条件、施工期的总运输量及运输强度、最大运件重量和尺寸等因素。中、小型水利工程一般情况下应优先采用公路运输方式，对于水运条件发达的地区，应以水运方式为主，其他运输方式为辅。

场内运输方式的选择，主要根据各运输方式自身的特点，场内物料运输量，运输距离对外运输方式、场地分区布置、地形条件和施工方法等。中、小型工程一般采用以汽车运输为主，其他运输为辅的运输方式。对外交通运输专用线或场内公路设计时，应结合具体情况，参照国家有关的公路标准来进行。

场内运输方式分水平运输和垂直运输方式两大类。垂直运输方式和永久建筑物施工场地、各生产系统内部的运输组织等，一般由各专业施工设计考虑，场内交通规划主要考虑场区之间的水平运输方式。水电工程常采用公路和铁路运输作为场内主要水平运输方式。

1.3.4.2　仓库与材料堆场的布置

（1）当采用铁路运输时，仓库通常沿铁路线布置，并且要留有足够的装卸前线；如果没有足够的装卸前线，必须在附近设置转运仓库。布置铁路沿线仓库时，应将仓库设置在靠近工地一侧，以免内部运输跨越铁路。同时，仓库不宜设置在弯道处或坡道上。

（2）当采用水路运输时，一般应在码头附近设置转运仓库，以缩短船只在码头上的停留时间。

（3）当采用公路运输时，仓库的布置较灵活，一般中心仓库布置在工地中央或靠近使用的地方，也可以布置在靠近外部交通连接处。砂石、水泥、石灰、木材等仓库或堆场宜布置在施工对象附近，以免二次搬运。一般笨重设备应尽量布置在车间附近，其他设备仓库可布置在其外围或其他空地上。

（4）炸药库应布置在僻静的位置，远离生活区；汽油库应布置在交通方便之处，且不得靠近其他仓库和生活设施，并注意避开多发的风向。

1.3.4.3　加工厂布置

一般应将加工厂集中布置在同一个地区，且多处于工地边缘。各种加工厂应与相应仓库或材料堆场布置在同一地区。

污染较大的加工厂，如砂石加工厂、沥青加工厂和钢筋加工厂，应尽量远离生活区和办公区，并注意风向。

1.3.4.4　布置内部运输道路

根据加工厂、仓库及各施工对象的相对位置，研究货物转运图，区分主要道路和次要道路。

（1）在规划临时道路时，应充分利用拟建的永久性道路，提前修建永久性道路或者修路基和简易路面作为施工所需的道路，以达到节约投资的目的。

（2）道路应有两个以上进出口，道路末端应设置回车场；场内道路干线应采用环形布置，主要道路宜采用双车道，宽度不小于 6 m；次要道路宜采用单车道，宽度不小于 3.5 m。

（3）一般场外与省、市公路相连的干线，因其以后会成为永久性道路。因此，一开始就应建成高标准路面。场区内的干线和施工机械行驶路线，最好采用碎石级配路面，以利于修补；场内支线一般为土路或砂石路。

1.3.4.5 行政与生活临时设施布置

应尽量利用建设单位的生活基地或其他永久性建筑，不足部分另行建造，还可考虑租用当地的民房。

一般全工地性行政管理用房宜设在全工地入口处，以便对外联系；也可设在工地中间，便于对全工地进行管理；工人用的福利设施应设置在工人较集中的地方，或工人必经之处；生活基地应设在场外，距工地 500 ~ 1 000 m 为宜；食堂可布置在工地内部或工地与生活区之间。其位置应尽量避开危险品仓库和砂石加工厂等，以利于安全和减少污染。

1.3.4.6 临时水电管网及其他动力设施的布置

临时水电管网沿主要干道布置干管、主线；临时总变电站应设置在高压电引入处，不应设置在工地中心；设置在工地中心或工地中心附近的临时发电设备，沿干道布置主线；施工现场供水管网有环状、枝状和混合式三种形式。

根据工程防火要求，应设立消防站。一般设置在易燃物（木材、仓库、油库、炸药库等）附近，并须有通畅的出口和消防车道，其宽度不宜小于 6 m；沿道路布置消防栓时，其间距不得大于 100 m，消防栓到路边的距离不得大于 2 m。

工地电力网：一般 3 ~ 10 kV 高压线采用环状，380/220 V 低压线采用枝状布置。工地上通常采用架空布置，距路面或建筑物不小于 6 m。

应该指出，上述各设计步骤不是截然分开、各自孤立进行的，而是互相联系、互相制约的，需要综合考虑、反复修正才能确定下来。

1.3.5 施工辅助企业

水利水电工程施工的辅助企业主要包括砂石骨料加工厂、混凝土生产系统、综合加工厂（钢筋加工厂、木材加工厂、混凝土预制构件厂等）、机械修配厂、工地供风系统、工地供电系统、工地供水系统等。其布置的任务是根据工程特点、规模及施工条件，提出所需的辅助企业项目、任务和生产规模及内部组成，选定厂址，确定辅助企业的占地面积和建筑面积，并进行合理的布置，使工程施工能顺利地进行。

1.3.5.1 砂石骨料加工厂

砂石骨料加工厂布置时，应尽量靠近料场，选择水源充足、运输及供电方便，有足够的堆料场地和便于排水清淤的地段。同时，若砂石骨料加工厂不止一处，可将加工厂布置在中心处，尽量靠近混凝土生产系统。

砂厂骨料加工厂的占地面积和建筑面积与骨料的生产能力有关。

1.3.5.2 混凝土生产系统

混凝土生产系统应尽量集中布置，并靠近混凝土工程量集中的地点，如坝体高度不大,混凝土生产系统高程可布置在坝体重心位置。

混凝土生产系统的面积可依据选择的拌和设备的型号、生产能力来确定。

1.3.5.3　综合加工厂

综合加工厂应尽量布置在靠近主体工程施工现场,若有条件,可与混凝土生产系统一起布置。

(1)钢筋加工厂。

钢筋加工厂一般需要的面积较大,最好布置在来料处,即靠近码头、车站等处。

(2)木材加工厂。

木材加工厂应布置在铁路或公路专用线的近旁,又因其有防火的要求,则必须安排在空旷地带,且处于主要建筑物的下风向,以免发生火灾时蔓延。

(3)混凝土预制构件厂。

混凝土预制构件厂应布置在有足够大的场地和交通方便的地方,若服务对象主要为大坝主体,应尽量靠近大坝布置。

(4)机械修配厂。

机械修配厂应与汽车修配厂和保养厂统一设置,其位置一般选在平坦、宽阔、交通方便的地段,若采用分散布置,应分别靠近使用的机械、设备等地段。

1.3.5.4　工地供风系统

工地供风系统主要供石方开挖、混凝土和水泥输送、灌浆等施工作业所需的压缩空气。一般采用的方式是集中供风和分散供风,压缩空气主要由固定式的空气压缩机站或移动的空压机来供应。

空气压缩机站的位置,应尽量靠近用风量集中的地点,保证用风质量。同时,接近供电系统、供水系统,并要求有良好的地基,空气压缩机距离用风地点最好在 700 m 左右,最大不超过 1 000 m。

供风管道采用树枝状布置,一般沿地表敷设,必要时可深埋或架空敷设(如穿越重要交通道路等)。

1.3.5.5　工地供电系统

工地用电主要包括室内外交通照明用电和各种机械、动力设备用电等。在设计工地供电系统时,主要应该解决的问题是:确定用电地点和需电量、选择供电方式、进行供电系统的设计。

工地的供电方式常见的有施工地区已有的国家电网供电、临时发电厂供电、移动式发电机供电等三种方式,其中国家电网供电的方式最经济方便,宜尽量选用。

工地的用电负荷,按不同的施工阶段分别计算。工地内的供电采用国家电网供电时,应先在工地附近设总变电所,将高压电降为中压电。在输送到用户附近时,通过小型变压器(变电站)将中压降压为低压(380/220 V),然后输送到各用户。另在工地应有备用发电设施,以备国家电网停电时备用,其供电半径以 300～700 m 为宜。

施工现场供电网路中,变压器应设在所负担的用电荷集中、用电量大的地方,同时各变压器之间可作环状布置,供电线路一般呈树枝形布置,采用架空线等方式敷设,电杆距为 25 m 左右,并尽量避免供电线路的二次拆迁。

1.3.5.6 工地供水系统

工地供水系统主要由取水工程、净水工程和输配水工程等组成,其任务在于经济合理地供给生产、生活和消防用水。在进行供水系统设计时,首先应考虑需水地点和需水量、水质要求,再选择水源,最后进行取水、净水建筑物和输水管网的设计等。

布置供水系统时,应充分考虑工地范围的大小,可布置成一个或几个供水系统。供水系统一般由供水站、管道和水塔等组成。水塔的位置应设在用水中心处,高程按供水管网所需的最大水头计算。供水管道一般用树枝状布置,水管的材料根据管内压力大小分为铸铁和钢管两种。

工地供水系统所用水泵,一般每台流量为 $10 \sim 30$ L/s,扬程应比最高用水点和水源的高差高出 $10 \sim 15$ m。水泵应有一定的备用台数,同一泵站的水泵型号尽可能统一。

1.3.6 施工临时设施

1.3.6.1 仓库

工地仓库的主要功能是储存和供应工程施工所需的各种物资、器材和设备。根据工地仓库的用途和管理形式分为中心仓库(储存全工地统一调配使用的物料)、转运站仓库(储存待运的物资)、专用仓库(储存一种或特殊的材料)、工区分库(只储存本工区使用的物资、材料)、辅助企业分库(只储存本企业用的材料)等。

根据工地仓库的结构形式分为露天式仓库、棚式仓库和封闭式仓库等。

仓库布置的具体要求是:服务对象单一的仓库、堆场应靠近所服务的企业或施工地点。

(1)中心仓库应布置在对外交通线路进入工区入口处附近。

(2)特殊材料库(如炸药等)布置在不会危害企业、施工现场、生活福利区的安全的位置。

(3)仓库的平面布置应尽量满足防火间距的要求。

1.3.6.2 工地临时房屋

一般工地上的临时房屋主要有行政管理用房(如指挥部、办公室等)、文化娱乐用房(如学校、俱乐部等)、居住用房(如职工宿舍等)、生活福利用房(如医院、商店、浴室等)等。

修建这些临时房屋时,必须注意既要满足实际需要,又要节约修建费用。具体应考虑以下问题:

(1)尽可能利用施工区附近城镇的居民和文化福利实施。

(2)尽可能利用拟建的永久性房屋。

(3)结合施工地区新建城镇的规划统一考虑。

(4)临时房屋宜采用装配式结构。

具体工地各类临时房屋需要量,取决于工程规模、工期长短、投资情况和工程所在地区的条件等因素。

2 施工现场准备

2.1 施工现场控制网测量

根据给定永久性坐标和高程,按照建筑总平面图要求,进行施工现场控制网测量,设置场区永久性控制测量标桩。

2.2 做好"四通一平"

确保施工现场"四通一平",并尽可能使永久性设施与临时性设施结合起来。拆除场地上妨碍施工的建筑物或构筑物,并根据建筑总平面图规定的标高和土方竖向设计图纸,进行平整场地的工作。

2.3 建设施工临时设施

按照施工平面布置图和工程进度安排,进行设施建设。

2.4 组织施工机具进场

根据施工机具需要量计划,按施工平面图要求,组织施工机械、设备和工具进场,按规定地点和方式存放,并应进行相应的保养和试运转等项工作。土石方施工以挖运填筑机械为主,混凝土施工以拌和设备和水平运输及垂直运输机械为主。

2.5 组织建筑材料进场

根据建筑材料、构(配)件和制品需要量计划,组织其进场,根据施工场地布置地点和方式储存或堆放。

2.6 拟订有关试验、试制项目计划

建筑材料进场后,应进行各项材料的试验、检验。对于新技术项目,应拟订相应试验和试制计划,并均应在开工前实施。

2.7 做好季节性施工准备

按照施工组织设计要求,认真落实冬、雨季和高温季节施工项目的施工设施和技术组织措施。

2.8 设置消防、保安设施

按照施工组织设计的要求,根据施工总平面图的布置,建立消防、保安等组织机构和有关的规章制度,布置安排好消防、保安等措施。

3 施工场外协调

3.1 材料加工和订货

根据各项资源需要量计划,同建材加工和设备制造部门或单位取得联系,签订供货合同,保证按时供应。

3.2 施工机械租赁或订购

对于缺少且需用的施工机械,应根据资源需求量计划,同相关单位签订租赁合同或订购合同。

3.3 安排好分包或劳务

通过经济效益分析,适合分包或委托劳务而本单位难以承担的专业工程,如大型土石方、结构安装和设备安装工程,应尽早做好分包或劳务安排;采用招标或委托方式,同相应承担单位签订分包或劳务合同,保证合同实施。

4 施工准备工作计划

为了落实施工准备的各项工作,加强对其检查和监督,根据各项施工准备工作的内容、时间和人员,编制出施工准备工作计划。施工准备工作计划见表3-14。

表 3-14　施工准备工作计划

序号	施工准备项目	简要内容	负责单位	负责人	起止时间		备注
					月.日	月.日	

【案例 3-3】　施工现场准备

背景资料

某平原地区大(1)型水闸闸孔 36 孔,设计流量 4 000 m³/s,校核流量 7 000 m³/s。该泄洪闸建于 20 世纪 60 年代末,现进行除险加固。

根据施工需要,现场布置有混凝土拌和系统、钢筋加工厂、木工厂、临时码头、配电房等临时设施。其平面布置图见图 3-4,图中①、②、③、④、⑤为临时设施(混凝土拌和系统、油库、机修车间、钢筋加工厂、办公生活区)代号。

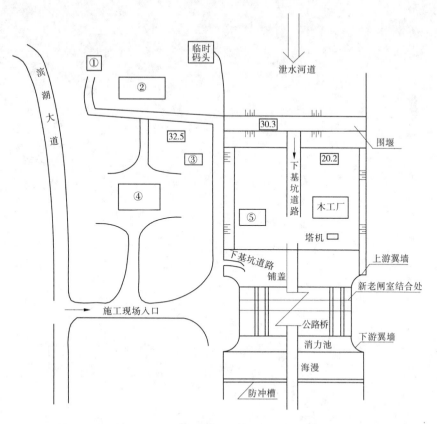

图 3-4　泄洪闸除险加固施工平面布置示意图

问题

1. 根据有利生产、方便生活、易于管理、安全可靠的原则,给出图 3-4 中代号①、②、③、④、⑤所对应临时设施的名称。

2. 说明混凝土拌和系统布置的合理性。

答案

1. ①油库;②混凝土拌和系统;③机修车间;④办公生活区;⑤钢筋加工厂。

2. 由于大宗水泥、砂石料通过水路交通运输,以防止压坏滨湖大道,避免二次倒运,所以将混凝土拌和站布置在临时码头附近。

项目 4 施工项目进度管理

工程项目进度管理,是指在项目实施过程中,对各阶段的进展程度和项目最终完成的期限所进行的管理。其目的是保证项目能在满足其时间约束条件前提下实现其总体目标。它与项目投资管理、项目质量管理等同为项目管理的重要组成部分,它们之间有着相互依赖和相互制约的关系。工程管理人员在实际工作中要对这三项工作全面、系统、综合地加以考虑,正确处理好进度、质量和投资的关系,提高工程建设的综合效益。

任务 1 工程项目进度计划编制

1 工程项目进度计划的编制依据

(1)工程项目承包合同及招标投标书。

(2)工程项目全部设计施工图纸及变更洽商。

(3)工程项目所在地区位置的自然条件和技术经济条件。

(4)工程项目预算资料、劳动定额及机械台班定额等。

(5)工程项目拟采用的主要施工方案及措施、施工顺序、流水段划分等。

(6)工程项目需要的主要资源。主要包括劳动力状况、机具设备能力、物资供应来源条件等。

(7)建设方、总承包方及政府主管部门对施工的要求。

(8)现行规范、规程和技术经济指标等有关技术规定。

2 工程项目进度计划的编制步骤

(1)确定进度计划的目标、性质和任务。

(2)进行工作分解,确定各项作业持续时间。

(3)收集编制证据。

(4)确定工作的起止时间及里程碑。

(5)处理各工作之间的逻辑关系。

(6)编制进度表。

(7)编制进度说明书。

(8)编制资源需要量及供应平衡表。

(9)报有关部门批准。

3　工程项目进度计划按表示方法的分类

3.1　横道图表示工程项目进度计划

横道图又称甘特(Gatt)图,是被广泛应用的进度计划表达方式,横道图通常在左侧垂直向下依次排列工程任务的各项工作名称,而在右边与之紧邻的时间进度表中则对应各项工作逐一绘制横道线,使每项工作的起止时间均可由横道线的两个端点来表示。

如某拦河闸工程有 3 个孔闸,每孔净宽 5 m。闸身为钢筋混凝土结构,平底板,闸墩高 5 m,上部有公路桥、工作桥和工作便桥。岸墙采用重力式混凝土结构,上、下游两侧为重力式浆砌块石翼墙。总工期为 8 个月,采取明渠导流。进度要求:第一年汛后 4 月开始施工准备工作,第二年 1 月底完成闸塘土方开挖,2 月起建筑物施工,汛前 5 月底完工。

进度计划安排要点如下:应以混凝土工程、吊装工程为骨干,再安排砌石工程和土方回填。导流工程要保证 1 月的闸塘开挖。准备工作要保证 2 月的混凝土浇筑。混凝土工程应以底板、墩墙、工作桥排架、启闭机安装为主线,吊装前 1 个月完成预制任务(也可提前预制)。砌石工程以翼墙墙身为主,护坦、护坡为辅。该水闸工程横道图进度计划见图 4-1。

横道图直观易懂,编制较为容易,它不仅能单一表达进度安排情况,而且还可以形成进度计划与资源,或资金供应与使用计划的各种组合,故使用非常方便,受到普遍欢迎。但横道图也存在不能明确地表达工作之间的逻辑关系,无法直接进行计划的各种时间参数计算,不能表明什么是影响计划工期的关键因素,不便于进行计划的优化与调整等明显缺点。横道图法适用于中小型水利工程进度计划的编制。

3.2　网络图表示工程项目进度计划

网络图是利用由箭线和节点所组成的网状图形来表示总体工程任务各项工作的系统安排的一种进度计划表达方式。例如,将土坝坝面划分为三个施工段,分三道工序组织流水作业,用网络图表示,如图 4-2 所示。

此外,表示进度计划的方法还有文字说明、形象进度表、工程进度线、里程碑时间图等。对同种性质的工程适用工程进度线表示进度计划和分析进度偏差,对线性工程如隧洞开挖衬砌,高坝施工可以采用形象进度图表示施工进度。施工进度计划常采用网络计划方法或横道图表示。在此重点介绍双代号和单代号网络图、时间坐标双代号网络图。

4　双代号网络进度计划

网络计划技术的基本原理是:应用网络图形来表示一项计划中各项工作的开展顺序及其相互之间的关系;通过网络图进行时间参数的计算,找出计划中的关键工作和关键线路,能够不断改进网络计划,寻求最优方案,以最小的消耗取得最大的经济效果。在工程领域,网络计划技术的应用尤为广泛,被称为工程网络计划技术。

4.1　双代号网络进度计划的表示方法

双代号网络图是由若干表示工作或工序(或施工过程)的箭线和节点组成的,每一个工作或工序(或施工过程)都由一根箭线和两个节点表示,根据施工顺序和相互关系,将一项计划用上述符号从左向右绘制而成的网状图形,称为双代号网络图,如图 4-2 所示。

序号	项　目	单位	工程量	第一年									第二年															
				10月			11月			12月			1月			2月			3月			4月			5月				
				上旬	中旬	下旬	上旬	中旬	下旬	上旬	中旬	下旬	上旬	中旬	下旬	上旬	中旬	下旬	上旬	中旬	下旬	上旬	中旬	下旬	上旬	中旬	下旬		
一	准备工作																											
	料场、加工场、临时房屋、道路、水电等																											
二	导流工程																											
1	明渠																											
2	围堰																											
3	基坑排水																											
三	闸塘开挖																											
四	混凝土工程																											
1	150#闸底板																											
2	150#闸墩																											
3	150#岸墙墙身																											
4	200#工作桥排架																											
5	150#翼墙底板(1~6)																											
6	200#消力池(1~2)																											
7	150#岸墙底板																											
8	100#上游护坦																											
五	预制构件及吊装工程																											
1	250#闸门																											
2	250#公路桥																											
3	250#工作桥																											
4	200#工作便桥																											
5	2×8 t绳鼓式启闭机																											
六	砌石工程																											
1	100#浆砌翼墙墙身																											
2	75#灌砌护坡																											
3	干砌护坦																											
4	干砌护坡																											
七	土方回填																											
八	拆坝放水																											

图4-1　横道图进度计划

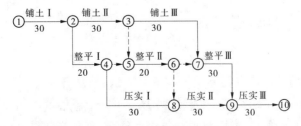

图4-2　网络图进度计划　（单位：天）

双代号网络图由箭线、节点、线路三个要素组成。其含义和特点如下。

4.1.1　箭线

（1）在双代号网络图中，一根箭线表示一项工作（或工序、施工过程、活动等），如支立模板、绑扎钢筋等。所包括的工作内容可大可小，既可以表示一项分部工程，又可以表示某一建筑物的全部施工过程（一个单位工程或一个工程项目），也可以表示某一分项工程等。

（2）每一项工作都要消耗一定的时间和资源。只要消耗一定时间的施工过程都可作为一项工作。各施工过程用实箭线表示。

（3）在双代号网络图中，为了正确表达施工过程的逻辑关系，有时必须使用一种虚箭线，如图4-2中的③┄→⑤。这种虚箭线没有工作名称，不占用时间，不消耗资源，只解决工作之间的连接问题，称之为虚工作。虚工作在双代号网络计划中起施工过程之间逻辑连接或逻辑间断的作用。

（4）箭线的长短不按比例绘制，即其长短不表示工作持续时间的长短。箭线的方向在原则上是任意的，但为使图形整齐、醒目，一般应画成水平直线或垂直折线。

（5）双代号网络图中，就某一工作而言，紧靠其前面的工作称为紧前工作，紧靠其后面的工作称为紧后工作，该工作本身则称为本工作，与之平行的工作称为平行工作。工作间的关系表示图如图4-3所示。

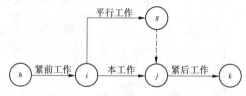

图4-3　工作间的关系表示图

4.1.2　节点

（1）网络图中表示工作或工序开始、结束或连接关系的圆圈称为节点。节点表示前道工序的结束和后道工序的开始。一项计划的网络图中的节点有开始节点、中间节点、结束节点三类。网络图的第一个节点为开始节点，表示一项计划的开始；网络图的最后一个节点称为结束节点，表示一项计划的结束；其余都称为中间节点，任何一个中间节点既是其紧前工作的结束节点，又是其紧后工作的开始节点，如图4-4所示。

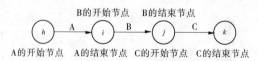

图4-4　节点示意图

（2）节点只是一个"瞬间"，它既不消耗时间，也不消耗资源。

（3）网络图中的每个节点都要编号。编号方法是：从开始点开始，从小到大，自左向右，从上到下，用阿拉伯数字表示。编号原则是：每一个箭尾节点的号码 i 必须小于箭头节点的号码 $j(i<j)$，编号可连续，也可隔号不连续，但所有节点的编号不能重复。

4.1.3 线路

从网络图的开始节点到结束节点,沿着箭线的指向所构成的若干条"通道"即为线路。例如,图4-5中从开始①至结束⑥共有三条线路:①→②→④→⑤→⑥、①→②→③→⑤→⑥和①→②→③→④→⑤→⑥。其中,时间之和最大者称为关键线路,又称为主要矛盾线。如图4-5所示的①→②→③→④→⑤→⑥,工期为15天,为关键线路。关键线路用粗箭线或双箭线标出,以区别于其他非关键线路。在一项施工进度计划中有时会出现几条关键线路。关键线路在一定条件下会发生变化,关键线路可能会转化为非关键线路,而非关键线路也可能转化为关键线路。

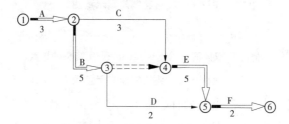

图4-5　某工程双代号网络计划

4.2　双代号网络进度计划的绘制原则

网络计划必须通过网络图来反映,网络图的绘制是网络计划技术的基础。要正确绘制网络图,就必须正确地反映网络图的逻辑关系,遵守绘图的基本规则。

(1)双代号网络图必须正确表达已定的逻辑关系。

网络图的逻辑关系是指工作中客观存在的一种先后顺序关系和施工组织要求的相互制约、相互依赖的关系。逻辑关系包括工艺关系和组织关系。

工艺关系是由施工工艺决定的顺序关系,这种关系是确定的、不能随意更改的。如坝面作业的工艺顺序为铺土、平土和压实,这是在施工工艺上必须遵循的逻辑关系,不能违反。

组织关系是在施工组织安排中,综合考虑各种因素,在各施工过程中主观安排的先后顺序关系。这种关系不受施工工艺的限制,不由工程性质本身决定,在保证施工质量、安全和工期等前提下,可以人为安排。

(2)双代号网络图应只有一个开始节点和一个结束节点,如图4-6所示。

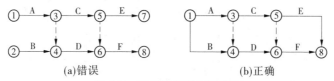

(a)错误　　　　　　　　　　(b)正确

图4-6　节点绘制规则示意图

(3)双代号网络图中,严禁出现编号相同的箭线,如图4-7所示。

(4)双代号网络图中,严禁出现循环回路。如图4-8(a)所示出现从某节点开始经过其他节点又回到原节点是错误的,正确的是图4-8(b)。

(5)双代号网络图中,严禁出现双向箭头和无箭头的连线。如图4-9所示为错误的表示方法。

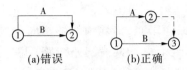

图 4-7　箭线绘制规则示意图

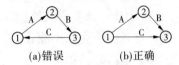

图 4-8　线路绘制规则示意图

(a)错误:双向箭头的连线　(b)错误:无箭头的连线

图 4-9　箭头绘制规则示意图

(6)双代号网络图中,严禁出现没有箭尾节点或箭头节点的箭线,如图 4-10 所示。

(a)错误:没有箭尾节点　(b)错误:没有箭头节点

图 4-10　没有箭尾节点和箭头节点的箭线

(7)当网络图中不可避免地出现箭线交叉时,应采用过桥法或断线法来表示。过桥法及断线法的表示如图 4-11 所示。

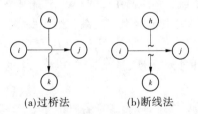

(a)过桥法　　　　(b)断线法

图 4-11　箭线交叉的表示方法

(8)当网络图的开始节点有多条外向箭线或结束节点有多条内向箭线时,为使图形简洁,可用母线法表示,如图 4-12 所示。

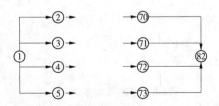

图 4-12　母线法

5　双代号时标网络计划

双代号时标网络计划(简称时标网络计划)是以时间为坐标尺度绘制的网络计划。

时标的时间单位应根据需要在编制网络计划之前确定,可为小时、天、周、旬、月或季等。

时标网络计划以实箭线表示工作,以虚箭线表示虚工作,以波形线表示工作与其紧后工作之间的时间间隔。时标网络计划中的箭线宜用水平箭线或由水平段和垂直段组成的箭线,不宜用斜箭线。虚工作也宜如此,但虚工作的水平段应绘成波形线。

时标网络计划宜按各个工作的最早开始时间编制,即在绘制时应使节点、工作和虚工作尽量向左(网络计划开始节点的方向)靠,直至不出现逆向箭线和逆向虚箭线为止。

如图 4-13 所示的网络计划是错误的,因为出现了逆向虚箭线②┈▶③、逆向箭线④→⑤和未尽量向左靠的工作⑤→⑦和工作⑦→⑧。

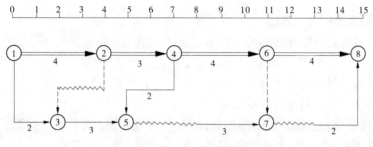

图 4-13　错误的时标网络计划

正确的时标网络计划如图 4-14 所示。

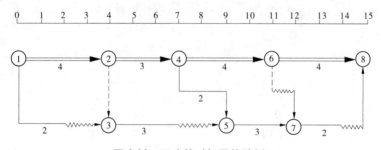

图 4-14　正确的时标网络计划

时标网络计划的绘制方法有间接绘制法和直接绘制法两种。

5.1　间接绘制法

间接绘制法是先绘制出非时标网络计划,确定出关键线路,再绘制时标网络计划。绘制时,先绘制关键线路,再绘制非关键工作,某些工作箭线长度不足以达到该工作的完成节点时,用波形线补足,箭头画在波形与节点连接处。

5.2　直接绘制法

直接绘制法是不需绘出非时标网络计划而直接绘制时标网络计划的。绘制步骤如下:

(1)将开始节点定位在时标表的起始刻度线上。

(2)按工作持续时间在时标表上绘制以网络计划开始节点为开始节点的工作的箭线。

(3)其他工作的开始节点必须在该工作的全部紧前工作都绘出后,定位在这些紧前工作最晚完成的时间刻度上。

某些工作的箭线长度不足以达到该节点时,用波形线补足,箭头画在波形线与节点连接处。

(4)用上述方法自左至右依次确定其他节点位置,直至网络计划结束节点定位绘完,网络计划的结束节点是在无紧后工作的工作全部绘出后,定位在最晚完成的时间刻度上。

时标网络计划的关键线路可由结束节点逆箭线方向朝开始节点逐次进行判定,自终至始都不出现波形线的线路即为关键线路。

6　单代号网络计划

6.1　单代号网络图的表示方法

单代号网络图是网络计划的另一种表示方法。单代号网络图的一个节点代表一项工作(节点代号、工作名称、作业时间都标注在节点圆圈或方框内,见图4-15),而箭线仅表示各项工作之间的逻辑关系。因此,箭线既不占用时间,也不消耗资源。箭线仅用来表示工作之间的顺序关系。用这种表示方法把一项计划中所有工作按先后顺序和其相互之间的逻辑关系,从左至右绘制而成的图形,称为单代号网络图(或节点网络图,见图4-16)。用这种网络图表示的计划叫作单代号网络计划。

图 4-15　单代号节点表示法

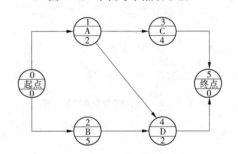

图 4-16　单代号网络图

6.2　单代号网络图的绘制

单代号网络图和双代号网络图所表达的计划内容是一致的,两者的区别仅在于绘图的符号不同。单代号网络图的箭线的含义是表示顺序关系,节点表示一项工作;而双代号网络图的箭线表示的是一项工作,节点表示联系。在双代号网络图中出现较多的虚工作,而单代号网络图中没有虚工作。

6.2.1　单代号网络图的绘图规则

(1)网络图必须按照已定的逻辑关系绘制。

(2)严禁在网络图中出现没有箭尾节点的箭线和没有箭头节点的箭线。

(3)绘制网络图时,宜避免箭线交叉。当交叉不可避免时,可采用过桥法、断线法表示。

（4）网络图中有多项开始工作或多项结束工作时，就大网络图的两端分别设置一项虚拟的工作，作为该网络图的开始节点及结束节点。如图4-17所示⑤节点。

6.2.2　绘制单代号网络图的方法和步骤

绘制单代号网络图的方法和步骤如下：

（1）根据已知的紧前工作确定出其紧后工作。

（2）确定出各工作的节点位置号。可令无紧前工作的工作节点位置号为零，其他工作的节点位置号等于其紧前工作的节点位置号的最大值加1。

（3）根据节点位置号和逻辑关系绘出网络图。

例如，已知单代号网络图的资料如表4-1所示，试绘制其单代号网络图。

表4-1　工作及其逻辑关系表

工作	A	B	C	D	E	F	G
紧前工作	无	无	无	B	B	C,D	F

绘出单代号网络图，如图4-17所示。

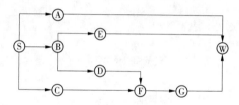

图4-17　单代号网络图

注意，图中⑤和Ⓦ节点为网络图中虚拟的开始节点和结束节点。

【案例4-1】　工程项目进度计划编制

背景资料

某市水利局管辖的水库枢纽工程除险加固的主要内容有：

（1）坝基帷幕灌浆30天；

（2）坝顶道路重建20天；

（3）上游护坡重建共160天；

（4）上游坝体培厚90天；

（5）发电洞加固170天；

（6）泄洪洞加固180天；

（7）新建混凝土防渗墙120天；

（8）下游护坡拆除重建120天；

（9）新建防浪墙40天。

当地汛期为7～9月，无法安排施工，所有加固工程均安排在非汛期施工。

事件1：根据项目部研究上游护坡重建第一个非汛期完成80%工程，在第一个非汛期应施工至汛期最高水位以上,剩余工程量安排在第二个非汛期施工。

事件2:考虑到发电洞加固在第一个非汛期完成后,为加固泄洪洞和上游护坡重建2担负施工导流任务,同时考虑先施工混凝土防渗墙后施工帷幕灌浆,从而可以保证垂直防渗体的连接和帷幕灌浆的施工质量。

问题

依据以上工程背景,根据施工的工艺逻辑关系和尽量安排平行作业绘制双代号网络图。

答案

承包人编制施工网络进度计划图如图4-18所示。

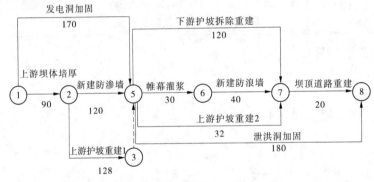

图4-18 双代号网络图 (单位:天)

【案例4-2】 工程项目进度计划编制

背景资料

某中型水库除险加固工程主要建设内容有砌石护坡拆除、砌石护坡重建、土方填筑(坝体加高培厚)、深层搅拌桩截渗墙、坝顶沥青道路、混凝土防浪墙和管理房等。计划工期9个月(每月按30天计)。

根据逻辑关系和工期安排,编制逻辑关系表(见表4-2)。

表4-2 逻辑关系表

工作名称	工作代码	持续时间(天)	紧前工作
施工准备	A	30	—
护坡拆除 I	B	15	A
护坡拆除 II	C	15	B
土方填筑 I	D	30	B
土方填筑 II	E	30	C、D
砌石护坡 I	F	45	D
砌石护坡 II	G	45	E、F
截渗墙 I	H	50	D

续表 4-2

工作名称	工作代码	持续时间(天)	紧前工作
截渗墙Ⅱ	I	50	E、H
管理房	J	120	A
防浪墙	K	30	G、I、J
坝顶道路	L	50	K
完工整理	M	15	L

根据逻辑关系表,绘制双代号网络图(见图4-19)。

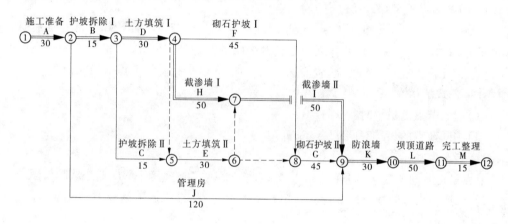

图 4-19   双代号网络图   (单位:天)

任务 2   网络计划时间参数的计算

网络计划时间参数计算的目的是:确定工期;确定关键线路、关键工作和非关键工作;确定非关键工作的机动时间。

1   双代号网络计划时间参数的概念及符号

(1)TE_i——节点 i 的最早时间;

(2)TL_i——节点 i 的最迟时间;

(3)ES_{i-j}——工作 $i-j$ 的最早开始时间;

(4)EF_{i-j}——工作 $i-j$ 的最早完成时间;

(5)LS_{i-j}——工作 $i-j$ 的最迟开始时间;

(6)LF_{i-j}——工作 $i-j$ 的最迟完成时间;

(7)FF_{i-j}——工作 $i-j$ 的自由时差;

(8)TF_{i-j}——工作 $i-j$ 的总时差;

(9)D_{i-j}——工作 $i-j$ 的持续时间。

计算双代号网络计划时间参数的方法有分析计算法、图上计算法、表上计算法、矩阵计算法、电算法等。在此仅介绍图上计算法,该法适用于工作较少的网络图。图上计算法标注的方法如图 4-20 所示。

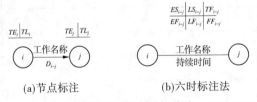

$$\frac{TE_i \mid TL_i}{} \qquad \frac{TE_j \mid TL_j}{}$$

（a）节点标注　　　　　　　（b）六时标注法

图 4-20　时间参数标注法

1.1　图上计算法计算双代号网络计划时间参数的方法和步骤

1.1.1　节点最早时间（TE）

　　节点时间是指某个瞬时或时点,最早时间的含义是该节点前面工作全部完成后其工作最早此时才可能开始。其计算规则是从网络图的开始节点开始,沿箭头方向逐点向后计算,直至结束节点。方法是"顺着箭头方向相加,逢箭头相碰的节点取最大值"。

　　计算公式是:

　　（1）起始节点的最早时间 $TE_i = 0$;

　　（2）中间节点的最早时间 $TE_j = \max\left[TE_i + D_{i-j}\right]$。

1.1.2　节点最迟时间（TL）

　　节点最迟时间的含义是其前各工序最迟此时必须完成。其计算规则是从网络图结束节点开始,逆箭头方向逐点向前计算直至开始节点。方法是"逆着箭线方向相减,逢箭尾相碰的节点取最小值"。

　　计算公式是:

　　（1）结束节点的最迟时间:$TL_n = TE_n$（或规定工期）;

　　（2）中间节点的最迟时间:$TL_i = \min\left[TL_j + D_{i-j}\right]$。

1.1.3　工作最早开始时间（ES）

　　工作最早开始时间的含义是该工作最早此时才能开始。它受该工作开始节点最早时间控制,即等于该工作开始节点最早时间。

　　计算公式为

$$ES_{i-j} = TE_i$$

1.1.4　工作最早完成时间（EF）

　　工作最早完成时间的含义是该工作最早此时才能结束,它受该工作开始节点最早时间控制,即等于该工作开始最早时间加上该项工作的持续时间。

　　计算公式为

$$EF_{i-j} = TE_i + D_{i-j} = ES_{i-j} + D_{i-j}$$

1.1.5　工作最迟完成时间（LF）

　　工作最迟完成时间的含义是该工作此时必须完成。它受工作结束节点最迟时间控制,即等于该项工作结束节点的最迟时间。

　　计算公式为

$$LF_{i-j} = TL_j$$

1.1.6　工作最迟开始时间(LS)

工作最迟开始时间的含义是该工作最迟此时必须开始。它受该工作结束节点最迟时间控制,即等于该工作结束节点的最迟时间减去该工作持续时间。

计算公式为

$$LS_{i-j} = TL_i - D_{i-j} = LF_{i-j} - D_{i-j}$$

1.1.7　工作总时差(TF)

工作总时差的含义是该工作可能利用的最大机动时间。在这个时间范围内若延长或推迟本工作时间,不会影响总工期。求出节点或工作的开始和完成时间参数后,即可计算该工作总时差。其数值等于该工作结束节点的最迟时间减去该工作开始节点的最早时间,再减去该工作的持续时间。

计算公式为

$$TF_{i-j} = TL_i - TE_i - D_{i-j} = LF_{i-j} - EF_{i-j} = LS_{i-j} - ES_{i-j}$$

工作总时差主要用于控制计划总工期和判断关键工作。凡是总时差为最小的工作就是关键工作,其余工作就是非关键工作。

1.1.8　工作自由时差(FF)

工作自由时差的含义是在不影响后续工作按最早可能开始时间开始的前提下,该工作能够自由支配的机动时间。其数值等于该工作结束节点的最早时间减去该工作开始节点的最早时间再减去该工作的持续时间。

计算公式为

$$FF_{i-j} = TE_j - TE_i - D_{i-j} = ES_{j-k} - ES_{i-j} - D_{i-j} = ES_{j-k} - EF_{i-j}$$

1.2　确定关键线路

1.2.1　根据总时差确定关键线路

方法是:根据计算的总时差来确定关键工作,总时差最小的工作是关键工作,将关键工作依次连接起来组成的线路即为关键线路。关键工作一般用双箭线或粗黑箭线表示。

1.2.2　用标号法确定关键线路

(1)设网络计划开始节点①的标号值为零:

$$b_1 = 0$$

(2)其他节点的标号值等于以该节点为完成节点的各个工作的开始节点标号值加其持续时间之和的最大值,即

$$b_j = \max[b_i + D_{i-j}]$$

从网络计划的开始节点顺着箭线方向按节点编号从小到大的顺序逐次算出标号值,并标注在节点上方。宜用双标号法进行标注,即用源节点(得出标号值的节点)作为第一标号,用标号值作为第二标号。

(3)将节点都标号后,从网络计划结束节点开始,从右向左按源节点寻求出关键线路。网络计划结束节点的标号值即为计算工期。

2　时标网络计划时间参数的确定

从时标图上观察可以确定以下参数。

关键线路:从结束节点向开始节点逆箭杆观察,自始至终没有波浪线的通路即为关键线路。

最早开始时间:工作箭线左端节点中心所对应的时标值为该工作的最早开始时间。

最早完成时间:如箭线右段无波纹线,则该箭线右端节点中心所对应的时标值为该工作的最早完成时间。

自由时差:时标网络计划上波纹线的长度即为自由时差。

总时差:从结束节点向开始节点推算,紧后工作的总时差的最小值与本工作的自由时差之和,即为本工作的总时差。

3　单代号网络图时间参数的计算

3.1　计算最早开始时间和最早完成时间

网络计划中各项工作的最早开始时间和最早完成时间的计算应从网络计划的开始节点开始,顺着箭线方向依次逐项计算。网络计划的开始节点的最早开始时间为 0。如开始节点的编号为 1,则:

$$ES_i = 0 \quad (i = 1)$$

工作最早完成时间等于该工作最早开始时间加上其持续时间,即

$$EF_i = ES_i + D_i$$

工作最早开始时间等于该工作的各个紧前工作的最早完成时间的最大值。

3.2　网络计划的计算工期

网络计划的计算工期等于网络计划的结束节点 n 的最早完成时间 EF,即

$$T_c = EF_n$$

3.3　相邻两项工作之间的时间间隔

相邻两项工作 i 和 j 之间的时间间隔 LAG_{i-j} 等于紧后工作 j 的最早开始时间 ES_j 和本工作的最早完成时间 EF_i 之差,即

$$LAG_{i-j} = ES_j - EF_i$$

3.4　工作总时差

工作 i 的总时差 TF_i 应从网络计划的结束节点开始,逆着箭线方向依次逐项计算。网络计划结束节点的总时差等于计划工期减去计算工期。

其他工作 i 的总时差 TF_i 等于该工作的各个紧后工作 j 的总时差 TF_j 加该工作与其紧后工作之间的时间间隔 LAG_{i-j} 之和的最小值,即

$$TF_i = \min\{TF_j + LAG_{i-j}\}$$

3.5　工作自由时差

若工作 i 无紧后工作,其自由时差 FF_j 等于计划工期 T_P 减该工作的最早完成时间 EF_n,即

$$FF_j = T_P - EF_n$$

当工作 i 有紧后工作 j 时,其自由时差 FF_i 等于该工作与其紧后工作 j 之间的时间间隔 LAG_{i-j} 的最小值,即

$$FF_i = \min[LAG_{i-j}]$$

3.6 工作的最迟开始时间和最迟完成时间

网络计划结束节点所代表的工作的最迟完成时间应等于计划工期,即 $LF = T$;其他工作最迟完成时间等于该工作的紧后工作的最迟开始时间的最小值,即

$$LF_i = \min LS_j = \min[LF_j - D_j] \quad (i < j)$$

工作的最迟开始时间等于最迟完成时间减去该工作的持续时间。

3.7 关键工作和关键线路的确定

关键工作:总时差最小的工作是关键工作。

关键线路的确定按以下规定:从开始节点开始到结束节点均为关键工作,且所有工作的时间间隔为零的线路为关键线路。

现以图 4-21 为例,采用图上计算法进行时间参数计算。计算结果标于节点图例所示相应位置。

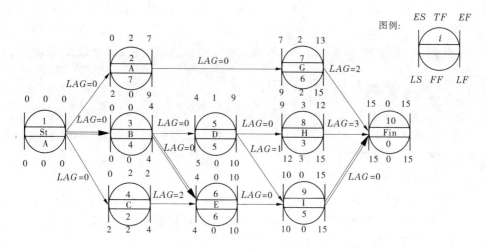

图 4-21　图上计算单代号网络图时间参数

4　单代号搭接网络图时间参数的计算

4.1　单代号搭接网络计划

在单代号搭接网络图中,绘制方法、绘制规则与一般单代号网络图相同,不同的是,工作间的搭接关系用时距关系表达。时距就是前后工作的开始或结束之间的时间间隔,可表达出以下五种搭接关系。

4.1.1　开始到开始的关系(STS)

开始到开始的关系是指前面工作的开始到后面工作开始之间的时间间隔,表示前项工作开始后,要经过 STS 时距后,后项工作才能开始。如图 4-22(a)所示,某基坑挖土(A工作)开始3天后,完成了一个施工段,垫层(B工作)才可开始。

4.1.2　结束到开始的关系(FTS)

结束到开始的关系是指前面工作的结束到后面工作开始之间的时间间隔,表示前项工作结束后,要经过 FTS 时距后,后项工作才能开始。如图 4-22(b)所示,某工程窗油漆

（A 工作）结束 3 天后，油漆干燥了，再安装玻璃（B 工作）。

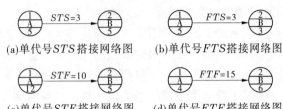

(a)单代号STS搭接网络图   (b)单代号FTS搭接网络图

(c)单代号STF搭接网络图   (d)单代号FTF搭接网络图

图 4-22   单代号搭接网络图

当 FTS 时距等于零时，即紧前工作的完成到本工作的开始之间的时间间隔为零，这就是一般单代号网络图的正常连接关系，所以可以将一般单代号网络图看成是单代号搭接网络图的一个特殊情况。

4.1.3   开始到结束的关系（STF）

开始到结束的关系是指前面工作的开始到后面工作结束之间的时间间隔，表示前项工作开始后，经过 STF 时距后，后项工作必须结束。如图 4-22（c）所示，某工程梁模板（A 工作）开始后，钢筋加工（B 工作）何时开始与模板没有直接关系，只要保证在 10 天内完成即可。

4.1.4   结束到结束的关系（FTF）

结束到结束的关系是指前面工作的结束到后面工作结束之间的时间间隔，表示前项工作结束后，经过 FTF 时距后，后项工作必须结束。如图 4-22（d）所示，某工程楼板浇筑（A 工作）结束后，模板拆除（B 工作）安排在 15 天内结束，以免影响上一层施工。

4.1.5   混合连接关系

在搭接网络计划中除上面的四种基本连接关系外，还有一种情况，就是同时由 STS、FTS、STF、FTF 四种基本连接关系中两种以上来限制工作间的逻辑关系。

4.2   单代号搭接网络计划时间参数的计算

4.2.1   工作最早开始时间和最早完成时间

工作最早开始时间和最早完成时间的计算应从网络计划的开始节点开始，顺着箭线方向依次进行。

一般搭接网络的开始节点为虚节点，故与网络计划开始节点相联系的工作，其最早开始时间为零，即

$$ES_i = 0 \tag{4-1}$$

与网络计划开始节点相联系的工作，其最早完成时间应等于其最早开始时间与持续时间之和，即

$$EF_i = D_i \tag{4-2}$$

其他工作的最早开始时间和最早完成时间应根据时距按下列公式计算：

相邻时距为 STS 时

$$ES_j = ES_i + STS_{i,j} \tag{4-3}$$

相邻时距为 FTF 时

$$ES_j = ES_i + D_i + FTF_{i,j} - D_j \tag{4-4}$$

相邻时距为 STF 时

$$ES_j = ES_i + STF_{i,j} - D_j \qquad (4\text{-}5)$$

相邻时距为 FTS 时

$$ES_j = ES_i + D_i + ETS_{i,j} \qquad (4\text{-}6)$$

当有多项紧前工作或有混合连接关系时,分别按式(4-3)~式(4-6)计算,取最大值为工作最早开始时间。

当出现最早开始时间为负值时,应将该工作与开始节点用虚箭线相连接,并确定其时距为

$$STS = 0 \qquad (4\text{-}7)$$

工作最早完成时间按下式计算:

$$EF_j = ES_j + D_j \qquad (4\text{-}8)$$

当出现有最早完成时间的最大值的中间工作时,应将该工作与结束节点用虚箭线相连接,并确定其时距为

$$FTF = 0 \qquad (4\text{-}9)$$

4.2.2 网络计划的计算工期 T_c

一般搭接网络的结束为虚节点,T_c 等于网络计划的结束节点 n 的最早完成时间 EF_n,即:

$$T_c = EF_n \qquad (4\text{-}10)$$

4.2.3 相邻两项工作之间的时间间隔 $LAG_{i,j}$

相邻两项工作在满足时距外,如还有多余的时间间隔,则按下列公式计算:

相邻时距为 STS 时,如 $ES_j > ES_i + STS_{i,j}$,则时间间隔为

$$LAG_{i,j} = ES_j - (ES_i + STS_{i,j}) \qquad (4\text{-}11)$$

相邻时距为 FTF 时,$EF_j > EF_i + FTF_{i,j}$,则时间间隔为

$$LAG_{i,j} = EF_j - (EF_i + FTF_{i,j}) \qquad (4\text{-}12)$$

相邻时距为 STF 时,$EF_j > ES_i + STF_{i,j}$,则时间间隔为

$$LAG_{i,j} = EF_j - (ES_i + STF_{i,j}) \qquad (4\text{-}13)$$

相邻时距为 FTS 时,$ES_j > EF_i + FTS_{i,j}$,则时间间隔为

$$LAG_{i,j} = ES_j - (EF_i + FTS_{i,j}) \qquad (4\text{-}14)$$

当相邻两项工作存在混合连接关系时,分别按式(4-11)~式(4-14)计算,取最小值为工作时间间隔。

当相邻两项工作无时距时,为一般单代号网络,按式(4-15)计算:

$$LAG_{i,j} = ES_j - EF_i \qquad (4\text{-}15)$$

4.2.4 工作总时差 TF_i

工作 i 的总时差 TF_i 应从网络计划的结束节点开始,逆着箭线方向依次逐项计算。

网络计划结束节点 n 的总时差 TF_n,如计划工期等于计算工期,其值为零,按式(4-16)计算:

$$TF_n = T_P - EF_n = 0 \qquad (4\text{-}16)$$

其他工作 i 的总时差 TF_i 等于该工作的各个紧后工作 j 的总时差 TF_j 加该工作与其

紧后工作之间的时间间隔 $LAG_{i,j}$ 之和的最小值,按式(4-17)计算:

$$TF_i = \min[TF_j + LAG_{i,j}] \tag{4-17}$$

4.2.5 工作自由时差 FF_i

网络计划结束节点 n 的自由时差 FF_i 等于计划工期 T_P 减去该工作的最早完成时间 EF_n,按式(4-18)计算:

$$FF_i = T_P - EF_n \tag{4-18}$$

其他工作 i 的自由时差 FF_i 等于该工作与其紧后工作 j 之间的时间间隔 $LAG_{i,j}$ 最小值,按式(4-19)计算:

$$FF_i = \min[LAG_{i,j}] \tag{4-19}$$

4.2.6 工作的最迟开始时间和最迟完成时间

网络计划结束节点 n 的最迟完成时间 LF_n 应按网络计划的计划工期确定,按式(4-20)计算:

$$LF_n = T_P \tag{4-20}$$

其他工作 i 的最迟完成时间 LF_i 等于该工作的最早完成时间 EF_i 加上其总时差 TF_i 之和,按式(4-21)计算:

$$LF_i = EF_i + TF_i \tag{4-21}$$

工作 i 的最迟开始时间 LS_i 等于该工作的最早开始时间 ES_i 加上其总时差 TF_i 之和,按式(4-22)、式(4-23)计算:

$$LS_i = ES_i + TF_i \tag{4-22}$$

$$LS_i = LF_i - D_i \tag{4-23}$$

4.3 关键工作和关键线路的确定

(1)关键工作:总时差最小的工作是关键工作。

(2)关键线路的确定:从开始节点开始到结束节点均为关键工作,且所有工作的时间间隔为零的线路为关键线路。

单代号网络计划时间参数计算如图4-23所示。

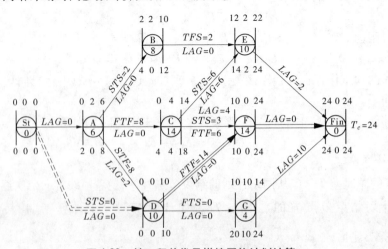

图4-23 某工程单代号搭接网络计划计算

【案例4-3】 施工进度计划时间参数计算

背景资料

某均质坝坝面作业,分为三个施工段,依据施工工序 A 卸料与铺料、B 整平、C 压实分别组织专业队进行流水作业,工程双代号网络进度计划如图 4-24 所示。

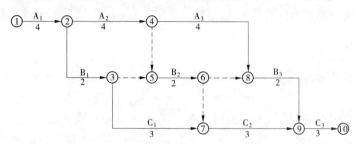

图 4-24 已知工程双代号网络进度计划 （单位:天）

问题

试进行时间参数计算、确定计算工期并用粗黑箭线表示出关键线路。

答案

计算结果如图 4-25 所示。

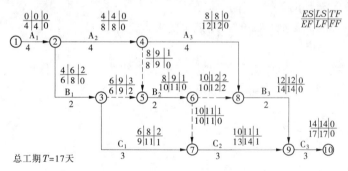

图 4-25 标注了时间参数和关键线路的双代号网络进度计划 （单位:天）

■ 任务3 网络计划优化

根据工作之间的逻辑关系,可以绘制出网络图,计算时间参数,得到关键工作和关键线路。但这只是一个初始网络计划,还需要根据不同要求进行优化,从而得到一个满足工程要求、成本低、效益好的网络实施计划。

网络计划优化,就是在满足既定的约束条件下,按某一目标,通过不断调整,寻找最优网络计划方案的过程。如计算工期大于要求工期,就要压缩关键工作持续时间以缩短工期,称为工期优化;如某种资源供应有一定的限制,就要调整工作安排以经济有效地利用资源,称为资源优化;如要降低工程成本,就要重新调整计划以满足最低成本要求,称为费用优化。在工程施工中,工期目标、资源目标和费用目标是相互影响的,必须综合考虑各方面的要求,力求获得最好的效果,得到最优的网络计划。

网络计划优化的原理主要有两个:一是压缩关键工作持续时间,以优化工期目标、费用目标;二是调整非关键工作的安排,以优化资源目标。

1　工期优化

网络工期优化是指当计算工期不能满足要求工期时,通过压缩关键工作的持续时间满足工期要求的过程。

1.1　压缩关键工作的原则

工期优化通常通过压缩关键工作的持续时间来实现。在这一过程中,要注意以下两个原则:

(1)不能将关键工作压缩为非关键工作。

(2)当出现多条关键线路时,要将各条关键线路作相同程度的压缩;否则,不能有效缩短工期。

1.2　压缩关键工作的选择

在对关键工作的持续时间进行压缩时,要注意到其对工程质量、施工安全、施工成本和施工资源供应的影响。一般按下列因素择优选择关键工作进行压缩:

(1)缩短持续时间后对工程质量、安全影响不大的关键工作。

(2)备用资源充足的关键工作。

(3)缩短持续时间后所增加的费用最少的关键工作。

1.3　工期优化的步骤

(1)计算并找出初始网络计划的计算工期、关键线路及关键工作。

(2)按要求工期确定应压缩的时间 ΔT,即

$$\Delta T = T_c - T_r$$

式中　T_c——计算工期;

　　　T_r——要求工期。

(3)确定各关键工作可能的压缩时间。

(4)按优先顺序选择将要压缩的关键工作,调整其持续时间,并重新计算网络计划的计算工期。

(5)当计算工期仍大于要求工期时,则重复上述步骤,直到满足工期要求或工期不能再压缩为止。

(6)当所有关键活动的持续时间均压缩到极限,仍不能满足工期要求时,应对计划的原技术、组织方案进行调整,或对要求工期进行重新审定。

1.4　工期优化示例

已知网络计划如图 4-26 所示,箭线下方括号外为工作正常持续时间,括号内为工作最短持续时间,若要求工期为 55 天,优先压缩工作持续时间的顺序为:E、G、D、B、C、F、A,试对网络计划进行工期优化。

【解】　(1)计算初始网络计划的计算工期、关键线路及关键工作:

用标号法求得计算工期 $T_c = 64$ 天,关键线路为①→③→④→⑥,关键工作为 C、D、E。

如图 4-27 所示。

（2）按要求工期确定应压缩的时间 ΔT：

$$\Delta T = T_c - T_r = 64 - 55 = 9（天）$$

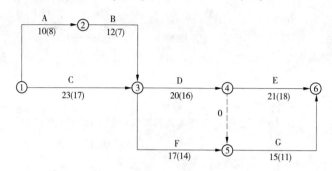

图 4-26　初始网络计划　（单位：天）

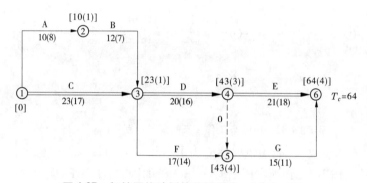

图 4-27　初始网络计划的关键线路　（单位：天）

（3）按优先顺序压缩关键工作：

按已知条件，首先压缩 E 工作，其最短持续时间为 18 天，即压缩 3 天。重新计算工期 $T_{c1} = 61$ 天，如图 4-28 所示。

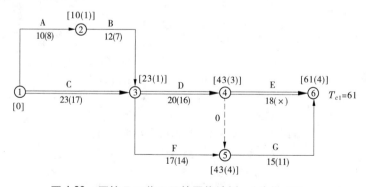

图 4-28　压缩 E 工作 3 天的网络计划　（单位：天）

由于 $T_{c1} = 61 > T_r = 55$，继续压缩 D 工作，其最短持续时间为 16 天，即压缩 4 天。重新计算工期 $T_{c2} = 57$ 天，如图 4-29 所示。

由于 $T_{c2} = 57 > T_r = 55$，继续压缩 C 工作，其最短持续时间为 17 天，可以压缩 6 天，但只需压缩 2 天就可以了。重新计算工期 $T_{c3} = 56$ 天，如图 4-30 所示。

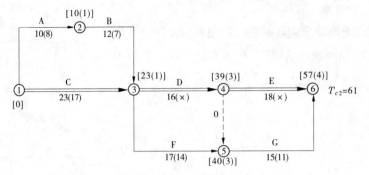

图 4-29　压缩 D 工作 4 天的网络计划　（单位：天）

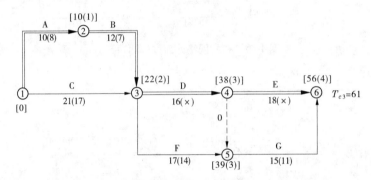

图 4-30　压缩 C 工作 2 天的网络计划　（单位：天）

　　由于 C 工作缩短 2 天后，关键线路变为①→②→③→④→⑥，关键工作为 A、B、D、E。要保持 C 关键工作不变，必须在压缩 C 工作 2 天的同时，压缩 B 工作 1 天。重新计算工期 $T_{c4} = 55$ 天，满足工期要求，工期优化完成，如图 4-31 所示。

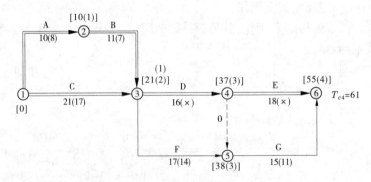

图 4-31　工期优化完成的网络计划　（单位：天）

2　资源优化

　　所谓资源，是指完成工程项目所需的人力、材料、机械设备和资金等的统称。在一定的时期内，某个工程项目所需的资源量基本上是不变的，一般情况下，受各种条件的制约，这些资源也是有一定限量的。因此，在编制网络计划时，必须对资源进行统筹安排，保证资源需要量在其限量之内且尽量均衡。资源优化就是通过调整工作之间的安排，使资源按时间的分布符合优化的目标。

资源优化可分为资源有限、工期最短和工期固定、资源均衡两类问题。

2.1 资源有限、工期最短的优化

资源有限、工期最短的优化是指在资源有限的条件下，保证各工作的单位时间的资源需要量不变，寻求工期最短的施工计划过程。

2.1.1 资源有限、工期最短的优化步骤

（1）根据工程情况，确定资源在一个时间单位的最大限量 R_a。

（2）按最早时间参数绘制双代号时标网络图，根据各个工作在单位时间的资源需要量，统计出每个时间单位内的资源需要量 R_t。

（3）从左向右逐个时间单位进行检查。当 $R_t \le R_a$ 时，资源符合要求，不需调整工作安排；当 $R_t > R_a$ 时，资源不符合要求，按工期最短的原则调整工作安排，即选择一项工作向右移到另一项工作的后面，使 $R_t \le R_a$，同时使工期延长的时间 ΔD 最小。

若将 $i{-}j$ 工作移到 $m{-}n$ 之后，则使工期延长的时间 ΔD 为

$$\Delta D_{m-n,i-j} = EF_{m-n} + D_{i-j} - LF_{i-j} = EF_{m-n} - LS_{i-j}$$

（4）绘制出调整后的时标网络计划图。

（5）重复上述（2）~（4）步骤，直至所有时间单位内的资源需要量都不超过资源最大限量，资源优化即告完成。

2.1.2 资源有限、工期最短的优化示例

已知时标网络计划如图 4-32 所示，箭线上方括号内为工作的总时差，箭线下方为工作的每天资源需要量，若资源限量 R_a 为 25，试对网络计划进行资源有限、工期最短的优化。

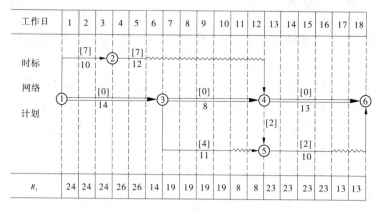

图 4-32 初始时标网络计划

【解】 （1）根据各工作每天资源需要量，统计出计划的每天资源需要量 R_t，如图 4-32 所示。

（2）从图 4-32 中可知 $R_4 = 26 > R_a = 25$，必须进行调整。共有两种调整方案：

一是将②—④工作移到①—③工作之后，则使工期延长的时间 ΔD 为：

$$\Delta D_{1-3,2-4} = EF_{1-3} - LS_{2-4} = 6 - (3 + 7) = -4$$

二是将①—③工作移到②—④工作之后，则使工期延长的时间 ΔD 为：

$$\Delta D_{2-4,1-3} = EF_{2-4} - LS_{1-3} = 5 - (0 + 0) = 5$$

可见,将②—④工作移到①—③工作之后,不延长工期(利用了②—④工作的机动时间);将①—③工作移到②—④工作之后,则使工期延长 5 天(①—③工作为关键工作,没有机动时间)。故采取第一种调整方案,如图 4-33 所示。

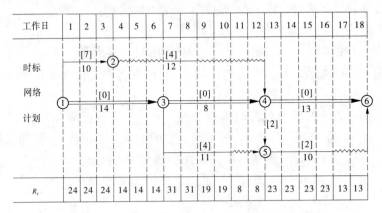

图 4-33　第一次调整后的时标网络计划

(3)从图 4-29 中可知 $R_7 = 31 > R_a = 25$,必须进行调整。共有六种调整方案:

一是将②—④工作移到③—④工作之后,则使工期延长的时间 ΔD 为

$$\Delta D_{3-4,2-4} = EF_{3-4} - LS_{2-4} = 12 - (6 + 4) = 2$$

二是将③—④工作移到②—④工作之后,则使工期延长的时间 ΔD 为

$$\Delta D_{2-4,3-4} = EF_{2-4} - LS_{3-4} = 8 - (6 + 0) = 2$$

三是将②—④工作移到③—⑤工作之后,则使工期延长的时间 ΔD 为

$$\Delta D_{3-5,2-4} = EF_{3-5} - LS_{2-4} = 10 - (6 + 4) = 0$$

四是将③—⑤工作移到②—④工作之后,则使工期延长的时间 ΔD 为

$$\Delta D_{2-4,3-5} = EF_{2-4} - LS_{3-5} = 8 - (6 + 4) = -2$$

五是将③—④工作移到③—⑤工作之后,则使工期延长的时间 ΔD 为

$$\Delta D_{3-5,3-4} = EF_{3-5} - LS_{3-4} = 10 - (6 + 0) = 4$$

六是将③—⑤工作移到③—④工作之后,则使工期延长的时间 ΔD 为

$$\Delta D_{3-4,3-5} = EF_{3-4} - LS_{3-5} = 12 - (6 + 4) = 2$$

因 $\Delta D_{2-4,3-5} = -2$ 最小,故采取第四种调整方案,如图 4-34 所示。

从图 4-34 可知,满足 $R_t \leqslant R_a$,即资源优化完成。

2.2　工期固定、资源均衡的优化

工期固定、资源均衡的优化是指在工期保持不变的条件下,使资源需要量尽可能分布均衡的过程。也就是在资源需要量曲线上尽可能不出现短期高峰或长期低谷情况,力求使每天资源需要量接近于平均值。

工期固定、资源均衡的优化方法有多种,如方差值最小法、极差值最小法、削峰法等。以下仅介绍削峰法,即利用非关键工作的机动时间,在工期固定的条件下,使得资源峰值尽可能减小。

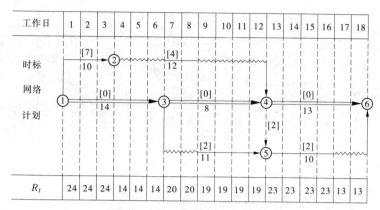

图4-34 优化后的时标网络计划

2.2.1 工期固定、资源均衡的优化步骤

（1）按最早时间参数绘制双代号时标网络图，根据各个工作在每个时间单位的资源需要量，统计出每个时间单位内的资源需要量 R_t。

（2）找出资源高峰时段的最后时刻 T_h，计算非关键工作如果向右移到 T_h 处，还剩下的机动时间 ΔT_{i-j}，即

$$\Delta T_{i-j} = TF_{i-j} - (T_h - ES_{i-j})$$

当 $\Delta T_{i-j} \geq 0$ 时，则说明该工作可以向右移出高峰时段，使得峰值减小，并且不影响工期。当有多个工作 $\Delta T_{i-j} \geq 0$，应选择 ΔT_{i-j} 值最大的工作向右移出高峰时段。

（3）绘制出调整后的时标网络计划图。

（4）重复上述（2）~（3）步骤，直至高峰时段的峰值不能再减少，资源优化即告完成。

2.2.2 工期固定、资源均衡的优化示例

已知时标网络计划如图4-32所示，箭线上方括号内为工作的总时差，箭线下方为工作的每天资源需要量，试对该网络计划进行工期固定、资源均衡的优化。

【解】（1）从图4-32中统计的资源需要量 R_t 可知，$R_{max}=26$，$T_5=5$，则：

$$\Delta T_{2-4} = TF_{2-4} - (T_5 - ES_{2-4}) = 7 - (5 - 3) = 5$$

因 $\Delta T_{2-4} = 5 > 0$，故将②—④右移2天，如图4-35所示。

（2）从图4-35中统计的资源需要量 R_t 可知，$R_{max}=31$，$T_7=7$，则：

$$\Delta T_{2-4} = TF_{2-4} - (T_7 - ES_{2-4}) = 5 - (7 - 5) = 3$$
$$\Delta T_{3-5} = TF_{3-5} - (T_7 - ES_{3-5}) = 4 - (7 - 6) = 3$$

因 $\Delta T_{2-4} = \Delta T_{3-5} = 3 > 0$，调整②—④、③—⑤工作均可，现将②—④右移2天，如图4-36所示。

（3）从图4-36中统计的资源需要量 R_t 可知，$R_{max}=31$，$T_9=9$，则：

$$\Delta T_{2-4} = TF_{2-4} - (T_9 - ES_{2-4}) = 3 - (9 - 7) = 1$$
$$\Delta T_{3-5} = TF_{3-5} - (T_9 - ES_{3-5}) = 4 - (9 - 6) = 1$$

因 $\Delta T_{2-4} = \Delta T_{3-5} = 1 > 0$，调整②—④、③—⑤工作均可，现将③—⑤右移3天，如图4-37所示。

从图4-37中统计的资源需要量 R_t 可知，$R_{max}=24$，$T_3=3$。因再调整不能使峰值减小

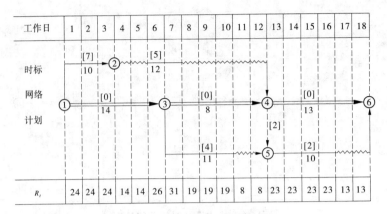

图 4-35　第一次削峰后的时标网络计划

（计算略），故资源优化完成。

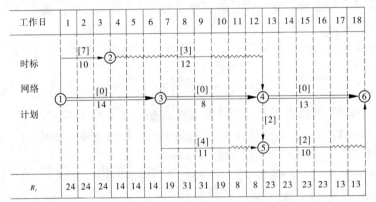

图 4-36　第二次削峰后的时标网络计划

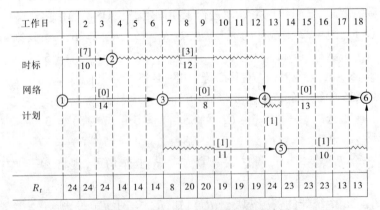

图 4-37　削峰法优化后的时标网络计划

3　费用优化

费用优化又称为工期成本优化，即通过分析工期与工程成本（费用）的相互关系，寻求最低工程总成本（总费用）。

3.1　工期和费用的关系

工程费用包括直接费用和间接费用两部分,直接费是直接投入到工程中的成本,即在施工过程中耗费的人工费、材料费、机械设备费等构成工程实体相关的各项费用;而间接费是间接投入到工程中的成本,主要由公司管理费、财务费用和工期变化带来的其他损益(如效益增量和资金的时间价值)等构成。一般情况下,直接费用随工期的缩短而增加,与工期成反比;间接费用随工期的缩短而减少,与工期成正比。如图4-38的工期—费用曲线中,总存在一个最低的点,即最低总成本 C_0,与此相对应的工期为最优工期 T_0,这就是费用优化所寻求的目标。

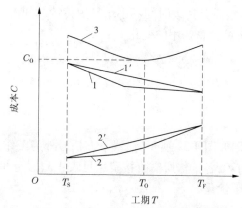

1、1′—直接费用曲线、直线;2、2′—间接费用曲线、直线;3—总费用曲线;
T_S—最短工期;T_0—最优工期;T_F—正常工期;C_0—最低总成本

图4-38　工期—费用曲线

在图4-38中,直接费用曲线表明当缩短工期时,会造成直接费用的增加。这是因为在施工时为了加快作业速度,必须采取加班加点和多班制等突击作业方式,增加材料、劳动力及机械设备等资源的投入,使得直接投入工程的成本增加。然而,在施工中存在着一个最短工期 T_S,无论再增加多少直接费用,工期都不能再缩短了。另外,也同样存在着一个正常工期 T_F,不管怎样再延长工期也不能使得直接费用再减少。

为简化计算,如图4-38所示,通常把直接费用曲线1、间接费用曲线2表达为直接费用直线1′、间接费用直线2′。这样可以通过直线斜率表达直接(间接)费用率,即直接(间接)费用在单位时间内的增加(减少)值。如工作 $i—j$ 的直接费用率 ΔC_{i-j} 为

$$\Delta C_{i-j} = \frac{CC_{i-j} - CN_{i-j}}{DN_{i-j} - DC_{i-j}}$$

式中　CC_{i-j}——将工作持续时间缩短为最短持续时间后完成该工作所需的直接费用;

　　　CN_{i-j}——在正常条件下完成工作 $i—j$ 所需的直接费用;

　　　DN_{i-j}——工作 $i—j$ 的正常持续时间;

　　　DC_{i-j}——工作 $i—j$ 的最短持续时间。

3.2　费用优化的步骤

寻求最低费用和最优工期的基本思路是从网络计划的各活动持续时间和费用的关系中,依次找出能使计划工期缩短,又能使直接费用增加最少的活动,不断地缩短其持续时

间,同时考虑其间接费用叠加,即可求出工程费用最低时的最优工期和工期确定时相应的最低费用。

(1)绘出网络图,按工作的正常持续时间确定计算工期和关键线路。

(2)计算间接费用率 $\Delta C'$ 和各项工作的直接费用率 ΔC_{i-j}。

(3)当只有一条关键线路时,应找出直接费用率 ΔC_{i-j} 最小的一项关键工作,作为缩短持续时间的对象;当有多条关键线路时,应找出组合直接费用率 $\sum \Delta C_{i-j}$ 最小的一组关键工作,作为缩短持续时间的对象。

(4)对选定的压缩对象缩短其持续时间,缩短值 ΔT 必须符合两个原则:一是不能压缩成非关键工作;二是缩短后其持续时间不小于最短持续时间。

(5)计算压缩对象缩短后总费用的变化 C_i:

$$C_i = \sum (\Delta C_{i-j} \times \Delta T) - \Delta C' \times \Delta T$$

(6)当 $C_i \leqslant 0$,重复上述(3)~(5)步骤,一直计算到 $C_i > 0$,即总费用不能降低为止,费用优化即告完成。

3.3　费用优化的示例

已知某工程网络计划如图 4-39 所示,箭线下方括号外为工作正常持续时间 DN,括号内为工作最短持续时间 DC,各工作所需直接费用见表 4-3,假定间接费用率为 180 元/天,试对该网络计划进行费用优化。

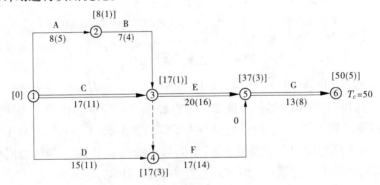

图 4-39　某工程网络计划　（单位:天）

表 4-3　各工序直接费用表

工作名称	正常持续时间所需费用 CN(元)	最短持续时间所需费用 CC(元)	工作与费用的关系
A	1 000	1 150	连续
B	1 500	1 740	连续
C	2 000	2 300	连续
D	1 200	1 460	连续
E	1 800	2 600	非连续
F	1 700	2 210	连续
G	1 100	1 900	连续
合计	10 300	13 360	

【解】 （1）按工作的正常持续时间确定计算工期和关键线路。

如图 4-39 所示，用标号法求得关键线路为①→③→⑤→⑥，关键工作为 C、E、G。计算工期 $T_c = 50$ 天，工程总费用为 $C = 10\ 300 + 50 \times 180 = 19\ 300$（元）。

（2）计算各项工作的直接费用率 ΔC_{i-j}：

A 工作 $$\Delta C_{1-2} = \frac{CC_{1-2} - CN_{1-2}}{DN_{1-2} - DC_{1-2}} = \frac{1\ 150 - 1\ 000}{8 - 5} = 50（\text{元／天}）$$

B 工作 $$\Delta C_{2-3} = \frac{CC_{2-3} - CN_{2-3}}{DN_{2-3} - DC_{2-3}} = \frac{1\ 740 - 1\ 500}{7 - 4} = 80（\text{元／天}）$$

同理，可得出各工作的直接费用率，如图 4-40 所示。

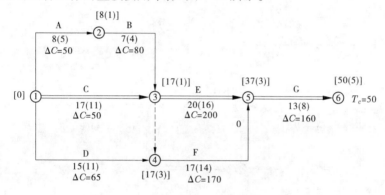

图 4-40　各项工作的直接费用率

（3）由图 4-40 可知，应确定直接费用率最小的关键工作 C 工作为压缩对象，在不改变关键线路情况下，只能缩短 2 天，如图 4-41 所示，则：

计算工期 $T_{c1} = 50 - 2 = 48$（天）

总费用变化 $C_1 = 2 \times 50 - 2 \times 180 = -260$（元）$< 0$

（4）由图 4-41 可知，关键线路已变为 2 条：①→③→⑤→⑥和①→②→③→⑤→⑥，关键工作为 A、B、C、E、G。因为 C 工作费用率最小，应选择 C 工作来组合压缩方案，此时 C 工作组合压缩方案有两个：

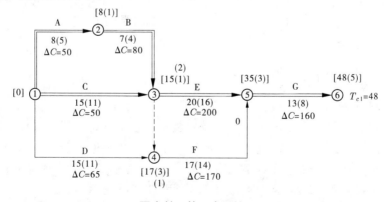

图 4-41　第一次压缩

①压缩 A、C 工作　　　　　$\sum \{\Delta C\} = 50 + 50 = 100(元/天)$

②压缩 B、C 工作　　　　　$\sum \{\Delta C\} = 50 + 80 = 130(元/天)$

应确定组合直接费用率最小的关键工作 A、C 工作为压缩对象,在不改变关键线路情况下,A、C 工作同时缩短 3 天,如图 4-42 所示,则:

计算工期　　　　　　　　　$T_{c2} = 48 - 3 = 45(天)$

总费用变化　　　　　$C_2 = 3 \times (50 + 50) - 3 \times 180 = -240(元) < 0$

(5)由图 4-42 可知,关键线路已变为 3 条:①→③→⑤→⑥、①→②→③→⑤→⑥和①→④→⑤→⑥,关键工作为 A、B、C、D、E、F、G。此时,C 工作组合压缩方案有以下两个:

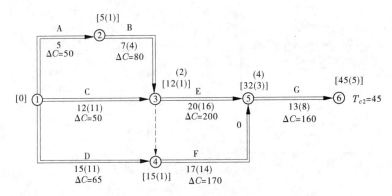

图 4-42　第二次压缩

①压缩 B、C、D 工作　$\sum \{\Delta C\} = 50 + 80 + 65 = 195(元/天)$

②压缩 B、C、F 工作　$\sum \{\Delta C\} = 50 + 80 + 170 = 300(元/天)$

因这两个方案都大于 G 工作的直接费用率,故确定 G 工作为压缩对象,因 G 工作为三条关键线路共有,可缩短 5 天至最短持续时间,如图 4-43 所示,则:

计算工期　　　　　　　　　$T_{c3} = 45 - 5 = 40(天)$

总费用变化　　　　　$C_3 = 5 \times 160 - 5 \times 180 = -100(元) < 0$

因再压缩工期,$C_i > 0$,工程总费用将会增加,即费用优化完成。最低总费用为

$$C = 19\,300 - 260 - 240 - 100 = 18\,700(元)$$

最优工期为 40 天。

【案例 4-4】　网络计划优化

背景资料

清州堤防工程和穿堤涵洞施工,施工单位提交监理机构的工程网络计划图如图 4-44 所示,项目合同工程量与费用率如表 4-4 所示。每月平均按 30 天(一班施工)计。

合同约定:关键工作的结算工程量超过原招标工程量 15% 以上的部分,所造成的延期由发包人承担责任;工期提前(延误)每天奖(罚)1 万元。

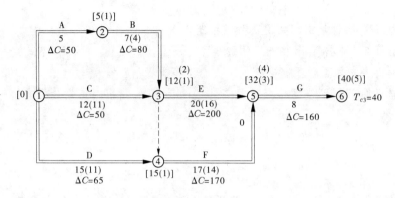

图 4-43   优化完成

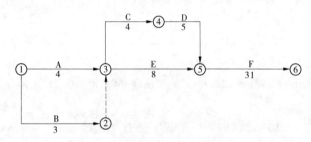

图 4-44   工程网络计划   （单位：月）

表 4-4   项目合同工程量与费用率

项目	代号	招标工程量	正常持续时间（月）	最短持续时间（月）	费用率（万元/月）
清基	A	2 000 m³	4	4	∞
挖运	B		3	3	∞
填筑	C	600 000 m³	4	1	4
护坡砌筑	D	20 000 m³	5	2	8
穿堤涵洞	E	6 000 m²	8	5	2
堤顶道路	F	240 m³	3	2	5

事件 1：当计划实施到第 4 个月末时检查发现，工作 B 已经完成，工作 A 由于发现地基有液化砂土层需要处理，造成还需 3 个月才能完成，处理费用 2 万元。监理指示施工方调整进度以满足计划工期。施工单位提出索赔金额。

事件 2：调整计划后，均按最早时间开工，匀速施工。到 11 月末检查，护坡完成工程量 6 000 m³，E 按计划进行。

事件 3：由于设计变更，堤顶工作由原来的招标工程量 240 m³ 变为实际完成时间 66 天、结算工程量 292 m³。

问题

1. 根据事件 1,计算工期并说明关键线路。

2. 写出第 4 个月末后调整方案的过程。

3. 事件 2 要求是否合理? 应给施工方补偿多少费用?

4. 根据事件 2,说明进度检查时 D 工作的进展状况,指出对工期是否有影响及影响天数。

5. 事件 3 中,施工单位是否有权提出延长工期和奖励的要求? 并说明理由。

答案

1. 工期 19 个月,关键线路为 A→C→D→F。

2. 关键工作为 A、C、D、F,第一次先压缩 F 工作 1 个月,再压缩 C 和 F 各 1 个月,费用最小。由于压缩后还不能满足工期要求,此时后续工作 C、D、E、F 均为关键工作,同时压缩 C、E 各 1 个月,即满足 16 个月工期要求。增加费用 $4 + 5 + 4 + 2 = 15$(万元)。

3. 由于发现液化地层属于法人责任,施工单位可得到索赔费用 $15 + 2 = 17$(万元)。

4. D 按匀速施工每月应完成 4 000 m³, 11 月末应按计划完成 8 000 m³, 但实际完成 6 000 m³,拖延 $8 000 - 6 000 = 2 000$(m³), $2 000 ÷ 4 000 = 0.5$(月),D 为关键工作,影响工期半个月。

5. $(292 - 240) ÷ 240 = 21.67\% > 15\%$;施工方无权提出。因为超出 $292 - 240 ×$ $(1 + 15\%) = 16$(m³);应该 $240 ÷ 60 = 4$(m³/天);实际超出时间 $16 ÷ 4 = 4$(天)为发包责任。K 工作处于关键线路上,施工延误工期 $66 - 60 = 6$(天)。则施工方影响工期 $6 - 4 = 2$(天),再加上 D 顺延 15 天。罚金 $(15 + 2) × 1 = 17$(万元)。

任务 4　施工进度控制

1　施工进度计划执行过程中偏差分析的方法

1.1　横道图比较法

横道图比较法是指将项目实施过程中检查实际进度收集到的数据,经加工整理后直接用横道线平行绘于原计划的横道线处,进行实际进度与计划进度的比较方法。采用横道图比较法,可以形象、直观地反映实际进度与计划进度的比较情况。

例如,某工程项目基础工程的计划进度和截至第 9 周末的实际进度如图 4-45 所示。其中,双线条表示该工程计划进度,粗实线表示实际进度。从图中实际进度与计划进度的比较可以看出,到第 9 周末进行实际进度检查时,挖土方和做垫层两项工作已经完成;支模板按计划也应该完成,但实际只完成 75%,任务量拖欠 25%;绑钢筋按计划应完成 60%,而实际只完成 20%,任务量拖欠 40%。

根据各项工作的进度偏差,进度控制者可以采取相应的纠偏措施对进度计划进行调整,以确保该工程按期完成。图 4-45 所表达的比较方法仅适用于工程项目中的各项工作都均匀进展的情况,即每项工作在单位时间内完成的任务量都相等的情况。

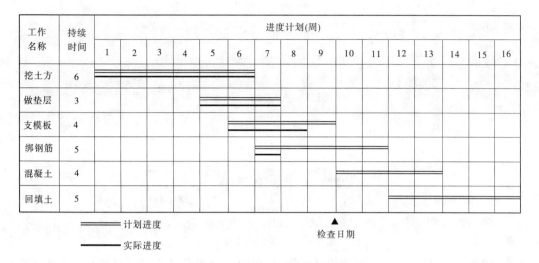

工作名称	持续时间	进度计划(周)														
		1	2	3	4	5	6	7	8	9	10	11	12	13	14	15	16
挖土方	6																
做垫层	3																
支模板	4																
绑钢筋	5																
混凝土	4																
回填土	5																

══════ 计划进度

────── 实际进度

▲ 检查日期

图 4-45   某基础工程实际进度与计划进度比较图

1.2   S 形曲线比较法

以横坐标表示进度时间,以纵坐标表示累计完成工作任务量而绘制出来的曲线将是一条 S 形曲线,S 形曲线比较法就是将进度计划确定的计划累计完成工作任务量和实际累计完成工作量分别绘制成 S 形曲线,并通过两者的比较借以判断实际进度与计划进度相比是超前还是滞后。

通过比较实际进度 S 形曲线和计划进度 S 形曲线,可以获得如下信息:

(1)工程项目实际进展状况。

如果工程实际进展点落在计划进度 S 形曲线左侧,表明此时实际进度比计划进度超前,如图 4-46 中的 a 点;如果工程实际进展点落在计划进度 S 形曲线右侧,表明此时实际进度拖后,如图 4-46 中的 b 点;如果工程实际进展点正好落在计划进度 S 形曲线上,则表示此时实际进度与计划进度一致。

(2)工程项目实际进度超前或拖后的时间。

在 S 形曲线比较图中可以直接读出实际进度比计划进度超前或拖后的时间。如图 4-46 所示,ΔT_a 表示 T_a 时刻实际进度超前的时间;ΔT_b 表示 T_b 时刻实际进度拖后的时间。

(3)工程项目实际超额或拖欠的任务量。

在 S 形曲线比较图中,也可以直接读出实际进度比计划进度超额或拖欠的任务量。如图 4-46 所示,ΔQ_a 表示 T_a 时刻超额完成的任务量,ΔQ_b 表示 T_b 时刻拖欠的任务量。

(4)后期工程进度预测。

如果后期工程按原计划速度进行,则可作出后期工程计划 S 形曲线,如图 4-46 中虚线所示,从而可以确定工期拖延预测值 ΔT_c。

1.3   香蕉形曲线比较法

香蕉形曲线比较法借助于两条 S 形曲线概括表示:其一是按工作的最早可以开始时间安排计划进度而绘制的 S 形曲线,称为 ES 曲线;其二是按工作的最迟必须开始时间安

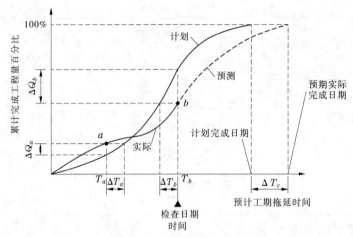

图 4-46　S 形曲线比较法

排计划进度而绘制的 S 形曲线,称为 LS 曲线。由于两条曲线除在开始点和结束点相互重合以外,ES 曲线上的其余各点均落在 LS 曲线的左侧,从而使得两条曲线围合成一个形如香蕉的闭合曲线圈,故将其称为香蕉形曲线(见图 4-47)。

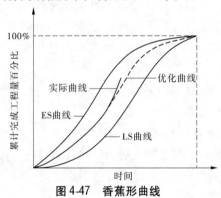

图 4-47　香蕉形曲线

1.4　前锋线比较法

前锋线比较法是适用于时标网络计划的实际进度与计划进度的比较方法。前锋线是指从计划执行情况检查时刻的时标位置出发,经依次连接时标网络图上每一工作箭线的实际进度点,再最终结束于检查时刻的时标位置而形成的对应于检查时刻各项工作实际进度前锋点位置的折线(一般用点画线标出),故前锋线也可称为实际进度前锋线。简而言之,前锋线比较法就是借助于实际进度前锋线比较工程实际进度与计划进度偏差的方法。

例如,某工程项目时标网络计划如图 4-48 所示。该计划执行到第 6 周末检查实际进度时,发现工作 A 和 B 已经全部完成,工作 D 和 E 分别完成计划任务量的 20% 和 50%,工作 C 尚需 3 周完成,用前锋线比较法进行实际进度与计划进度的比较如下。

根据第 6 周末实际进度的检查结果绘制前锋线,如图 4-48 中点画线所示。通过比较可以看出:

(1)工作 D 实际进度拖后 2 周,将使其后续工作 F 的最早开始时间推迟 2 周,并使总

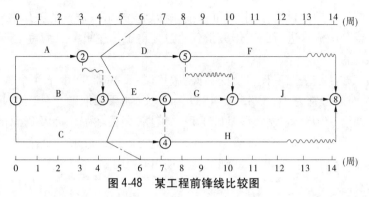

图 4-48　某工程前锋线比较图

工期延长 1 周；

　　(2)工作 E 实际进度拖后 1 周,既不影响总工期,也不影响其后续工作的正常进行;

　　(3)工作 C 实际进度拖后 2 周,将使其后续工作 G、H、J 的最早开始时间推迟 2 周。由于工作 G、J 开始时间的推迟,从而使总工期延长 2 周。

　　综上所述,如果不采取措施加快进度,该工程项目的总工期将延长 2 周。

2　施工进度调整方法

2.1　施工进度计划的调整原则

　　(1)进度偏差体现为某项工作的实际进度超前。

　　当计划进度执行过程中产生的进度偏差体现为某项工作的实际进度超前时,若超前幅度不大,此时计划不必调整;若超前幅度过大,则此时计划必须调整。

　　(2)进度偏差体现为某项工作的实际进度滞后。

　　①若出现进度偏差的工作为关键工作,则由于工作进度滞后,必然会引起后续工作最早开工时间的延误和整个计划工期的相应延长,因此必须对原定进度计划采取相应调整措施。

　　②若出现进度偏差的工作为非关键工作,且工作进度滞后天数已超出其总时差,则由于工作进度延误同样会引起后续工作最早开工时间的延误和整个计划工期的相应延长,因此必须对原定进度计划采取相应调整措施。

　　③若出现进度偏差的工作为非关键工作,且工作进度滞后天数已超出其自由时差而未超出其总时差,则由于工作进度延误只引起后续工作最早开工时间的延误而对整个计划工期并无影响,因此此时只有在后续工作最早开工时间不宜推后的情况下才考虑对原定计划采取相应调整措施。

　　④若出现进度偏差的工作为非关键工作,且工作进度滞后天数未超出其自由时差,则由于工作进度延误对后续工作的最早开工时间和整个计划工期均无影响,因此不必对原定计划采取任何调整措施。

2.2　施工进度计划的调整方法

2.2.1　改变某些后续工作之间的逻辑关系

　　若进度偏差已影响计划工期,并且有关后续工作之间的逻辑关系允许改变,此时可变更位于关键线路或位于非关键线路但延误时间已超出其总时差的有关工作之间的逻辑关系,从而达到缩短工期的目的。例如,可将按原计划安排依次进行的工作关系改为平行进行、搭接进行或分段流水进行的工作关系。通过变更工作逻辑关系缩短工期,往往简便易行且效果显著。

例如,某土方开挖基础工程包括挖基槽、做垫层、砌基础、回填土 4 个施工过程,各施工过程的持续时间分别为 21 天、15 天、18 天和 9 天,如果采取顺序依次作业方式进行施工,则其总工期为 63 天。为缩短该基础工程总工期,如果在工作面及资源供应允许的条件下,将基础工程划分为工程量大致相等的 3 个施工段组织流水作业,网络计划如图 4-49所示。通过组织流水作业,使得该基础工程工期由 63 天缩短为 35 天。

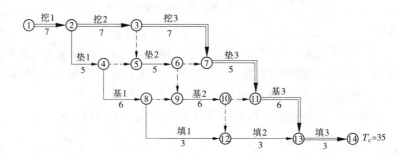

图 4-49　某基础工程流水施工网络计划 （单位:天）

2.2.2　缩短某些后续工作的持续时间

当进度偏差已影响计划工期,进度计划调整的另一方法是不改变工作之间的逻辑关系,而是压缩某些后续工作的持续时间,以借此加快后期工程进度,从而使原计划工期仍然能够得以实现。应用本方法需注意被压缩持续时间的工作应是位于因工作实际进度拖延而引起计划工期延长的关键线路或某些非关键线路上的工作,且这些工作应切实具有压缩持续时间的余地。可压缩对质量、安全影响不大、费率增加较小,资源充足,工作面充裕的工作。

该方法通常是在网络图中借助图上分析计算直接进行,其基本思路是:通过计算到计划执行过程中某一检查时刻剩余网络时间参数的计算结果确定工作进度偏差对计划工期的实际影响程度,再以此为依据反过来推算有关工作持续时间的压缩幅度,其具体计算分析步骤一般为:

（1）删去截止计划执行情况检查时刻业已完成的工作,将检查计划时的当前日期作为剩余网络的开始日期形成剩余网络;

（2）将正处于进行过程中的工作的剩余持续时间标注于剩余网络图中;

（3）计算剩余网络的各项时间参数;

（4）据剩余网络时间参数的计算结果推算有关工作持续时间的压缩幅度。

【案例 4-5】 施工进度控制

背景资料

某水利工程经监理工程师批准的施工网络进度计划如图 4-50 所示。

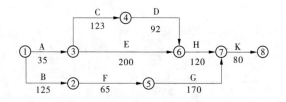

图 4-50　施工进度计划图　（单位:天）

合同约定:如工程工期提前,奖励标准为 10 000 元/天;如工程工期延误,支付违约金标准为 10 000 元/天。

当工程施工按计划进行到第 110 天末时,因承包人的施工设备故障造成 E 工作中断施工。

为保证工程顺利完成,有关人员提出以下施工调整方案:

方案一:修复设备。设备修复后 E 工作继续进行,修复时间是 20 天。

方案二:调剂设备。B 工作所用的设备能满足 E 工作的需要,故使用 B 工作的设备完成 E 工作未完成工作量,其他工作均按计划进行。

方案三:租赁设备。租赁设备的运输安装调试时间为 10 天。设备正式使用期间支付租赁费用,其标准为 350 元/天。

问题

1. 计算施工网络进度计划的工期以及 E 工作的总时差,并指出施工网络进度计划的关键线路。

2. 若各项工作均按最早开始时间施工,简要分析采用哪个施工调整方案较为合理。

3. 根据分析比较后采用的施工调整方案,绘制调整后的施工网络进度计划,并指出调整后的关键线路(网络进度计划中应将 E 工作分解为 E1 和 E2,其中 E1 表示已完成工作,E2 表示未完成工作)。

答案

1. 计划工期为 450 天,E 工作的总时差为 15 天,关键线路为 A→C→D→H→K(或①→③→④→⑥→⑦→⑧)。

2. 分析:方案一,设备修复时间 20 天,E 工作的总时差为 15 天,影响工期 5 天,且增加费用 5 万元(5 天×10 000 元/天 =50 000 元 =5 万元)。

方案二,B 工作第 125 天末结束,E 工作将推迟 15 天完成,但不超过 E 工作的总时差15 天(或计划工期仍为 450 天,不影响工期),不增加费用。

方案三,租赁设备安装调试 10 天,不超过 E 的总时差(或不影响工期),但增加费用143 750 元(350 元/天×125 天 =43 750 元)。

三个方案综合比较,方案二合理。

3. 施工调整方案采用方案二,绘制调整后网络图(见图 4-51)。调整后的关键线路为A→C→D→H→K 和 A→B→E2→H→K。

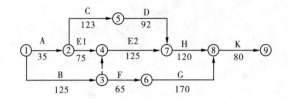

图 4-51 施工进度计划图 （单位：天）

【案例 4-6】 施工进度控制

背景资料

施工单位承包某中型泵站，建筑安装工程内容及工程量见表 4-5。

表 4-5 泵站建筑安装工程内容及工程量表

工作名称	施工准备	基坑开挖	地基处理	泵室	出水池	进水池	拦污栅	机电设备安装
代号	A	B	C	D	E	F	G	H
工程量（万元）	30	90	120	500	160	180	50	100
持续时间（天）	30	30	30	120	60	120	90	120

注：各项工作均衡施工，每月按 30 天计，下同。

开工前，项目部提交并经监理工程师审核批准的施工进度计划图（见图 4-52）。施工过程中，监理工程师把第 90 天及第 120 天的工程进度检查情况分别用进度前锋线记录在图 4-52 中。

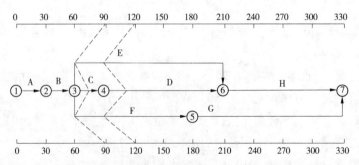

图 4-52 施工进度计划图 （单位：天）

项目部技术人员对进度前锋线进行了分析，并从第 4 个月起对计划进行了调整。D工作施工进度曲线见图 4-53。

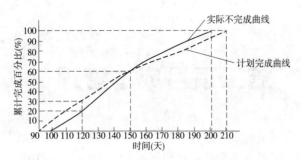

图 4-53　D 工作施工进度曲线

问题

1. 根据图 4-52,分析 C、E 和 F 工作在第 90 天的进度情况(分别按"××工作超额或拖延工程量的×%,提前或拖延×天"表述);说明第 90 天的检查结果对总工期的影响。

2. 指出图 4-53 中 D 工作第 120 天的进度偏差和总赶工天数。

答案

1. C 工作拖延总工程量的 50%,拖延 15 天;E 工作拖延总工程量的 50%,拖延 30 天;F 工作拖延总工程量的 25%,拖延 30 天;影响总工期 15 天。

2. 第 120 天,D 工作拖延 10%的工程量;总赶工 20 天。

项目 5　施工项目成本管理

施工成本管理应从工程投标报价开始,直至项目完工结算,保留金返还为止,贯穿于项目实施的全过程。施工成本管理要在保证工期和质量要求的情况下,采取相应管理措施,包括组织措施、经济措施、技术措施和合同措施,把成本控制在计划范围内,并进一步寻求最大程度的成本节约。

任务 1　施工成本分析

1　施工成本的分析

施工成本的分析是在施工成本核算的基础上,对成本的形成过程和影响成本升降的因素进行分析,以寻求进一步降低成本的途径,包括有利偏差的挖掘和不利偏差的纠正。施工成本分析贯穿于施工成本管理的全过程,其是在成本的形成过程中,主要利用施工项目的成本核算资料(成本信息),与目标成本、预算成本以及类似的施工项目的实际成本等进行比较,了解成本的变动情况,同时也要分析主要技术经济指标对成本的影响,系统地研究成本变动的因素,检查成本计划的合理性,并通过成本分析,深入揭示成本变动的规律,寻找降低施工项目成本的途径,以便有效地进行成本控制。成本偏差的控制,分析是关键,纠偏是核心,要针对分析得出的偏差发生原因,采取切实措施,加以纠正。

技术经济指标完成得好坏,最终会直接或间接地影响工程成本。下面就主要工程技术经济指标变动对工程成本的影响作简要分析。

1.1　产量变动对工程成本的影响

工程成本一般可分为变动成本和固定成本两部分。由于固定成本不随产量变化,因此随着产量的提高,各单位工程所分摊的固定成本将相应减少,单位工程成本也就会随着产量的增加而有所减少,即

$$D_Q = R_Q C \tag{5-1}$$

式中　D_Q——因产量变动而使工程成本降低的数额,简称成本降低额;

　　　C——原工程总成本;

　　　R_Q——成本降低率,即 D_Q / C。

1.2　劳动生产率变动对工程成本的影响

提高劳动生产率,是增加产量、降低成本的重要途径。在分析劳动生产率的影响时,还须考虑人工平均工资增长的影响。其计算公式为

$$R_L = \left(1 - \frac{1 + \Delta W}{1 + \Delta L}\right) W_\omega \tag{5-2}$$

式中　R_L——由于劳动生产率(含工资增长)变动而使成本降低的成本降低率;

　　　ΔW——平均工资增长率;

　　　ΔL——劳动生产率增长率;

　　　W_ω——人工费占总成本的比重。

1.3　资源、能源利用程度对工程成本的影响

影响资源、能源费用的因素主要是用量和价格两个方面。就企业角度而言,降低耗用量(当然包含损耗量)是降低成本的主要方面。其计算公式为

$$R_m = \Delta m W_m \tag{5-3}$$

式中　R_m——因降低资源、能源耗用量而引起的成本降低率;

　　　Δm——资源、能源耗用量降低率;

　　　W_m——资源、能源费用在工程成本中的比重。

如用利用率表示,则计算公式为

$$R_m = \left(1 - \frac{m_0}{m_n}\right) W_n \tag{5-4}$$

式中　m_0、m_n——资源、能源原来和变动后的利用率;

　　　其他符号含义同前。

在建筑工程中,有时要根据不同原因,在保证工程质量的前提下,采用一些替代材料,由此引起的工程成本降低额为

$$D_r = Q_0 P_0 - Q_r P_r \tag{5-5}$$

式中　D_r——替代材料引起的成本降低额;

　　　Q_0、P_0——原拟用材料用量和单价;

　　　Q_r、P_r——替代材料用量和单价。

1.4　机械利用率变动对工程成本的影响

机械利用率变动对工程成本的影响可直接利用式(5-6)和式(5-7)分析。

为便于随时测定,亦可用下式计算:

$$R_T = \left(1 - \frac{1}{P_T}\right) \cdot W_d \tag{5-6}$$

$$R_P = \frac{P_P - 1}{P_T \cdot P_P} \cdot W_d \tag{5-7}$$

式中　R_T、R_P——机械作业时间和生产能力变动引起的单位成本降低率;

　　　P_T、P_P——机械作业时间的计划完成率和生产能力计划完成率;

　　　W_d——固定成本占总成本比重。

1.5　工程质量变动对工程成本的影响

质量提高,返工减少,既能加快施工速度,促进产量增加,又能节约材料、人工、机械和其他费用消耗,从而降低工程成本。

水利水电工程虽不设废品等级,但对废品存在返工、修补、加固等要求。一般用返工损失金额来综合反映工程成本的变化。其计算公式为

$$R_d = C_d / B \tag{5-8}$$

式中　R_d——返工损失率,即返工对工程成本的影响程度,一般用千分比表示;

　　　C_d——返工损失金额;

　　　B——施工总产值(也可用工程总成本)。

1.6　技术措施变动对工程成本的影响

在施工过程中,施工企业应尽力发挥潜力,采用先进的技术措施,这不仅是企业发展的需要,也是降低工程成本最有效的手段。其对工程成本的影响程度可用下式计算:

$$R_S = \frac{Q_S S}{C} W_S \tag{5-9}$$

式中　R_S——采取技术措施引起的成本降低率;

　　　Q_S——措施涉及的工程量;

　　　S——采取措施后单位工程量节约额;

　　　W_S——措施涉及工程原成本占总成本的比重;

　　　C——工程总成本。

1.7　施工管理费变动对工程成本的影响

施工管理费在工程成本中占有较大的比重,如能注意精简机构,提高管理工作质量和效率,节省开支,对降低工程成本也具有很大的作用。其成本降低率为

$$R_g = W_g \Delta G \tag{5-10}$$

式中　R_g——节约管理费引起的成本降低率;

　　　ΔG——管理费节约百分率;

　　　W_g——管理费占工程成本的比重。

2　工程成本综合分析

工程成本综合分析就是从总体上对企业成本计划执行的情况进行较为全面、概括的分析。

在经济活动分析中,一般把工程成本分为三种,即预算成本、计划成本和实际成本。

预算成本一般为施工图预算所确定的工程成本。在实行招标承包的工程中,预算成本一般为工程承包合同价款减去法定利润后的成本,因此又称为承包成本。

计划成本是在预算成本的基础上,根据成本降低目标,结合本企业的技术组织措施计划和施工条件等所确定的成本。计划成本是企业降低生产消耗费用的奋斗目标,也是企业成本控制的基础。

实际成本是指企业在完成建筑安装工程施工中实际发生费用的总和。它是反映企业经济活动效果的综合性指标。

计划成本与预算成本之差即为计划成本降低额,实际成本与预算成本之差即为实际成本降低额。将实际成本降低额与计划成本降低额比较,可以考察出企业降低成本的执行情况。

工程成本的综合分析,一般可分为以下三种情况:

(1)实际成本与计划成本进行比较,以检查完成降低成本计划情况和各成本项目降低和超支情况。

（2）对企业间各单位之间进行比较，从而找出差距。

（3）将本期与前期进行比较，以便分析成本管理的发展情况。

在进行成本分析时，既要看成本降低额，又要看成本降低率。成本降低率是相对数，便于进行比较，看出成本降低水平。

成本分析的方法可以单独使用，也可以结合使用。尤其是在进行成本综合分析时，必须使用基本方法。为了更好地说明成本升降的具体原因，必须依据定量分析的结果进行定性分析。

成本偏差分为局部成本偏差和累计成本偏差。局部成本偏差包括项目的月度（或周、天等）核算成本偏差、专业核算成本偏差以及分部分项作业成本偏差等；累计成本偏差是指已完工程在某一时间点上实际总成本与相应的计划总成本的差异。对成本偏差的原因分析，应采取定量和定性相结合的方法。

【案例 5-1】　施工成本分析

背景资料

在河流上修建库容 2 亿 m^3 的水库。由碾压式均质土坝（高 75 m）、泄洪洞、电站、溢洪道等建筑物组成。分四个土建标施工，大坝标工程合同价为 6 000 万元，其中成本 5 600 万元。

事件 1：在施工项目部平均工资没涨的情况下，通过行为激励措施，加强人员调配和机械配套，充分发挥主导机械的生产效率，使得原填筑生产率由 3 000 m^3/天增加到 3 500 m^3/天。经核算人工费占成本 40%。

事件 2：在大坝施工时，由于质量事故，返工重做直接经济损失 50 万元。

问题

1. 根据事件 1，分析劳动生产率变动对工程成本的影响程度。

2. 根据事件 2，分析返工损失金额对工程成本的影响程度。

答案

1. 劳动生产率变动对成本的影响程度：

$$R_L = \left(1 - \frac{1 + \Delta W}{1 + \Delta L}\right) W_\omega$$

$$= \left[1 - (1 + 1)/(1 + 3\,500 \div 3\,000)\right] \times 40\% = 3\%$$

由劳动生产率增长变动而使成本降低的成本降低率为 3%。

2. 返工损失对成本的影响程度：

$$R_d = C_d/B = 50 \div 5\,600 = 8.9‰$$

返工损失使得工程成本增加 8.9‰。

任务 2　施工成本计划编制

1　施工成本计划的类型

对于一个施工项目而言，其成本计划的编制是一个不断深化的过程。在这一过程的不同阶段形成深度和作用不同的成本计划,按其作用可分为以下三类。

1.1 竞争性成本计划

竞争性成本计划即工程项目投标及签订合同阶段的估算成本计划。这类成本计划是以招标文件中的合同条件、投标者须知、技术规程、设计图纸或工程量清单等为依据,以有关价格条件说明为基础,结合调研和现场考察获得的情况,根据本企业的工料消耗标准、水平、价格资料和费用指标,对本企业完成招标工程所需要支出的全部费用的估算。在投标报价过程中,虽也着力考虑降低成本的途径和措施,但总体上较为粗略。

1.2 指导性成本计划

指导性成本计划即选派项目经理阶段的预算成本计划,是项目经理的责任成本目标。它是以合同标书为依据,按照企业的预算定额标准制订的预算成本计划。

1.3 实施性成本计划

实施性成本计划即项目施工准备阶段的施工预算成本计划,它是以项目实施方案为依据,以落实项目经理责任目标为出发点,采用企业的施工定额通过施工预算的编制而形成的实施性施工成本计划。

以上三类成本计划互相衔接和不断深化,构成了整个工程施工成本的计划过程。其中,竞争性成本计划带有成本战略的性质,是项目投标阶段商务标书的基础,而有竞争力的商务标书又是以其先进合理的技术标书为支撑的。因此,它奠定了施工成本的基本框架和水平。指导性成本计划和实施性成本计划,都是竞争性成本计划的进一步展开和深化,是对竞争性成本计划的战术安排。此外,根据项目管理的需要,实施性成本计划又可按施工成本组成、按子项目组成、按工程进度分别编制施工成本计划。

2 施工成本计划的编制依据

编制施工成本计划,需要广泛收集相关资料并进行整理,以作为施工成本计划编制的依据。在此基础上,根据有关设计文件、工程承包合同、施工组织设计、施工成本预测资料等,按照施工项目应投入的生产要素,结合各种因素的变化和拟采取的各种措施,估算施工项目生产费用支出的总水平,进而提出施工项目的成本计划控制指标,确定目标成本。目标成本确定后,应将总目标分解落实到各个机构、班组、便于进行控制的子项目或工序。最后,通过综合平衡,编制完成施工成本计划。

施工成本计划的编制依据如下:

(1)投标报价文件;

(2)企业定额、施工预算;

(3)施工组织设计或施工方案;

(4)人工、材料、机械台班的市场价格;

(5)企业颁布的材料指导价、企业内部机械台班价格、劳动力内部价格;

(6)周转设备内部租赁价格、摊销损耗标准;

(7)已签订的工程合同、分包合同(或估价书);

(8)构件外加工计划和合同;

(9)有关财务成本核算制度和财务历史资料;

（10）施工成本预测资料；

（11）拟采取的降低施工成本的措施；

（12）其他相关资料。

3　施工成本计划的编制方法

施工成本计划的编制方式有以下 3 种：

（1）按施工成本组成编制施工成本计划；

（2）按项目组成编制施工成本计划；

（3）按工程进度编制施工成本计划。

3.1　按施工成本组成编制施工成本计划的方法

3.1.1　施工成本费用构成

编制按施工成本组成分解的施工成本计划。《水利工程设计概（估）算编制规定》（水总〔2002〕116 号）规定水利工程建筑及安装工程费用由直接成本、间接成本组成。

3.1.1.1　直接成本

直接成本是指建筑安装工程施工过程中直接消耗在工程项目上的活劳动和物化劳动，由直接费、其他直接费组成。

1.基本直接费

基本直接费包括人工费、材料费、施工机械使用费。

2.其他直接费

其他直接费包括冬雨期施工增加费、夜间施工增加费、特殊地区施工增加费、安全生产措施费、临时设施费和其他。

1）冬雨期施工增加费

冬雨期施工增加费是指在冬雨期施工期间为保证工程质量和安全生产所需增加的费用。

2）夜间施工增加费

夜间施工增加费是指施工场地和公用施工道路的照明费用。照明线路工程费用包括在临时设施费中；施工附属企业系统，加工厂、车间的照明，列入相应的产品中，均不包括在本项费用之内。

3）特殊地区施工增加费

特殊地区施工增加费是指在高海拔和原始森林等特殊地区施工而增加的费用。

4）安全生产措施费

安全生产措施费是指现场直接用于生产施工的安全措施发生的费用。

5）临时设施费

临时设施费是指施工企业为进行建筑安装工程施工所必需的但又未被划入施工临时工程的临时建筑物、构筑物和各种临时设施的建设、维修、拆除、摊销等费用。如供风、供水（支线）、场内供电、夜间照明、供热系统及通信支线，土石料场，简易砂石料加工系统，小型混凝土拌和浇筑系统，木工、钢筋、机修等辅助加工厂，混凝土预制构件厂，场内施工排水，场地平整、道路养护及其他小型临时设施。

6)其他

其他包括施工工具用具使用费、检验试验费、工程定位复测、工程点交、竣工场地清理、工程项目及设备仪表移交生产前的维护观察费。

3.1.1.2　间接成本(间接费)

间接成本是指施工企业为建筑安装工程施工而进行组织与经营管理所发生的各项费用。它构成产品成本,由企业管理费、规费组成。

(1)企业管理费:指施工企业为组织施工生产经营活动所发生的费用。

(2)规费:指政府和有关部门规定必须缴纳的费用,包括社会保险费(养老保险、失业保险、医疗保险、工伤保险、生育保险)和住房公积金。

3.1.2　施工成本基础单价

施工成本基础单价是计算建筑、安装工程单价的基础,包括人工预算单价、材料预算价格、施工机械台时费、砂石料单价及混凝土材料单价等。

3.1.2.1　人工预算单价

人工预算单价是指生产工人在单位时间(工时)的费用。根据工程性质的不同,人工预算单价有枢纽工程、引水及河道工程两种计算方法和标准。每种计算方法将人工均划分为工长、高级工、中级工、初级工四个档次。

3.1.2.2　材料预算价格

材料预算价格是指购买地运到工地分仓库(或堆放场地)的出库价格。材料预算价格一般包括材料原价、运杂费、运输保险费、采购及保管费四项,个别材料若规定另计包装费的另行计算。

3.1.2.3　施工机械台时费

施工机械台时费是指一台施工机械正常工作1小时所支出和分摊的各项费用之和。施工机械台时费是计算建筑安装工程单价中机械使用费的基础价格。机械使用费中的机械台时量可由定额查到,机械台时费应根据《水利工程施工机械台时费定额》及有关规定计算。现行部颁的施工机械台时费由第一、第二类费用组成。

3.1.2.4　砂石料单价

如果自购按材料预算价格计算,自己开采加工按工序单价计算。

3.1.2.5　混凝土材料单价

混凝土配合比的各项材料用量已考虑了材料的场内运输及操作损耗(至拌和楼进料仓止),混凝土拌制后的熟料运输及操作损耗已反映在不同浇筑部位定额的混凝土材料量中。混凝土配合比的各项材料用量应根据工程试验提供的资料计算;若无试验资料,也可按有关定额规定计算。

3.1.3　工程单价分析

工程单价是指以价格形式表示的完成单位工程量(如 $1 m^3$、$1 t$、1 套等)所耗用的全部费用,包括直接工程费、间接费、企业利润和税金四部分内容。水利工程概(估)算单价分为建筑和安装工程单价两类,它是编制水利工程投资的基础。建筑安装工程单价由"量、价、费"三要素组成。

量:指完成单位工程量所需的人工、材料和施工机械台时数量。须根据设计图纸及施工组织设计等资料,正确选用定额相应子目的规定量。

价:指人工预算单价、材料预算价格和施工机械台时费等基础单价。

费:指按规定计入工程单价的其他直接费、现场经费、间接费、企业利润和税金。须按《水利工程设计概(估)算编制规定》(水总〔2002〕116 号)的取费标准计算。

建筑、安装工程单价一般采用表5-1 的形式计算。

表5-1　建筑工程单价分析表(格式)

1	直接费	1)+2)
1)	基本直接费	(1)+(2)+(3)
(1)	人工费	定额人工工时数×人工预算单价
(2)	材料费	定额材料用量×材料预算价格
(3)	机械使用费	定额机械台时用量×机械台时费
2)	其他直接费	1)×其他直接费率
2	间接费	1×间接费率
3	利润	(1+2)×利润率
4	材料补差	(材料预算价格－材料基价)×材料消耗量
5	税金	(1+2+3+4)×税率
6	工程单价	1+2+3+4+5

3.2　按项目组成编制施工成本计划的方法

(1)按项目组成编制施工成本计划的方法较适合于大中型工程项目。大中型工程项目通常是由若干单项工程构成的,而每个单项工程包括多个单位工程,每个单位工程又是由若干个分部分项工程所构成的。因此,首先要把项目总施工成本分解到单项工程和单位工程中,再进一步分解为分部工程和分项工程,见图5-1。

(2)在完成施工项目成本目标分解之后,接下来就要编制分项工程的成本支出计划,从而得到详细的成本计划表,见表5-2。

表5-2　分部工程成本计划表

分项工程编码	工程内容	计量单位	工程数量	计划成本	本分项总计
(1)	(2)	(3)	(4)	(5)	(6)

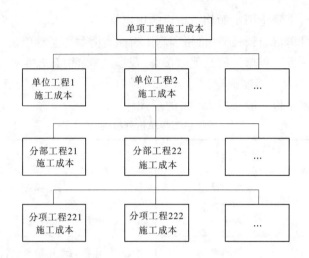

图 5-1　按项目组成分解

在编制成本支出计划时,要在项目方面考虑总的预备费,也要在主要的分项工程中安排适当的不可预见费,避免在具体编制成本计划时,可能发现个别单位工程或工程量表中某项内容的工程量计算有较大出入。

3.3　按工程进度编制施工成本计划的方法

按工程进度编制施工成本计划的表现形式是通过对施工成本目标按时间进行分解,在网络计划的基础上,获得项目进度计划的横道图,并在此基础上编制成本计划。网络计划在编制时,既要考虑进度控制对项目划分的要求,又要考虑确定施工成本支出计划对项目划分的要求,做到两者兼顾。

其表示方式有两种:一种是在时标网络图上按月编制成本计划,如图 5-2 所示;另一种是利用时间—成本累计曲线(S 形曲线)表示,如图 5-3 所示。

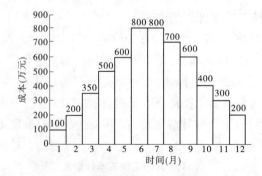

图 5-2　时标网络图上按月编制的成本计划图

时间—成本累计曲线的绘制步骤如下:

(1)确定工程项目进度计划,编制进度计划的横道图。

(2)根据每单位时间内完成的实物工程量或投入的人力、物力和财力,计算单位时间

（月或旬）的成本，在时标网络图上按时间编制成本支出计划（见图 5-2）。

（3）计算规定时间 t 计划累计支出的成本额，其计算方法为：各单位时间计划完成的成本额累加求和，可按下式计算：

$$Q_t = \sum_{n=1}^{t} q_n$$

式中 Q_t——某时间 t 内计划累计支出的成本额；

q_n——单位时间 n 的计划支出成本额；

t——某规定计划时刻。

（4）按各规定时间 t 所相应的 Q_t 值，绘制 S 形曲线（见图 5-3）。

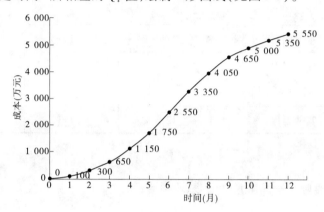

图 5-3 时间—成本累计曲线（S 形曲线）

每一条 S 形曲线都对应某一特定的工程进度计划，因为在成本计划的非关键线路中存在许多有时差的工序或工作，因此 S 形曲线（成本计划值曲线）必然包络在由全部工作都按最早开始时间开始和全部工作都按最迟必须开始时间开始的曲线所组成的"香蕉图"内。项目经理可根据编制的成本支出计划来合理安排资金，也可以根据筹措的资金来调整 S 形曲线，力争将实际的成本支出控制在计划范围内。

工作中常常编制月度项目施工成本计划，根据施工进度计划所编制的项目施工成本收入、支出计划，及时与月度项目施工进度计划相对比，及时发现问题并进行纠偏。有时采用现场控制性计划，它是根据施工进度计划而做出的各种资源消耗量计划、各项现场管理费收入及支出计划，是项目经理部继续进行各项成本控制工作的依据。

编制施工成本计划的方式并不是相互独立的。在应用时，往往是将这几种方式结合起来，取得扬长避短的效果。例如：可将按子项目分解总施工成本计划与按时间分解总施工成本计划结合起来，一般纵向按项目分解，横向按时间分解。

【案例 5-2】 施工成本计划编制

背景资料

某水闸管理房屋施工项目的数据资料如表 5-3 所示。

表 5-3　工程数据资料

编码	项目名称	最早开始时间(月)	工期(月)	成本强度(万元/月)
11	场地平整	1	1	20
12	基础施工	2	3	15
13	坝体工程施工	4	5	30
14	上游护坡工程施工	8	3	20
15	下游护坡工程施工	10	2	30
16	垫层施工	11	2	20
17	排水设施安装	11	1	30
18	坝顶工程	12	1	20
19	防浪墙	12	1	10
20	其他工程	12	1	10

问题

绘制该项目的时间—成本累计曲线(S 形曲线)。

答案

(1)确定施工项目进度计划,编制进度计划的横道图(见图 5-4):

编码	项目名称	工期(月)	成本强度(万元/月)	工程进度(月)											
				1	2	3	4	5	6	7	8	9	10	11	12
11	场地平整	1	20	▬											
12	基础施工	3	15		▬▬▬										
13	坝体工程施工	5	30				▬▬▬▬▬								
14	上游护坡工程施工	3	20								▬▬▬				
15	下游护坡工程施工	2	30										▬▬		
16	垫层施工	2	20											▬▬	
17	排水设施安装	1	30											▬	
18	坝顶工程	1	20												▬
19	防浪墙	1	10												▬
20	其他工程	1	10												▬
合计					20	15	15	45	30	30	30	50	20	50	80	60

图 5-4　进度计划的横道图

(2)在横道图上按时间编制成本计划(见图 5-5)。

(3)计算规定时间 t 计划累计支出的成本额(见表 5-4)。

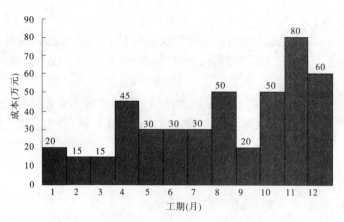

图 5-5　按时间编制成本计划

表 5-4　累计支出的成本额

编码	项目名称	工期(月)	成本强度(万元/月)	工程进度(月)											
				1	2	3	4	5	6	7	8	9	10	11	12
合计				20	15	15	45	30	30	30	50	20	50	80	60
累计				20	35	50	95	125	155	185	235	255	305	385	445

(4)绘制 S 形曲线(见图 5-6)。

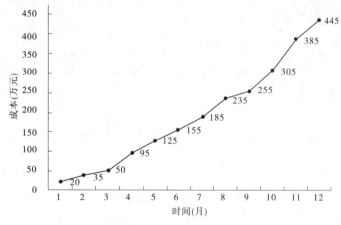

图 5-6　项目的时间—成本累计曲线

■ 任务 3　施工成本控制

1　施工成本控制的依据

1.1　工程承包合同

施工成本控制要以工程承包合同为依据,围绕降低工程成本这个目标,从预算收入和实际成本两方面,努力挖掘增收节支潜力,以求获得最大的经济效益。

1.2　施工成本计划

施工成本计划是根据施工项目的具体情况制订的施工成本控制方案,既包括预定的具体成本控制目标,又包括实现控制目标的措施和规划,是施工成本控制的指导文件。

1.3　进度报告

进度报告提供了每一时刻工程实际完成量、工程施工成本实际支付情况等重要信息。施工成本控制工作正是通过实际情况与施工成本计划相比较,找出二者之间的差别,分析偏差产生的原因,从而采取措施改进以后的工作。此外,进度报告还有助于管理者及时发现工程实施中存在的问题,并在事态还未造成重大损失之前采取有效措施,尽量避免损失。

1.4　工程变更

在项目的实施过程中,由于各方面的原因,工程变更是很难避免的。工程变更一般包括设计变更、进度计划变更、施工条件变更、技术规范与标准变更、施工次序变更、工程数量变更等。一旦出现变更,工程量、工期、成本都必将发生变化,从而使得施工成本控制工作变得更加复杂和困难。因此,施工成本管理人员就应当通过对变更要求当中各类数据的计算、分析,随时掌握变更情况,包括已发生工程量、将要发生工程量、工期是否拖延、支付情况等重要信息,判断变更以及变更可能带来的索赔额度等。

除上述几种施工成本控制工作的主要依据外,有关施工组织设计、分包合同等也都是施工成本控制的依据。

2　施工成本控制的步骤

在确定了施工成本计划之后,必须定期地进行施工成本计划值与实际值的比较,当实际值偏离计划值时,分析产生偏差的原因,采取适当的纠偏措施,以确保施工成本控制目标的实现。其步骤如下。

2.1　比较

按照某种确定的方式将施工成本实际值与计划值逐项进行比较,以发现施工成本是否已超支。

2.2　分析

在比较的基础上,对比较的结果进行分析,以确定偏差的严重性及偏差产生的原因。这一步是施工成本控制工作的核心,其主要目的在于找出产生偏差的原因,从而采取有针对性的措施,减少或避免相同原因的再次发生或减少由此造成的损失。

2.3　预测

按照完成情况估计完成项目所需的总费用。

2.4　纠偏

当工程项目的实际施工成本出现了偏差,应当根据工程的具体情况、偏差分析和预测的结果,采取适当的措施,以期达到使施工成本偏差尽可能小的目的。纠偏是施工成本控制中最具实质性的一步。只有通过纠偏,才能最终达到有效控制施工成本的目的。

对偏差原因进行分析的目的是采取有针对性的纠偏措施,从而实现成本的动态控制和主动控制。纠偏首先要确定纠偏的主要对象,偏差原因有些是无法避免和控制的,如客观原因,只能对其中少数原因做到防患于未然,力求减少该原因所产生的经济损失。在确定了纠偏的主要对象之后,就需要采取有针对性的纠偏措施。纠偏可采用组织措施、经济措施、技术措施和合同措施等。

2.5 检查

对工程的进展进行跟踪检查,以及时了解工程进展状况以及纠偏措施的执行情况和效果,为今后的工作积累经验。

3 施工成本控制的方法

3.1 过程控制的方法

施工阶段是控制建设工程项目成本发生的主要阶段,它通过确定成本目标并按计划成本进行施工资源配置,对施工现场发生的各种成本费用进行有效控制,其具体的控制方法如下。

3.1.1 人工费的控制

人工费的控制按照"量价分离"的原则,将作业用工及零星用工按定额工日的一定比例综合确定用工数量与单价,通过劳务合同进行控制。

3.1.2 材料费的控制

材料费的控制同样按照"量价分离"的原则,控制材料用量和材料价格。

3.1.2.1 材料用量的控制

在保证符合设计要求和质量标准的前提下,合理使用材料,通过定额管理、计量管理等手段有效控制材料物资的消耗,具体方法如下。

1. 定额控制

对于有消耗定额的材料,以消耗定额为依据,实行限额发料制度。在规定限额内分期分批领用,超过限额领用的材料,必须先查明原因,经过一定审批手续方可领料。

2. 指标控制

对于没有消耗定额的材料,则实行计划管理和按指标控制的办法。根据以往项目的实际耗用情况,结合具体施工项目的内容和要求,制定领用材料指标,据以控制发料。超过指标的材料,必须经过一定的审批手续方可领用。

3. 计量控制

准确进行工程量计量核查,按照《水利工程工程量清单计价规范》(GB 50501—2007)计量控制,施工企业主要是内部控制每个工程项目的投入物和投入料及人工投入。详见项目 6。

4. 包干控制

在材料使用过程中,对部分小型及零星材料(如钢钉、钢丝等)根据工程量计算出所需材料量,将其折算成费用,由作业者包干控制。

3.1.2.2 材料价格的控制

材料价格主要由材料采购部门控制。由于材料价格是由买价、运杂费、运输中的合理损耗等组成的,因此控制材料价格,主要是通过掌握市场信息,应用招标和询价等方式控制材料的采购价格。

施工项目的材料物资,包括构成工程实体的主要材料和结构件,以及有助于工程实体形成的周转使用材料和低值易耗品。从价值角度看,材料物资的价值,占建筑安装工程造价的 60% ~70% ,其重要程度自然是不言而喻的。由于材料物资的供应渠道和管理方式各不相同,所以控制的内容和所采取的控制方法也将有所不同。

3.1.3　施工机械使用费的控制

合理选择、使用施工机械设备对成本控制具有十分重要的意义,尤其是高层建筑施工。据某些工程实例统计,高层建筑地面以上部分的总费用中,垂直运输机械费用占 6% ~10% 。由于不同的起重运输机械各有不同的用途和特点,因此在选择起重运输机械时,首先应根据工程特点和施工条件确定采取何种不同起重运输机械的组合方式。在确定组合方式时,应满足施工需要,同时还要考虑到费用的高低和综合经济效益。

施工机械使用费主要由台班数量和台班单价两方面决定,为有效控制施工机械使用费支出,主要从以下几个方面进行控制:

(1)合理安排施工生产,加强设备租赁计划管理,减少因安排不当引起的设备闲置;

(2)加强机械设备的调度工作,尽量避免窝工,提高现场设备利用率;

(3)加强现场设备的维修保养,避免因不正当使用造成机械设备的停置;

(4)做好机上人员与辅助生产人员的协调与配合,提高施工机械台班产量。

3.1.4　施工分包费用的控制

分包工程价格的高低,必然对项目经理部的施工项目成本产生一定的影响。因此,施工项目成本控制的重要工作之一是对分包价格的控制。项目经理部应在确定施工方案的初期就确定需要分包的工程范围。决定分包范围的因素主要是施工项目的专业性和项目规模。对分包费用的控制,主要是要做好分包工程的询价、订立平等互利的分包合同、建立稳定的分包关系网络、加强施工验收和做好分包结算等工作。

3.2　赢得值法

赢得值法(Earned Value Management,简称 EVM)作为一项先进的项目管理技术,最初是美国国防部于 1967 年首次确立的。到目前为止,国际上先进的工程公司已普遍采用赢得值法进行工程项目的费用、进度综合分析控制。用赢得值法进行费用、进度综合分析控制,基本参数有三个,即已完工作预算费用、计划工作预算费用和已完工作实际费用。赢得值法又称为挣值法或偏差分析法,是在工程项目实施中使用比较多的一种方法。赢得值法是对项目的进度和费用进行控制的一种有效的方法。

赢得值法的价值在于将项目的进度和费用进行综合度量,从而能准确地描述项目的进展状态。优点是可以预测项目可能发生的工期滞后量和费用超支量,从而及时采取纠正措施,为项目管理和控制提供了有效的手段。

3.2.1　赢得值法的三个基本参数

3.2.1.1　已完工作预算费用

已完工作预算费用(Budgeted Cost for Work Performed,简称 BCWP),是指在某一时间已经完成的工作(或部分工作),以批准认可的预算为标准所需要的资金总额。由于业主正是根据这个值为承包人完成的工作量支付相应的费用,也就是承包人获得(挣得)的金额,故称赢得值或挣值。

已完工作预算费用计算公式为

$$已完工作预算费用(BCWP) = 已完成工作量 \times 预算单价$$

3.2.1.2 计划工作预算费用

计划工作预算费用(Budgeted Cost for Work Scheduled,简称 BCWS),是指根据进度计划,在某一时刻应当完成的工作(或部分工作),以预算为标准所需要的资金总额。一般来说,除非合同有变更,BCWS 在工程实施过程中应保持不变。

计划工作预算费用计算公式为

$$计划工作预算费用(BCWS) = 计划工作量 \times 预算单价$$

3.2.1.3 已完工作实际费用

已完工作实际费用(Actual Cost for Work Performed,简称 ACWP),是指到某一时刻为止,已完成的工作(或部分工作)实际花费的总金额。

已完工作实际费用计算公式为

$$已完工作实际费用(ACWP) = 已完成工作量 \times 实际单价$$

3.2.2 赢得值法的四个评价指标

在以上三个基本参数的基础上,可以确定赢得值法的四个评价指标,它们也都是时间的函数。

3.2.2.1 费用偏差 C_V(Cost Variance)

费用偏差计算公式为

$$费用偏差(C_V) = 已完工作预算费用(BCWP) - 已完工作实际费用(ACWP)$$

当费用偏差(C_V)为负值时,即表示项目运行超出预算费用;当费用偏差(C_V)为正值时,表示项目运行节支,实际费用没有超出预算费用。

3.2.2.2 进度偏差 S_V(Schedule Variance)

进度偏差计算公式为

$$进度偏差(S_V) = 已完工作预算费用(BCWP) - 计划工作预算费用(BCWS)$$

当进度偏差(S_V)为负值时,表示进度延误,即实际进度落后于计划进度;当进度偏差(S_V)为正值时,表示进度提前,即实际进度快于计划进度。

3.2.2.3 费用绩效指数(CPI)

费用绩效指数计算公式为

$$费用绩效指数(CPI) = 已完工作预算费用(BCWP)/已完工作实际费用(ACWP)$$

当费用绩效指数 CPI < 1 时,表示超支,即实际费用高于预算费用;当费用绩效指数 CPI > 1 时,表示节支,即实际费用低于预算费用。

3.2.2.4 进度绩效指数(SPI)

进度绩效指数计算公式为

$$进度绩效指数(SPI) = 已完工作预算费用(BCWP)/计划工作预算费用(BCWS)$$

当进度绩效指数 SPI < 1 时,表示进度延误,即实际进度比计划进度拖后;当进度绩效指数 SPI > 1 时,表示进度提前,即实际进度比计划进度快。

费用、进度偏差反映的是绝对偏差,结果很直观,有助于费用管理人员了解项目费用出现偏差的绝对数额,并依此采取一定措施,制订或调整费用支出计划和资金筹措计划。

但是,也应注意绝对偏差有其不容忽视的局限性。

运用赢得值法对项目的实施情况作出客观评估,可及时发现原有问题和执行中的问题,有利于查找问题的根源,并能判断这些问题对进度和费用产生影响的程度,以便采取必要的措施去解决这些问题。

3.2.3　偏差分析的方法

偏差分析可采用不同的方法,常用的有横道图法、表格法和曲线法。

3.2.3.1　横道图法

用横道图法进行费用偏差分析,是用不同的横道标志已完工作预算费用(BCWP)、计划工作预算费用(BCWS)和已完工作实际费用(ACWP),横道的长度与其金额成正比。

横道图法具有形象、直观、一目了然等优点,它能够准确表达出费用的绝对偏差,而且能一眼感受到偏差的严重性。但这种方法反映的信息量少,一般在项目的较高管理层应用。

3.2.3.2　表格法

表格法是进行偏差分析最常用的一种方法。它将项目编号、名称、各费用参数以及费用偏差数综合归纳入一张表格中,并且直接在表格中进行比较。由于各偏差参数都在表中列出,费用管理人员能够综合了解并处理这些数据。

用表格法进行偏差分析具有如下优点:

(1)灵活、适用性强。可根据实际需要设计表格,进行增减项。

(2)信息量大。可以反映偏差分析所需的资料,从而有利于费用管理人员及时采取有针对性的措施,加强控制。

(3)表格处理可借助于计算机,从而节约大量数据处理所需的人力,并大大提高速度。

3.2.3.3　曲线法

在项目实施过程中,赢得值法的三个基本参数可以形成三条曲线,即计划工作预算费用(BCWS)、已完工作预算费用(BCWP)、已完工作实际费用(ACWP)曲线。

3.2.4　偏差原因分析与纠偏措施

3.2.4.1　偏差原因分析

偏差分析的一个重要目的就是要找出引起偏差的原因,从而采取有针对性的措施,减少或避免相同原因的再次发生。

3.2.4.2　纠偏措施

(1)寻找新的、更好的、更省的、效率更高的设计方案;

(2)购买部分产品,而不是采用完全由自己生产的产品;

(3)重新选择供应商,但会产生供应风险,选择需要时间;

(4)改变实施过程;

(5)变更工程范围;

(6)索赔,例如向业主、承(分)包商、供应商索赔以弥补费用超支。

【案例5-3】　施工成本控制

背景资料

某水利工程,发包人与施工单位按照《水利水电工程标准施工招标文件》(2009年版)签订了施工承包合同。合同约定:工期为6个月;A、B工作所用的材料由发包人采购(包含在合同价中);合同价款采用以直接费为计算基础的全费用综合单价计算;施工期间若遇物价上涨,只对钢材、水泥和骨料的价格进行调整,调整依据为工程造价管理部门公布的材料价格指数。招标文件中的工程量清单所列各项工作的估算工程量和施工单位的报价见表5-5。该工程的各项工作按最早开始时间安排,按月匀速施工。经总监理工程师批准的施工进度计划如图5-7所示。

表5-5　估算工程量和报价

工作	A	B	C	D	E	F	G
估算工程量(m³)	2 500	3 000	4 500	2 200	2 300	2 500	2 000
报价(元/m³)	100	150	120	180	100	150	200

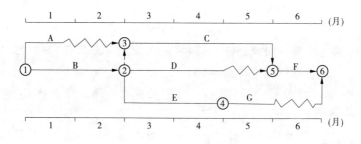

图5-7　施工进度计划

施工过程中,发生如下事件:

事件1:进行到第3个月末时,发包人提出一项设计变更,使D工作的工程量增加2 000 m³。施工单位调整施工方案后,D工作持续时间延长1个月。从第4个月开始,D工作执行新的全费用综合单价。经测算,新单价中直接费为160元/m³,施工管理费率为15%,利润率为5%,税率为3.41%。

事件2:由施工机械故障,G工作的开始时间推迟了1个月。第6个月恰巧遇建筑材料价格大幅上涨,造成F、G工作的造价提高,造价管理部门公布的建筑材料费价格指数见表5-6。施工单位随即向项目监理机构提出了调整F、G工作结算单价的要求。经测算,F、G工作的单价中,钢材、水泥和骨料的价格所占比例分别为25%、35%和10%。

表5-6　建筑材料价格指数

费用名称	基准月价格指数	结算月价格指数
钢材	105	130
水泥	110	140
骨料	100	120

问题

1. 事件 1 中,针对施工单位调整施工方案,写出项目监理机构的处理程序,列式计算 D 工作调整后新的全费用综合单价。(计算结果精确到小数点后两位)

2. 事件 2 中,施工单位提出调整 F 和 G 工作单价的要求是否合理?说明理由。列式计算应调价工作的新单价。

3. 计算第 4 个月、第 5 个月、第 6 个月的拟完工程计划投资和施工单位的应得工程额。(计算结果精确到小数点后两位)

4. 分析第 6 个月的费用和进度偏差。

答案

1. 事件 1 中,针对施工单位调整施工方案,项目监理机构的处理程序为:施工单位将调整后的施工方案提交项目监理机构,项目监理机构对施工方案进行审核确认或提出修改意见,书面向施工单位答复。

D 工作调整后新的全费用综合单价的计算如下:

$$直接费 = 160 \ 元/m^3$$

$$综合系数 = (1 \times 15\%) \times (1 + 5\%) \times (1 + 3.41\%) = 1.25$$

$$全费用综合单价 = 160 \times 1.25 = 199.79(元/m^3)$$

2. 事件 2 中,施工单位提出调整 F 工作单价的要求合理。理由:F 工作按正常进度施工。

事件 2 中,施工单位提出调整 G 工作单价的要求不合理。理由:G 工作的开始时间推迟是由于施工机械故障所致。

F 工作的新单价 = 150 元/m³ × (30% + 25% × 130/105 + 35% × 140/110 + 10% × 120/100) = 176.25 元/m³。

3. 第 5 个月的拟完工程计划投资 = (4 500 m³/3) × 120 元/m³ + 2 000 m³ × 200 元/m³ = 580 000 元 = 58 万元

第 6 个月的拟完工程计划投资 = 2 500 m³ × 150 元/m³ = 375 000 元 = 37.5 万元

第 4 个月施工单位的应得工资款额 = (4 500 m³/3) × 120 元/m³ + [(1 100 + 2 000) m³/2] × 200 元/m³ + (2 300 m³/2) × 100 元/m³ = 605 000 元 = 60.5 万元

第 5 个月施工单位的应得工资款额 = (4 500 m³/3) × 120 元/m³ + [(1 100 + 2 000) m³/2] × 200 元/m³ = 490 000 元 = 49 万元

第 6 个月施工单位的应得工资款额 = 2 500 m³ × 176.25 元/m³ + 2 000 m³ × 200 元/m³ = 840 625 元 = 84.06 万元

已完预算:2 500 m³ × 150 元/m³ + 2 000 m³ × 200 元/m³ = 375 000 元 + 400 000 元 = 77.5 万元

4. 费用偏差(C_V) = 已完工作预算费用(BCWP) − 已完工作实际费用(ACWP) = 77.5 − 84.06 = −6.56(万元),超预算。

进度偏差(S_V) = 已完工作预算费用(BCWP) − 计划工作预算费用(BCWS) = 77.5 − 37.5 = 40(万元),进度提前。

任务 4 施工项目成本控制措施

1 施工投标阶段成本控制措施

施工投标阶段成本控制措施主要是编制高质量的投标文件和报价,不因投标文件问题而废标,在此条件下,保证中标并获得高利润。

报价技巧是指在投标报价中采用一定的手法或技巧使招标人可以接受,而中标后又能获得更多的利润。常用的投标报价技巧主要体现在以下几方面。

1.1 投标报价高报

(1)施工条件差的工程。

(2)专业要求高且公司有专长的技术密集型工程。

(3)合同估算价低自己不愿做、又不方便不投标的工程。

(4)风险较大的特殊工程。

(5)工期要求急的工程。

(6)投标竞争对手少的工程。

(7)支付条件不理想的工程。

(8)水利工程计日工不计入总价,计日工单价可高报。

1.2 投标报价低报

(1)施工条件好、工作简单、工程量大的工程。

(2)有策略开拓某一地区市场。

(3)在某地区面临工程结束,机械设备等无工地转移时。

(4)本公司在待发包工程附近有项目,而本项目又可利用该工程的设备、劳务,或有条件短期内突击完成的工程。

(5)投标竞争对手多的工程。

(6)工期宽松的工程。

(7)支付条件好的工程。

1.3 不平衡报价

一个工程项目总报价基本确定后,可以调整内部各个项目的报价,以期既不提高总价、不影响中标,又能在结算时得到更理想的经济效益。一般可以考虑在以下几方面采用不平衡报价:

(1)能够早结账收款的项目(如临时工程费、基础工程、土方开挖等)可适当提高报价。

(2)预计今后工程量会增加的项目,单价适当提高。

(3)招标图纸不明确,估计修改后工程量要增加的,可以提高单价;而工程内容解说不清楚的,则可适当降低一些单价,待澄清后可再要求提价。

采用不平衡报价一定要建立在对工程量表中工程量仔细核对分析的基础上,特别是对报低单价的项目,如工程量执行时增多将造成承包商的重大损失;不平衡报价过多和过明显,可能会导致报价不合理等后果。

2　施工阶段成本控制措施

2.1　施工现场因素

在保证施工质量和进度的情况下,以降低成本为目标,制定合理的施工组织设计实施细则,并据此选择先进的施工方案,合理地布置施工现场、临时设施和工艺流程,重点在于严密合理的施工现场管理。

2.2　细化施工组织设计

合理组织人机料,避免出现非正常抢工现象。在开工之前要编制好合理的总体施工计划,在开工后无特殊情况严格按照总体施工计划和由此编制的季度、月度生产计划施工,尽量避免发生随意打乱总体施工计划的现象,有可能造成机械人员的窝工,降低工效,也可能导致后期由于工期原因进行不必要的抢工。这样势必增加人财物的投入,降低了工效,增加了成本。

2.3　严格质量管理

质量管理措施包括控制返工和缺陷修补,加强对成品及半成品的保护,注意雨期施工对钢筋、粉煤灰的损坏。

2.4　提高施工技术

根据工程的技术特点重点分析,对施工过程中的计算要尽量精确,有利于降低成本,不超挖和欠挖。

2.5　控制材料成本

制订材料采购计划,根据生产计划、任务和产品消耗情况对材料采购计划进行评审、研究。采用招标方式集中采购以降低采购成本。严把验收关,从原材料的质量和数量上严格控制,避免出现材料退场和二次进场,同时避免出现实际数量与入库数量的不符现象。严格控制材料消耗,施工中严格组织管理,减少各个环节的损耗,避免使用不当引起的材料浪费。合理堆置现场材料,避免和减少二次搬运。

2.6　合理调配人力

根据合理的施工组织设计,合理调配劳动力,安排好生产计划,避免窝工现象的发生。对施工人员实行合理的奖惩制度,加强技术教育和培训工作,加强劳动纪律。压缩非生产用工和辅助用工,严格控制非生产人员比例。

2.7　合理使用施工机械

熟悉施工工艺和施工顺序,合理编制机械调遣计划,避免出现不合理的二次调遣设备。

保证机械完好率和利用率。根据总体施工组织设计,合理组织机械设备,避免出现不合理的机械停、窝工。

2.8　控制施工过程中的计量和支付

计量支付是施工阶段成本控制的重要方面。为了最大可能争取应有利益,熟悉计量和支付规则十分重要。技术标准和要求构成合同的重要组成部分,技术标准和要求是投标人进行投标报价和发包人进行合同支付的实物依据。承包人应根据合同进度要求及技术标准和要求规定的质量标准,结合自身的施工能力和管理水平,进行检查和验收,并按计量支付条款的约定执行支付。应充分掌握完成的工程项目哪些予以支付,哪些不予支付,不予支付的工程量是否已含在投标报价或投标的某个费用中,要严格控制不漏项、不重项、不冒算(详见项目6)。

【案例5-4】　降低施工成本控制

背景资料

某河道治理工程,施工企业由于合同价较低在施工管理期间加强了成本管理。主要采用以下两种方法:

第一种方法:根据每个项目的报价合同价的,确定成本目标,分析施工中人、材、机、工法、环境对施工成本的影响,并根据合同价的风险进行比对,评价成本管理的绩效,实施奖罚。

第二种方法:施工的第3个月通过成本支出统计与第2个月成本进行了对比,可以看出机械施工成本降低率在2‰~3‰,反映施工管理水平有所提高。

问题

第一种方法和第二种方法分别属于哪种降低施工成本的途径?

答案

第一种方法属于加强合同管理措施。

第二种方法属于通过落实技术组织措施,提高管理水平。

项目6　施工项目计量与支付

　　招标文件工程量清单中开列的工程量是合同的估算工程量,而不是结算的工程量。在工程施工每月月末承包人向监理人提交月付款申请单时,应同时提交完成工程量月报表,其计量周期可视具体工程和财务报表制度由监理人与承包人商定,一般可定在上月26日至本月25日。完成的工程量由承包人进行收方测量后报送监理人核实。监理人有疑问时,可要求承包人派员与监理人的有关人员共同复核。监理人认为有必要时还可要求承包人联合进行测量计量。

任务1　工程计量

　　《水利水电工程标准施工招标文件》(2009年版)和《水利工程工程量清单计价规范》(GB 50501—2007)对工程计量计算和计量规则均有明确的要求。

1　合同技术条款计量和支付规则

1.1　施工临时工程

1.1.1　现场施工测量

　　现场施工测量(包括根据合同约定由承包人测设的施工控制网、工程施工阶段的全部施工测量放样工作等)所需费用,由发包人按《工程量清单》所列项目的总价支付。

1.1.2　现场试验

1.1.2.1　现场室内试验

　　承包人现场试验室的建设费用,由发包人按《工程量清单》所列相应项目的总价支付。

1.1.2.2　现场工艺试验

　　除合同另有约定外,现场工艺试验所需费用包含在现场工艺试验项目总价中,由发包人按《工程量清单》相应项目的总价支付。

1.1.2.3　现场生产性试验

　　除合同约定的大型现场生产性试验项目由发包人按《工程量清单》所列项目的总价支付外,其他各项生产性试验费用均包含在《工程量清单》相应项目的工程单价或总价中,发包人不另行支付。

1.1.3　施工交通设施

　　(1)除合同另有约定外,承包人根据合同要求完成场内施工道路的建设和施工期的管理维护工作所需的费用,由发包人按《工程量清单》相应项目的工程单价或总价支付。

　　(2)场外公共交通的费用,除合同约定由承包人为场外公共交通修建和(或)维护的临时设施外,承包人在施工场地外的一切交通费用,均由承包人自行承担,发包人不另行支付。

(3)承包人承担的超大、超重件的运输费用,均由承包人自行负责,发包人不另行支付。超大、超重件的尺寸或重量超出合同约定的限度时,增加的费用由发包人承担。

1.1.4　施工及生活供电设施

除合同另有约定外,承包人根据合同要求完成施工及生活供电设施的建设、移设和拆除工作所需的费用,由发包人按《工程量清单》相应项目的工程单价或总价支付。

1.1.5　施工及生活供水设施

除合同另有约定外,承包人根据合同要求完成施工及生活供水设施的建设、移设和拆除工作所需的费用,由发包人按《工程量清单》相应项目的工程单价或总价支付。

1.1.6　施工供风设施

除合同另有约定外,承包人根据合同要求完成施工供风设施的建设、移设和拆除工作所需的费用,由发包人按《工程量清单》相应项目的工程单价或总价支付。

1.1.7　施工照明设施

除合同另有约定外,承包人根据合同要求完成施工照明设施的建设、移置、维护管理和拆除工作所需的费用,由发包人按《工程量清单》相应项目的工程单价或总价支付。

1.1.8　施工通信和邮政设施

除合同另有约定外,承包人根据合同要求完成现场施工通信和邮政设施的建设、移设、维护管理和拆除工作所需的费用,由发包人按《工程量清单》相应项目的工程单价或总价支付。

1.1.9　砂石料生产系统

除合同另有约定外,承包人根据合同要求完成砂石料生产系统的建设和拆除工作所需的费用,由发包人按《工程量清单》相应项目的工程单价或总价支付。

1.1.10　混凝土生产系统

除合同另有约定外,承包人根据合同要求完成混凝土生产系统的建设和拆除工作所需的费用,由发包人按《工程量清单》相应项目的工程单价或总价支付。

1.1.11　附属加工厂

除合同另有约定外,承包人根据合同要求完成附属加工厂的建设、维护管理和拆除工作所需的费用,由发包人按《工程量清单》相应项目的工程单价或总价支付。

1.1.12　仓库和存料场

除合同另有约定外,承包人根据合同要求完成仓库或存料场的建设、维护管理和拆除工作所需的费用,由发包人按《工程量清单》相应项目的工程单价或总价支付。

1.1.13　弃渣场

除合同另有约定外,承包人根据合同要求完成弃渣场的建设和维护管理等工作所需的费用,由发包人按《工程量清单》相应项目的工程单价或总价支付。

1.1.14　临时生产管理和生活设施

除合同另有约定外,承包人根据合同要求完成临时生产管理和生活设施的建设、移设、维护管理和拆除工作所需的费用,由发包人按《工程量清单》相应项目的工程单价或总价支付。

1.1.15　其他临时设施

　　未列入《工程量清单》的其他临时设施,承包人根据合同要求完成这些设施的建设、移置、维护管理和拆除工作所需的费用,包含在相应永久工程项目的工程单价或总价中,发包人不另行支付。

1.2　施工安全措施

　　(1)承包人非直接属于具体工程项目施工安全的各项安全保护措施所需的费用,应在《工程量清单》中以总价形式专项列报,经监理人检查确认实施情况后,由发包人按项审批支付。

　　(2)直接属于具体工程项目的安全文明施工措施费,应包含在《工程量清单》各具体工程项目有效工程量的工程单价中,发包人不另行支付。

1.3　环境保护和水土保持措施

　　(1)施工临时设施(包括混凝土生产系统、砂石料生产加工系统、机修车间、施工现场和生活区临时设施等)的废污水(或废油)处理设施,应分别包含在"施工临时设施"各自相关的施工临时设施项目中。

　　(2)承包人根据合同要求完成各废污水(或废油)处理设施的建设、移设和拆除工作所需的费用,由发包人按《工程量清单》相应"施工临时设施"的废污水(或废油)处理设施子项总价支付。若未设列废污水(或废油)处理设施子项,则承包人完成该设施建设、移设和拆除工作所需的费用,应包含在与之相关的"施工临时设施"项目总价中,发包人不另行支付。

　　(3)除合同另有约定外,承包人按合同要求完成废污水(或废油)处理设施的运行、维护管理、施工期水质监测等工作所需的费用,包含在《工程量清单》所列的"环境保护和水土保持专项措施费"中,发包人不另行支付。

　　(4)除合同另有约定外,施工场地和生活区的其他零星污水、零星废弃物和生活垃圾的处理费用,大气环境保护措施费用和声环境保护措施费用,包含在《工程量清单》所列的"环境保护和水土保持专项措施费"中,发包人不另行支付。

　　(5)河床基坑的废水处理费用,由发包人按《工程量清单》相应项目的工程单价或总价支付。

　　(6)列入《工程量清单》的环境保护和水土保持的其他工程项目(如渣场和场内交通的工程防护和水土保持设施、林草植被种植措施等),由发包人按《工程量清单》相应项目的工程单价或总价支付。除合同另有约定外,环境保护和水土保持的其他工程项目的工程单价或总价,应包括承包人完成相应项目的建设、运行、维护管理和施工期监测等工作所需费用。

　　(7)未列入《工程量清单》的其他环境保护和水土保持措施,承包人完成这些措施的建设、运行、维护管理和施工期监测等工作所需费用,包含在《工程量清单》所列的"环境保护和水土保持专项措施费"中,发包人不另行支付。

　　(8)承包人在《工程量清单》中以总价形式专项列报的"环境保护和水土保持专项措施费",应按计划实施并经监理人检查确认后,由发包人按项支付。

1.4　施工导流工程

（1）承包人按合同要求完成截流方案设计、材料制备与运输、截流施工和水情观测等工作所需的费用，包含在《工程量清单》"工程截流"项目的总价中，发包人不另行支付。

（2）承包人按合同要求完成截流模型试验所需的费用，由发包人按《工程量清单》相应项目的总价支付。

（3）承包人按合同要求完成基坑排水工作（含基坑初期排水和经常性排水）所需的费用，由发包人按《工程量清单》相应项目的总价支付。

（4）承包人按合同要求完成施工期防洪度汛和排冰凌所需的费用，由发包人根据合同具体约定，按《工程量清单》相应项目的总价分年度支付。

（5）除合同另有约定外，承包人完成临时导流泄水建筑物的建设和拆除（或封堵）工作所需的费用，由发包人按《工程量清单》相应项目的工程单价或总价支付；临时导流泄水建筑物的运行维护费用包含在"施工期安全防洪度汛"项目总价中，发包人不另行支付。

（6）施工期临时通航费用（包括断航期内的补偿费用）和向下游供水的费用由发包人按《工程量清单》相应项目的总价支付。

（7）除合同另有约定外，导流泄水建筑物的永久或临时闸门及其启闭机的安拆和建设期运行费用，由发包人按《工程量清单》相应项目的工程单价或总价支付。

1.5　土方开挖工程

（1）场地平整按施工图纸所示场地平整区域计算的有效面积以平方米为单位计量，由发包人按《工程量清单》相应项目有效工程量的每平方米工程单价支付。

（2）一般土方开挖、淤泥流沙开挖、沟槽开挖和柱坑开挖按施工图纸所示开挖轮廓尺寸计算的有效自然方体积以立方米为单位计量，由发包人按《工程量清单》相应项目有效工程量的每立方米工程单价支付。

（3）塌方清理按施工图纸所示开挖轮廓尺寸计算的有效塌方堆方体积以立方米为单位计量，由发包人按《工程量清单》相应项目有效工程量的每立方米工程单价支付。

（4）承包人完成"植被清理"工作所需的费用，包含在《工程量清单》相应土方明挖项目有效工程量的每立方米工程单价中，发包人不另行支付。

（5）土方明挖工程单价包括承包人按合同要求完成场地清理，测量放样，临时性排水措施（包括排水设备的安拆、运行和维修），土方开挖、装卸和运输，边坡整治和稳定观测，基础、边坡面的检查和验收，以及将开挖可利用或废弃的土方运至监理人指定的堆放区并加以保护、处理等工作所需的费用。

（6）土方明挖开始前，承包人应根据监理人指示，测量开挖区的地形和计量剖面，经监理人检查确认后，作为计量支付的原始资料。土方明挖按施工图纸所示轮廓尺寸计算的有效自然方体积以立方米为单位计量，由发包人按《工程量清单》相应项目有效工程量的每立方米工程单价支付。施工过程中增加的超挖量和施工附加量所需的费用，应包含在《工程量清单》相应项目有效工程量的每立方米工程单价中，发包人不另行支付。

（7）除合同另有约定外，开采土料或砂砾料（包括取土、含水量调整、弃土处理、土料运输和堆放等工作）所需的费用，包含在《工程量清单》相应项目有效工程量的工程单价或总价中,发包人不另行支付。

(8)除合同另有约定外,承包人在料场开采结束后完成开采区清理、恢复和绿化等工作所需的费用,包含在《工程量清单》"环境保护和水土保持"相应项目的工程单价或总价中,发包人不另行支付。

1.6　石方开挖工程

(1)石方明挖和石方槽挖按施工图纸所示轮廓尺寸计算的有效自然方体积以立方米为单位计量,由发包人按《工程量清单》相应项目有效工程量的每立方米工程单价支付。施工过程中增加的超挖量和施工附加量所需的费用,应包含在《工程量清单》相应项目有效工程量的每立方米工程单价中,发包人不另行支付。

(2)直接利用开挖料作为混凝土骨料或填筑料的原料时,原料进入骨料加工系统进料仓或填筑工作面以前的开挖运输费用,不计入混凝土骨料的原料或填筑料的开采运输费用中。

(3)承包人按合同要求完成基础清理工作所需的费用,包含在《工程量清单》相应开挖项目有效工程量的每立方米工程单价中,发包人不另行支付。

(4)石方明挖过程中的临时性排水措施(包括排水设备的安拆、运行和维修)所需的费用,包含在《工程量清单》相应石方明挖项目有效工程量的每立方米工程单价中。

(5)除合同另有约定外,当骨料或填筑料原料由石料场开采时,原料开采所发生的费用和开采过程中弃料和废料的运输、堆放和处理所发生的费用,均包含在每吨(或立方米)材料单价中,发包人不另行支付。

(6)除合同另有约定外,承包人对石料场进行查勘、取样试验、地质测绘、大型爆破试验以及工程完建后的料场整治和清理等工作所需的费用,应包含在每吨(或立方米)材料单价或《工程量清单》相应项目工程单价或总价中,发包人不另行支付。

1.7　地基处理工程

1.7.1　振冲地基

(1)振冲加密或振冲置换成桩按施工图纸所示尺寸计算的有效长度以米为单位计量,由发包人按《工程量清单》相应项目有效工程量的每米工程单价支付。

(2)除合同另有约定外,承包人按合同要求完成振冲试验、振冲桩体密实度和承载力检验等工作所需的费用,包含在《工程量清单》相应项目有效工程量的每米工程单价中,发包人不另行支付。

1.7.2　混凝土灌注桩基础

(1)钻孔灌注桩或者沉管灌注桩按施工图纸所示尺寸计算的桩体有效体积以立方米为单位计量,由发包人按《工程量清单》相应项目有效工程量的每立方米工程单价支付。

(2)除合同另有约定外,承包人按合同要求完成灌注桩成孔成桩试验、成桩承载力检验、校验施工参数和工艺、埋设孔口装置、造孔、清孔、护壁以及混凝土拌和、运输和灌注等工作所需的费用,包含在《工程量清单》相应灌注桩项目有效工程量的每立方米工程单价中,发包人不另行支付。

(3)灌注桩的钢筋按施工图纸所示钢筋强度等级、直径和长度计算的有效质量以吨为单位计量,由发包人按《工程量清单》相应项目有效工程量的每吨工程单价支付。

1.8　土方填筑工程

(1)坝(堤)体填筑按施工图纸所示尺寸计算的有效压实方体积以立方米为单位计量,由发包人按《工程量清单》相应项目有效工程量的每立方米工程单价支付。

(2)坝(堤)体全部完成后,最终结算的工程量应是经过施工期间压实并经自然沉陷后按施工图纸所示尺寸计算的有效压实方体积。若分次支付的累计工程量超出最终结算的工程量,发包人应扣除超出部分工程量。

(3)黏土心墙、接触黏土、混凝土防渗墙顶部附近的高塑性黏土、上游铺盖区的土料、反滤料、过渡料和垫层料均按施工图纸所示尺寸计算的有效压实方体积以立方米为单位计量,由发包人按《工程量清单》相应项目有效工程量的每立方米工程单价支付。

(4)坝体上、下游面块石护坡按施工图纸所示尺寸计算的有效体积以立方米为单位计量,由发包人按《工程量清单》相应项目有效工程量的每立方米工程单价支付。

(5)除合同另有约定外,承包人对料场(土料场、石料场和存料场)进行复核、复勘、取样试验、地质测绘以及工程完建后的料场整治和清理等工作所需的费用,包含在每立方米(吨)材料单价或《工程量清单》相应项目工程单价或总价中,发包人不另行支付。

(6)坝体填筑的现场碾压试验费用,由发包人按《工程量清单》相应项目的总价支付。

1.9　混凝土工程

1.9.1　模板

(1)除合同另有约定外,现浇混凝土的模板费用,包含在《工程量清单》相应混凝土或钢筋混凝土项目有效工程量的每立方米工程单价中,发包人不另行计量和支付。

(2)混凝土预制构件模板所需费用,包含在《工程量清单》相应预制混凝土构件项目有效工程量的工程单价中,发包人不另行支付。

1.9.2　钢筋

按施工图纸所示钢筋强度等级、直径和长度计算的有效质量以吨为单位计量,由发包人按《工程量清单》相应项目有效工程量的每吨工程单价支付。施工架立筋、搭接、套筒连接、加工及安装过程中操作损耗等所需的费用,均包含在《工程量清单》相应项目有效工程量的每吨工程单价中,发包人不另行支付。

1.9.3　普通混凝土

(1)普通混凝土按施工图纸所示尺寸计算的有效体积以立方米为单位计量,由发包人按《工程量清单》相应项目有效工程量的每立方米工程单价支付。

(2)混凝土有效工程量不扣除设计单体体积小于0.1 m³的圆角或斜角,单体占用的空间体积小于0.1 m³的钢筋和金属件,单体横截面面积小于0.1 m²的孔洞、排水管、预埋管和凹槽等所占的体积,按设计要求对上述孔洞回填的混凝土也不予计量。

(3)不可预见地质原因超挖引起的超填工程量所发生的费用,由发包人按《工程量清单》相应项目或变更项目的每立方米工程单价支付。除此之外,同一承包人由于其他原因超挖引起的超填工程量和由此增加的其他工作所需的费用,均应包含在《工程量清单》相应项目有效工程量的每立方米工程单价中,发包人不另行支付。

(4)混凝土在冲(凿)毛、拌和、运输和浇筑过程中的操作损耗,以及为临时性施工措施增加的附加混凝土量所需的费用,应包含在《工程量清单》相应项目有效工程量的每立方米工程单价中,发包人不另行支付。

（5）施工过程中,承包人按合同技术条款规定进行的各项混凝土试验所需的费用(不包括以总价形式支付的混凝土配合比试验费),均包含在《工程量清单》相应项目有效工程量的每立方米工程单价中,发包人不另行支付。

（6）止水、止浆、伸缩缝等按施工图纸所示各种材料数量以米（或平方米）为单位计量,由发包人按《工程量清单》相应项目有效工程量的每米（或平方米）工程单价支付。

（7）混凝土温度控制措施费（包括冷却水管埋设及通水冷却费用、混凝土收缩缝和冷却水管的灌浆费用,以及混凝土坝体的保温费用）包含在《工程量清单》相应混凝土项目有效工程量的每立方米工程单价中,发包人不另行支付。

（8）混凝土坝体的接缝灌浆（接触灌浆）,按设计图纸所示要求灌浆的混凝土施工缝（混凝土与基础、岸坡岩体的接触缝）的接缝面积以平方米为单位计量,由发包人按《工程量清单》相应项目有效工程量的每平方米工程单价支付。

（9）混凝土坝体内预埋排水管所需的费用,应包含在《工程量清单》相应混凝土项目有效工程量的每立方米工程单价中,发包人不另行支付。

1.10　砌体工程

（1）浆砌石、干砌石、混凝土预制块和砖砌体按施工图纸所示尺寸计算的有效砌筑体积以立方米为单位计量,由发包人按《工程量清单》相应项目有效工程量的每立方米工程单价支付。

（2）砌筑工程的砂浆、拉结筋、垫层、排水管、止水设施、伸缩缝、沉降缝及埋设件等费用,包含在《工程量清单》相应砌筑项目有效工程量的每立方米工程单价中,发包人不另行支付。

（3）承包人按合同要求完成砌体建筑物的基础清理和施工排水等工作所需的费用,包含在《工程量清单》相应砌筑项目有效工程量的每立方米工程单价中,发包人不另行支付。

1.11　疏浚工程

（1）疏浚工程按施工图纸所示轮廓尺寸计算的水下有效自然方体积以立方米为单位计量,由发包人按《工程量清单》相应项目有效工程量的每立方米工程单价支付。

（2）疏浚工程施工过程中疏浚设计断面以外增加的超挖量、施工期自然回淤量、开工展布与收工集合、避险与防干扰措施、排泥管安拆移动以及使用辅助船只等所需的费用,包含在《工程量清单》相应项目有效工程量的每立方米工程单价中,发包人不另行支付。疏浚工程的辅助措施（如浚前扫床和障碍物的清除、排泥区围堰、隔埂、退水口及排水渠等项目）另行计量支付。

（3）吹填工程按施工图纸所示尺寸计算的有效吹填体积（扣除吹填区围堰、隔埂等的体积）以立方米为单位计量,由发包人按《工程量清单》相应项目有效工程量的每立方米工程单价支付。

（4）吹填工程施工过程中吹填土体的沉陷量、原地基因上部吹填荷载而产生的沉降量和泥沙流失量、对吹填区平整度要求较高的工程配备的陆上土方机械等所需费用,包含在《工程量清单》相应项目有效工程量的每立方米工程单价中,发包人不另行支付。吹填工程的辅助措施（如浚前扫床和障碍物的清除、排泥区围堰、隔埂、退水口及排水渠等项目)另行计量支付。

（5）利用疏浚排泥进行吹填的工程,疏浚和吹填的计量和支付分界根据合同相关条款的具体约定执行。

1.12 闸门及启闭机安装

1.12.1 闸门

（1）钢闸门安装工程按施工图纸所示尺寸计算的闸门本体有效质量以吨为单位计量,由发包人按《工程量清单》相应项目的每吨工程单价支付。钢闸门附件安装、附属装置安装、钢闸门本体及附件涂装、试验检测和调试校正等工作所需费用,包含在《工程量清单》相应钢闸门安装项目有效工程量的每吨工程单价中,发包人不另行支付。

（2）门槽（楣）安装工程按施工图纸所示尺寸计算的有效质量以吨为单位计量,由发包人按《工程量清单》相应项目的每吨工程单价支付。二次埋件、附件安装、涂装、调试校正等工作所需费用,均包含在《工程量清单》相应门槽（楣）安装项目有效工程量的每吨工程单价中,发包人不另行支付。

1.12.2 启闭机

（1）启闭机安装工程按施工图纸所示启闭机数量以台为单位计量,由发包人按《工程量清单》相应启闭机安装项目每台工程单价支付。

（2）除合同另有约定外,基础埋件安装、附属设备（起吊梁或平衡梁、供电系统、控制操作系统、液压启闭机的液压系统等）安装、与闸门连接和调试校正等工作所需费用,均包含在《工程量清单》相应启闭机安装项目每台工程单价中,发包人不另行支付。

2 工程计量

2.1 单价子目的计量

（1）已标价工程量清单中的单价子目工程量为估算工程量。结算工程量是指承包人实际完成的,并按合同约定的计量方法进行计量的工程量。

（2）承包人对已完成的工程进行计量,向监理人提交进度付款申请单、已完成工程量报表和有关计量资料。

（3）监理人对承包人提交的工程量报表进行复核,以确定实际完成的工程量。对数量有异议的,可要求承包人进行共同复核和抽样复测。承包人应协助监理人进行复核并按监理人要求提供补充计量资料。承包人未按监理人要求参加复核,监理人复核或修正的工程量视为承包人实际完成的工程量。

（4）监理人认为有必要时,可通知承包人共同进行联合测量、计量,承包人应遵照执行。

（5）承包人完成工程量清单中每个子目的工程量后,监理人应要求承包人派员共同对每个子目的历次计量报表进行汇总,以核实最终结算工程量。监理人可要求承包人提供补充计量资料,以确定最后一次进度付款的准确工程量。承包人未按监理人要求派员参加的,监理人最终核实的工程量视为承包人完成该子目的准确工程量。

（6）监理人应在收到承包人提交的工程量报表后的 7 天内进行复核,监理人未在约定时间内复核的,承包人提交的工程量报表中的工程量视为承包人实际完成的工程量,据此计算工程价款。

2.2　总价子目的计量

总价子目的分解和计量按照下述约定进行。

(1)总价子目的计量和支付应以总价为基础,不因价格调整因素而进行调整。承包人实际完成的工程量,是进行工程目标管理和控制进度支付的依据。

(2)承包人应按工程量清单的要求对总价子目进行分解,并在签订协议书后的28天内将各子目的总价支付分解表提交监理人审批。分解表应标明其所属子目和分阶段需支付的金额。承包人应按批准的各总价子目支付周期,对已完成的总价子目进行计量,确定分项的应付金额列入进度付款申请单中。

(3)监理人对承包人提交的上述资料进行复核,以确定分阶段实际完成的工程量和工程形象目标。对其有异议的,可要求承包人进行共同复核和抽样复测。

(4)除变更外,总价子目的工程量是承包人用于结算的最终工程量。

【案例6-1】　工程量计量

背景资料

在河流上修建库容为2亿 m^3 的水库,由碾压式均质土坝(高75 m)、泄洪洞、电站、溢洪道等建筑物组成。

事件1:施工单位提交的水土保持和环境保护措施费(见表6-1)。

表6-1　水土保持和环境保护措施费

序号	项目名称	合价(元)
1.1	砂石料场污水处理	20 000
1.2	施工生活区排污费	3 000
1.3	排污设施	12 000
1.4	施工期水质监测	1 700
1.5	基坑废水处理	2 500
1.6	料场清理和植被恢复、绿化	76 000
1.7	土方开挖临时排水	120
1.8	基坑排水	230

事件2: Ⅰ—Ⅰ段挡土墙(示意图见图6-1)开挖设计边坡1:1,由于不可避免的超挖,实际开挖边坡为1:1.15。A单位申报的结算工程为 $50 \times (S_1 + S_2 + S_3)$,监理单位不同意。

事件3:招标文件规定,施工临时工程为总价承包项目,由投标人自行编制工程项目或费用名称,并填报报价。A、B、C、D四家投标人参与投标,其中投标人A填报的施工临时工程分组工程量清单如表6-2所示。

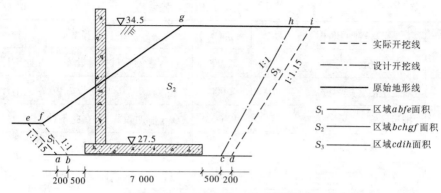

注:1. 图中除高程以 m 计外,其余均以 mm 计;

2. 图中水流方向为垂直于纸面,且开挖断面不变;长50 m

图 6-1 Ⅰ—Ⅰ段挡土墙示意图

表 6-2 分组工程量清单

组号名称:施工临时工程

序号	工程项目或费用名称	金额(万元)
1	围堰填筑	100
2	围堰拆除	50
3	围堰土工试验费	1
4	施工场内交通	100
5	施工临时房屋	200
6	施工降排水	100
7	施工生产用电费用	50
8	计日工费用	20
9	其他临时工程	100

问题

1. 指出事件 1 中,表 6-1 水土保持和环境保护措施费中不妥项目或费用,并说明理由。

2. 事件 2 中,Ⅰ—Ⅰ段挡土墙土方开挖工程计量中,不可避免的施工超挖产生的工程量能否申报结算?为什么?计算Ⅰ—Ⅰ段挡土墙土方开挖工程结算工程量。

3. 指出事件 3 中,投标人 A 填报的施工临时工程分组工程量清单中不妥项目或费用,并说明理由。

答案

1. 水土保持和环境保护措施分组清单项目和费用见表 6-3。

表 6-3　水土保持和环境保护措施费

序号	项目名称	合价(元)	答案
1.1	砂石料场污水处理	20 000	包含在砂石料临时设施中,在此不计
1.2	施工生活区排污费	3 000	包含在生活区临时设施中,在此不计
1.3	排污设施	12 000	属于临时设施费,在此不计
1.4	施工期水质监测	1 700	属于本项
1.5	基坑废水处理	2 500	包含在相应项目工程单价中,在此不计
1.6	料场清理和植被恢复、绿化	76 000	属于本项
1.7	土方开挖临时排水	120	包含在土方开挖单价中,在此不计
1.8	基坑排水	230	属于临时工程降排水费,在此不计

2.(1)不能申报结算,其费用已包含在投标土方开挖单价当中(或应不可避免的施工超挖量不计入结算工程量)。

(2) I—I 段挡墙土石开挖工程结算量应为 $S_2 \times 50 = 50S_2 (m^3)$。

3.围堰土工试验费、计日工费用、其他临时工程等三项工程项目或费用不妥。围堰土工试验属于现场生产性试验,其费用应包含在相应项目的总价中,发包人不另行支付;计日工属于零星工作项目,不应包含在施工临时工程中计列;其他临时工程应包含在相应项目的总价或单价中,发包人不另行支付。

任务 2　工程款支付

工程款支付包括工程进度款、预付款与预付款返还、保留金扣留与保留金返还、计日工费用、变更款、索赔款和价差。如果在某阶段付款,可根据实际发生的工程施工事件采用以下公式计算:

$$申请月工程款 = 工程进度款 + 预付款 - 预付款返还 - 保留金扣留 + 保留金返还 + 计日工费用 + 变更款 + 索赔款 + \Delta P(价差) \tag{6-1}$$

1　预付款

1.1　预付款的定义和分类

预付款用于承包人为合同工程施工购置材料、工程设备、施工设备、修建临时设施以及组织施工队伍进场等,分为工程预付款和工程材料预付款。预付款必须专用于合同工程。

1.2　工程预付款的额度和预付办法

一般工程预付款为签约合同价的 10%,分两次支付,招标项目包含大宗设备采购的可适当提高,但不宜超过 20%。

1.3 工程预付款保函

（1）承包人在第一次收到工程预付款的同时需提交等额的工程预付款保函（担保）。

（2）第二次工程预付款保函可用承包人进入工地的主要设备（其估算价值已达到第二次预付款金额）代替。

（3）当履约担保的保证金额度大于工程预付款额度，发包人分析认为可以确保履约安全时，承包人可与发包人协商不提交工程预付款保函，但应在履约保函中写明其兼具预付款保函的功能。此时，工程预付款的扣款办法不变，但不能递减履约保函金额。

（4）工程预付款担保的担保金额可根据工程预付款扣回的金额相应递减。

1.4 工程预付款的扣回与还清

工程预付款的扣回与还清计算公式为

$$R = \frac{A}{(F_2 - F_1)S}(C - F_1 S) \tag{6-2}$$

式中　R——累计扣回工程预付款金额；

　　　A——工程预付款总金额；

　　　S——签约合同价；

　　　C——合同累计完成金额，指价格调整前，且未扣质量保证金的金额；

　　　F_1——开始扣款时合同累计完成金额达到签约合同价的比例，一般取20%；

　　　F_2——全部扣清时合同累计完成金额达到签约合同价的比例，一般取80%～90%。

2　工程进度付款

2.1 进度付款申请单内容

（1）截至本次付款周期末已实施工程的价款；

（2）变更金额；

（3）索赔金额；

（4）应支付的预付款和扣减的返还预付款；

（5）应扣减的质量保证金；

（6）根据合同应增加和扣减的其他金额。

2.2 进度付款证书和支付时间

（1）监理人在收到承包人进度付款申请单以及相应的支持性证明文件后的14天内完成核查，经发包人审查同意后，出具经发包人签认的进度付款证书。

（2）发包人应在监理人收到进度付款申请单后的28天内，将进度应付款支付给承包人。发包人不按期支付的，按专用合同条款的约定支付逾期付款违约金。

（3）监理人出具进度付款证书，不应视为监理人已同意、批准或接受了承包人完成的该部分工作。

（4）进度付款涉及政府投资资金的，按照国库集中支付等国家相关规定和专用合同条款的约定办理。

3　质量保证金

3.1　预留

（1）合同工程完工验收前,已缴纳履约保证金的,进度支付时发包人不得同时预留工程质量保证金。合同完工验收后,发包人可以预留质量保证金,也可以延长履约保证金期限作为质量保证金。

（2）质量保证金预留比例上限不得高于工程价款结算总额的3%。

3.2　退还

在工程质量保修期满时,发包人将在30个工作日内核实后将剩余的质量保证金支付给承包人。未按规定或者合同约定返还质量保证金的,发包人向承包人支付逾期返还违约金。

在工程质量保修期满时,承包人没有完成缺陷责任的,发包人有权扣留与未履行责任剩余工作所需金额相应的质量保证金余额,并有权延长缺陷责任期,直至完成剩余工作为止。

4　价格调整

人工、材料和设备等价格波动影响合同价格时,按下面调值公式进行调整。

$$\Delta P = P_0\left[A + \left(B_1 \times \frac{F_{t1}}{F_{01}} + B_2 \times \frac{F_{t2}}{F_{02}} + B_3 \times \frac{F_{t3}}{F_{03}} + \cdots + B_n \times \frac{F_{tn}}{F_{0n}}\right) - 1\right] \quad (6\text{-}3)$$

式中　ΔP——需调整的价格差额;

P_0——付款证书中承包人应得到的已完成工程量的金额,此项金额应不包括价格调整、不计质量保证金的扣留和支付、预付款的支付和扣回,变更及其他金额已按现行价格计价的,也不计在内;

A——定值权重(不调部分的权重);

$B_1, B_2, B_3, \cdots, B_n$——各可调因子的变值权重(可调部分的权重),为各可调因子在投标函投标总报价中所占的比例;

$F_{t1}, F_{t2}, F_{t3}, \cdots, F_{tn}$——各可调因子的现行价格指数,指付款证书相关周期最后一天的前42天的各可调因子的价格指数;

$F_{01}, F_{02}, F_{03}, \cdots, F_{0n}$——各可调因子的基本价格指数,指基准日期的各可调因子的价格指数。

【案例6-2】　工程款支付

背景资料

某堤防淤背吹填工程,建设单位与施工单位签订了施工承包合同,合同约定:

（1）工程10月1日开工,到次年1月底完工,工期4个月。

（2）开工前,建设单位向施工单位支付的工程预付款按合同价的10%计,并按月在工程进度款中平均扣回。

（3）保留金按5%的比例在月工程进度款中预留。

(4)当累计实际完成工程量超过合同工程量的 15% 时,对超过 15% 以外部分进行调价,调价系数 0.9。

(5)遇到物价上涨采用调价公式法调价(固定权重 $A = 0.2$)。

工程内容、合同工程量、单价及各月实际完成工程量见表 6-4。

表6-4　工程内容、合同工程量、单价及各月实际完成工程量

工程项目	招标工程量 (万 m³)	单价 (万 m³)	各月实际结算工程量(万 m³)			
			10 月	11 月	12 月	1 月
清基	1	4	1			
围堰格埝填筑	0.5	10	0.5			
吹填土方	12	16	3	5	6	
护坡	0.5	380			0.2	0.3
垫层	0.5	120			0.2	0.3

施工过程中发生如下事件:

事件 1:9 月 8 日,在进行某段堤防清基过程中发现孔洞较多,施工单位按程序进行了上报。经相关单位研究确定采用灌浆处理方案,增加费用 10 万元。因不具备灌浆施工能力,施工单位自行确定了分包单位,但未与分包单位签订分包合同。

事件 2:10 月初,为满足施工需要,进行了排泥管安装拆卸,费用 0.2 万元;开工展布、收工集合,费用 0.1 万元;吹填区推土机平整,费用 0.1 万元;河道扫床和障碍物清除费用 1 万元。

事件 3:12 月,吹填土方填筑机械用柴油价格上涨 20%,油料占调价部分的 40%。

问题

1. 计算合同价和工程预付款(有小数点的,保留 2 位小数)。

2. 分别计算 10 月和 12 月的工程进度款、保留金预留和实际付款金额(有小数点的,保留 2 位小数)。

3. 指出上述哪些事件中,施工单位可以获得费用补偿。

答案

1. 合同价:$1 \times 4 + 0.5 \times 10 + 12 \times 16 + 0.5 \times 380 + 0.5 \times 120 = 451.00$(万元)

工程预付款:$451.00 \times 10\% = 45.10$(万元)

2. (1)10 月进度款:$1 \times 4 + 0.5 \times 10 + 3 \times 16 = 57.00$(万元),

河道扫床和障碍物清除,费用 1 万元,共计 $(57.00 + 1) \times 0.95 - 45.1/4 = 43.825$(万元)。

(2)12 月,土方工程量超出合同总量的 15%,达到 16.7%,因此超出部分需要调价。

超出部分工程量:$(3 + 5 + 6) - 12 \times (1 + 15\%) = 0.2$(万 m³)

12 月吹填土方进度款为:$5.8 \times 16 + 0.2 \times 16 \times 0.9 = 92.8 + 2.88 = 95.68$(万元)

12 月一共工程进度款为:$95.68 + 0.2 \times 380 + 0.2 \times 120 = 195.68$(万元)

油价调整价差 $= 95.68 \times (0.2 + 0.4 \times 0.8 \times 1.2 + 0.48 - 1) = 6.12$(万元)

保留金预留为：$(195.68+6.12)\times0.05=10.09$（万元）

实际付款金额为：$(195.68+6.12)-10.09-45.1/4=180.44$（万元）

3. 事件1属于勘测问题，责任在发包人，施工单位可获得10万元补偿；

事件2，施工单位可获得河道扫床和障碍物清除费用1万元；

事件3，施工单位可以获得价差补偿。

【案例6-3】　工程款支付

背景资料

某水利枢纽工程施工单位与项目法人签订某坝段施工承包合同，部分合同条款如下：

合同总金额15 000万元；开工日期为2008年9月1日，总工期26个月。

开工前，项目法人向施工单位支付10%的工程预付款，预付款扣回按以下公式计算：

$$R = \frac{A \cdot (C - F_1 S)}{(F_1 - F_2) \cdot S}$$

其中，F_1为10%，F_2为90%。

从第1个月起，按进度款5%的比例扣留保留金。

遇到物价上涨采用调价公式调价：

$$\Delta P = P_0 \times (M + \sum B_n F_{tn} \div F_{0n} - 1)$$

其中，固定权重$M = 0.2$。

施工过程中发生如下事件：

事件1：施工单位在围堰工程位置进行了补充地质勘探，支付勘探费1万元。施工单位按程序向监理单位提交了索赔意向书和索赔申请报告。索赔金额为1.2万元（含勘探费1万元，管理费、利润各0.1万元）。

事件2：至2009年3月，施工累计完成工程量2 700万元。4月的月进度付款申请单见表6-5。

表6-5　4月的月进度付款申请单

款项	序号	项目名称	本月前累计(元)	本月付款(元)	累计
本月应付	1	土方工程	…	45 683	
	2	混凝土工程	…	3 215 417	
	3	灌浆工程	…	1 182 330	
	4	施工降水	…	36 570	
		合计		4 480 000	
扣留(回)	1	预付款	I	II	
	2	保留金	III	IV	
实际支付				V	

事件3：承包商在2010年5月前累计扣回预付款结余80万元，当月按照工程量清单

完成钢筋混凝土工程进度款为500万元,计日工10万元,变更款20万元(不含价差),该月水泥价格上涨10%,其他调价因子未涨,其中水泥占调值部分的40%。

事件4:工程通道中有一段1 km左右的土路,发包人旱季组织投标人去现场勘察时道路畅通。在2010年7月时逢雨季,不断的阴雨使该段土路很难通行,承包商维护路面增加费用2万元,整修1万元,清理泥土1万元,承包商提出索赔。

问题

1. 事件1中,施工单位可以获得的索赔费用为(　　)。

A. 0万元　　　　　　　　　　B. 1.0万元

C. 1.1万元　　　　　　　　　　D. 1.2万元

2. 预付款扣回公式中(　　)符号代表正确的含义。

A. C——合同累计完成金额

B. C——合同累计完成金额,且未扣保留金和不计价差的金额

C. A——工程预付款总金额

D. S——签约合同价

E. F_1——开始扣款时合同累计完成金额达到签约合同价的比例,一般取20%

3. 调价公式中(　　)符号代表正确的含义。

A. F_{tn}——付款证书相关周期最后一天的前42天的各可调因子的价格指数

B. F_{0n}——基准日期的各可调因子的价格指数

C. B_n——各可调因子在投标函总报价中所占的比例

D. A——不调值部分的权重

E. A——变值权重

4. 以下关于预付款说法正确的是(　　)。

A. 本工程预付款从2009年9月1日开始起扣

B. 本工程预付款总额为1 500万元

C. 本工程预付款在3月之前累计扣除150万元

D. 本工程预付款在3月之前累计扣除206万元

E. 本工程应在工程款达到1 500万元开始起扣预付款

5. 根据题意,以下计算正确的是(　　)。

A. 4月累计扣还预付款1 500 × (2 700 − 15 000 × 10%)/[(90% − 10%) × 15 000] = 150万元

B. 4月应扣预付款 $R_4 - R_3$ = 206 − 150 = 56(万元)

C. 3月之前累计扣保留金 = 2 700 × 5% = 135(万元)

D. 4月应扣保留金 = 448 × 5% = 22.4(万元)

E. 4月应付承包人款额 = 448 − 56 − 22.4 = 369.6(万元)

6. 2010年5月由于水泥上涨物价调价价差为(　　)。

A. 16万元　　　　　　　　　　B. 16.32万元

C. 16.96万元　　　　　　　　　D. 16.99万元

7. 变更单价确定的原则为(　　)。

A. 变更的项目与工程量清单中某一项目施工条件相同时,则采用该项目的单价

B. 如工程量清单中无相同的项目,则可选用类似项目的单价作为基础,修改合适后采用

C. 如既无相同项目,也无类似项目,则应由监理工程师、发包人和承包人进行协商确定新的单价或价格

D. 变更的项目与工程量清单中某一项目施工条件相同时,由施工方采用该项目的单价

E. 如既无相同项目,也无类似项目,则应由发包人和承包人进行协商确定新的单价或价格

8. 2010 年 5 月应支付款为( )。

A. 416 万元　　　　　　　　　B. 416. 32 万元

C. 439. 00 万元　　　　　　　D. 516. 99 万元

9. 事件 4 中,施工单位可以获得的索赔费用为( )。

A. 0 万元　　　　　　　　　　B. 2 万元

C. 3 万元　　　　　　　　　　D. 4 万元

答案

1. A　　2. BCDE　　3. ABCD　　4. BE　　5. BCDE　　6. C　　7. AC　　8. C　　9. A

【案例6-4】　工程计量与支付

背景资料

某河道疏浚工程批复投资 1 500 万元,项目法人按照《水利水电工程标准施工招标文件》编制了施工招标文件,招标文件规定不允许联合体投标。某投标人递交的投标文件部分内容如下:

(1)投标文件由投标函及附录、授权委托书(含法定代表人证明文件)、项目管理机构、施工组织设计、资格审查资料、拟分包情况表和其他两项文件组成。

(2)施工组织设计采用 80 m³/h 挖泥船施工,排泥区排泥,设退水口门,尾水由排水渠排出。

该投标人中标,并签订合同。施工期第 1 月完成的项目和工程量(或费用)如下:

(1)完成的项目有:①5 km 河道疏浚;②施工期自然回淤清除;③河道疏浚超挖;④排泥管安装拆除;⑤开工展布;⑥施工辅助工程,包括浚前扫床和障碍物清除及其他辅助工程。

(2)完成的工程量(或费用)情况有:河道疏浚工程量按示意图(见图6-2)计算(假设横断面相同);排泥管安装拆除费用 5 万元;开工展布费用 2 万元;施工辅助工程费用 60 万元。

问题

1. 根据背景资料,指出该投标文件的组成文件中其他两项文件名称。

2. 根据背景资料,施工期第 1 月可以计量和支付的项目有哪些? 施工辅助工程中,其他辅助工程包括哪些内容?

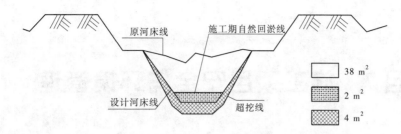

图 6-2　工程量计算示意图

3.若 80 m³/h 挖泥船单价为 12 元/m³,每月工程质量保证金按工程款的 5% 扣留,计算施工期第 1 月应支付的工程款和扣留的工程质量保证金。

答案

1.投标保证金,已标价工程量清单。

2.可计量支付项目有:①5 km 河道疏浚;⑥施工辅助工程,包括浚前扫床和障碍物清除及其他辅助工程。

其他辅助工程包括排泥区围堰、格埂、退水口,以及排水渠。

3.工程量:$(38+2)\times5\ 000=20($万 m³$)$

$$20\times12=240(万元)$$

工程进度款:$240+60=300($万元$)$

扣留质保金:$300\times5\%=15($万元$)$

项目 7　施工项目安全与环境管理

施工安全与环境管理的目的是最大限度地保护生产者的人身健康和安全,控制影响工作环境内所有人员安全的条件和因素,避免人身伤亡,防止安全事故的发生。

任务 1　安全与环境管理体系建立

1　安全管理机构的建立

不论工程大小,必须建立安全管理的组织机构。

(1)成立以项目经理为首的安全生产施工领导小组,具体负责施工期间的安全工作。

(2)项目经理、技术负责人、各科负责人和生产工段的负责人等作为安全小组成员,共同负责安全工作。

(3)必须设立专门的安全管理机构,并配备安全管理负责人和专职安全管理人员。安全管理人员须经安全培训持证(A、B、C证)上岗,专门负责施工过程中的工作安全。只要施工现场有施工作业人员,安全员就要上岗值班。在每个工序开工前,安全员要检查工程环境和设施情况,认定安全后方可进行工序施工。

(4)各技术及其他管理科室和施工段要设兼职安全员,负责本部门的安全生产预防和检查工作。各作业班组组长要兼本班组的安全检查员,具体负责本班组的安全检查。

(5)建立安全事故应急处置机构,可以由专职安全管理人员和项目经理等组成,实行施工总承包的,由总承包单位统一组织编制水利工程建设生产安全事故应急救援预案。工程总承包单位和分包单位按照应急救援预案,各自建立应急救援组织或者配备应急救援人员,配备救援器材、设备,并定期组织演练。

2　安全生产制度的落实

2.1　安全教育培训制度

要树立全员安全意识,安全教育的要求如下:

(1)广泛开展安全生产的宣传教育,使全体员工真正认识到安全生产的重要性和必要性,掌握安全生产的基础知识,牢固树立"安全第一"的思想,自觉遵守安全生产的各项法规和规章制度。

(2)安全教育的主要内容有安全知识、安全技能、设备性能、操作规程、安全法规等。

(3)要建立经常性的安全教育考核制度。考核结果要记入员工人事档案。

(4)特殊工种,如电工、电焊工、架子工、司炉工、爆破工、机操工、起重工、机械司机、机动车辆司机等,除一般安全教育外,还要进行专业技能培训,经考试合格,取得资格后才能上岗工作。

（5）工程施工中采用新技术、新工艺、新设备，或人员调到新工作岗位时，也要进行安全教育和培训，否则不能上岗。

工程项目部应定期召开安全生产工作会议，总结前期工作，找出问题，布置落实后面工作，利用施工空闲时间进行安全生产工作培训。在培训工作中和其他安全工作会议上，安全小组领导成员要讲解安全工作的重要意义，学习安全知识，增强员工安全警觉意识，把安全工作落实在预防阶段。根据工程的具体特点把不安全的因素和相应措施方案装订成册，供全体员工学习和掌握。

2.2　制订安全措施计划

对高空作业、地下暗挖作业等专业性强的作业，电器、起重等特殊工种的作业，应制定专项安全技术规程，并对管理人员和操作人员的安全作业资格和身体状况进行合格检查。

对结构复杂、施工难度大、专业性较强的工程项目，除制订总体安全保证计划外，还须制订单位工程和分部（分项）工程安全技术措施。

施工安全技术措施包括安全防护设施和安全预防措施，主要有防火、防毒、防爆、防洪、防尘、防雷击、防触电、防坍塌、防物体打击、防机械伤害、防起重机械滑落、防高空坠落、防交通事故、防寒、防暑、防疫、防环境污染等方面的措施。

2.3　安全技术交底制度

对构件和设备吊装、爆破、高空作业、拆除、上下交叉作业、夜间作业、疲劳作业、带电作业、汛期施工、地下施工、脚手架搭设拆除等重要安全环节，必须在开工前进行技术交底、安全交底、联合检查后，确认安全，方可开工。基本要求如下：

（1）实行逐级安全技术交底制度，从上到下，直到全体作业人员；

（2）安全技术交底工作必须具体、明确、有针对性；

（3）交底的内容要针对分部（分项）工程施工中给作业人员带来的潜在危害；

（4）应优先采用新的安全技术措施；

（5）应将施工方法、施工程序、安全技术措施等优先向工段长、班级组长进行详细交底。定期向多个工种交叉施工或多个作业队同时施工的作业队进行书面交底，并保持书面安全技术交底的签字记录。

交底的主要内容有工程施工项目作业特点和危险点、针对各危险点的具体措施、应注意的安全事项、对应的安全操作规程和标准，以及发生事故应及时采取的应急措施。

2.4　安全警示标志设置

施工单位在施工现场大门口应设置"五牌一图"，即工程概况牌、管理人员名单及监督电话牌、消防保卫牌、安全生产牌、文明施工牌和施工现场平面图。还应设置安全警示标志，在不安全因素的部位设立警示牌，严格检查进场人员佩戴安全帽、高空作业佩戴安全带情况，严格持证上岗工作，风雨天禁止高空作业，遵守施工设备专人使用制度，严禁在场内乱拉用电线路，严禁非电工人员从事电工工作。

根据《安全色》（GB 2893—1982）标准，安全色是表达安全信息、含义的颜色，分为红、黄、蓝、绿四种颜色，分别表示禁止、警告、指令和指示。

根据《安全标志》（GB 2894—1996）标准，安全标志是表示特定信息的标志。由图形符号、安全色、几何图形(边框)或文字组成。安全标志分禁止标志、警告标志、指令标志和提示标志,见图7-1～图7-4。

图 7-1　红色禁止标志

图 7-2　黄色警告标志

图 7-3　蓝色指令标志

(a) 紧急出口　　　　　　(b) 避险处　　　　　　(c) 紧急出口

图 7-4　绿色提示标志

根据工程特点及施工的不同阶段,在危险部位有针对性地设置、悬挂明显的安全警示标志。危险部位主要是指施工现场入口处、施工起重机械、临时用电设施、脚手架、出入通道口、楼梯口、阳台口、电梯井口、桥梁口、隧道口、基坑边沿、爆破物及有害危险气体和液体存放处等。安全警示标志的类型、数量应当根据危险部位的性质不同设置(见表7-1)。

表7-1 安全警示标志设置

类别		位置
禁止标志	禁止吸烟	料库、油库、易燃易爆场所、木工厂、炸药库、打字室
	禁止通行	脚手架拆除,坑、沟、洞、槽、吊钩下方,危险部位
	禁止攀爬	电梯出口、通道口、马道出入口
	禁止跨越	外脚手架、栏杆、未验收外架
指令标志	安全帽	外电梯出入口、现场大门口、吊钩下方、危险部位、马道出入口、通道口、上下交叉作业处
	安全带	外电梯出入口、现场大门口、马道出入口、通道口、高处作业处、特种作业处
	防护服	通道出入口、外电梯出入口、马道出入口、电焊及油漆作业处
	防护镜	通道出入口、外电梯出入口、马道出入口,车工、焊工、灰工、喷涂、电镀、修理、钢筋加工作业处
警告标志	当心弧光	焊工场所
	当心塌方	土石方开挖
	机具伤人	机械作业区、木模加工的电锯和电刨、钢筋加工作业处
提示标志	安全状态通行	安全通道、防护棚

安全警示标志设置和现场管理结合起来,同时进行,防止因管理不善产生安全隐患。工地防风、防雨、防火、防盗、防疾病等预防措施要健全,都要有专人负责,以确保各项措施及时落实到位。

2.5 施工安全检查制度

施工安全检查的目的是消除安全隐患,违章操作、违反劳动纪律、违章指挥的“三违”制止,防止安全事故发生、改善劳动条件及提高员工的安全生产意识,是施工安全控制工作的一项重要内容。通过安全检查,可以发现工程中的危险因素,以便有计划地采取相应的措施,保证安全生产的顺利进行。项目的施工生产安全检查应由项目经理组织,定期进行。

2.5.1 安全检查的类型

施工安全检查的类型分为日常性检查、专业性检查、季节性检查、节假日前后检查和不定期检查等。

2.5.1.1 日常性检查

日常性检查是经常的、普遍的检查,一般每年进行1~4次。项目部、科室每月至少进行1次,施工班组每周、每班次都应进行检查,专职安全技术人员的日常性检查应有计划、有部位、有记录、有总结地周期性进行。

2.5.1.2 专业性检查

专业性检查是指针对特种作业、特种设备、特殊场地进行的检查,如电焊、气焊、起重设备、运输车辆、锅炉压力容器、易燃易爆场所等,由专业检查人员进行检查。

2.5.1.3　季节性检查

季节性检查是根据季节性的特点,为保障安全生产的特殊要求所进行的检查,如春季空气干燥、风大,重点检查防火、防爆;夏季多雨、雷电、高温,重点检查防暑、降温、防汛、防雷击、防触电;冬季检查防寒、防冻等。

2.5.1.4　节假日前后检查

节假日前后检查是针对节假期间容易产生麻痹思想的特点而进行的安全检查,包括假前的综合检查和假后的遵章守纪检查等。

2.5.1.5　不定期检查

不定期检查是指在工程开工前、停工前、施工中、竣工时、试运转时进行的安全检查。

2.5.2　安全生产检查主要内容

安全生产检查的主要内容是做好以下“五查”。

(1)查思想。主要检查企业干部和员工对安全生产工作的认识。

(2)查管理。主要检查安全管理是否有效,包括安全生产责任制、安全技术措施计划、安全组织机构、安全保证措施、安全技术交底、安全教育、持证上岗、安全设施、安全标志、操作规程、违规行为及安全记录等。

(3)查隐患。主要检查作业现场是否符合安全生产的要求,是否存在不安全因素。

(4)查事故。查明安全事故的原因、明确责任、对责任人作出处理,明确落实整改措施等要求。另外,检查对伤亡事故是否及时报告、认真调查、严肃处理等。

(5)查整改。主要检查对过去提出的问题的整改情况。

2.6　安全生产考核制度

施工单位法定代表人、经理、企业分管安全生产工作副经理等(A 类),企业法定代表人授权的施工项目负责人(B 类),企业专职从事安全生产管理工作的人员,包括企业安全生产管理机构的负责人及其工作人员和施工现场专职安全员(C 类),这三类人员必须经过水行政主管部门组织的能力考核和知识考试,考核合格后,取得《安全生产考核合格证书》,方可参与水利水电工程投标,从事施工活动。考核合格证书在全国水利水电工程建设领域适用。

能力考核是对申请人与所从事水利水电工程活动相应的文化程度、工作经历、业绩等资格的审核。知识考试是对申请人具备法律法规、安全生产管理、安全生产技术知识情况的测试。

能力考核通过后,方可参加知识考试。知识考试由有考核管辖权的水行政主管部门或其委托的有关机构具体组织。知识考试采取闭卷形式,考试时间 180 分钟。申请人知识考试合格,经公示后无异议的,由相应水行政主管部门按照考核管理权限在 20 日内核发考核合格证书。考核合格证书有效期为 3 年。考核合格证书有效期满后,可申请 2 次延期,每次延期期限为 3 年。施工企业应于有效期截止日前 5 个月内,向原发证机关提出延期申请。有效期满而未申请延期的,考核合格证书自动失效。考核合格证书失效或已经过 2 次延期的,需重新参加原发证机关组织的考核。在考核合格证书的每一个有效期内,应当至少参加一次由原发证机关组织的、不低于 8 个学时的安全生产继续教育。发证机关应及时对安全生产继续教育情况进行建档、备案。

3　水利工程施工安全生产管理

《水利工程建设安全生产管理规定》按施工单位、施工单位的相关人员以及施工作业人员等三个方面，从保证安全生产应当具有的基本条件出发，对施工单位的资质等级、机构设置、投标报价、安全责任、施工单位有关负责人的安全责任以及施工作业人员的安全责任等做出了具体规定，主要有：

（1）施工单位从事水利工程的新建、扩建、改建、加固和拆除等活动，应当具备国家规定的注册资本、专业技术人员、技术装备和安全生产等条件，依法取得相应等级的资质证书，并在其资质等级许可的范围内承揽工程。

（2）施工单位依法取得安全生产许可证后，方可从事水利工程施工活动。

（3）施工单位主要负责人依法对本单位的安全生产工作全面负责。施工单位应当建立健全安全生产责任制度和安全生产教育培训制度，制定安全生产规章制度和操作规程，做好安全检查记录制度，对所承担的水利工程进行定期和专项安全检查，制定事故报告处理制度，保证本单位建立和完善安全生产条件所需资金的投入。

（4）施工单位的项目负责人应当由取得相应执业资格的人员担任，对水利工程建设项目的安全施工负责，落实安全生产责任制度、安全生产规章制度和操作规程，确保安全生产费用的有效使用，并根据工程的特点组织制定安全施工措施。消除安全事故隐患，及时、如实报告生产安全事故。

（5）施工单位在工程报价中应当包含工程施工的安全作业环境及安全施工措施所需费用。对列入建设工程概算的上述费用，应当用于施工安全防护用具及设施的采购和更新、安全施工措施的落实、安全生产条件的改善，不得挪作他用。

（6）施工单位应当设立安全生产管理机构，按照国家有关规定配备专职安全生产管理人员。施工现场必须有专职安全生产管理人员。

专职安全生产管理人员负责对安全生产进行现场监督检查。发现生产安全事故隐患，应当及时向项目负责人和安全生产管理机构报告；对违章指挥、违章操作的，应当立即制止。

（7）施工单位在建设有度汛要求的水利工程时，应当根据项目法人编制的工程度汛方案、措施制订相应的度汛方案，报项目法人批准；涉及防汛调度或者影响其他工程、设施度汛安全的，由项目法人报有管辖权的防汛指挥机构批准。

（8）垂直运输机械作业人员、安装拆卸工、爆破作业人员、起重信号工、登高架设作业人员等特种作业人员，必须按照国家有关规定经过专门的安全作业培训，并取得特种作业操作资格证书后，方可上岗作业。

（9）施工单位的主要负责人、项目负责人、专职安全生产管理人员应当经水行政主管部门安全生产考核合格后方可任职。

施工单位应当对管理人员和作业人员每年至少进行一次安全生产教育培训，其教育培训情况记入个人工作档案。安全生产教育培训考核不合格的人员，不得上岗。

施工单位在采用新技术、新工艺、新设备、新材料时，应当对作业人员进行相应的安全生产教育培训。

4　专项施工方案

4.1　专项施工方案的内容

根据《水利水电工程施工安全管理导则》(SL 721—2015),施工单位应在施工前,对达到一定规模的危险性较大的单项工程编制专项施工方案;对于超过一定规模的危险性较大的单项工程,施工单位应组织专家对专项施工方案进行审查论证。专项施工方案应包括以下内容:

(1)工程概况:危险性较大的单项工程概况、施工平面布置、施工要求和技术保证条件等。

(2)编制依据:相关法律、法规、规章、制度、标准及图纸(国标图集)、施工组织设计等。

(3)施工计划:包括施工进度计划、材料与设备计划等。

(4)施工工艺技术:技术参数、工艺流程、施工方法、质量标准、检查验收等。

(5)施工安全保证措施:组织保障、技术措施、应急预案、监测监控等。

(6)劳动力计划:专职安全生产管理人员、特种作业人员等。

(7)设计计算书及相关图纸等。

4.2　危险性较大单项工程的规模标准

4.2.1　达到一定规模的危险性较大的单项工程

(1)基坑支护、降水工程。开挖深度达到3～5 m(含3 m)或虽未超过3 m但地质条件和周边环境复杂的基坑(槽)支护、降水工程。

(2)土方和石方开挖工程。开挖深度达到3～5 m(含3 m)的基坑(槽)的土方和石方开挖工程。

(3)模板工程及支撑体系:

①各类工具式模板工程:包括大模板、滑模、爬模、飞模等工程。

②混凝土模板支撑工程:搭设高度5～8 m,搭设跨度10～18 m,施工总荷载10～15 kN/m²,集中线荷载15～20 kN/m,高度大于支撑水平投影宽度且相对独立无联系构件的混凝土模板支撑工程。

③承重支撑体系:用于钢结构安装等的满堂支撑体系。

(4)起重吊装及安装拆卸工程:

①采用非常规起重设备、方法,且单件起吊重量在10～100 kN 的起重吊装工程。

②采用起重机械进行安装的工程。

③起重机械设备自身的安装、拆卸。

(5)脚手架工程:

①搭设高度24～50 m 的落地式钢管脚手架工程。

②附着式整体和分片提升脚手架工程。

③悬挑式脚手架工程。

④吊篮脚手架工程。

⑤自制卸料平台、移动操作平台工程。

⑥新型及异型脚手架工程。

(6)拆除、爆破工程。

(7)围堰工程。

(8)水上作业工程。

(9)沉井工程。

(10)临时用电工程。

(11)其他危险性较大的工程。

4.2.2　超过一定规模的危险性较大的单项工程

(1)深基坑工程：

①开挖深度超过5 m(含5 m)的基坑(槽)的土方开挖、支护、降水工程。

②开挖深度虽未超过5 m,但地质条件、周围环境和地下管线复杂,或影响毗邻建筑(构筑)物安全的基坑(槽)的土方开挖、支护、降水工程。

(2)模板工程及支撑体系：

①工具式模板工程:包括滑模、艇模、飞模工程。

②混凝土模板支撑工程:搭设高度8 m及以上,搭设跨度18 m及以上,施工总荷载15 kN/m^{2}及以上,集中线荷载20 kN/m及以上。

③承重支撑体系:用于钢结构安装等的满堂支撑体系,承受单点集中荷载700 kg以上。

(3)起重吊装及安装拆卸工程：

①采用非常规起重设备、方法,且单件起吊重量在100 kN及以上的起重吊装工程。

②起重量300 kN及以上的起重设备安装工程,高度200 m及以上内爬起重设备的拆除工程。

(4)脚手架工程：

①搭设高度50 m及以上落地式钢管脚手架工程。

②提升高度150 m及以上附着式整体和分片提升脚手架工程。

③架体高度20 m及以上悬挑式脚手架工程。

(5)拆除、爆破工程：

①采用爆破拆除的工程。

②可能影响行人、交通、电力设施、通信设施或其他建筑物、构筑物安全的拆除工程。

③文物保护建筑、优秀历史建筑或历史文化风貌区控制范围的拆除工程。

(6)其他

①开挖深度超过16 m的人工挖孔桩工程。

②地下暗挖工程、顶管工程、水下作业工程。

③采用新技术、新工艺、新材料、新设备及尚无相关技术标准的危险性较大的单项工程。

4.3　专项施工方案有关程序要求

专项施工方案应由施工单位技术负责人组织施工技术、安全、质量等部门的专业技术人员进行审核。经审核合格的,应由施工单位技术负责人签字确认。实行分包的,应由总承包单位和分包单位技术负责人共同签字确认。

不需专家论证的专项施工方案,经施工单位审核合格后应报监理单位,由项目总监理工程师审核签字,并报项目法人备案。

超过一定规模的危险性较大的单项工程专项施工方案应由施工单位组织召开审查论证会。审查论证会除不少于 5 名专家组成员以外,还应有下列人员参加:

(1)项目法人单位负责人或技术负责人。

(2)监理单位总监理工程师及相关人员。

(3)施工单位分管安全的负责人、技术负责人、项目负责人、专项施工方案编制人员、项目专职安全生产管理人员。

(4)勘察、设计单位项目技术负责人及相关人员等。

施工单位应根据审查论证报告修改完善专项施工方案,经施工单位技术负责人、总监理工程师、项目法人单位负责人审核签字后,方可组织实施。

施工单位应严格按照专项施工方案组织施工,不得擅自修改、调整专项施工方案。

如因设计、结构、外部环境等因素发生变化确需修改的,修改后的专项施工方案应当重新审核。对于超过一定规模的危险性较大的单项工程的专项施工方案,施工单位应重新组织专家进行论证。

4.4　专项施工方案的实施与监督

监理、施工单位应指定专人对专项施工方案实施情况进行旁站监理。发现未按专项施工方案施工的,应要求其立即整改;存在危及人身安全紧急情况的,施工单位应立即组织作业人员撤离危险区域。

总监理工程师、施工单位技术负责人应定期对专项施工方案实施情况进行巡查。对于危险性较大的单项工程,施工单位、监理单位应组织有关人员进行验收。验收合格的,经施工单位技术负责人及总监理工程师签字后,方可进入下一道工序。监理单位应编制危险性较大的单项工程监理规划和实施细则,制定工作流程、方法和措施。监理单位发现未按专项施工方案实施的,应责令整改;施工单位拒不整改的,应及时向项目法人报告;如有必要,可直接向有关主管部门报告。项目法人接到监理单位报告后,应立即责令施工单位停工整改;施工单位仍不停工整改的,项目法人应及时向有关主管部门和安全监督机构报告。

5　水利安全生产标准化评审

5.1　水利安全生产标准化等级

水利安全生产标准化等级分为一级、二级和三级,依据评审得分确定,评审满分为100 分。具体标准为:

(1)一级:评审得分 90 分以上(含),且各一级评审项目得分不低于应得分的 70%。

(2)二级:评审得分 80 分以上(含),且各一级评审项目得分不低于应得分的 70%。

(3)三级:评审得分 70 分以上(含),且各一级评审项目得分不低于应得分的 60%。

(4)不达标:评审得分低于 70 分,或任何一项一级评审项目得分低于应得分的 60%。

水利部安全生产标准化评审委员会负责部属水利生产经营单位一、二、三级和非部属水利生产经营单位一级安全生产标准化评审的指导、管理和监督,其办公室设在水利部安全监督司。评审具体组织工作由中国水利企业协会承担。各省、自治区、直辖市水行政主管部门可参照本办法,结合本地区水利实际制定相关规定,开展本地区二级和三级水利安全生产标准化评审工作。

5.2　水利生产经营单位自评和申请

5.2.1　单位自评报告

施工单位组织开展安全生产标准化建设,自主开展等级评定,形成自评报告。自评报告内容应包括:单位概况及安全管理状况、基本条件的符合情况、自主评定工作开展情况、自主评定结果、发现的主要问题、整改计划及措施、整改完成情况等。在策划、实施安全生产标准化工作和自主开展安全生产标准化等级评定时,可以聘请专业技术咨询机构提供支持。

5.2.2　书面申请

水利生产经营单位根据自主评定结果,按照下列规定提出评审书面申请,申请材料包括申请表和自评报告。部属水利生产经营单位经上级主管单位审核同意后,向水利部提出评审申请。地方水利生产经营单位申请水利安全生产标准化一级的,经所在地省级水行政主管部门审核同意后,向水利部提出评审申请。

申请水利安全生产标准化评审的单位应具备以下条件:

(1)应依法取得国家规定的相应安全生产行政许可。

(2)水利水电施工企业在评审期(申请等级评审之日前1年)内,未发生较大及以上生产安全事故,不存在非法违法生产经营建设行为,重大事故隐患已治理,达到安全生产要求。

取得水利安全生产标准化等级证书后,每年应对本单位安全生产标准化的情况至少进行一次自我评审,并形成报告,及时发现和解决生产经营中的安全问题,持续改进,不断提高安全生产水平。

安全生产标准化等级证书有效期为3年。有效期满需要延期的,须于期满前3个月,向水利部提出延期申请。在安全生产标准化等级证书有效期内,完成年度自我评审,保持绩效,持续改进安全生产标准化工作,经评审机构复评,水利部审定,符合延期条件的,可延期3年。

水利水电施工企业发生较大及以上生产安全事故或在半年内申请复评不合格的,复评合格后再次发生较大及以上生产安全事故的,水利部予以撤销安全标准化等级。被撤销水利安全生产标准化等级的单位,自撤销之日起,须按降低至少一个等级重新申请评审;且自撤销之日起满1年后,方可申请被降低前的等级评审。水利安全生产标准化三级单位构成撤销等级条件的,责令限期整改。整改期满,经评审符合三级单位要求的,予以公告。整改期限不得超过1年。

【案例7-1】　安全与环境管理体系建立

背景资料

某泵站枢纽工程由泵站、清污机闸、进水渠、出水渠(宽9m)、出水渠上公路桥等组成。

事件1:为创建文明建设工地,施工单位根据水利系统文明建设工地的相关要求,在施工现场大门口悬挂"五牌一图",施工现场设置了安全警示标志,并制定了相关安全管理制度。

事件2:根据施工需要,本工程主要采用泵送混凝土施工,现场布置有混凝土拌和系统、钢筋加工厂、木工厂,预制构件厂、油料库、零星材料仓库、生活区、变电站、围堰等临时设施。

事件3:在进行泵站上部结构施工过程中,8 m高处的大模板支撑失稳倒塌,新浇混凝土结构毁坏,2人坠落身亡,起重机被砸坏。在事故调查时发现,该工程施工前,总包人要求分包人编制了应急救援预案,按安全生产的相关规定,结合本工程的实际情况,编制了大模板专项施工方案,并附荷载验算结果。该方案编制完成后,直接报监理单位批准实施。事故发生后,由总包人迅速组建了应急处置机构,进行事故处置。

问题

1. 施工单位在施工现场大门口悬挂的"五牌一图"分别是什么?制定了哪些安全管理制度?

2. 根据《建设工程安全生产管理条例》,承包人应当在哪些地点和设施附近设置安全警示标志?

3. 指出施工单位编制的专项施工方案和预案的报批过程以及应急处置指挥机构有无不妥之处。如有,请说明正确做法。

4. 本工程有哪些特种作业人员?大模板专项施工方案主要内容包括哪些?

答案

1. (1)工程概况牌、管理人员名单及监督电话牌、消防保卫牌、安全生产牌、文明施工牌和施工现场平面图。

(2)安全生产责任制度、安全生产教育培训制度、安全生产规章制度和操作规程、安全检查记录制度及事故报告处理制度。

2. 现场布置警示标识的地点有钢筋加工厂警告标识、木工厂和油料库禁火标识,变电站禁止近前标识、围堰警告标识,现场大门口设置"三宝"佩戴及其他警示标识,起重机、脚手架设置警示标识。

3. 有不妥。理由如下:根据《水利工程建设安全生产管理规定》,高大模板专项措施方案编制完成后,应首先由总包施工单位组织专家(其中1/2专家应经项目法人认定)审查后,施工总包和分包单位技术负责人签字,再报监理机构由总监理工程师核签。实施时,专职安全管理人员现场监督。

4. (1)垂直运输机械作业人员、安装拆卸工、起重信号工、登高架设作业人员、电工、焊工等特种作业人员。

(2)编制依据和说明、工程概况、施工部署、施工工艺技术、质量和安全保证措施、施工应急处置措施、模板设计计算书和设计详图等。

任务2　水利工程生产安全事故的应急救援和调查处理

1　安全应急预案与安全事故划分

1.1　安全应急预案

2005年11月26日国务院第79次常务会议通过了《国家突发公共事件总体应急预案》,按照不同的责任主体,国家突发公共事件应急预案体系设计为国家总体应急预案、专项应急预案、部门应急预案、地方应急预案、企事业单位应急预案五个层次。《水利部生产安全事故应急预案(试行)》(水安监〔2016〕443号)属于部门预案,是水利行业关于事故灾难的应急预案(与单位内部职能部门生产安全事故专业(专项)应急工作方案、各法人单位的应急预案共同构成水利行业生产安全事故应急预案体系)。

编制应急预案的目的是规范水利部生产安全事故应急管理和应急响应程序,提高防范和应对生产安全事故的能力,最大限度减少人员伤亡和财产损失,保障人民群众生命财产安全。

1.2　应急管理工作原则

(1)以人为本,安全第一。

(2)属地为主,部门协调。按照国家有关规定,生产安全事故救援处置的领导和指挥以地方人民政府为主,水利部发挥指导、协调、督促和配合作用。

(3)分工负责,协同应对。

(4)专业指导,技术支撑。

(5)预防为主,平战结合。建立健全安全风险分级管控和隐患排查治理双重预防性工作机制,坚持事故预防和应急处置相结合,加强教育培训、预测预警、预案演练和保障能力建设。

1.3　安全事故分级

生产安全事故分为特别重大事故、重大事故、较大事故和一般事故4个等级,对应四级重大危险源,见表7-2。

表7-2　安全事故分级

类别	死亡人数	重伤(中毒)人数	直接经济损失
Ⅰ级(特别重大安全事故)	≥30人	≥100人	≥1亿元
Ⅱ级(重大安全事故)	10~30人	50~100人	5000万~1亿元
Ⅲ级(较大安全事故)	3~10人	10~50人	1000万~5000万元
Ⅳ级(一般安全事故)	3人以下	3~10人	100万~1000万元

1.4　安全事故报告程序

发生快报范围内的事故后,事故现场有关人员应立即报告本单位负责人。事故单位负责人接到事故报告后,应在1小时之内向上级主管单位以及事故发生地县级以上水行政主管部门报告。有关水行政主管部门接到报告后,立即报告上级水行政主管部门,每级上报的时间不得超过 2 小时。情况紧急时,事故现场有关人员可以直接向事故发生地县级以上水行政主管部门报告。有关单位和水行政主管部门也可以越级上报。部直属单位和各省(自治区、直辖市)水行政主管部门接到事故报告后,要在 2 小时内报送至水利部安全监督司(非工作时间报水利部总值班室)。对事故情况暂时不清的,可先报送事故概况,及时跟踪并将新情况续报。自事故发生之日起 30 日内(道路交通事故、火灾事故自发生之日起 7 日内),事故造成的伤亡人数发生变化或直接经济损失发生变动,应当重新确定事故等级并及时补报。

特别紧急的情况下,项目法人和施工单位以及各级水行政主管部门可直接向水利部报告。

2　生产安全事故应急响应

2.1　应急响应分级

应急响应设定为一级、二级、三级三个等级。

2.2　应急响应流程

①启动响应;②成立应急指挥部;③会商研究部署;④派遣现场工作组;⑤跟踪事态进展;⑥调配应急资源(应急专家、专业救援队伍和有关物资、器材);⑦及时发布信息;⑧配合政府或有关部门开展工作;⑨其他应急工作(配合有关单位或部门做好技术甄别工作等);⑩响应终止。

2.3　信息公开与舆情应对

及时跟踪社会舆情态势,及时向社会发布有关信息。采取适当方式,及时回应生产安全事故引发的社会关切。

2.4　后期处置与保障措施

后期处置包括善后处置,伤残抚恤、修复重建和生产恢复,应急处置总结。

保障措施包括信息与通信保障、人力资源保障、应急经费保障、物资与装备保障。

各地、各单位应根据有关法律、法规和专项应急预案的规定,组织有关施工单位配备适量应急机械、设备、器材等物资装备,配齐救援物资,配好救援装备,做好生产安全事应急救援必需的保护、防护器具储备工作;建立应急物资与装备管理制度,加强应急物资与装备的日常管理。各地、各单位生产安全事应急预案中应包含与地方公安、消防、卫生以及其他社会资源的调度协作方案,为第一时间开展应急救援提供物资与装备保障。

2.5　培训与演练

相关培训包括预案培训,应急知识、自救互救和避险逃生技能的培训。预案应定期演练,确保相关工作人员了解应急预案内容和生产安全事故避险、自救互救知识,熟悉应急职责、应急处置程序和措施。

【案例 7-2】　水利工程生产安全事故的应急救援和调查处理

背景资料

某水利枢纽工程建设内容包括大坝、隧洞、水电站等建筑物。该工程由某市水利局管

理机构组建的项目法人负责建设,工期4年。某施工单位负责施工,在工程施工过程中发生如下事件:

事件1:为加强工程施工质量与安全控制,项目法人组织制订了应急救援预案,组织成立了质量与安全事故应急处置指挥部,施工单位项目经理任指挥,项目监理部、设计代表处的安全生产分管人员为副指挥。

事件2:第三年1月,突降大雪,分包商在进行水电站厂房上部结构施工过程中,在15 m高处的大模板由于受到雪荷载作用,支撑失稳倒塌,新浇混凝土结构毁坏,2人坠落身亡,1人当场砸死,2人砸成重伤,2人砸成轻伤,起重机被砸坏。事故发生后,施工单位、项目法人立即向流域管理机构和当地水行政主管部门及安全生产监督管理部门如实进行了报告。在事故调查时发现,该工程施工前,总包人要求分包人编制了应急救援预案。

事件3:事故发生后,由总包人迅速组建了应急处置机构,进行事故处置。各级应急指挥部应迅速组织应急保障措施和三支应急救援基本队伍进行救援。

问题

1.根据《水利工程建设重大质量与安全事故应急预案》指出事件1中质量与安全事故应急处置指挥部组成人员的不妥之处。该指挥部应由哪些人员组成?

2.根据《水利工程建设安生生产管理规定》,事件1中项目法人组织制订的应急救援预案包括哪些主要内容?

3.根据《水利工程建设重大质量与安全事故应急预案》,指出质量与安全事故等级,以及施工单位编制的施工应急预案以及应急处置指挥机构不妥之处。请分别说明理由。

4.指出事件2中事故发生后,施工单位、项目法人的上报程序有无不妥之处。

5.指出事故发生后,组建应急处置指挥机构的不妥之处,以及应急处置指挥机构应由哪些单位组成。

6.应急保障措施和三支应急救援基本队伍各包括哪些内容?

答案

1.不妥之处:

(1)施工单位项目经理任指挥;

(2)项目监理部、设计代表处的安全生产分管人员为副指挥。

指挥部组成人员应由以下人员组成:

指挥:项目法人主要负责人;

副指挥:工程各参建单位(或施工单位、监理单位、设计单位)主要负责人;

成员:工程各参建单位(或施工单位、监理单位、设计单位)有关人员。

2.应急救援预案主要包括:应急救援的组织机构、人员配备、职责划分、检查制度、物资准备、人员财产救援措施、事故分析与事故报告。

3.质量与安全事故等级属于Ⅲ级、特殊雪天高空作业;事故属于(Ⅲ级)重大质量与安全事故。

由总包人编制应急救援预案,总包和分包人双方分别建立救援组织,并配备人员、器材设备,进行定期演练。

4.正确做法:分包人向总包人报告,总包人上报监理机构,项目法人立即向市水利局及当地安全生产监督局如实进行报告。

5. 总包人组织不妥,应该由当地政府统一领导组建应急处置指挥机构。

应急处置指挥机构由到达现场的各级应急指挥部和项目法人、施工等工程参建单位组成。

6. 应急保障措施包括通信与信息保障、应急支援与装备保障、经费与物资保障。

三支应急救援基本队伍包括工程设施抢险队伍、专家咨询队伍、应急管理队伍。

任务 3　施工安全技术

《水利水电工程施工通用安全技术规程》(SL 398—2007)、《水利水电工程土建施工安全技术规程》(SL 399—2007)、《水利水电工程金属结构与机电设备安装安全技术规程》(SL 400—2007)及《水利水电工程施工作业人员安全操作规程》(SL 401—2007),4个标准在内容上各有侧重、互为补充,形成一个相对完整的水利水电工程建筑安装安全技术标准体系。在处理解决具体问题时,4个标准应相互配套使用。

1　汛期安全技术

水利水电工程度汛是指从工程开工到竣工期间由围堰及未完成的大坝坝体拦洪或围堰过水及未完成的坝体过水,使永久建筑不受洪水威胁。施工度汛是保护跨年度施工的水利水电工程在施工期间安全度过汛期,而不遭受洪水损害的措施。此项工作由建设单位负责计划、组织、安排和统一领导。

建设单位应组织成立有施工、设计、监理等单位参加的工程防汛机构,负责工程安全度汛工作。应组织制订度汛方案及超标准洪水的度汛预案。建设单位应做好汛期水情预报工作,准确提供水文气象信息,预测洪峰流量及到来时间和过程,及时通告各单位。设计单位应于汛前提出工程度汛标准、工程形象面貌及度汛要求。

施工单位应按设计要求和现场施工情况制定度汛措施,报建设(监理)单位审批后成立防汛抢险队伍,配置足够的防汛抢险物质,随时做好防汛抢险的准备工作。

2　施工道路及交通

(1)施工生产区内机动车辆临时道路应符合道路纵坡不宜大于8%,进入基坑等特殊部位的个别短距离地段最大纵坡不得超过15%;道路最小转变半径不得小于15 m,路面宽度不得小于施工车辆宽度的1.5倍,且双车道路面宽度不宜窄于7.0 m,单车道不宜窄于4.0 m。单车道应在可视范围内设有会车位置等要求。

(2)施工现场临时性桥梁应根据桥梁的用途、承重载荷和相应技术规范进行设计修建,并符合宽度应不小于施工车辆最大宽度的1.5倍;人行道宽度应不小于1.0 m,并应设置防护栏杆等要求。

(3)施工现场架设临时性跨越沟槽的便桥和边坡栈桥应符合以下要求:

①基础稳固、平坦、畅通;

②人行便桥、栈桥宽度不得小于1.2 m;

③手推车便桥、栈桥宽度不得小于 1.5 m；

④机动翻斗车便桥、栈桥，应根据荷载进行设计施工，其最小宽度不得小于2.5 m；

⑤设有防护栏杆。

（4）施工现场工作面、固定生产设备及设施处所等应设置人行通道，并符合宽度不小于0.6 m等要求。

3　工地消防

（1）根据施工生产防火安全的需要，合理布置消防通道和各种防火标志，消防通道应保持通畅，宽度不得小于 3.5 m。

（2）闪点在 45 ℃以下的桶装、罐装易燃液体不得露天存放，存放处应有防护栅栏，通风良好。

（3）施工生产作业区与建筑物之间的防火安全距离应遵守下列规定：

①用火作业区距所建的建筑物和其他区域不得小于 25 m；

②仓库区、易燃可燃材料堆集场距所建的建筑物和其他区域不小于 20 m；

③易燃品集中站距所建的建筑物和其他区域不小于 30 m。

（4）加油站、油库，应遵守下列规定：

①独立建筑，与其他设施、建筑之间的防火安全距离应不小于 50 m；

②周围应设有高度不低于 2.0 m 的围墙、栅栏；

③库区内道路应为环形车道，路宽应不小于 3.5 m，并设有专门消防通道，保持畅通；

④罐体应装有呼吸阀、阻火器等防火安全装置；

⑤应安装覆盖库（站）区的避雷装置，且应定期检测，其接地电阻不大于 10 Ω；

⑥罐体、管道应设防静电接地装置，接地网、线用 40 mm×4 mm 扁钢或 ϕ10 圆钢埋设，且应定期检测，其接地电阻不大于 30 Ω；

⑦主要位置应设置醒目的禁火警示标志及安全防火规定标志；

⑧应配备相应数量的泡沫、干粉灭火器和砂土等灭火器材；

⑨应使用防爆型动力和照明电气设备；

⑩库区内严禁一切火源、吸烟及使用手机；

⑪工作人员应熟练使用灭火器材和消防常识；

⑫运输使用的油罐车应密封，并有防静电设施。

（5）木材加工厂（场、车间）应遵守下列规定：

①独立建筑，与周围其他设施、建筑之间的安全防火距离不小于 20 m；

②安全消防通道保持畅通；

③原材料、半成品、成品堆放整齐有序，并留有足够的通道，保持畅通；

④木屑、刨花、边角料等弃物及时清除，严禁置留在场内，保持场内整洁；

⑤设有 10 m³ 以上的消防水池、消火栓及相应数量的灭火器材；

⑥作业场所内禁止使用明火和吸烟；

⑦明显位置设置醒目的禁火警示标志及安全防火规定标志。

4　季节施工

昼夜平均气温低于 5 ℃或最低气温低于 - 3 ℃时,应编制冬期施工作业计划,并应制定防寒、防毒、防滑、防冻、防火、防爆等安全措施。

5　施工排水

5.1　基坑排水

土方开挖应注重边坡和坑槽开挖的施工排水。坡面开挖时,应根据土质情况,间隔一定高度设置戗台,台面横向应为反向排水坡,并在坡脚设置护脚和排水沟。

石方开挖工区施工排水应合理布置,选择适当的排水方法,并应符合以下要求:

(1)一般建筑物基坑(槽)的排水,采用明沟或明沟与集水井排水时,应在基坑周围,或在基坑中心位置设排水沟,每隔 30 ~ 40 m 设一个集水井,集水井应低于排水沟至少 1 m 左右,井壁应做临时加固措施。

(2)厂坝基坑(槽)深度较大,地下水位较高时,应在基坑边坡上设置 2 ~ 3 层明沟,进行分层抽排水。

(3)大面积施工场区排水时,应在场区适当位置布置纵向深沟作为干沟,干沟沟底应低于基坑 1 ~ 2 m,使四周边沟、支沟与干沟连通将水排出。

(4)岸坡或基坑开挖应设置截水沟,截水沟距离坡顶安全距离不小于 5 m;明沟距道路边坡距离应不小于 1 m。

(5)工作面积水、渗水的排水,应设置临时集水坑,集水坑面积宜为 2 ~ 3 m^2,深 1 ~ 2 m,并安装移动式水泵排水。

(6)采用深井(管井)排水方法时,应符合以下要求:

①管井水泵的选用应根据降水设计对管井的降深要求和排水量来选择,所选择水泵的出水量与扬程应大于设计值的 20% ~ 30%;

②管井宜沿基坑或沟槽一侧或两侧布置,井位距基坑边缘的距离应不小于 1.5 m,管埋置的间距应为 15 ~ 20 m。

(7)采用井点排水方法时,应满足以下要求:

①井点布置应选择合适方式及地点;

②井点管距坑壁不得小于 1.0 ~ 1.5 m,间距应为 1.0 ~ 2.5 m;

③滤管应埋在含水层内并较所挖基坑底低 0.9 ~ 1.2 m;

④集水总管标高宜接近地下水位线,且沿抽水水流方向有 2‰ ~ 5‰的坡度。

5.2　边坡工程排水

边坡工程排水应遵守下列规定:

(1)周边截水沟一般应在开挖前完成,截水沟深度及底宽不宜小于 0.5 m,沟底纵坡不宜小于 0.5%;长度超过 500 m 时,宜设置纵排水沟、跌水或急流槽。

(2)急流槽与跌水,急流槽的纵坡不宜超过 1:1.5;急流槽过长时宜分段,每段不宜超过 10 m;土质急流槽纵度较大时,应设多级跌水。

(3)边坡排水孔宜在边坡喷护之后施工,坡面上的排水孔宜上倾 10% 左右,孔深 3 ~

10 m,排水管宜采用塑料花管。

（4）挡土墙宜设有排水设施,防止墙后积水形成静水压力,导致墙体坍塌。

（5）采用渗沟排除地下水措施时,渗沟顶部宜设封闭层,寒冷地区沟顶回填土层小于冻层厚度时,宜设保温层;渗沟施工应边开挖、边支撑、边回填,开挖深度超过 6 m 时,应采用框架支撑;渗沟每隔 30 ~ 50 m 或平面转折和坡度由陡变缓处宜设检查井。

5.3　料场排水

土质料场的排水宜采取截、排结合,以截为主的排水措施。对地表水宜在采料高程以上修截水沟加以拦截,对开采范围的地表水应挖纵横排水沟排出。立采料区可采用排水洞排水。

6　施工用电要求

施工单位应编制施工用电方案及安全技术措施。从事电气作业的人员,应持证上岗;非电工及无证人员禁止从事电气作业。从事电气安装、维修作业的人员应掌握安全用电基本知识和所用设备的性能,按规定穿戴和配备好相应的劳动防护用品,定期进行体检。

6.1　安全用电距离

在建工程(含脚手架)的外侧边缘与外电架空线路的边线之间应保持安全操作距离。最小安全操作距离应不小于表 7-3 的规定。

表 7-3　在建工程(含脚手架)的外侧边缘与外电架空线路的边线之间最小安全操作距离

外电线路电压(kV)	<1	1 ~ 10	35 ~ 110	154 ~ 220	330 ~ 500
最小安全操作距离(m)	4	6	8	10	15

注:上、下脚手架的斜道严禁搭设在有外电线路的一侧。

施工现场的机动车道与外电架空线路交叉时,架空线路的最低点与路面的垂直距离应不小于表 7-4 的规定。

表 7-4　施工现场的机动车道与外电架空线路交叉时的最小垂直距离

外电线路电压(kV)	<1	1 ~ 10	35
最小垂直距离(m)	6	7	7

机械如在高压线下进行工作或通过时,其最高点与高压线之间的最小垂直距离不得小于表 7-5 的规定。

表 7-5　机械最高点与高压线间的最小垂直距离

线路电压(kV)	<1	1 ~ 20	35 ~ 110	154	220	330
机械最高点与线路间的垂直距离(m)	1.5	2	4	5	6	7

在带电体附近进行高处作业时,距带电体的最小安全距离应满足表 7-6 的规定,如遇特殊情况,应采取可靠的安全措施。

表7-6　高处作业时与带电体的安全距离

电压等级(kV)	10及以下	20～35	44	60～110	154	220	330
工器具、安装构件、接地线等与带电体的距离(m)	2.0	3.5	3.5	4.0	5.0	5.0	6.0
工作人员的活动范围与带电体的距离(m)	1.7	2.0	2.2	2.5	3.0	4.0	5.0
整体组立杆塔与带电体的距离(m)	应大于倒杆距离(自杆塔边缘到带电体的最近侧为塔高)						

旋转臂架式起重机的任何部位或被吊物边缘与10 kV以下的架空线路边线最小水平距离不得小于2 m。

施工现场开挖非热管道沟槽的边缘与埋地外电缆沟槽边缘之间的距离不得小于0.5 m。

对达不到规定的最小距离的部位,应采取停电作业或增设屏障、遮栏、围栏、保护网等安全防护措施,并悬挂醒目的警示标志牌。

用电场所电气灭火应选择适用于电气的灭火器材,不得使用泡沫灭火器。

6.2　现场临时变压器安装

施工用的10 kV及以下变压器装于地面时,应有0.5 m的高台,高台的周围应装设栅栏,其高度不低于1.7 m,栅栏与变压器外廓的距离不得小于1 m,杆上变压器安装的高度应不低于2.5 m,并挂"止步、高压危险"的警示标志。变压器的引线应采用绝缘导线。

6.3　施工照明

现场照明宜采用高光效、长寿命的照明光源。对需要大面积照明的场所,宜采用高压汞灯、高压钠灯或混光用的卤钨灯。照明器具的选择应遵守下列规定:

(1)正常湿度时,选用开启式照明器;

(2)潮湿或特别潮湿的场所,应选用密闭型防水防尘照明器或配有防水灯头的开启式照明器;

(3)含有大量尘埃但无爆炸和火灾危险的场所,应采用防尘型照明器;

(4)对有爆炸和火灾危险的场所,应按危险场所等级选择相应的防爆型照明器;

(5)在振动较大的场所,应选用防振型照明器;

(6)对有酸碱等强腐蚀的场所,应采用耐酸碱型照明器;

(7)照明器具和器材的质量均应符合有关标准、规范的规定,不得使用绝缘老化或破损的器具和器材;

(8)照明变压器应使用双绕组型,严禁使用自耦变压器。

一般场所宜选用额定电压为220 V的照明器,对特殊场所地下工程,有高温、导电灰尘,且灯具离地面高度低于2.5 m等场所的照明,电源电压应不大于36 V;地下工程作业、夜间施工或自然采光差等场所,应设一般照明、局部照明或混合照明,并应装设自备电源的应急照明。在潮湿和易触及带电体场所的照明电源电压不得大于24 V;在特别潮湿的场所、导电良好的地面、锅炉或金属容器内工作的照明电源电压不得大于12 V。

行灯电源电压不超过 36 V;灯体与手柄连接坚固、绝缘良好并耐热耐潮湿;灯头与灯体结合牢固,灯头无开关;灯泡外部有金属保护网;金属网、反光罩、悬吊挂钩固定在灯具的绝缘部位上。

7　高处作业

7.1　高处作业分类

凡在坠落高度基准面 2 m 和 2 m 以上有可能坠落的高处进行作业,均称为高处作业。高处作业的种类分为一般高处作业和特殊高处作业两种。

一般高处作业是指特殊高处作业以外的高处作业。高处作业的级别:高度在 2~5 m 时,称为一级高处作业;高度在 5~15 m 时,称为二级高处作业;高度在 15~30 m 时,称为三级高处作业;高度在 30 m 以上时,称为特级高处作业。

特殊高处作业分为以下几个类别:强风高处作业、异温高处作业、雪天高处作业、雨天高处作业、夜间高处作业、带电高处作业、悬空高处作业、抢救高处作业。

7.2　安全防护措施

进行三级、特级、悬空高处作业时,应事先制定专项安全技术措施。施工前,应向所有施工人员进行技术交底。

高处作业下方或附近有煤气、烟尘及其他有害气体,应采取排除或隔离等措施,否则不得施工。在坝顶、陡坡、屋顶、悬崖、杆塔、吊桥、脚手架以及其他危险边沿进行悬空高处作业时,临空面应搭设安全网或防护栏杆。

高处作业前,应检查排架、脚手板、通道、马道、梯子和防护设施,符合安全要求方可作业。高处作业使用的脚手架平台,应铺设固定脚手板,临空边缘应设高度不低于 1.2 m 的防护栏杆。安全网应随着建筑物的升高而提高,安全网距离工作面的最大高度不超过 3 m。安全网搭设外侧比内侧高 0.5 m,长面拉直拴牢在固定的架子或固定环上。

在 2 m 以下高度进行工作时,可使用牢固的梯子、高凳或设置临时小平台,禁止站在不牢固的物件(如箱子、铁桶、砖堆等物)上进行工作。

从事高处作业时,作业人员应系安全带。高处作业的下方,应设置警戒线或隔离防护棚等安全措施。特殊高处作业,应有专人监护,并有与地面联系信号或可靠的通信装置。遇有六级及以上的大风,禁止从事高处作业。

上下脚手架、攀登高层构筑物,应走斜马道或梯子,不得沿绳、立杆或栏杆攀爬。

高处作业时,不得坐在平台、孔洞、井口边缘,不得骑坐在脚手架栏杆、躺在脚手板上或安全网内休息,不得站在栏杆外的探头板上工作和凭借栏杆起吊物件。

在石棉瓦、木板条等轻型或简易结构上施工及进行修补、拆装作业时,应采取可靠的防止滑倒、踩空或因材料折断而坠落的防护措施。

高处作业周围的沟道、孔洞井口等,应用固定盖板盖牢或设围栏。

7.3　常用安全工具

安全帽、安全带、安全网等施工生产使用的安全防护用具,应符合国家规定的质量标准,具有厂家安全生产许可证、产品合格证和安全鉴定合格证书,否则不得采购、发放和使用。常用安全防护用具应经常检查和定期试验,其检查试验的要求和周期如表7-7所示。

表 7-7　常用安全用具的检验标准与试验周期

名称	检查与试验质量标准要求	检查试验周期
塑料安全帽	1. 外表完整、光洁； 2. 帽内缓冲带、帽带齐全无损； 3. 耐 40～120 ℃ 高温，不变形； 4. 耐水、油，耐化学腐蚀性良好； 5. 可抗 3 kg 的钢球从 5 m 高处垂直坠落的冲击力	每年一次
安全带	检查： 1. 绳索无脆裂、断脱现象； 2. 皮带各部接口完整、牢固，无霉朽和虫蛀现象； 3. 销口性能良好。 试验： 1. 静荷：使用 255 kg 重物悬吊 5 min 无损伤； 2. 动荷：可抗 120 kg 的重物从 2～2.8 m 高架上冲击安全带，各部件无损伤	1. 每次使用前均应检查； 2. 新带使用一年后抽样试验； 3. 旧带每隔 6 个月抽查试验一次
安全网	1. 绳芯结构和网筋边绳结构符合要求； 2. 两件各 120 kg 的重物同时由 4.5 m 高处坠落冲击完好无损	每年一次，每次使用前进行外表检查

高处临空作业应按规定架设安全网，作业人员使用的安全带，应挂在牢固的物体或可靠的安全绳上，安全带严禁低挂高用。拴安全带用的安全绳不宜超过 3 m。

在有毒有害气体可能泄漏的作业场所，应配置必要的防毒护具，以备急用，并及时检查维修更换，保证其处在良好的待用状态。

电气操作人员应根据工作条件选用适当的安全电工用具和防护用品，电工用具应符合安全技术标准并定期检查，凡不符合技术标准要求的绝缘安全用具、登高作业安全工具、携带式电压和电流指示器，以及检修中的临时接地线等，均不得使用。

8　工程爆破安全技术

8.1　爆破器材的运输

禁止用翻斗车、自卸汽车、拖车、机动三轮车、人力三轮车、摩托车和自行车等运输爆破器材。运输炸药雷管时，装车高度要低于车厢 10 cm。车厢、船底应加软垫。雷管箱不许倒放或立放，层间也应垫软垫。气温低于 10 ℃ 运输易冻的硝化甘油炸药时，应采取防冻措施；气温低于 -15 ℃ 运输难冻硝化甘油炸药时，也应采取防冻措施。汽车运输爆破器材，汽车的排气管宜设在车前下侧，并应设置防火罩装置。

水路运输爆破器材，停泊地点距岸上建筑物不得小于 250 m。汽车在视线良好的情况下行驶时，时速不得超过 20 km（工区内不得超过 15 km）；在弯多坡陡、路面狭窄的山区行驶,时速应保持在5 km以内。行车间距:平坦道路应大于50 m,上下坡应大于300 m。

8.2 爆破施工安全技术

8.2.1 明挖爆破音响信号

(1)预告信号:间断鸣三次长声,即鸣30 s、停、鸣30 s、停、鸣30 s。此时,现场停止作业,人员迅速撤离。

(2)准备信号:在预告信号20 min后发布,间断鸣一长、一短三次,即鸣20 s、鸣10 s、停、鸣20 s、鸣10 s、停、鸣20 s、鸣10 s。

(3)起爆信号:准备信号10 min后发出,连续三短声,即鸣10 s、停、鸣10 s、停、鸣10 s。

(4)解除信号:应根据爆破器材的性质及爆破方式,确定炮响后到检查人员进入现场所需等待的时间。检查人员确认安全后,由爆破作业负责人通知警报方发出解除信号:一次长声,鸣60 s。

在特殊情况下,如准备工作尚未结束,应由爆破负责人通知警报方拖后发布起爆信号,并用广播器通知现场全体人员。装药和堵塞应使用木、竹制作的炮棍。严禁使用金属棍棒装填。

地下相向开挖的两端在相距30 m以内时,装炮前应通知另一端暂停工作,退到安全地点。当相向开挖的两端相距15 m时,一端应停止掘进,单头贯通。斜井相向开挖,除遵守上述规定外,并应对距贯通尚有5 m长地段自上端向下打通。

8.2.2 起爆安全技术

8.2.2.1 火花起爆应遵守的规定

火花起爆应遵守下列规定:

深孔、竖井、倾角大于30°的斜井、有瓦斯和粉尘爆炸危险等工作面的爆破,禁止采用火花起爆。炮孔的排距较密时,导火索的外露部分不得超过1.0 m,以防止导火索互相交错而起火。一人连续单个点火的火炮,暗挖不得超过5个,明挖不得超过10个,并应在爆破负责人指挥下,做好分工及撤离工作。点燃导火索应使用香或专用点火工具,禁止使用火柴、香烟和打火机。

8.2.2.2 电力起爆应遵守的规定

电力起爆应遵守下列规定:

同一爆破网路内的电雷管,电阻值应相同。康铜桥丝雷管的电阻极差不得超过0.25 Ω,镍铬桥丝雷管的电阻极差不得超过0.5 Ω。测量电阻只许使用经过检查的专用爆破测试仪表或线路电桥。严禁使用其他电气仪表进行量测。网路中的支线、区域线和母线彼此连接之前,各自的两端应短路、绝缘。装炮前,工作面一切电源应切除,照明至少设于距工作面30 m以外,只有确认炮区无漏电、感应电后,才可装炮。雷雨天严禁采用电爆网路。网路中全部导线应绝缘。有水时,导线应架空。各接头应用绝缘胶布包好,两条线的搭接口禁止重叠,至少应错开0.1 m。供给每个电雷管的实际电流应大于准爆电流,具体要求是:

(1)直流电源:一般爆破不小于2.5 A;对于洞室爆破或大规模爆破不小于3 A;

(2)交流电源:一般爆破不小于3 A;对于洞室爆破或大规模爆破不小于4 A。

起爆开关箱钥匙应由专人保管,起爆之前不得打开起爆箱。通电后若发生拒爆,应立即切断母线电源,将母线两端拧在一起,锁上电源开关箱进行检查。进行检查的时间:对于即发电雷管,至少在 10 min 以后;对于延发电雷管,至少在 15 min 以后。

8.2.2.3 导爆索起爆应遵守的规定

导爆索起爆应遵守下列规定:

导爆索只准用快刀切割,不得用剪刀剪断导爆索。支线要顺主线传爆方向连接,搭接长度不应少于 15 cm,支线与主线传爆方向的夹角应不大于 90°。起爆导爆索的雷管,其聚能穴应朝向导爆索的传爆方向。导爆索交叉敷设时,应在两根交叉导爆索之间设置厚度不小于 10 cm 的木质垫板。导爆索不应出现断裂破皮、打结或打圈现象。

8.2.2.4 导爆管起爆应遵守的规定

导爆管起爆应遵守下列规定:

用导爆管起爆时,应首先设计起爆网路,并进行传爆试验。网路中所使用的连接元件应经检验合格。禁止导爆管打结,禁止在药包上缠绕。网路的连接处应牢固,两元件应相距 2 m。敷设后,应严加保护,防止冲击或损坏。一个 8 号雷管起爆导爆管的数量不宜超过 40 根,层数不宜超过 3 层。只有确认网路连接正确,与爆破无关人员已经撤离,才准许接入引爆装置。

9 堤防工程施工安全技术

9.1 堤防基础施工

(1)堤防地基开挖较深时,应制定防止边坡坍塌和滑坡的安全技术措施。对深基坑支护应进行专项设计,作业前应检查安全支撑和挡护设施是否良好,确认符合要求后,方可施工。

(2)当地下水位较高或在黏性土、湿陷性黄土上进行强夯作业时,应在表面铺设一层厚 50 ~ 200 cm 的砂、砂砾或碎石垫层,以保证强夯作业安全。

(3)强夯夯击时,应做好安全防范措施,现场施工人员应戴好安全防护用品。夯击时,所有人员应退到安全线以外。应对强夯周围建筑物进行监测,以指导强夯参数的调整。

(4)地基处理采用砂井排水固结法施工时,为加快堤基的排水固结,应在堤基上分级进行加载,加载时应加强现场监测,防止出现滑动破坏等失稳事故。

(5)软弱地基处理采用抛石挤淤法施工时,应经常对机械作业部位进行检查。

9.2 防护工程施工

(1)人工抛石作业时,应按照计划制订的程序进行,严禁随意抛掷,以防意外事故发生。

(2)抛石所使用的设备应安全可靠、性能良好,严禁使用没有安全保险装置的机具进行作业。

(3)抛石护脚时,应注意石块体重心位置,严禁起吊有破裂、脱落、危险的石块体。起重设备回转时,严禁起重设备工作范围和抛石工作范围内进行其他作业和有人员停留。

(4)抛石护脚施工时除操作人员外,严禁有人停留。

9.3　堤防加固施工

（1）砌石护坡加固,应在汛期前完成;当加固规模、范围较大时,可拆一段砌一段,但分段宜大于50 m;垫层的接头处应确保施工质量,新、老砌体应结合牢固,连接平顺。确需汛期施工时,分段长度可根据水情预报情况及施工能力而定,防止意外事故发生。

（2）护坡石沿坡面运输时,使用的绳索、刹车等设施应满足负荷要求,牢固可靠,在吊运时不应超载,发现问题及时检修。垂直运送料具时,应有联系信号,专人指挥。

（3）堤防灌浆机械设备作业前应检查是否良好,安全设施防护用品是否齐全,警示标志设置是否标准,经检查确认符合要求后,方可施工。

9.4　防汛抢险施工

堤防防汛抢险施工的抢护原则为前堵后导、强身固脚、减载平压、缓流消浪。施工中应遵守各项安全技术要求,不应违反程序作业。

（1）堤身漏洞险情的抢护应遵守下列规定:

①堤身漏洞险情的抢护以"前截后导,临重于背"为原则。在抢护时,应在临水侧截断漏水来源,在背水侧漏洞出水口处采用反滤围井的方法,防止险情扩大。

②堤身漏洞险情在临水侧抢护以人力施工为主时,应配备足够的安全设施,且由专人指挥和专人监护,确认安全可靠后,方可施工。

③堤身漏洞险情在临水侧抢护以机械设备为主时,机械设备应靠站或行驶在安全或经加固可以确认为较安全的堤身上,防止因漏洞险情导致设备下陷、倾斜或失稳等其他安全事故。

（2）管涌险情的抢护宜在背水面,采取反滤导渗,控制涌水,给渗水以出路。以人力施工为主进行抢护时,应注意检查附近堤段水浸后变形情况,如有坍塌危险,应及时加固或采取其他安全有效的方法。

（3）当遭遇超标准洪水或有可能超过堤坝顶时,应迅速进行加高抢护,同时做好人员撤离安排,及时将人员、设备转移到安全地带。

（4）为削减波浪的冲击力,应在靠近堤坡的水面设置芦柴、柳枝、湖草和木料等材料的捆扎体,并设法锚定,防止被风浪水流冲走。

（5）当发生崩岸险情时,应抛投物料,如石块、石笼、混凝土多面体、土袋和柳石枕等,以稳定基础,防止崩岸进一步发展;应密切关注险情发展的动向,时刻检查附近堤身的变形情况,及时采取正确的处理措施,并向附近居民示警。

（6）堤防决口抢险应遵守下列规定:

①当堤防决口时,除有关部门快速通知附近居民安全转移外,抢险施工人员应配备足够的安全救生设备。

②堤防决口施工应在水面以上进行,并逐步创造静水闭气条件,确保人身安全。

③当在决口抢筑裹头时,应在水浅流缓、土质较好的地带采取打桩、抛填大体积物料等安全裹护措施,防止裹头处突然坍塌将人员与设备冲走。

④决口较大采用沉船截流时,应采取有效的安全防护措施,防止沉船底部不平整发生移动而给作业人员造成安全隐患。

10　水闸施工安全技术

10.1　土方开挖

（1）建筑物的基坑土方开挖应本着先降水、后开挖的施工原则，并结合基坑的中部开挖明沟加以明排。

（2）降水措施应视地质条件而定，在条件许可时，提前进行降水试验，以验证降水方案的合理性。

（3）降水期间必须对基坑边坡及周围建筑物进行安全监测，发现异常情况及时研究处理措施，保证基坑边坡和周围建筑物的安全，做到信息化施工。

（4）若原有建筑物距基坑较近，视工程的重要性和影响程度，可以拆迁或进行适当的支护处理。基坑边坡视地质条件，可以采用适当的防护措施。

（5）在雨季，尤其是汛期必须做好基坑的排水工程，安装足够的排水设备。

（6）基坑土方开挖完成或基础处理完成，应及时组织基础隐蔽工程验收，及时浇筑垫层混凝土以对基础进行封闭。

（7）基坑降水时应符合下列规定：

①基坑底、排水沟底、集水坑底应保持一定深差。

②集水坑和排水沟应设置在建筑物底部轮廓线以外一定距离。

③基坑开挖深度较大时，应分级设置马道和排水设施。

④流砂、管涌处应采取反滤导渗措施。

（8）基坑开挖时，在负温下，挖除保护层后应采取可靠的防冻措施。

10.2　土方填筑

（1）填筑前，必须排除基坑底部的积水、清除杂物等，宜采用降水措施将基底水位降至 0.5 m 以下。

（2）填筑土料，应符合设计要求。

（3）岸墙、翼墙后的填土应分层回填、均衡上升。靠近岸墙、翼墙、岸坡的回填土宜用人工或小型机具夯压密实，铺土厚度宜适当减薄。

（4）高岸、翼墙后的回填土应按通水前后分期进行回填，以减小通水前墙体后的填土压力。

（5）高岸、翼墙后应布置排水系统，以减小填土中的水压力。

10.3　地基处理

（1）原状土地基开挖到基底前预留 30～50 cm 保护层，在基础施工前，宜采用人工挖出，并将基底平整，对局部超挖或低洼区域宜采用碎石回填。基底开挖之前，宜做好降排水，保证开挖在干燥状态下施工。

（2）对加固地基，基坑降水应降至基底面以下 50 cm，保证基底干燥平整，以利于地基处理设备施工安全。施工作业和移机过程中，应将设备支架的倾斜度控制在其规定值之内，严防设备倾覆事故的发生。

（3）对桩基施工设备操作人员，应进行操作培训，取得合格证书后方可上岗。

（4）在正式施工前，应先进行基础加固的工艺试验，工艺及参数批准后开始施工。成桩后,应按照相关规范的规定抽样,进行单桩承载力和复合地基承载力试验,以验证加固地基的可靠性。

10.4 预制构件制作与吊装

(1)每天应对锅炉系统进行检查,每批蒸养混凝土构件之前,应对通汽管路、阀门进行检查,一旦损坏及时更换。

(2)应定期对蒸养池的顶盖的提升桥机或吊车进行检查和维护。

(3)在蒸养过程中,锅炉或管路发现异常情况,应及时停止蒸汽的供应。同时,无关人员不应站在蒸养池附近。

(4)浇筑后,构件应停放 2~6 h,停放温度一般为 10~20 ℃。

(5)升温速率:当构件表面系数大于等于 6 时,不宜超过 15 ℃/h;表面系数小于 6 时,不宜超过 10 ℃/h。

(6)恒温时的混凝土温度,不宜超过 80 ℃,相对湿度应为 90%~100%。

(7)降温速率:表面系数大于等于 6 时,不应超过 10 ℃/h;表面系数小于 6 时,不应超过 5 ℃/h;出池后构件表面与外界温差不应大于 20 ℃。

(8)大件起吊运输应有单项技术措施。起吊设备操作人员必须具有特种操作许可证。

(9)起吊前,应认真检查所用一切工具设备,均应良好。

(10)起吊设备起吊能力应有一定的安全储备。必须对起吊构件的吊点和内力进行详细的内力复核验算。非定型的吊具和索具均应验算,符合有关规定后才能使用。

(11)各种物件正式起吊前,应先试吊,确认可靠后方可正式起吊。

(12)起吊前,应先清理起吊地点及运行通道上的障碍物,通知无关人员避让,并应选择恰当的位置及随物护送的路线。

(13)应指定专人负责指挥操作人员进行协同的吊装作业。各种设备的操作信号必须事先统一规定。

(14)在闸室上、下游混凝土防渗铺盖上行驶重型机械或堆放重物时,必须经过验算。

10.5 永久缝施工

(1)一切预埋件应安装牢固,严禁脱落伤人。

(2)采用紫铜止水片时,接缝必须焊接牢固,焊接后应采用柴油渗透法检验是否渗漏,并须遵守焊接的有关安全技术操作规程。采用塑料和橡胶止水片时,应避免油污和长期暴晒,并应有保护措施。

(3)结构缝使用柔性材料嵌缝处理时,应搭设稳定牢固的安全脚手架,系好安全带,逐层作业。

11 泵站施工安全技术

11.1 水泵基础施工

(1)水泵基础施工有度汛要求时,应按设计及施工需要,汛前完成度汛工程。

(2)水泵基础应优先选用天然地基。承载力不足时,宜采取工程加固措施进行基础处理。

（3）水泵基础允许沉降量和沉降差,应根据工程具体情况分析确定,满足基础结构安全和不影响机组的正常运行。

（4）水泵基础地基如为膨胀土地基,在满足水泵布置和稳定安全要求的前提下,应减小水泵基础底面积,增大基础埋置深度,也可将膨胀土挖除,换填无膨胀性土料垫层,或采用桩基础。膨胀土地基的处理应遵守下列规定:

①膨胀土地基上泵站基础的施工,应安排在冬旱季节进行,力求避开雨季,否则应采取可靠的防雨水措施。

②基坑开挖前,应布置好施工场地的排水设施,天然地表水不应流入基坑。

③应防止雨水浸入坡面和坡面土中水分蒸发,避免干湿交替,保护边坡稳定。可在坡面喷水泥砂浆保护层或用土工膜覆盖地面。

④基坑开挖至接近基底设计标高时,应留 0.3 m 左右的保护层,待下道工序开始前再挖除保护层。基坑挖至设计标高后,应及时浇筑素混凝土垫层保护地基,待混凝土达到50%以上强度后,及时进行基础施工。

⑤泵站四周回填应及时分层进行。填料应选用非膨胀土、弱膨胀土或掺有石灰的膨胀土;选用弱膨胀土时,其含水量宜为 1.1~1.2 倍塑限含水量。

11.2　固定式泵站施工

（1）泵房水下混凝土宜整体浇筑。对于安装大、中型立式机组或斜轴泵的泵房工程,可按泵房结构并兼顾进、出水流道的整体性设计分层,由下至上分层施工。

（2）泵房浇筑混凝土,在平面上一般不再分块。如泵房底板尺寸较大,可以采用分期分段浇筑。

11.3　金属输水管道制作与安装

金属输水管道制作与安装应遵守下列规定:

（1）钢管焊缝应达到标准,且应通过超声波或射线检验,不应有任何渗漏水现象。

（2）钢管各支墩应有足够的稳定性,保证钢管在安装阶段不发生倾斜和沉陷变形。

（3）钢管壁在对接接头的任何位置表面的最大错位:纵缝不应大于 2 mm,环缝不应大于 3 mm。

（4）直管外表直线平直度可用任意平行轴线的钢管外标一条线与钢管直轴线间的偏差确定:长度为 4 m 的管段,其偏差不应大于 3.5 mm。

（5）钢管的安装偏差值:对于鞍式支座的顶面弧度,间隙不应大于 2 mm;滚轮式和摇摆式支座垫板高程与纵横向中心的偏差不应超过 ±5 mm。

12　围堰拆除

围堰拆除应制订应急预案,成立组织机构,并应配备抢险救援器材。

12.1　机械拆除

机械拆除应遵守下列规定:

（1）拆除土石围堰时,应从上至下逐层、逐段进行。

（2）施工中应由专人负责监测被拆除围堰的状态,并应做好记录。当发现有不稳定状态的趋势时,应立即停止作业,并采取有效措施,消除隐患。

（3）机械拆除时,严禁超载作业或任意扩大使用范围作业。

（4）拆除混凝土围堰、岩坎围堰、混凝土心墙围堰时,应先按爆破法破碎混凝土(或岩坎、混凝土心墙),再采用机械拆除的顺序进行施工。

（5）拆除混凝土过水围堰时,宜先按爆破法破碎混凝土护面后,再采用机械进行拆除。

（6）拆除钢板(管)桩围堰时,宜先采用振动拔桩机拔出钢板(管)桩后,再采用机械进行拆除。振动拔桩机作业时,应垂直向上,边振边拔;拔出的钢板(管)桩应码放整齐、稳固;应严格遵守起重机和振动拔桩机的安全技术规程。

12.2 爆破法拆除

爆破法拆除应遵守下列规定:

（1）一、二、三级水利水电枢纽工程的围堰、堤坝和挡水岩坎的拆除爆破,设计文件除按正常设计外还应经过以下论证:

①爆破区域与周围建(构)筑物的详细平面图、爆破对周围被保护建(构)筑物和岩基影响的详细论证。

②爆破后需要过流的工程,应有确保过流的技术措施,以及流速与爆渣关系的论证。

（2）一、二、三级水电枢纽工程的围堰、堤坝和挡水岩坎需要爆破拆除时,宜在修建时就提出爆破拆除的方案或设想,收集必要的基础资料和采取必要的措施。

（3）从事围堰爆破拆除工程的施工单位,应持有爆破资质证书。爆破拆除设计人员应具有承担爆破拆除作业范围和相应级别的爆破工程技术人员作业证。从事爆破拆除施工的作业人员应持证上岗。

（4）围堰爆破拆除工程起爆,宜采用导爆管起爆法或导爆管与导爆索混合起爆法,严禁采用火花起爆法,应采用复式网络起爆。

【案例 7-3】 施工安全技术

背景资料

某施工公司承建四个水利施工项目部:

项目 1:在 3 级土石围堰拆除爆破时,施工单位采用导爆索起爆方式,网络设计采用串联法。导爆索支线与主线爆破搭接长度 5 cm,在导爆索交叉处直接设置木垫板交叉,炮工把导爆索牢固缠在药包上,确认连接之后,经信号预告,无关人员迅速撤离,在预备信号发出 3 min 后,随即发出起爆信号,准备起爆。

项目 2:项目部用旋转起重机起吊混凝土时与 10 kW 架空电线相碰,使司机触电引起火灾事故,用泡沫灭火器灭火。

项目 3:隧洞施工需要进行爆破作业,施工单位使用一辆 5 t 的自卸载重汽车,将 500 kg 的雷管、炸药等爆破器材集中装运至仓库。爆破时,工区人员听到一长三短间隔警报便快速撤出爆破区,爆破后经检查人员检查安全后通知发出警报解除信号。在隧洞开挖时设置 36 V 电压照明灯具,相向掘进 30 m 时双方爆破,造成落石,使对方机械损坏和人员伤亡。

项目 4:大坝拆除模板,一个作业工人高处系安全带作业,由于低挂高用从 20 m 处直接坠落身亡。

问题

1. 指出项目 1 不安全之处,并说明正确做法。

2. 根据项目 2 背景,指出旋转起重机起吊混凝土时与 10 kW 架空电线最小安全距离,以及灭火方式是否正确。

3. 项目 3 关于爆破作业有无不妥?说明正确做法。

4. 说明项目 4 高空级别和类别,并指出安全带应具有的"三证"及拆模危险源。

答案

1. 搭接至少 15 cm,不应设置木垫板,不能缠绕,预告信号发出 20 min 后方能发出准备信号。

2. 要求至少 2 m 距离,不能用泡沫灭火器灭火。

3. 有不妥。自卸载重汽车不能运输炸药和雷管。雷管、炸药等爆破器材不能混装,应分别运输。一长三短为准备信号,应在预备信号后人员撤离爆破区。地下洞室双向开挖相距 30 m 爆破,另一作业区人员应撤离。

4. 高空级别属于三级,类别属于特殊高处悬空作业。施工之前应有安全专项措施和验算,并进行技术交底。对安全带,"三证"有生产许可证、安全鉴定合格证、产品合格证。拆模危险源有安全带低挂高用、无安全网。

任务 4　文明施工与环境管理

1　文明施工

1.1　文明工地创建标准

为大力弘扬社会主义核心价值观,更好地发挥水利工程在国民经济和社会发展中的重要支撑作用,进一步提高水利工程建设管理水平,推进水利工程建设文明工地创建工作,倡导文明施工、安全施工,营造和谐建设环境,水利部组织对《水利建设工程文明工地创建管理暂行办法》(水精〔2012〕1 号)进行修订,并印发了《水利建设工程文明工地创建管理办法》(水精〔2014〕3 号),该办法共十七条。根据该办法,文明工地创建标准如下。

1.1.1　体制机制健全

工程基本建设程序规范,项目法人责任制、招标投标制、建设监理制和合同管理制落实到位,建设管理内控机制健全。

1.1.2　质量管理到位

质量管理体制完善,质量保证体系和监督体系健全,参建各方质量主体责任落实,严格开展质量检测、质量评定,验收管理规范;工程质量隐患排查到位,质量风险防范措施有力,工程质量得到有效控制;质量档案管理规范,归档及时完整,材料真实可靠。

1.1.3　安全施工到位

安全生产责任制及规章制度完善;事故应急预案针对性、操作性强;施工各类措施和资源配置到位;施工安全许可手续健全,持证上岗到位;施工作业严格按相关规程规范进行,定期进行安全生产检查,无安全生产事故发生。

1.1.4　环境和谐有序

施工现场布置合理有序,材料设备堆停管理到位;施工道路布置合理,维护常态跟进,交通顺畅;办公区、生活区场所整洁、卫生,安全保卫和消防措施到位;工地生态环境建设有计划、有措施、有成果;施工粉尘、噪声、污染等防范措施得当。

1.1.5　文明风尚良好

参建各方关系融洽,精神文明建设组织、措施、活动落实;职工理论学习、思想教育、法制教育常态化、制度化,教育、培训效果好,践行敬业、诚信精神;工地宣传、激励形式多样,安全文明警示标牌等醒目;职工业余文体活动丰富,队伍精神面貌良好;加强党风廉政建设,严格监督,遵纪守法教育有力。

1.1.6　创建措施有力

文明工地创建计划方案周密,组织到位,制度完善,措施落实;文明工地创建参与面广,活动形式多样,创建氛围浓厚;创建内容、手段、载体新颖,考核激励有效。

1.2　文明工地申报

(1)有下列情况之一的,不得申报文明工地:

①干部职工发生刑事和经济案件被处主刑的,违法乱纪受到党纪政纪处分的;

②出现过较大质量事故和一般安全事故、环保事件;

③被水行政主管部门或有关部门通报批评或处罚;

④拖欠工程款、民工工资或与当地群众发生重大冲突等事件,造成严重社会影响;

⑤未严格实行项目法人责任制、招标投标制、建设监理制"三项制度";

⑥建设单位未按基本建设程序办理有关事宜;

⑦发生重大合同纠纷,造成不良影响。

(2)申报条件:

①已完工程量一般应达全部建安工程量的20%及以上或主体工程完工一年以内;

②创建文明建设工地半年以上;

③主体工程完工一年内。

1.3　申报程序

工程在项目法人党组织统一领导下,主要领导为第一责任人,各部门齐抓共管,全员参与的文明工地创建活动,实行届期制,每两年命名一次。上一届命名"文明工地"的,如果符合条件,可继续申报下一届。

(1)自愿申报:以建设管理单位所管辖一个项目,或其中的一个项目、一个标段、几个标段为一个文明工地由项目法人申报。

(2)逐级推荐:县级水行政主管部门负责对申报单位的现场考核,并逐级向省、市水行政文明办会同建管单位考核,优中选优向本单位文明委推荐申报名单。

流域机构所属项目由流域机构文明委会同建设与管理单位考核推荐。中央和水利部项目直接向水利部文明办申报。

(3)考核评审:水利部文明办会同建设与管理司组织审核、评定,报水利部文明委。

（4）公示评议：水利部文明办审议通过后，在水利部有关媒体上公示一周。

（5）审定命名：对符合标准的文明工地项目，由水利部文明办授予"文明工地"称号。

2　施工环境管理

2.1　施工现场空气污染的防治

施工大气污染防治主要包括：土石方开挖、爆破、砂石料加工、混凝土拌和、物料运输和储存及废渣运输、倾倒产生的粉尘、扬尘的防治；燃油、施工机械、车辆及生活燃煤排放废气的防治。

地下厂房、引水隧洞等土石方开挖、爆破施工应采取喷水、设置通风设施、改善地下洞室空气扩散条件等措施，减少粉尘和废气污染；砂石料加工宜采用湿法破碎的低尘工艺，降低转运落差，密闭尘源。

水泥、石灰、粉煤灰等细颗粒材料运输应采用密封罐车；采用敞篷车运输的，应用篷布遮盖。装卸、堆放中应防止物料流散。水泥临时备料场宜建在有排浆引流的混凝土搅拌场或预制场内，就近使用。

施工现场公路应定期养护，配备洒水车或采用人工洒水防尘；施工运输车辆宜选用安装排气净化器的机动车，使用符合标准的油料或清洁能源，减少尾气排放。

（1）施工现场垃圾、渣土要及时清理出现场。

（2）上部结构清理施工垃圾时，要使用封闭式的容器或者采取其他措施处理高空废弃物，严禁临空随意抛撒。

（3）施工现场道路应指定专人定期洒水清扫，形成制度，防止道路扬尘。

（4）对于细颗粒散体材料（如水泥、粉煤灰、白灰等）的运输、储存要注意遮盖、密封，防止和减少飞扬。

（5）车辆开出工地要做到不带泥沙，基本做到不洒土、不扬尘，减少对周围环境的污染。

（6）除设有符合规定的装置外，禁止在施工现场焚烧油毡、橡胶、塑料、皮革、树叶、枯草、各种包装物等废弃物品以及其他会产生有毒、有害烟尘和恶臭气体的物质。

（7）机动车都要安装减少尾气排放的装置，确保符合国家标准。

（8）工地锅炉应尽量采用电热水器。若只能使用烧煤锅炉，应选用消烟除尘型锅炉，大灶应选用消烟节能回风炉灶，使烟尘降至允许排放范围内。

（9）在离村庄较近的工地应当将搅拌站封闭严密，并在进料仓上方安装除尘装置，采用可靠措施控制工地粉尘污染。

（10）拆除旧建筑物时，应适当洒水，防止扬尘。

根据《水利水电工程施工通用安全技术规程》（SL 398—2007）规定：生产作业场所常见生产性粉尘、有毒物质在空气中允许浓度及限值应符合表7-8的规定。

2.2　施工现场水污染的防治

水利水电工程施工废污水的处理应包括施工生产废水和施工人员生活污水处理，其中施工生产废水主要包括砂石料加工系统废水、混凝土拌和系统废水等。

表7-8　常见生产性粉尘、有毒物质在空气中允许浓度及限值

序号	有害物质名称		阈限值（mg/m³）		
			最高容许浓度 $P_C - MAC$	时间加权平均容许浓度 $P_C - TWA$	短时间接触容许浓度 $P_C - STEL$
1	矽尘		—	—	—
	总尘	含10%~50%游离 SiO_2	—	1	2
		含50%~80%游离 SiO_2	—	0.7	1.5
		含80%游离 SiO_2	—	0.5	1.0
	呼吸尘	含10%~50%游离 SiO_2	—	0.7	1.0
		含50%~80%游离 SiO_2	—	0.3	0.5
		含80%游离 SiO_2	—	0.2	0.3
2	石灰石粉尘	总尘	—	8	10
		呼吸尘	—	4	8
3	硅酸盐水泥	总尘（游离 SiO_2 <10%）	—	4	6
		呼吸尘（游离 SiO_2 <10%）	—	1.5	2
4	电焊烟尘		—	4	6
5	其他粉尘		—	8	10
6	锰及无机化合物（按 Mn 计）		—	0.15	0.45
7	一氧化碳	非高原	—	20	30
		高原 海拔2 000~3 000 m	20	—	—
		海拔大于3 000 m	15	—	—
8	氨 Ammonia		—	20	30
9	溶剂汽油		—	300	450
10	丙酮		—	300	450
11	三硝基甲苯（TNT）		—	0.2	0.5
12	铅及无机化合物（按 Pb 计）	铅尘	0.05	—	—
		铅烟	0.03	—	—
13	四乙基铅（皮、按 Pb 计）		—	0.02	0.06

　　砂石料加工系统废水的处理应根据废水量、排放量、排放方式、排放水域功能要求和地形等条件确定。采用自然沉淀法进行处理时,应根据地形条件布置沉淀池,并保证有足

够的沉淀时间,沉淀池应及时进行清理;采用絮凝沉淀法处理时,应符合下列技术要求:废水经沉淀,加入絮凝剂,上清液收集回用,泥浆自然干化,滤池应及时清理。

混凝土拌和系统废水处理应结合工程布置,就近设置冲洗废水沉淀池,上清液可循环使用。废水宜进行中和处理。

生活污水不应随意排放,采用化粪池处理污水时,应及时清运。

在饮用水水源一级保护区和二级保护区内,不应设置施工废水排污口。生活饮用水水源取水点上游 1 000 m 和下游 100 m 以内的水域,不得排入施工废污水。

施工过程水污染的防治措施如下:

(1)施工现场搅拌站废水、现制水磨石的污水、电石(碳化钙)的污水必须经沉淀池沉淀合格后再排放,最好将沉淀水用于工地洒水降尘或采取措施回收利用。

(2)现场存放油料的,必须对库房地面进行防渗处理,如采取防渗混凝土地面、铺油毡等措施。使用时,要采取防止油料跑、冒、滴、漏的措施,以免污染水体。

(3)施工现场 100 人以上的临时食堂的污水排放可设置简易有效的隔油池,定期清理,防止污染。

(4)工地临时厕所、化粪池应采取防渗漏措施。中心城市施工现场的临时厕所可采用水冲式厕所,并有防蝇、灭蛆措施,防止污染水体和环境。

2.3　施工现场噪声的控制

施工噪声控制应包括施工机械设备固定噪声、运输车辆流动噪声、爆破瞬时噪声控制。

固定噪声的控制:应选用符合标准的设备和工艺,加强设备的维护和保养,减少运行时的噪声。主要机械设备的布置应远离敏感点,并根据控制目标要求和保护对象,设置减噪、减振设施。

流动噪声的控制:应加强交通道路的维护和管理。禁止使用高噪声车辆;在集中居民区、学校、医院等路段设禁止高声鸣笛标志,减缓车速,禁止夜间鸣放高音喇叭。

施工现场噪声的控制措施可以从声源、传播途径、接收者的防护等方面来考虑。

从噪声产生的声源上控制,尽量采用低噪声设备和工艺代替高噪声设备和工艺,如低噪声振捣器、风机、电机空压机、电锯等。在声源处安装消声器消声,即在通风机、压缩机、燃气机、内燃机及各类排气放空装置等进出风管的适当位置设置消声器。

从噪声传播的途径上控制:

(1)吸声。利用吸声材料(大多由多孔材料制成)或由吸声结构形成的共振结构(金属或木质薄板钻制成的空腔体)吸收声能,降低噪声。

(2)隔声。应用隔声结构,阻碍噪声向空间传播,将接收者与噪声声源分隔。隔声结构包括隔声室、隔声罩、隔声屏障、隔声墙等。

(3)消声。利用消声器阻止传播,通过消声器降低噪声,如控制空气压缩机、内燃机产生的噪声等。

(4)减振。对来自振动引起的噪声,可通过降低机械振动减小噪声,如将阻尼材料涂在振动源上,或改变振动源与其他刚性结构的连接方式等。

对接收者的防护可采用让处于噪声环境下的人员使用耳塞、耳罩等防护用品，减少相关人员在噪声环境中的暴露时间，以减轻噪声对人体的危害。

严格控制人为噪声，进入施工现场不得高声呐喊、无故摔打模板、乱吹口哨，限制高音喇叭的使用，最大限度地减少噪声扰民。

凡在居民稠密区进行强噪声作业的，严格控制作业时间，设置高度不低于 1.8 m 噪声围挡。控制强噪声作业的时间，施工车间和现场 8 h 作业，噪声不得超过 85 dB(A)，见表 7-9。交通敏感点设置禁鸣标示，工程爆破应采用低噪声爆破工艺，并避免夜间爆破。

表 7-9　生产性噪声声级卫生限值

日接触噪声时间(h)	卫生限值(dB(A))
8	86
4	88
2	91
1	94

施工作业噪声传至有关非施工区域的允许标准见表 7-10。

表 7-10　非施工区域的噪声允许标准

类别	等效声级限值(dB(A))	
	昼间	夜间
以居住、文教机关为主的区域	55	45
居住、商业、工业混杂区及商业中心区	60	50
工业区	65	55
交通干线道路两侧	70	55

2.4　固体废弃物的处理

固体废弃物的处理应包括生活垃圾、建筑垃圾、生产废料的处置。

施工营地应设置垃圾箱或集中垃圾堆放点，将生活垃圾集中收集、专人定期清运；施工营地厕所，应指定专人定期清理或农用井四周消毒灭菌。建筑垃圾应进行分类，宜回收利用的回收利用；不能回收利用的，应集中处置。危险固体废弃物必须执行国家有关危险废弃物处理的规定。临时垃圾堆放场地可利用天然洼地、沟壑、废坑等，应避开生活饮用水水源、渔业用水水域，并防止垃圾进入河流、库、塘等天然水域。

固体废弃物的处理和处置措施如下：

(1)回收利用。是对固体废弃物进行资源化、减量化处理的重要手段之一。建筑渣土可视其情况加以利用，废钢可按需要用作金属原材料，废电池等废弃物应分散回收，集中处理。

(2)减量化处理。是对已经产生的固体废弃物进行分选、破碎、压实浓缩、脱水等，减少其最终处置量，从而降低处理成本，减少环境污染。在减量化处理的过程中，也包括和其他处理技术相关的工艺方法,如焚烧、热解、堆肥等。

(3)焚烧。用于不适合再利用且不宜直接予以填埋处理的废弃物,尤其是对于已受到病菌、病毒污染的物品,可以用焚烧的方法进行无害化处理。焚烧处理应使用符合环境要求的处理装置,注意避免对大气的二次污染。

(4)固化。利用水泥、沥青等胶结材料,将松散的废弃物包裹起来,减少废弃物的毒性和可迁移性,减小二次污染。

(5)填埋。填埋是固体废弃物处理的最终技术,经过无害化、减量化处理的废弃物残渣集中在填埋场进行处置。填埋场利用天然或人工屏障,尽量使需要处理的废弃物与周围的生态环境隔离,并注意废弃物的稳定性和长期安全性。

2.5　生态保护

生态保护应遵循预防为主、防治结合、维持生态功能的原则,其措施包括水土流失防治和动植物保护。

2.5.1　施工区水土流失防治的主要内容

施工场地应合理利用施工区内的土地,宜减少对原地貌的扰动和损毁植被。

料场取料应按水土流失防治要求减少植被破坏,剥离的表层熟土宜临时堆存作回填覆土。取料结束,应根据料场的性状、土壤条件和土地利用方式,及时进行土地平整,因地制宜恢复植被。

弃渣应及时清运至指定渣场,不得随意倾倒,采用先挡后弃的施工顺序,及时平整渣面、覆土。渣场应根据后期土地利用方式,及时进行植被恢复或作其他用地。

施工道路应及时排水、护坡,永久道路宜及时栽种行道树。

大坝区、引水系统及电站厂区应根据工程进度要求及时绿化,并结合景观美化,合理布置乔、灌、花、草坪等。

2.5.2　动植物保护的主要内容

工程施工不得随意损毁施工区外的植被,捕杀野生动物和破坏野生动物生境。

工程施工区的珍稀濒危植物,采取迁地保护措施时,应根据生态适宜性要求,迁至施工区外移栽;采取就地保护措施时,应挂牌登记,建立保护警示标识。

施工人员不得伤害、捕杀珍稀、濒危陆生动物和其他受保护的野生动物。施工人员在工程区附近发现受威胁或伤害的珍稀、濒危动物等受保护的野生动物时,应及时报告管理部门,采取抢救保护措施。

工程在重要经济鱼类、珍稀濒危水生生物分布水域附近施工时,不得捕杀受保护的水生生物。

工程施工涉及自然保护区,应执行国家和地方关于自然保护区管理的规定。

2.6　人群健康保护

施工期人群健康保护的主要内容包括施工人员体检、施工饮用水卫生及施工区环境卫生防疫。

2.6.1　施工人员体检

施工人员应定期进行体检,预防异地病原体传入,避免发生相互交叉感染。体检应以常规项目为主,并根据施工人员健康状况和当地疫情,增加有针对性的体检项目。体检工作应委托有资质的医疗卫生机构承担,对体检结果提出处理意见并妥善保存。施工区及附近地区发生疫情时,应对原住人群进行抽样体检。

工程建设各单位应建立职业卫生管理规章制度和施工人员职业健康档案,对从事尘、毒、噪声等职业危害的人员应每年进行一次职业体检,对确认职业病的职工应及时给予治疗,并调离原工作岗位。

2.6.2　施工饮用水卫生

生活饮用水水源水质应满足水利工程施工强制性条文引用的《地表水环境质量标准》(GB 3838—2002)中的要求。应符合表 7-11 的要求,并经当地卫生部门检验合格方可使用。生活饮用水水源附近不得有污染源。施工现场应定期对生活饮用水取水区、净水池(塔)、供水管道末端进行水质监测。

表 7-11　生活饮用水水质标准

编号		项目	标准
感官性状指标	1	色	色度不超过 15 度,并不应呈现其他异色
	2	浑浊度	不超过 3 度,特殊情况不超过 5 度
	3	臭和味	不应有异臭异味
	4	肉眼可见物	不应含有
化学指标	5	pH	6.5～6.8
	6	总硬度(以 CaO 计)	不超过 450 mg/L
	7	铁	不超过 0.3 mg/L
	8	锰	不超过 0.1 mg/L
	9	铜	不超过 1.0 mg/L
	10	锌	不超过 1.0 mg/L
	11	挥发酚类	不超过 0.002 mg/L
	12	阴离子合成洗涤剂	不超过 0.3 mg/L
毒理学指标	13	氟化物	不超过 1.0 mg/L,适宜浓度 0.5～1.0 mg/L
	14	氰化物	不超过 0.05 mg/L
	15	砷	不超过 0.04 mg/L
	16	硒	不超过 0.01 mg/L
	17	汞	不超过 0.001 mg/L
	18	镉	不超过 0.01 mg/L
	19	铬(六价)	不超过 0.05 mg/L
	20	铅	不超过 0.05 mg/L

编号		项目	标准
细菌学 指标	21	细菌总数	不超过 100 个/mL 水
	22	大肠菌数	不超过 3 个/mL 水
	23	游离性余氯	在接触 30 min 后不应低于 0.3 mg/L, 管网末梢水不低于 0.05 mg/L

2.6.3　施工区环境卫生防疫

施工进场前,应对一般疫源地和传染性疫源地进行卫生清理。施工区环境卫生防疫范围应包括生活区、办公区及邻近居民区。施工生活区、办公区环境卫生防疫应包括定期防疫、消毒,建立疫情报告和环境卫生监督制度,防止自然疫源性疾病、介水传染病、虫媒传染病等疾病暴发流行。当发生疫情时,应对邻近居民区进行卫生防疫。

根据《水利血防技术导则(试行)》(SL/Z 318—2005)的规定,水利血防工程施工应根据工程所在区域的钉螺分布状况和血吸虫病流行情况,制定有关规定,采取相应的预防措施,避免参建人员被感染。在疫区施工,应采取措施,改善工作和生活环境,同时设立醒目的血防警示标志。

【案例 7-4】　文明施工与环境管理

背景资料

某水利枢纽工程建设内容包括大坝、隧洞、水电站等建筑物。该工程由某市水利局管理机构组建的项目法人负责建设,工期 4 年。某施工单位负责施工,在工程施工过程中发生如下事件:

事件 1:第三年 1 月,突降大雪,超过专用合同条款规定,分包商在进行水电站厂房上部结构施工过程中,在 15 m 高处的大模板由于受到雪荷载作用,支撑失稳倒塌,新浇混凝土结构毁坏,起重机被砸坏。

事件 2:工程成立了以总包人党支部统一领导下,项目负责人为第一责任人,各部门齐抓共管,全员参与的文明工地评比活动,第二年由水利厅授予文明工地称号。

事件 3:地下厂房、引水隧洞采用钻孔爆破施工,造成 2 人死亡。

问题

1. 根据事件 1 和水利工程合同文件,指出该工程新浇混凝土结构毁坏、人员伤亡、起重机被砸坏的承担责任主体。

2. 指出事件 2 中申报工作中的正确做法。

3. 事件 2 中文明工地评比有无不妥? 若不妥,说明正确做法。本工地能否被评为文明工地?

4. 地下厂房、引水隧洞钻孔、爆破施工粉尘和废气如何控制?

答案

1. 属于不可抗拒异常恶劣天气,根据水利水电工程合同条件,新浇混凝土结构毁坏,损失由总包人承担,起重机被砸坏由分包人承担。

2. 正确做法为:工程成立了以项目法人党支部统一领导下,主要负责人为第一责任人,各参建方配合,各部门齐抓共管,全员参与的文明工地评比活动。

3. 第二年应该是水利部文明办授予称号。申报应由项目法人统一申报至市水利局,由市水利局建管部门和文明办进行考核推荐到水利厅,由水利厅推荐到水利部建管司和文明办。

但是,本工程不能申报,因为根据《水利工程建设重大质量与安全事故应急预案》,发生了安全事故。

4. 应采用喷水,设置通风设施,改善地下洞室空气扩散条件等措施,减少粉尘和废气污染。

项目 8　施工项目资源管理

　　施工项目资源管理包括人力资源管理、材料管理、施工机械设备管理、资金管理等。施工项目资源管理的全过程包括项目资源的计划、配置、控制和处置。项目经理部应建立和完善项目资源管理体系,建立资源管理制度,确定资源管理的责任分配和管理程序,并做到持续改进。

　　人力资源管理的内容主要包括:劳动力的招收、培训、录用和调配;劳务单位和专业单位的选择与招标;科学合理地组织劳动力,节约使用劳动力;制定、实施、完善、稳定劳动定额和定员;改善劳动条件,保证职工在生产中的安全与健康;加强劳动纪律,开展劳动竞赛;劳动者的考核、晋升和奖罚。

　　材料管理主要是指在材料计划的基础上,对材料的采购、供应、保管和使用进行组织管理,其具体内容包括材料定额的制定、材料计划的编制、材料的库存管理、材料的订货采购、材料的组织运输、材料的仓库管理、材料的现场管理、材料的成本管理等。

　　施工机械设备管理的内容主要包括施工机械设备的合理装备、选择使用、维护和修理等。在项目施工过程中,应正确、合理地使用施工机械设备,保持其良好的工作性能,减轻施工机械磨损,延长施工机械使用寿命。此外,还应注意施工机械设备的保养和更新。

　　资金管理主要包括资金筹集、资金使用、资金回收和分配等。另外,资金的运动、预测与对比、项目资金计划等也是资金管理的重要方面。

任务 1　施工项目资源管理计划

　　资源管理计划包括反映各种资源种类的需求及供应的分项计划,如人力资源管理计划、材料管理计划、施工机械设备管理计划、资金管理计划。

1　人力资源管理计划

1.1　人力资源需求计划

　　人力资源需求计划是施工单位根据工程项目进度计划的实施而采取的劳动力需求量。

　　(1)确定劳动力投入量。根据劳动力的生产效率(时间定额或产量定额)和各分部分项工程量,即可计算出劳动力投入的总工时。

　　(2)人力资源需求计划编制。人力资源需求计划是围绕着施工项目总进度计划的实施进行编制的。施工项目总进度计划决定了各个单项(位)工程的施工顺序、延续时间和人数。经过组织流水作业,在消减劳动力高峰及低谷,反复进行综合平衡调整以后得出的劳动力需要量计划,反映了计划期内应调入、补充、调出的各种人员变化情况。

在编制劳动力需要量计划时,要注意工程量、劳动力投入量、持续时间、班次、劳动效率,每班工作时间之间的相互调节。同时,在施工时也经常安排混合班组承担一些工作包任务,此时,就要考虑整体劳动效率、设备能力和材料供应能力的制约,以及与其他班组工作的协调。

劳动力需要量计划中还应考虑现场其他人员的使用计划,如为劳动力服务的人员、工地保安、勤杂人员、工地管理人员等,其需求量可根据劳动力投入量计划按比例计算,或根据现场的实际需要安排。

1.2 人力资源配置计划

人力资源配置计划应根据组织发展计划和组织工作方案,结合人力资源核查报告进行制订。

(1)人力资源配置计划编制的内容。根据类型和施工过程特点,提出工作制度时间和班次方案;根据劳动定额配置员工数量,提出配备各岗位需求人员的数量、技术改造项目,优化人员配置;确定各类人员应具备的劳动技能和文化素质;测算职工工资和福利费用及劳动生产率,提出员工选聘等。

(2)人力资源配置计划编制的方法有:按设备、劳动定额、岗位、劳动效率等计算配置生产定员人数编制;按服务人数占职工总数或者生产人员数量的比例计算配置服务定员人数编制;按组织机构职责范围、业务分工计算管理定员人数编制。

1.3 人力资源培训计划

人力资源培训计划的内容包括培训目标、培训方式、培训时间、培训人数、培训经费、师资保证等。培训计划的编制包括调查研究、计划起草和批准实施三个阶段。

1.4 人力资源激励计划

常用的激励方法有行为激励法和经济激励计划两种。在施工项目中,行为激励法高于一切激励。一般行为激励可创造出健康的工作环境、向上的工作精神,而经济激励计划可以使参与者直接受益。应建立起人才资源的开发机制,使用人才的激励机制。这两个机制都很重要。如果只有人才开发机制,而没有激励机制,那么,人才就有可能外流。从内部培养人才,给有能力的人提供机会与挑战,造成紧张与激励气氛,是促成公司发展的动力。

经济激励计划的基础是按时间或任务设置的可以达到的产出目标比率。一般对直接劳动力来说,这些产出目标由生产率定额得到;对间接劳动力来说,工作时间和利润共享可能是提供经济激励的唯一方法。

目前,在工程施工过程中的经济激励计划,常随着工程项目类型、任务和工人工作小组的性质而改变,大致上可采用按与基本小时工资成比例地付给超时工资的时间激励计划、按可以测量的完成工作量付给工人工资的工作激励计划、一次付清工作报酬和按利润分享奖金等四种经济激励计划。

1.5 其他人力资源计划

对于一个完整的水利工程施工项目,人力资源计划还应有项目运行阶段的人力资源计划,包括项目施工操作的人力资源、管理人员的招雇、调遣、培训的安排。如对于引进的设备和工艺项目,常常还要将操作人员和管理人员送出去进行行业的专业、职业资格培训和国际项目管理培训等安排,使他们时刻了解和掌握专业发展趋势,提高爱岗敬业的职业道德。

2 材料管理计划

2.1 材料需用量计划编制

由于各项需要的特点不同,其确定需要量的方法也不同。通常用以下几种方法确定。

2.1.1 直接计算法

直接计算法指用直接资料计算材料需要量的方法。直接计算法主要有定额计算法及万元比例法两种形式。

(1)定额计算法。指依据计划任务量和材料消耗定额来确定材料需要量的方法。其计算公式见式(8-1):

$$计划需要量 = 计划任务量 \times 材料消耗定额 \qquad (8-1)$$

在计划任务量一定的情况下,影响材料需要量的主要因素就是定额。如果定额不准确,计算出的需要量就难以准确。

(2)万元比例法。指根据基本建设投资总额和每万元投资额平均消耗材料来计算需要量的方法。这种方法主要是在综合部分中使用。其计算公式见式(8-2):

$$计划需要量 = 某项工程总投资额(万元) \times 万元消耗材料数量 \qquad (8-2)$$

用这种方法计算出的材料需要量误差较大,但用于概算基建用料,审查基建材料计划指标,是简便有效的。

2.1.2 间接计算法

间接计算法是运用一定的比例、系数和经验来估算材料需要量的方法。间接计算法分为动态分析法、类比计算法及经验统计法等。

间接计算法的计算结果往往不够准确,在执行中要加强检查分析,及时进行调整。

(1)动态分析法。指对历史资料进行分析、研究,找出计划任务量与材料消耗量变化的规律从而计算材料需要量的方法。其计算公式见式(8-3)、式(8-4):

$$计划需要量 = 计划期任务量 / 上期预计完成任务量 \times 上期预计所消耗材料总量 \times$$
$$(1 \pm 材料消耗增减系数) \qquad (8-3)$$

或

$$计划需要量 = 计划任务量 \times 上期预计单位任务材料消耗量 \times$$
$$(1 \pm 材料消耗增减系数) \qquad (8-4)$$

公式中的材料消耗增减系数,一般根据上期预计材料消耗量的增减趋势,结合计划期的可能性来决定。

(2)类比计算法。指生产某项产品时,在既无消耗定额,也无历史资料参考的情况下,参照同类产品的消耗定额计算需要量的方法。其计算公式见式(8-5):

$$计划需要量 = 计划任务量 \times 类似产品的材料消耗量 \times$$
$$(1 \pm 调整系数) \qquad (8-5)$$

公式中的调整系数可根据两种产品材料消耗量不同的因素来确定。

(3)经验统计法。指凭借工作经验和调查资料,经过简单计算来确定材料需要量的方法。经验统计法常用于确定维修、各项辅助材料及不便制定消耗定额的材料的需要量。

2.1.3　核算实际需用量,编制材料需用计划

根据计算的材料需用量,进一步核算材料实际需用量。核算的依据有以下几个方面。

(1)对于通用性材料,在工程进行初期,考虑到可能出现的施工进度超期因素,一般都略加大储备,因此其实际需用量略大于计划需用量。

(2)在工程竣工阶段,因考虑到工完、料清、场地净,防止工程竣工材料积压,一般利用库存控制进料,实际需用量要略小于计划需用量。

(3)对于一些特殊材料,为保证工程质量,往往要求一批进料,计划需用量虽只是一部分,但在申请采购中往往是一次购进,这样实际需用量就要增加。其实际需用量的计算公式见式(8-6):

$$实际需用量 = 计划需用量 \pm 调整因素量 \tag{8-6}$$

2.2　材料申请编制计划

需要上级供应的材料,应编制材料申请计划。材料申请量的计算公式见式(8-7):

$$材料申请量 = 实际需用量 + 计划储备量 - 期初库存量 \tag{8-7}$$

2.3　材料供应计划编制

材料供应计划是材料计划的实施计划,材料供应部门根据用料单位提报的申请计划及各种资源渠道的供货情况、储备情况,进行总需用量与总供应量的平衡,在此基础上编制对各用料单位或项目的供应计划,并明确供应措施,如利用库存、市场采购、加工订货等。

2.4　材料供应措施计划编制

材料供应计划中必须明确供应措施及相应的实施计划。如市场采购,须编制相应的采购计划;加工订货,须有加工订货合同及进货安排计划,以切实确保供应工作的完成。

材料管理计划是对施工项目所需材料的预测、部署和安排,是降低成本、加速资金周转、节约资金的一个重要因素,更是指导与组织施工项目材料的订货、采购、加工、储备和供应的依据。

熟悉已审批项目的施工组织设计,了解工程工期安排和施工机械设备使用计划;根据企业资源和库存情况,对工程所需物资的供应进行策划,确定采购或租赁的范围;根据企业和地方主管部门的有关规定确定供应方式(招标或非招标,采购或租赁),并在了解当前市场价格情况下,按表 8-1 进行具体编制。

表 8-1　单位工程材料总供应计划表

项目名称:　　　　　　　　　　　　　　　　　　　　　　　　　　单位:元

序号	材料名称	规格	单位	数量	单价	金额	供应单位	供应方式

制表人:　　　　　审核人:　　　　　审批人:　　　　　制表时间:

2.5　材料计划期(季、月)需求计划编制

(1)编制依据。主要是项目施工组织设计和年度施工计划、企业现行材料消耗定额、计划期内的施工进度计划等。

(2)确定计划期材料需用量。常用定额计算法和卡段法。卡段法是根据计划期施工进度的形象部位,从施工项目材料计划中摘出与施工进度相应部分的材料需用量,然后汇总,求得计划期各种材料的总需用量。

(3)计划编制。月度需求计划也称备料计划,是由项目技术部门依据施工方案和项目月度计划编制的下月备料计划,如表8-2所示。

表8-2　材料备料计划

项目名称:　　　　计划编号:　　　　编制依据:　　　　第　页　共　页

序号	材料名称	型号	规格	单价	数量	质量标准	备注

制表人:　　　　审核人:　　　　审批人:　　　　制表时间:

2.6　材料供应计划编制

材料供应计划即各类材料的实际进场计划,是项目材料管理部门组织材料采购、加工订货、运输、仓储等材料管理工作的行动指南,是根据施工进度和材料的现场加工周期所提出的最晚进场计划。

材料供应计划的编制,要注意从数量、品种、时间等方面进行平衡,以达到配套供应、均衡施工。首先应在确定计划期需用量的基础上,预计各种材料的期初库存量、期末库存量;经过综合平衡后,计算出材料的供应量(材料供应量一般等于材料需用量和期末储备量之和扣除期初库存量);然后编制材料供应计划,如表8-3所示。

表8-3　材料供应计划

工程名称_____　　　　编制日期_____

材料名称	规格型号	计量单位	期初库存量	计划需用量				期末库存量	计划供应量					供应时间		
				合计	其中				合计	市场采购	挖潜代用	加工自制	其他	第一次	第二次	…
					工程用料	周转材料	其他									

3　施工机械设备管理计划

3.1　施工机械设备需求计划

施工机械设备需求计划主要用于确定施工机械设备的类型、数量、进场时间,可据此落实施工机械设备来源,组织进场。其编制方法为:将工程施工进度计划表中的每一个施

工过程每天所需的机械设备类型、数量和施工日期进行汇总,即得出施工机械设备需用量计划。其表格形式如表8-4所示。

表8-4　施工机械设备需用量计划表

序号	施工机械设备名称	型号	规格	需用量（台/套）	使用时间	备注

3.2　施工机械设备使用计划

项目经理部应根据工程需要编制施工机械设备使用计划,其编制依据是施工组织设计。同样的工程采用不同的施工方法、生产工艺及技术安全措施,选配的施工机械设备也不同。因此,编制施工组织设计,应在考虑合理的施工方法、工艺、技术安全措施时,同时考虑用什么设备去组织施工生产,才能最合理、最有效地保证工期和质量,降低生产成本。

施工机械设备使用计划一般由项目经理部施工机械管理员或施工准备员负责编制。中小型施工机械设备一般由项目经理部主管经理审批。大型设备经主管项目经理审批后,报有关职能部门审批,方可实施动作。租赁大型起重施工机械设备,主要考虑施工机械设备配置的合理性(是否符合使用、安全要求)以及是否符合资质要求(包括租赁企业、安装设备组织的资质要求,设备本身在该地区的注册情况及年检情况,以及操作设备人员的资格情况等)。

3.3　施工机械设备保养计划

施工机械设备保养的目的是保持施工机械设备的良好技术状态,提高设备运转的可靠性和安全性,减少零件的磨损,延长使用寿命,降低能耗,提高经济效益。通常有例行保养(例行保养属于正常使用管理工作,不占用设备的运转时间,由操作人员在施工机械运转间隙进行)和强制保养(强制保养是隔一定的周期,需占用施工机械设备正常运转时间进行的保养,根据工作和复杂程度分为一级保养、二级保养、三级保养和四级保养,级数越高,保养工作量越大)两种。

3.4　施工机械设备修理计划

企业施工机械管理部门按年、季度编制施工机械设备大修、中修计划。编制修理计划时,要结合企业施工生产需要尽量利用施工淡季,优先安排生产急需的重点施工机械设备的修理。施工机械设备及主要部位大修理标志如表8-5所示。

4　资金管理计划

4.1　资金流动计划

项目资金流动计划就是项目收入与支出计划。要做到收入有规定、支出有计划、追加按程序,做到在计划范围内一切开支有审批、主要工料大宗支出有合同,使项目资金运营始终处于受控状态。

表 8-5　施工机械设备及主要部位大修理标志

大修项目	部位	大修理标志
整机	以电动机为动力	主要总成件半数以上需要进行大修理
	其他动力源	发动机、液压马达和 3 个以上总成件需大修理
施工机械动力机构部分	内燃机	发动机动力性能降低,经调整仍需降挡运行者
		机油消耗量超过定额 100% 以上者
		热机测定,各缸压力达不到规定压力标准的 60% 者
		运转敲击声和异响严重,并接近修程间隔者
	电动机	在额定负荷、电压和周波下运行,最高温升超过规定者
		线圈损坏、开路、短路、分接头烧蚀、脱焊无补救措施者
		线圈绝缘电阻值无法达到规定标准者
		转子轴弯曲、松动、裂纹、轴头磨损超限者
		整流子磨损、烧蚀超限、碳刷架破损变形需彻底整修者
施工机械工作机构部分	传动机构	主要机件磨损超限、运转中偏摆、异响、撞击发抖
	转向机构	磨损超限、操作失灵
	行走机构	严重磨损,无法正常行走
	变速机构	齿轮及轴承磨损松旷,换挡困难或跳挡
	整体机架	严重变形或开裂
	工作装置	严重损坏、操作失灵、无法正常工作
总成部件		磨损、腐蚀、变形、损坏,基础零件、部分关键零件、较多非易损零件需更换时

(1)资金支出计划。不管是建设单位(业主)还是承包商,都很重视项目的现金流量,并将它纳入计划的范围。对建设单位(业主)来说,项目的建设期主要是资金支出。现金流量计划主要表现为资金支出计划。该计划与工程进度和合同所确定的付款方式有关,对承包商来说,项目的费用支出和收入常常在时间上不平衡,对于付款条件苛刻的项目,承包商常常必须垫资承包。

(2)工程款收入计划。承包商工程款收入计划,即建设单位(业主)工程款支付计划,它也与工程进度和合同确定的付款方式有关,具体体现在以下几个阶段:①工程预付款及扣除;②工程进度收款的支付;③竣工结算;④保修金返还。

(3)现金流量计划。在工程款支付计划和工程款收入计划的基础上可以得到工程的现金流量。它可以通过表或图的形式反映出来。对于工程承包商来说,工程项目现金流量计划有利于项目资金的安排,保证工程项目的正常施工,也可根据工程现金流量计划,制订工程款借贷计划。同时,也为承包商提供了工程投入资金的风险分析情况。

(4)项目融资计划。由于工程款收入计划与工程款支付计划之间的不平衡性,可能出现正现金流量,即承包商占用他人的资金进行施工,但这种情况是很少见的,而且现在工程款的支付条件也越来越苛刻,承包商很难占用他人的资金进行施工。现实中,工程款收入计划与工程款支付计划之间常出现负现金流量,承包商为了保证项目的顺利施工,必须自己首先垫入这部分资金。因此,要取得项目的成功,必须有财务支持,而现实中要解决这类问题,往往采取融资这类方式。

4.2 财务用款计划

财务用款计划见表8-6。

表8-6 部门财务用款计划表

用款部门:
金额单位:元

支出内容	计划金额	审批金额
合 计		

项目经理签字: 用款部门负责人签字:

4.3 年、季、月度资金管理计划

(1)年度资金管理(收支)计划的编制要根据施工合同工程款支付的条款和年度生产计划安排,预测年内可能达到的资金收入,结合施工方案,安排工、料、机费用等分阶段投入的资金,做好收入与支出在时间上的平衡。编制年度资金管理计划,主要是摸清工程款到位情况,测算筹集资金的额度。安排资金分期支付,平衡资金,确立年度资金管理工作总体安排。

(2)季度、月度资金管理(收支)计划的编制要结合生产计划的变化,安排好季度、月度资金收支。特别是月度资金收支计划,要结合施工月度作业计划,计算出主要工、料、机费用及分项收入,结合材料月末库存,由项目经理部各用款部门分别编制材料、人工、施工机械、管理费用及分包单位支出等分项用款计划,报项目财务部门汇总平衡。然后,由项目经理主持召开计划平衡会,确定整个部门用款数,经平衡确定的资金收支计划报公司审批后,项目经理部作为执行依据,组织实施。

【案例8-1】 施工资源管理计划

背景资料

某泵站加固改造工程内容包括引渠块石护坡拆除重建、泵室混凝土加固、设备更换、管理设施改造等。根据施工进度安排,引水渠护坡浆砌石砌筑 1 000 m³,计划 1 个月(30 d)完工。定额消耗量见表8-7。

表 8-7　砌筑每方定额消耗量

人工(工日)	机械		材料		
	砂浆搅拌机(台班)	胶轮车(台班)	块石(m³)	水泥(t)	沙子(m³)
1	0.01	0.12	1.1	0.18	0.4

某公司开工前做了以下准备工作。

工作1:收集整理所需的主要材料供应信息。编制泵室混凝土水泥主要材料供应计划如表8-8所示。

表 8-8　材料供应计划

工程名称:泵站加固改造工程　　　　　　　　　　　　　　编制日期:2014.06

材料名称	规格型号	计量单位	期初库存量	计划需用量				期末库存量	计划供应量					供应时间		
				合计	其中				合计	市场采购	挖潜代用	加工自制	其他	第一次	第二次	第三次
					工程用料	周转材料	其他									
水泥	42.5	t	5	8	8			3				A		2	2	B

工作2:根据施工进度安排,编制引水渠浆砌石砌筑护坡人工、材料、机械供应计划。

工作3:设备更换、管理设施改造实施分包,填写分包公司的基本情况表、资格审查自审表、原件的复印件等相关表格,并准备了相关原件。

问题

1.指出工作1表8-8中A、B所代表的数据。

2.根据背景资料,计算工作2中引水渠浆砌石砌筑护坡人工、材料、机械需用量。

3.工作3中,公司基本情况表后附的公司相关证书应有哪些?除工作3中所提到的相关表格外,该公司为满足资格审查的要求,还需要填写的表格有哪些?

答案

1.A=6 t;B=2 t。

2.各种资源需用量见表8-9。

表 8-9　各种资源需用量

人工(工日)	机械		材料		
	砂浆搅拌机(台班)	胶轮车(台班)	块石(m³)	水泥(t)	沙子(m³)
34	1	4	1 100	180	400

3. 公司的相关证书有安全生产许可证、营业执照、税务登记证、资质证书、组织机构代码证、诚信记录。

还需填写的表格如下(参照水利水电工程标准施工招标文件):

(1)近 3 年财务状况表;

(2)近 5 年完成的类似项目情况表;

(3)正在施工的和新承接的项目情况表;

(4)近 3 年发生的诉讼及仲裁情况表。

■ 任务 2　施工各项资源管理

1　人力资源管理

1.1　人力资源的选择

人力资源的选择是根据项目需求确定人力资源的性质、数量、标准,并根据工作岗位的需求,提出人员补充计划;对有资格的求职人员提供均等的就业机会;根据岗位要求和条件,确定合适人选。

(1)人力资源的优化配置。指在考虑相关因素变化的基础上,根据施工项目的施工进度计划和劳动力需要量计划。合理配置人力资源,使劳动者之间、劳动者与生产资料和生产环境之间达到最佳的组合,使人尽其才,事半功倍,不断地提高劳动生产率,降低工程成本。

(2)劳动定额。指在正常生产条件下,在充分发挥工人生产积极性的基础上,为完成一定产品或一定产值所规定的必要劳动消耗量的标准。

施工单位的劳动定额有两种基本形式,即时间定额和产量定额。根据各自单位的长期施工统计,制定切实可行的劳动定额是施工单位实行内部考核、计件工资、劳动竞赛的依据。

(3)劳动定员管理。指在一定生产技术组织条件下,为保证企业生产经营活动的正常进行,按一定素质要求,对配备各类人员所规定的限额。

施工项目的劳动定员应坚持先进合理的原则:各类人员结构适当,劳动生产率高;定员人数切实可行,能保证施工生产正常进行;人人有事做,事事有人做。

劳动定员的编制方法主要有:按劳动效率定员,按设备定员,按岗位定员,按比例定员,按组织机构、职责范围、业务分工定员等。

1.2　人力资源的培训

人力资源的培训主要是指对拟使用的人力资源进行岗前教育和业务培训,其内容包括管理人员的培训和施工人员的培训。

(1)管理人员的培训。包括岗位培训、继续教育、学历教育等。岗位培训包括施工员、材料员、资料员、质检员、安全员水利施工技术管理岗位"五大员"和造价员培训以及继续教育培训,项目经理、安全管理人员的 B、C 安全考核合格证培训以及继续教育培训,建造师执业资格继续教育培训等。

（2）施工人员的培训。包括：班组长培训，技术工人等级（高级工、中级工）职业技能鉴定，对从事电工、起重工、司索工、爆破工、登高架子工等特种作业人员应通过按照国家有关部门规定的培训，方能持证上岗；对新进施工单位的人员应进行进企业、进项目、进班组的"三级安全教育"，以及对分包施工队伍的岗前培训等。

1.3　人力资源的动态管理

人力资源的动态管理指的是根据生产任务和施工条件的变化对劳动力进行跟踪平衡协调，以解决劳务失衡、劳务与生产要求脱节的动态过程。其目的是实现劳动力动态的优化组合。人力资源动态管理应包括下列内容：

（1）项目经理部对进场的劳务队伍进行入场教育、过程管理、经济结算、队伍评价。

（2）凡进场劳务人员都应了解工程施工要求，进行技术交底，组织安全考试。

（3）对施工现场的劳动力进行跟踪平衡，及时向企业劳动管理部门提出劳动力补充与减员申请计划。

（4）向进入施工现场的作业班组下达施工任务书，进行考核并兑现费用支付和奖惩。

（5）施工过程中，项目经理部的管理人员应加强对劳务分包队伍的管理，严格执行合同条款，对不符合技术规范要求的操作应及时纠正，对严重违约的按合同规定处理。工程结束后，由项目经理部对分包劳务队伍进行评价，并将评价结果报企业有关管理部门。

（6）施工现场实行经济承包责任制。

2　材料管理

材料供应与管理的主要内容是：两个领域、三个方面和八项业务。

两个领域指材料流通领域和生产领域。流通领域的材料管理是指在企业材料计划指导下，组织货源，进行订货、采购、运输和技术保管，以及对企业多余材料向社会提供资源等活动的管理。生产领域的材料管理是指在生产消费领域中，实行定额供料，采取节约措施和奖励办法，鼓励降低材料单耗，实行退料回收和修旧利废活动的管理。水利水电工程企业的施工队伍，是材料供、管、用的基层单位，它的材料工作重点是管和用。工作的好与坏，对管理的成效有明显作用，可以提高企业经济效益。

三个方面指材料的供、管、用。它们是紧密结合的。

八项业务指材料计划、组织货源、运输供应、验收保管、现场材料管理、工程耗料核销、材料核算和统计分析。

2.1　材料供应管理

工程材料供应管理工作的基本任务是：本着供应管理材料必须坚持"管供、管用、管节约和管回收、修旧利废"的原则，把好供、管、用三个主要环节，以最低的材料成本，按质、按量、及时、配套供应施工生产所需的材料，并监督和促进材料的合理使用。

2.1.1　材料采购管理

2.1.1.1　材料采购模式

水利水电工程施工企业在材料采购管理中一般有三种管理模式：一是分散采购管理；二是集中采购管理；三是既集中又分散的采购管理。采购采用什么模式应由材料市场、企业管理体制及所承包的工程项目的具体情况等综合考虑。

分散采购管理的优点是:①分散采购可以调动各级部门积极性,有利于各部门、各项经济指标的完成。②可以及时满足施工需要,采购工作效率较高。③就某一采购部门来说,流动资金量小,有利于部门内资金管理。④采购价格一般低于多级多层次采购的价格。

分散采购管理难以形成采购批量,不易形成企业经营规模,影响企业整体经济效益。局部资金占用少,但资金分散,其总体占用额度往往高于集中采购资金占用,资金总体效益和利用率下降。机构人员重叠,采购队伍素质相对较弱,不利于建筑企业材料采购供应业务水平的提高。

集中采购管理模式用于工程承包项目或承揽工程项目较多的企业。集中采购有利于减少采购工作量,且有利于提高企业的管理水平和经济效益。

既集中又分散采购管理模式的特点是以上两种模式的综合。

2.1.1.2　材料采购的原则

遵守国家和地方的有关方针、政策、法律法规和规定,如材料管理政策、材料分配政策、经济合同法,各项财政制度以及工商行政部门的规定等。

必须以实际需要的材料品种、规格、数量和时间要求的材料采购计划为依据进行采购。贯彻"以需采购"的材料采购原则,同时要结合材料的生产、市场、运输和储备等因素,进行综合平衡。

坚持材料质量第一,把好材料采购质量关。不符合质量要求的材料不得进入生产车间、施工现场。要随时深入生产厂、市场,以督促生产厂提高产品质量和择优采购。采购人员必须熟悉所采购的材料质量标准,并做好验收鉴定工作,不符合质量要求的物资绝不采购。

降低采购成本。材料采购中,应开展"三比一算"(比质、比价、比运距,算成本)。市场供应的材料,由于材料来自各地,生产手段不同,产品成本不同,质量也有差别。为此,在采购时,一定要注意同样的材料比质量,同样的质量比价格,同样的价格比运距,进行综合计算,以降低材料采购成本。

选择材料运输畅通方便的材料生产单位。生产建设企业尤其施工企业所需用材料的数量大、地区分散,必须使用足够的运输工具,才能按时运输到现场。如果运输力量不足,即使有了资源,也无法运出。为了将所需的材料及时、安全地运输到使用现场,必须选择运输力量充足,地理和运输条件良好的地区及单位的材料,以保证材料采购和供应任务的完成。

2.1.1.3　材料采购合同管理

材料采购合同指供需双方就材料买卖协商达成一致的协议,这种协议常以书面的形式表达。在实施材料采购时,必须重视材料采购合同管理,并注意以下几点。

谈判内容一般为供需双方对权利、义务、价格、供货时间、供货条件等事关双方切身利益的探讨,是影响企业利益的重要因素,因此必须重视签约前的谈判。

合同内容必须准确、详细,因为协议、合同一旦签订,就必须履行。材料采购协议或合同一般包括如下内容:材料名称(牌号)、品种、规格、型号、等级;质量标准及技术标准;数量和计量;包装标准、包装费及包装物品的使用方法;交货单位、交货方式、运输方式、到货地点、收货单位(或收货人);交货时间;验收地点、验收方法和验收工具要求;单价、总价及其他费用;结算方式以及双方经协商同意的其他事项等。

协议、合同的履行过程,是完成整个协议、合同规定任务的过程,因此必须严格履行。在履行过程中如有违反就要承担经济、法律责任,同时违约行为有时往往会影响建筑产品生产。

及时提出索赔。索赔是合法的正当权利要求,根据法律规定,对并非由于自己过错所造成的损失或者承担了协议、合同规定之外的工作付出了额外支出,就有权向承担责任方索赔必要的损失。

2.1.1.4　材料采购质量的控制

凡由承包单位负责采购的原材料、半成品或构配件、设备等,在采购订货前应向工程项目业主、监理工程师申报;对于重要的材料,还应提交样品,供试验或鉴定,有些材料则要求供货单位提交理化试验单(如预应力钢筋的含硫、磷量等),经审查认可发出书面认可证明后,方可进行订货采购。

对于永久设备、构配件,应按经过审批认可的设计文件和图纸组织采购订货,即设备、构配件等的质量应满足有关标准和设计的要求,交货期应满足施工及安装进度安排的需要。

优选良好的供货厂家是保证采购、订货质量的前提。对于供货厂家的制造材料、半成品、构配件以及永久设备的质量应严格控制。为此,对于大型的或重要的设备,以及大宗材料的采购应当实行招投标采购的方式。

对于设备、构配件和材料的采购、订货,需方可以通过制订质量保证计划,详细提出要达到的质量保证要求。质量保证计划的内容主要包括:采购的基本原则及所依据的技术规范或标准;设备或材料性能所依据的标准或规范;应进行的质量检验项目及要求达到的标准;技术协议,包括一般技术规定、技术参数、特性及保证值,以及有关技术说明、检验、试验和验收等;对设备制造过程中所使用的材料的标记、识别和追踪的要求,以及是否需要权威性的质量认证等。

供货方应提供质量保证文件。供货方应向需方(订货方)提供质量保证文件,用以表明其提供的货物能够完全达到需方在质量保证计划中提出的要求。此外,质量保证文件也是施工单位(当施工单位负责采购及监造时)将来在工程竣工时应提供的竣工文件的一个组成部分,用以证明工程项目所用的设备、材料质量符合要求。

质量保证文件的内容主要包括:供货总说明;产品合格证及技术说明书;质量检验证明;检测与试验者的资质证明;关键工艺操作人员资格证明及操作记录(例如大型预应力构件的张拉应力工艺操作记录);不合格品或质量问题处理的说明及证明;有关图纸及技术资料;必要时,还应附有权威性认证资料。

2.1.1.5　材料采购批量管理

材料采购批量是指一次采购材料的数量。其数量的确定以施工生产需用为前提,按计划分批进行采购。采购批量直接影响着采购次数、采购费用、保管费用和资金占用、仓库占用。在某种材料总需用量中,每次采购的数量应选择各项费用综合成本最低的批量,即经济批量或最优批量。

经济批量的确定受多种因素影响,按照所考虑主要因素的不同一般有以下几种方法。

1. 按照商品流通环节最少的原则选择最优批量

从商品流通环节看,向生产厂直接采购,所经过的流通环节最少,价格最低。不过生产厂的销售往往有最低销售量限制,采购批量一般要符合生产厂的最低销售批量。商品流通环节最少,既减少了中间流通环节费用,又降低了采购价格,而且还能得到适用的材料,降低采购成本,但受销售量限制。

2. 按照运输方式选择经济批量

在材料运输中有铁路运输、公路运输、水路运输等不同的运输方式。每种运输中一般又分整车(批)运输和零散(担)运输。在中、长途运输中,铁路运输和水路运输较公路运输价格低、运量大。而在铁路运输和水路运输中,又以整车运输费用较零散运输费用低。因此,一般采购应尽量就近采购或达到整车托运的最低限额,以降低采购费用。

3. 按照采购费用和保管费用支出最低的原则选择经济批量

材料采购批量越小,材料保管费用支出越低,但采购次数越多,采购费用越高;反之,采购批量越大,保管费用越高,但采购次数越少,采购费用越低。因此,采购批量与保管费用成正比例关系,与采购费用成反比例关系(见图 8-1)。应按照采购费用和保管费用得到的总费用最低选择经济批量。

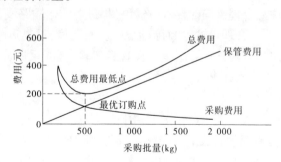

图 8-1　采购批量与费用关系

2.2　材料运输管理

材料运输是材料供应管理中重要的一环。

材料运输管理的具体任务如下。

(1)贯彻"及时、准确、安全、经济"四项原则。

①及时。指用最少的时间,把材料从产地运到施工、用料地点,及时供应使用。

②准确。指材料在整个运输过程中,防止发生各种差错事故,做到不错、不乱、不差,准确无误地完成运输任务。

③安全。指材料在运输过程中保证质量完好,数量无缺,不发生受潮、变质、残损、丢失、爆炸和燃烧事故,保证人员、材料、车辆等安全。

④经济。指经济合理地选用运输路线和运输工具,充分利用运输设备,降低运输费用。

"及时、准确、安全、经济"四项原则是互相关联、辩证统一的,在组织材料运输时,应全面考虑,不能顾此失彼。只有正确全面地贯彻这四项原则,才能完成材料运输任务。

（2）加强材料运输的计划管理。

做好货源、流向、运输路线、现场道路、堆放场地等的调查和布置工作，会同有关部门编制材料运输计划，认真组织材料的发运、接收和必要的中转业务，搞好装卸配合，使材料运输工作在计划指导下协调进行。

（3）建立健全以岗位责任制为中心的运输管理制度。

明确运输工作人员的职责范围，加强经济核算，不断提高材料运输管理水平。

2.2.1 材料运输的方式

目前我国有多种基本运输方式，它们各有特点，采用各种不同的运输工具，能适应不同情况的材料运输。在组织材料运输时，应根据各种运输方式的特点，结合材料的性质、运输距离的远近、供应任务的缓急及交通地理位置等来选择使用。

铁路运输、公路运输、水路运输、航空运输、管道运输等运输方式各有优缺点和适用范围。在选择运输方式时，要根据材料的品种、数量、运距、装运条件、供应要求和运费等因素综合考虑，择优选用。

2.2.2 材料运输的组织

合理组织运输的途径，主要有以下四个方面。

2.2.2.1 选择合理的运输路线

根据交通运输条件与合理流向的要求，选择里程最短的运输路线，最大限度地缩短运输的平均里程，消除各种不合理运输，如对流运输、迂回运输、重复运输、倒流运输等和违反国家规定的物资流向的运输方式。组织工程材料运输时，要采用分析、对比的方法，结合运输方式、运输工具和费用开支进行选择。

2.2.2.2 采取直达运输，"四就直拨"，减少不必要的中转运输环节

直达运输就是把材料从交货地点直接运到用料单位或用料地点，减少中转环节的运输方法。"四就直拨"是指四种直拨的运输形式，指在大中城市和地区性的短途运输中采取"就厂直拨、就站（车站或码头）直拨、就库直拨、就船过载"的办法，把材料直接拨给用料单位或用料工地，可以减少中转环节，节约转运费用。

2.2.2.3 选择合理的运输方式

根据材料的特点、数量、性质、需用的缓急、里程的远近和运价的高低，选择合理的运输方式，以充分发挥其效用。比如大宗材料运距在 100 km 以上的远程运输，应选用铁路运输。沿江、沿海大宗材料的中、长距离运输宜采用水运。一般中距离材料运输以汽车运输为宜，条件合适也可以使用火车运输。

短途运输、现场转运，使用民间群运的运输工具，则比较合算。

2.2.2.4 合理使用运输工具

合理使用运输工具，是指充分利用运输工具的载重量和容积，发挥运输工具的效能，做到满载、快速、安全，以提高经济效益。其方法主要有下列几种。

（1）提高装载技术，保证车船满载。不论采取哪一种运输工具，都要考虑其载重能力，保证装够吨位，防止空吨运输。铁路运输有棚车、敞车、平车等，要使车种适合货种，车吨配合货吨。

（2）做好货运的组织、准备工作。做到快装、快跑、快卸，加速车船周转。事先要配备

适当的装卸力量、机具,安排好材料堆放位置和夜间作业的照明设施。实行经济责任制,将装卸运输作业责任到人,以快装、快卸促满载、快跑,缩短车船停留时间,提高运输效率。

(3)改进材料包装,加强安全教育,保证运输安全。一方面,要根据材料运输安全的要求,进行必要的包装和采取安全防护措施;另一方面,对装卸运输工作加强管理,防止野蛮装卸,加强对责任事故的处理。

(4)加强企业自有运输力量管理。

除要做到以上几点外,还要按月下达任务指标,做好运行时间和里程记录。

货源地点、运输路线、运输方式、运输工具等都是影响运输效果的主要因素,要组织合理运输,应从这几方面着手。在材料采购过程中,应该就地就近取材,组织运距最短的货源,为合理运输创造条件。

2.3 材料的验收与现场管理

现场材料管理的好坏,是衡量施工企业经营管理水平和实现文明施工的重要标志,也是保证工程进度和工程质量、提高劳动效率、降低工程成本的重要环节,对企业的社会声誉和投标承揽任务都有极大影响。加强现场材料管理,是提高材料管理水平、克服施工现场混乱和浪费现象、提高经济效益的重要途径之一。

(1)全面规划。

开工前编制现场材料管理规划,参与施工组织设计的编制,规划材料存放场地、道路,做好材料预算,制定现场材料管理目标。全面规划是使现场材料管理全过程有序进行的前提和保证。

(2)计划进场。

按施工进度计划,组织材料分期分批有秩序地入场。一方面,要保证施工生产需要;另一方面,要防止形成大批剩余材料。计划进场是现场材料管理的重要环节和基础。

(3)严格验收。

按照各种材料的品种、规格、质量、数量要求,严格对现场材料进行检验,办理收料。验收是保证进场材料品种正确、规格对路、质量完好、数量准确的第一道关口,是保证工程质量、降低成本的重要保证。

(4)合理存放。

按照现场平面布置要求,做到合理存放材料。在方便施工、保证道路畅通、安全可靠的原则下,尽量减少二次搬运。合理存放是妥善保管的前提,是生产顺利进行的保证,是降低成本的有效措施。

(5)妥善保管。

按照各项材料的自然属性,依据物资保管技术要求和现场客观条件,采取各种有效措施进行维护、保养,保证各项材料不降低使用价值。妥善保管是物尽其用,实现成本降低的保证条件。

(6)控制领发。

按照操作者所承担的任务,依据定额及有关资料进行严格的数量控制。控制领发是控制工程消耗的重要关口,是实现节约的重要手段。

（7）监督使用。

按照施工规范要求和用料要求，对已转移到操作者手中的材料，在使用过程中进行检查，督促班组合理使用、节约材料。监督使用是实现节约，防止超耗的主要手段。

（8）准确核算。

用实物量形式，通过对消耗活动进行记录、计算、控制、分析、考核和比较，反映材料消耗水平。准确核算既是对本期管理结算的反映，又为下期改进提供了依据。

2.3.1　材料验收与现场管理的内容

2.3.1.1　收料前准备

现场材料人员接到材料进场的预报后，要做好以下五项准备工作。

（1）检查现场施工便道有无障碍及是否平整通畅，车辆进出、转弯、调头是否方便，还应适当考虑回车道，以保证材料能顺利进场。

（2）按照施工组织设计的场地平面布置图的要求，选择好堆料场地。堆料场地要求平整、没有积水。

（3）必须进入现场临时仓库的材料，按照"轻物上架，重物近门，取用方便"的原则，准备好库位。防潮、防霉材料要事先铺好垫板。易燃易爆材料，要准备好危险品仓库。

（4）夜间进料时，要准备好照明设备。在道路两侧及堆料场地，都应有足够的亮度，以保证安全生产。

（5）准备好装卸设备、计量设备、遮盖设备等。

2.3.1.2　材料的验收

现场材料的验收主要是检验材料的品种、规格、数量和质量。验收步骤如下。

（1）查看送料单，看是否有误送。

（2）核对实物的品种、规格、数量和质量，看是否和凭证一致。

（3）检查原始凭证是否齐全正确。

（4）做好原始记录，逐项详细填写收料日记，其中验收情况登记栏，必须将验收过程中发生的问题填写清楚。

2.3.1.3　材料的堆放与保管

不同材料有不同的堆放与保管要求。

2.3.2　材料、设备进场的质量控制

（1）凡运到施工现场的材料、半成品或构配件，应有产品出厂合格证及技术说明书，并由施工单位按规定要求进行检验，向监理工程师提出检验或试验报告，经审查并确认其质量合格后，方准进场。凡是没有产品出厂合格证及检验不合格者，不得进场。

（2）工地交货的机械或设备到场，也应有产品出厂合格证及技术说明书。设备到场后，订货方应在合同规定的时间内开箱检验，并按供方提供的技术说明书和质量保证文件进行检查验收，检验人员对其质量检查确认合格后，予以签署验收单。若发现供方质量保证文件与实物不相符，或对文件资料的正确性有怀疑，或者是设计及验收规程规定必须复检合格后才可使用时，还应由有关部门进行复检。

若检验发现设备质量不符合要求，不予验收，应由供方予以更换或进行处理，合格后再行检查、验收。由于供方供货质量不合格而造成的损失，应及时向供方索赔。

对于工地交货的大型设备,通常是由厂方运至工地后进行组装、调整和试验,经过其自检合格后,再由订货方复检,复检合格后方予以验收。

(3)进口的材料、设备的检查、验收,应会同国家商检部门进行。如在检验中发现质量问题或数量不符合规定要求,应取得供货方及商检人员签署的商务记录,在规定的索赔期内进行索赔。

2.3.3　材料、设备存放条件的控制

质量合格的材料、设备等进场后,到其使用或施工、安装时通常要经过一定的时间间隔,在此时间内,如果对材料、设备等的存放、保管不良,可能导致质量状况的恶化,如损伤、变质、损坏,甚至不能使用。因此,施工单位对材料、半成品、构配件及永久性设备等的存放、保管条件及时间也应实行监控。

(1)对于材料、半成品、构配件和永久性设备等,应当根据它们的特点、特性以及对防潮、防晒、防锈、防腐蚀、通风、隔热、温度、湿度等方面的不同要求,安排适宜的存放条件,以保证其存放质量。例如,对于水泥的存放应当防止受潮,存放时间一般不宜超过 3 个月,以免受潮结块;硝铵炸药的湿度达 3% 以上时易结块、拒爆,存放时应妥当防潮;胶质炸药(硝化甘油)冻结后极为敏感易爆,存放温度应予以控制;某些化学原材料应当避光、防晒;某些金属材料及器材应当防锈蚀等。

(2)对于按要求存放的材料、设备,存入后每隔一定时间(例如一个月)检查一次,随时掌握它们的存放质量情况。此外,在材料、设备等使用前,也应对其质量再次检查确认后,方可允许使用。经检查质量不合要求者(例如水泥存放时间超过规定期限或受潮结块、标号降低),不准使用,或降低等级使用。

2.3.4　当地天然材料试配

对于某些当地天然材料及现场配制的制品,一般要求施工单位事先进行试配,达到要求的标准后方准施工。除应达到规定的力学强度等指标外,还应注意以下方面的检验与控制。

(1)材料的化学成分的检验与控制。例如使用开采、加工的天然河卵石或碎石作为混凝土粗骨料时,其内在的化学成分至关重要。因为如果其中含有无定形氧化硅(如蛋白石、白云石、燧石等),而水泥中的含碱(Na_2O,K_2O)量也较高(>0.6%)时,则混凝土中二者将发生化学反应生成碱–硅酸凝胶,并吸水膨胀,从而导致混凝土开裂。我国北方某混凝土坝工程,曾由于忽视了对所用河卵石及水泥内部化学成分的检验与控制,以致混凝土出现众多裂缝。

(2)充分考虑到施工现场加工条件与设计、试验条件不同而可能导致的材料或半成品质量差异。例如,某工程混凝土所用的砂是当地开采的天然河砂,经过现场加工清洗后使用。其后按原设计的混凝土配合比进行混凝土试配,其单位体积重量指标值达不到设计要求的标准。究其原因,是由于现场清洗加工工艺条件使加工后的砂料组成发生了较大变化,其中细砂部分流失量较大,这与设计阶段进行室内配合比试验时所用的同料源的天然砂组分有较大的差异,因而导致混凝土密度指标值达不到原设计要求。这样,就需要事先找出原因,设法妥善解决(例如,调整配合比,改进加工工艺,或变更质量特性指标值的要求标准等),经认可后才能允许施工。

2.3.5 新材料、新设备应用前的管理工作

新材料、新设备应事先提交可靠的技术鉴定及有关试验和实际应用的报告,经工程项目业主、监理工程师审查确认和批准后,方可在工程中应用。

2.3.6 主要材料的验收与保管

2.3.6.1 水泥的验收与保管

(1)质量验收。以出厂质量保证书为凭,进场时查验单据上水泥品种、强度等级与水泥袋上印的标志是否一致,不一致的应分开码放,待进一步查清;检查水泥出厂日期是否超过规定时间,超过的要另行处理;遇有两个单位同时到货的,应详细验收,分别码放,防止品种不同而混杂使用。

(2)数量验收。包装水泥在车上或卸入仓库后点袋计数,同时对包装水泥实行抽检,以防每袋重量不足。破袋的要灌袋计数并过秤,防止重量不足而影响混凝土和砂浆强度,产生质量事故。

罐车运送的散装水泥,可按出厂秤码单计量净重,但要注意卸车时要卸净,检查的方法是看罐车上的压力表是否为零及拆下的泵管是否有水泥。压力表为零、管口无水泥即表明卸净。对怀疑重量不足的车辆,可单独存放,进行检查。

(3)合理码放。水泥应入库管理。仓库地坪要高出室外地面20~30 cm,四周墙面要有防潮措施,码垛时一般码放10袋,最高不得超过15袋。不同品种、强度等级和日期的,要分开码放,挂牌标明。

特殊情况下,水泥需在露天临时存放时,必须有足够的遮垫措施,做到防水、防雨、防潮。

散装水泥要有固定的容器,既能用自卸汽车进料,又能人工出料。

(4)保管。水泥的储存时间不能太长,出厂后超过3个月的水泥,要及时抽样检查,经化验后按重新确定的强度使用。如有硬化的水泥,经处理后降级使用。

水泥应避免与石灰、石膏以及其他易于飞扬的粒状材料同存,以防混杂,影响质量。包装如有损坏,应及时更换,以免散失。

水泥库房要经常保持清洁,落地灰及时清理、收集、灌装,并应另行收存使用。根据使用情况安排好进料和发料的衔接,严格遵守先进先发的原则,防止发生长时间不动的死角。

2.3.6.2 砂、石料的验收与保管

(1)质量验收。现场砂石一般先目测。

砂:颗粒坚硬洁净,一般要求中粗砂,除特殊需用外,一般不用细砂。黏土、泥灰、粉末等不超过3%~5%。

石:颗粒级配应理想,粒形以近似立方块的为好。针片状颗粒不得超过25%,在强度等级大于C30的混凝土中,不得超过15%。注意鉴别有无风化石、石灰石混入。含泥量一般混凝土不得超过2%,大于C30的混凝土中,不得超过1%。

砂石含泥量的外观检查,如砂子颜色灰黑,手感发黏,抓一把能成团,手放开后,砂团散开,发现有粘连小块,用手指捻开小块,指上留有明显泥污的,表示含泥量过高。石子的含泥量,用手握石子摩擦后无尘土粘于手上,表示合格。

(2)数量验收。砂石的数量验收按运输工具不同、条件不同而采取不同方法。

量方验收:进料后先做方,即把材料做成梯形堆放在平整的地上。

过磅计量:发料单位经地秤,每车随附秤码单送到现场时,应收下每车的秤码单、记录车号,在最后一车送到后,核对收到车数的秤码单和送货凭证是否相符。

其他:水运码头接货无地秤,堆方又无场地时,可在车船上抽查,一种方法是利用船上载重水位线表示的吨位计量;另一种方法是在运输车上快速将砂在车上拉平,量其装载高度,按照车型固定的长、宽度计算体积。

(3)合理堆放。一般应集中堆放在混凝土搅拌机和砂浆机旁,不宜过远。堆放要成方成堆,避免成片。平时要经常清理,并督促班组清底使用。

2.3.6.3　木材的验收与保管

(1)质量验收。木材的质量验收包括材种验收和等级验收。木材的品种很多,首先要辨认材种及规格是否符合要求。对照木材质量标准,查验其腐朽、弯曲、钝棱、裂纹以及斜纹等缺陷是否与标准规定的等级相符。

(2)数量验收。木材的数量以材积表示,要按规定的方法进行检尺,按材积表查定材积,也可按计算式算得。

(3)保管。木材应按材种规格等级不同码放,要便于抽取和保持通风。板材、方材的垛顶部要遮盖,以防日晒雨淋。经过烘干处理的木材,应放进仓库。

木材表面由于水分蒸发,常常容易干裂,应避免日光直接照射。采用狭而薄的衬条或用隐头堆积,或在端头设置遮阳板等。木材存料场地要高、通风要好,应随时清除腐木、杂草和污物,必要时用5%的漂白粉溶液喷洒。

2.3.6.4　钢材的验收与保管

(1)质量验收。钢材质量验收分外观质量验收和内在化学成分、力学性能的验收。外观质量验收中,由现场材料验收人员,通过眼看、手摸,或使用简单工具,如钢刷、木棍等,检查钢材表面是否有缺陷。钢材的化学成分、力学性能均应经有关部门复试,与国家标准对照后,判定其是否合格。

(2)数量验收。钢材数量可通过称重、点件、检尺换算等几种方式验收。验收中应注意的是,称重验收可能产生磅差,其差量在国家标准容许范围内的,即签认送货单数量;若差量超过国家标准容许范围,则应找有关部门解决。检尺换算所得重量与称重所得重量会产生误差,特别是国产钢材的误差量可能较大,供需双方应统一验收方法。当现场数量检测确实有困难时,可到供料单位监磅发料,保证进场材料数量准确。

(3)保管。施工现场存放材料的场地狭小,保管设施较差。钢材中优质钢材、小规格钢材,如镀锌管、薄壁电线管等,最好入库入棚保管,若条件不允许,只能露天存放时,应铺好苦垫。

钢材在保管中必须分清品种、规格、材质,不能混淆。保持场地干燥,地面不积水,并清除污物。

2.3.6.5　成品、半成品的验收与保管

成品、半成品主要指工程使用的混凝土构件以及成型钢筋等。这些成品、半成品占材料费用很大,也是构成工程实体的重要材料。因此,搞好成品、半成品的现场验收与保管,对加速施工进度,保证工程质量,降低工程成本,都起着重要作用。

（1）混凝土构件。混凝土构件一般在工厂生产,再运到现场安装。由于混凝土构件有笨重、量大和规格型号多的特点,验收时一定要对照加工计划,分层分段配套码放,码放在吊车的悬臂回转半径范围内。要认真核对品种、规格、型号,检验外观质量,及时登记台账,掌握配套情况。构件存放场地要平整,垫木规格一致且位置上下对齐,保持平整和受力均匀。混凝土构件一般按工程进度进场,防止过早进场阻塞施工场地。

（2）成型钢筋。指由工厂加工成型后运到现场绑扎的钢筋。一般会同生产班组按照加工计划验收规格和数量,并交班组管理使用。钢筋的存放场地要平整,没有积水,分规格码放整齐,用垫木垫起,防止水浸锈蚀。

2.3.6.6　现场包装品的保管

现场材料的包装容器,一般都有利用价值,如纸袋、麻袋、布袋、木箱、铁桶等。现场必须建立回收制度,保证包装品的成套、完整,提高回收率和完好率。对开拆包装的方法要有明确的规章制度,如铁桶不开大口、盖子不离箱、线封的袋子要拆线等。要健全领用和回收的原始记录,对回收率、完好率进行考核,用量大、易损坏的包装品,例如水泥纸袋等可实行包装品的回收奖励制度。

2.3.7　周转材料的管理

周转材料是指能够多次应用于施工生产,有助于产品形成,但不构成产品实体的各种材料,是有助于建筑产品的形成而必不可少的手段。如浇捣混凝土所需的模板和配套件,施工中搭设的脚手架及其附件等。

从材料的价值周转方式(价值的转移方式和价值的补偿方式)来看,材料的价值是一次性全部地转移到施工中去的。而周转材料却不同,它能在几个施工过程中多次地反复使用,并不改变其本身的实物形态,直至完全丧失其使用价值,损坏报废时为止。它的价值转移是根据其在施工过程中的损耗程度,逐渐地分别转移到产品中去,成为建筑产品价值的组成部分,并从建筑物的价值中逐渐地得到价值补偿。

在一些特殊情况下,由于受施工条件限制,有些周转材料也是一次性消耗的,其价值也就一次性转移到工程成本中去,如大体积混凝土浇捣时所使用的钢支架等在浇捣完成后无法取出,钢板桩由于施工条件限制无法拔出,个别模板无法拆除等。也有些因工程的特殊要求而加工制作的非规格化的特殊周转材料,只能使用一次。这些情况虽然核算要求与材料性质相同,实物也作销账处理,但必须做好残值回收,以减少损耗,降低工程成本。因此,搞好周转材料的管理,对施工企业来讲是一项至关重要的工作。

2.3.7.1　周转材料管理的内容

（1）使用。指为了保证施工生产正常进行或有助于产品的形成而对周转材料进行拼装、支搭以及拆除的作业过程。

（2）养护。指例行养护,包括除去灰垢、涂刷防锈剂或隔离剂,使周转材料处于随时可投入使用的状态。

（3）维修。指修复损坏的周转材料,使之恢复或部分恢复原有功能。

（4）改制。指对损坏且不可修复的周转材料,按照使用和配套的要求进行大改小、长改短的作业。

（5）核算。包括会计核算、统计核算和业务核算三种核算方式。会计核算主要反映周转材料投入和使用的经济效果及其摊销状况,它是资金(货币)的核算;统计核算主要反映数量规模、使用状况和使用趋势,它是数量的核算;业务核算是材料部门根据实际需要和业务特点而进行的核算,它既有资金的核算,也有数量的核算。

2.3.7.2　周转材料的管理方法

1. 租赁管理

应根据周转材料的市场价格变化及摊销额度要求测算租金标准,并使之与工程周转材料费用收入相适应。

(1)租用:项目确定使用周转材料后,应根据使用方案制订需求计划,由专人向租赁部门签订租赁合同,并做好周转材料进入施工现场的各项准备工作,如存放及拼装场地等。租赁部门必须按合同保证配套供应并登记"周转材料租赁台账"。

(2)验收和赔偿:租赁部门应对退库周转材料进行外观质量验收。如有丢失、损坏,应由租用单位赔偿。验收及赔偿标准一般按以下原则掌握:对丢失或严重损坏(不可修复的,如管体有死弯、板面严重扭曲)按原值的50%赔偿;一般性损坏(可修复的,如板面打孔、开焊等)按原值的30%赔偿;轻微损坏(不需使用机械,仅用手工即可修复的)按原值的10%赔偿。

租用单位退租前必须清除租赁的周转材料上的混凝土等灰垢,为验收创造条件。

(3)结算:租金的结算期限一般自提运的次日起至退租之日止,租金按日历天数逐日计取,按月结算。租用单位实际支付的租赁费用包括租金和赔偿费两项,见式(8-8)。

$$租赁费用(元) = \sum(租用数量 \times 相应日租金(元) \times 租用天数 + 丢失损坏数量 \times$$
$$相应原值 \times 相应赔偿率(\%)) \tag{8-8}$$

根据结算结果由租赁部门填制《租金及赔偿结算单》。

为简化核算工作也可不设"周转材料租赁台账",而直接根据租赁合同进行结算。但要加强合同的管理,严防遗失,以免错算和漏算。

2. 承包管理

周转材料的费用承包是适应项目管理的一种管理形式,或者说是项目管理对周转材料管理的要求。它是指以单位工程为基础,按照预定的期限和一定的方法测定一个适当的费用额度交由承包者使用,实行节奖超罚的管理。

承包费用的收入:承包费用的收入即是承包者所接受的承包额。承包额有两种确定方法,一种是扣额法,另一种是加额法。扣额法指按照单位工程周转材料的预算费用收入,扣除规定的成本降低额后的费用;加额法是指根据施工方案所确定的费用收入,结合额定周转次数和计划工期等因素所限定的实际使用费用,加上一定的系数额作为承包者的最终费用收入。所谓系数额,是指一定历史时期的平均耗费系数与施工方案所确定的费用收入的乘积。计算公式如下:

$$扣额法费用收入(元) = 预算费用收入(元) \times [1 - 成本降低率(\%)] \tag{8-9}$$
$$加额法费用收入(元) = 施工方案确定的费用收入(元) \times (1 + 平均耗费系数)$$
$$\tag{8-10}$$

承包费用的支出是指承包期限内所支付的周转材料使用费(租金)、赔偿费、运输费、二次搬运费以及支出的其他费用之和。

在实际工作中,常常是不同品种的周转材料分别进行承包,或只承包某一品种的费用,这就需要对承包效果进行预测,并根据预测结果提出有针对性的管理措施。

承包期满后要对承包效果进行考核、结算和奖罚。

承包的考核和结算指承包费用收、支对比,出现盈余为节约,反之为亏损。如实现节约,应对参与承包的有关人员进行奖励。可以按节约额进行金额奖励,也可以扣留一定比例后再予奖励。如出现亏损,则应按与奖励对等的原则对有关人员进行罚款。费用承包管理方法是目前普遍实行项目经理责任制中较为有效的方法,企业管理人员应不断探索有效管理措施,提高承包经济效果。

提高承包经济效果的基本途径有两条:

(1)在使用数量既定的条件下努力提高周转次数;

(2)在使用期限既定的条件下,努力减少占用量。同时,应减少丢失和损坏数量,积极实行和推广组合钢模的整体转移,以减少停滞、加速周转。

2.4 材料的仓储管理

仓储管理是材料从流通领域进入企业的"监督关",是材料投入施工生产消费领域的"控制关";材料储存过程又是保质、保量、完整无缺的"监护关"。所以,仓储管理工作负有重大的经济责任。

(1)按储存材料的种类划分。

①综合性仓库。仓库建有若干库房,储存各种各样的材料。如在同一仓库中储存钢材、电料、木料、五金、配件等。

②专业性仓库。仓库只储存某一类材料。如钢材库、木料库、电料库等。

(2)按保管条件划分。

①普遍仓库。储存没有特殊要求的一般性材料,如工具库、钢筋仓库等。

②特种仓库。某些材料对库房的温度、湿度、安全有特殊要求,需按不同要求设保温库、燃料库、危险品库等。水泥由于粉尘大,防潮要求高,因而水泥仓库也是特种仓库。

(3)按建筑结构划分。

①封闭式仓库。指有屋顶、墙壁和门窗的仓库。

②半封闭式仓库。指有顶无墙的料库、料棚。

③露天料场。主要储存不易受自然条件影响的大宗材料。

(4)按管理权限划分。

①中心仓库。指大中型工程设立的仓库。这类仓库材料吞吐量大,主要材料由公司集中储备,也叫一级储备。

②总库。指项目部或工程处(队)所设施工备料仓库。

③分库。指施工队及施工现场所设的施工用料准备库,业务上受项目部或工程处(队)直接管辖,统一调度。

2.4.1　仓库规划

2.4.1.1　材料仓库位置的选择

材料仓库的位置是否合理,直接关系到仓库的使用效果。仓库位置选择的基本要求是"方便、经济、安全"。仓库位置选择的条件是:

（1）交通方便。材料的运送和装卸都要方便。材料中转仓库（中心）最好靠近公路（有条件的设专用线）；以水运为主的仓库要靠近河道码头；现场仓库的位置要适中，以缩短到各施工点的距离。

（2）地势较高，地形平坦，便于排水、防洪、通风、防潮。

（3）环境适宜，周围无腐蚀性气体、粉尘和辐射性物质。危险品仓库和一般仓库要保持一定的安全距离，与民房或临时工棚也要有一定的安全距离。

（4）有合理布局的水电供应设施，利于消防、作业、安全和生活之用。

2.4.1.2　材料仓库的合理布局

材料仓库的合理布局，能为仓库的使用、运输、供应和管理提供方便，为仓库各项业务费用的降低提供条件。合理布局的要求是：

（1）适应企业施工生产发展的需要。如按施工生产规模、材料资源供应渠道、供应范围、运输和进料间隔等因素，考虑仓库规模。

（2）纳入项目部的整体规划。按项目类别规划，如按混凝土工程、土石坝工程、水闸泵站工程等，结合不同的环境情况和施工点的分布及规模大小来合理布局。

（3）企业所属各级各类仓库应合理分工。根据供应范围、管理权限的划分情况来进行仓库的合理布局。

（4）根据企业耗用材料的性质、结构、特点和供应条件，并结合新材料、新工艺的发展趋势，按材料品种及保管、运输、装卸条件等进行布局。

2.4.1.3　仓库面积的确定

仓库和料场面积的确定，是规划和布局时需要首先解决的问题。可根据各种材料的最高储存数量、堆放定额和仓库面积利用系数进行计算。

（1）仓库有效面积的确定。仓库有效面积是指实际堆放材料的面积或摆放货架货柜所占的面积，不包括仓库内的通道、材料与货架之间的空地面积。计算公式见式（8-11）：

$$F = \frac{P}{V} \tag{8-11}$$

式中　F——仓库有效面积，m^2；

　　　　P——仓库最高储存材料的数量，t 或 m^3；

　　　　V——每平方米面积定额堆放数量。

（2）仓库总面积的计算。仓库总面积为包括有效面积、通道及材料架之间的空地面积在内的全部面积。计算公式见式（8-12）：

$$S = \frac{F}{a} \tag{8-12}$$

式中　S——仓库总面积，m^2；

　　　　F——有效面积，m^2；

　　　　a——仓库面积利用系数，见表 8-10。

2.4.1.4　仓库储存规划

材料仓库储存规划是在仓库合理布局的基础上，对应储存的材料作全面、合理的具体安排，实行分区分类、货位编号、定位存放、定位管理。

仓库储存规划的原则是:布局紧凑,用地节省,保管合理,作业方便,符合防火、安全要求。

表 8-10　仓库面积利用系数

项次	仓库类型	系数 a 值
1	密封通用仓库(内装货架,每两排货架之间留 1 m 通道,主通道宽为 2.5～3.5 m)	0.35～0.4
2	罐式密封仓库	0.6～0.9
3	堆置桶装或袋装的密封仓库	0.45～0.6
4	堆置木材的露天仓库	0.4～0.5
5	堆置钢材棚库	0.5～0.6
6	堆置砂、石料露天库	0.6～0.7

2.4.2　仓库材料财务管理

2.4.2.1　记账凭证

(1)材料入库凭证:验收单、入库单、加工单等。

(2)材料出库凭证:调拨单、借用单、限额领料单、新旧转账单等。

(3)盘点、报废、调整凭证:盘点盈亏调整单、数量规格调整单、报损报废单等。

2.4.2.2　记账程序

(1)审核凭证。审核凭证的合法性、有效性。凭证必须是合法凭证,有编号,有材料收发动态指标,能完整反映材料经济业务从发生到结束的全过程情况。临时借条均不能作为记账的合法凭证。合法凭证指要按规定填写齐全,如日期、名称、规格、数量、单位、单价等。印章要齐全,抬头要定清楚,否则为无效凭证,不能依据无效凭证记账。

(2)整理凭证。记账前,先将凭证分类、分档排列,然后依次逐项登记。

2.4.2.3　账册登记

根据账页上的各项指标自左至右逐项登记。已记账的凭证,应加标记,防止重复登账。记账后,对账卡上的结存数要进行验算,即:上期结存 + 本项收入 - 本项支出 = 本项结存。

2.4.3　仓储盘点

仓库所保管材料的品种、规格繁多,计量、计算易发生差错,保管中发生的损耗、损坏、变质、丢失等种种因素,可能导致库存材料数量不符,质量下降。只有通过盘点,才能准确地掌握实际库存量,摸清材料质量状况,掌握材料保管中存在的各种问题,了解储备定额执行情况和呆滞、积压数量,以及利用、代用等挖潜措施的落实情况。仓储盘点方法有以下两种。

2.4.3.1　定期盘点

定期盘点指季末或年末对仓库保管的材料进行全面、彻底盘点,达到有物有账,账物相符,账账相符,并把材料数量、规格、质量及主要用途搞清楚。由于清点规模大,应先做好组织与准备工作,主要内容有:

（1）划区分块，统一安排盘点范围，防止重查或漏查。

（2）校正盘点用计量工具，统一印制盘点表，确定盘点截止日期和报表日期。

（3）安排各现场、车间，对已领未用的材料办理"假退料"手续，并清理成品、半成品、在线产品。

（4）尚未验收的材料，具备验收条件的，抓紧验收入库。

（5）代管材料，应有特殊标志，另列报表，以便于查对。

2.4.3.2　永续盘点

对库房内每日有变动（增加或减少）的材料，当日复查一次，即当天对有收入或支出发生的材料，核对账、卡、物是否对口。这种连续进行的抽查盘点，能及时发现问题，便于清查和及时采取措施，是保证账、卡、物"三对口"的有效方法。永续盘点必须做到当天收发，当天记账和登卡。

盘点时，要对实际库存量和账面结存量进行逐项核对，并同时检查材料质量、有效期、安全消防及保管状况，编制盘点报告。

盘点中数量出现盈亏，若盈亏量在国家和企业规定的范围之内，可在盘点报告中反映，不必编制盈亏报告，经业务主管审批后，据此调整账务；若盈亏量超过规定规范，除在盘点报告中反映外，还应填写"材料盘点盈亏报告单"，经领导审批后再行处理。库存材料发生损坏、变质、降等级等问题时，填报"材料报损报废报告单"，并通过有关部门鉴定损失金额，经领导审批后，根据批示意见处理。

库房被盗或遭破坏，其丢失及损失材料数量及相应金额，应专项报告，经保卫部门核查后，按上级最终批示做账务处理。库存材料一年以上没有发出，列为积压材料。

3　施工机械设备管理

施工机械设备管理控制的内容如下：施工机械设备购置管理、租赁管理、使用管理、保养和维修管理、操作人员管理、报废和出场管理等。其任务主要包括：正确选择施工机械；保证正常使用处于良好状态；减少闲置、损坏；提高使用效率及产出水平；对施工机械设备进行维护与保养。

3.1　施工机械设备购置管理

当实现项目需要新购置施工机械设备时，大型施工机械和特殊设备应在调研的基础上，写出技术可行性分析报告，经主管部门领导审批后购置。中小型施工机械应在调研基础上选择性价比较高的产品。一般情况下，根据单位工程量成本、折算费用等方法进行经济分析，并结合经济评价法（投资回收期、年费用等）来选择施工机械设备。

3.2　施工机械设备租赁管理

施工机械设备租赁是企业利用社会施工机械设备资源来增强施工能力，减小投资包袱。其租赁形式有内部租赁和社会租赁两种。例如小浪底工程的混凝土输送设备，是由德国朱布林公司租赁美国洛泰克公司的塔带机。

3.3　施工机械设备使用管理

（1）项目经理部在选择施工机械设备时应考虑经济效益水平。应根据施工要求选择性能适宜、良好的施工机械，优先考虑租用性能价格比较好的设备和一机多能的施工机械。

土石方运距在 1 km 以上,尽量选择挖掘机配合自卸汽车挖运,并且要注意挖掘机斗容和自卸汽车斗容的匹配关系,一般情况下 3 ~ 5 斗能装满汽车最好;如果运距在 600 m 左右可考虑铲运机,100 m 以内挖填不大时,可考虑采用推土机。

混凝土施工应首先根据设计进度计算的高峰月浇筑强度,计算混凝土浇筑系统单位小时生产能力:

$$P = K_h Q_m / MN \tag{8-13}$$

式中　P——混凝土系统所需小时生产能力,m^3/h;

　　　Q_m——高峰月混凝土浇筑强度,$m^3/$月;

　　　M——月工作日数,d,一般取 25 d;

　　　N——日工作时数,h,一般取 20 h;

　　　K_h——时不均匀系数,一般取 1.5。

按施工分块仓面强度计算法对混凝土生产系统规模进行核算:

$$P \geqslant K \sum (F\delta)_{max} / (t_1 - t_2)$$

$$t_2 = L_{max} / v + t_3 \tag{8-14}$$

$$\sum (F\delta)_{max} = (F_1\delta_1 + F_2\delta_2 + \cdots + F_n\delta_n)_{max}$$

式中　P——混凝土系统拌和楼所需生产能力,m^3/h;

　　　K——浇筑生产不均匀系数,一般为 1.1 ~ 1.2,当开仓浇筑量大时取大值,反之取小值;

　　　$\sum (F\delta)_{max}$——同时浇筑的各浇筑块面积与浇筑层厚度的乘积的最大总值,m^3;

　　　$F_1, F_2, \cdots, F_n$——同时开仓浇筑的各浇筑块面积,m^2;

　　　$\delta_1, \delta_2, \cdots, \delta_n$——同时开仓浇筑的各浇筑层厚度,m;

　　　t_1——混凝土初凝时间,h,按有关水工混凝土技术规范和标准考虑;

　　　t_2——混凝土从拌和楼至最远浇筑点的运输时间(包括起吊入库时间),h,按有关水工混凝土技术规范和标准考虑;

　　　L_{max}——从拌和楼到浇筑点最长运距,km;

　　　v——混凝土运输工具的平均行驶速度,km/h;

　　　t_3——从运输工具吊运混凝土料罐到浇筑地点的时间,h。

混凝土垂直运输设备主要有门机、塔机、缆机和履带式起重机。胶带式混凝土混合运输设备主要有深槽高速混凝土胶带输送机、液压活动支架胶带机(仓面布料机)、车载液压伸缩节胶带机(胎带机)、塔带机和混凝土泵。大坝等建筑物的混凝土运输方案,主要有门机、塔机运输方案,缆机运输方案以及辅助运输浇筑方案。通常一个混凝土坝枢纽工程,很难用单一的运输浇筑方案完成,总要辅以其他运输浇筑方案配合施工。有主有辅,相互协调。常用的辅助运输浇筑方案,有履带式起重机浇筑方案、汽车运输浇筑方案、皮带运输机浇筑方案。

(2)项目经理部施工机械设备部门应坚持实行操作制度,无证不准上岗。建立施工机械设备使用中的"三定"制度和设备档案制度,便于施工机械设备的使用与维修。要努

力组织好施工机械设备的流水施工,做好施工机械设备安全作业,为施工机械设备的施工创造良好条件。

(3)施工管理人员应合理匹配施工机械,合理配备司机和操作手,合理调配施工机械,避免设备闲置。在使用中采取合理的施工技术、组织措施,以发挥出机械设备最大的作业效率。

3.4　施工机械设备保养和维修管理

施工机械设备的管理、使用、保养与维修是几个互相影响、不可分割的方面。管好、养好、修好的目的是使用,但如果只强调使用,忽视管理、保养、维修,则不能达到更好的使用目的。

4　资金管理

施工项目资金管理控制应以保证收入、节约支出、防范风险和提高经济效益为目的,应在财务部门设立项目专用账号进行资金收支预测,统一对外收支与结算。项目资金管理控制应包括资金收入与支出管理、资金使用成本管理、资金风险管理等。

4.1　资金收入与支出管理

为了保证项目资金的合理使用,应遵循以收定支(收入确定支出)和制订资金使用计划两个原则执行。项目经理部按用款计划控制项目资金使用,并按规定设立财务台账记录资金支付情况,加强财务核算,及时盘点盈亏,及时向发包方收取工程款,做好分期结算、增减结算、竣工结算等工作。坚持做好项目资金分析,"三材"、设备的收入与耗用动态分析,进行计划收支与实际收支的对比,为做好各项结算创造条件。

4.2　资金使用成本管理

建立健全项目资金管理责任制,明确项目资金由项目经理负责使用管理,项目经理部财务人员负责协调组织日常工作,做到统一管理、归口负责、业务交叉对口,建立责任制,明确项目预算员、统计员、材料员、劳动定额员等有关职能人员的资金管理职责和权限。加强财务核算,及时盘点盈亏。

财务部门要根据实际用款做好记录,每周末编制银行存款情况快报,反映当期银行存款收入、支出和报告日结存数。各部门对原计划支出数不足部分,应书面报项目经理审批追加,审批单交财务,做到支出有计划,追加按程序。

项目经理部的财务可由财务人员或有关业务部门登账,明细台账要定期和财务账核对,做到账账相符,还要和仓库保管员的收发存实物账及其他业务结算账核对,做到账实相符,进行财务总体控制,以利于发挥财务资金管理的作用。

4.3　资金风险管理

项目经理部应注意发包方资金到位情况,签好施工合同,明确工程款支付办法和发包方供料范围。在发包方资金不足的情况下,尽量要求发包方供应部分材料,要防止发包方把属于甲方供料、甲方分包范围的转给主承包方支付;同时,要关注发包方资金动态,在已经发生垫资施工的情况下,要适当掌握施工进度,以利于回收资金;如果出现工程垫资超出原计划控制幅度,要考虑调整施工方案,压缩规模,甚至暂缓施工,并积极与发包方协调,以利于回收资金。

【案例 8-2】　施工资源控制

背景资料

某水闸工程发包人与承包人签订了施工合同。承包人接到监理机构进场通知后,组织人员、设备进场,进行项目部各种临时设施建设,开展各项施工准备工作。

工作 1:接到企业人力资源部通知,在不影响施工准备工作的基础上派员到水行政主管部门进行培训。

工作 2:对从事电工、起重工、司索工、混凝土工、登高架子工、模板工、挖掘机司机等特种作业人员按有关规定培训。

工作 3:水泥的存放,应按不同生产厂、不同品种、不同强度等级、不同出厂日期分别用罐式密封仓库进行保管,严禁不同品种、强度等级混装。散装水泥超过 3 个月,使用前应进行重新检验。

工作 4:底板混凝土采用平浇法施工,最大混凝土块浇筑面积 400 m²,浇筑层厚 40 cm,混凝土初凝时间按 3 h 计,混凝土从出机口到浇筑入仓历时 30 min。

问题

1. 工作 1 派员到水行政主管部门进行培训的管理岗位技术人员有哪些?

2. 按照有关水利工程安全管理规定,指出工作 2 的不妥之处。

3. 指出水泥存放的不妥之处。

4. 工程拌和站小时生产能力最小应为多少?

答案

1. 岗位培训包括施工员、材料员、资料员、质检员、安全员水利施工技术管理岗位"五大员"和造价员培训以及继续教育培训,项目经理、安全管理人员的 B、C 安全考核合格证培训以及继续教育培训,项目经理建造师执业资格继续教育培训等。

2. 对模板工、挖掘机司机岗前培训不妥。

3. 散装水泥超过 6 个月,使用前应进行重新检验。

4. 拌和站小时生产能力最小应为 70.4 m³/h。

项目 9　施工项目质量管理

水利工程质量是指在国家和水利行业现行的有关法律、法规、技术标准和批准的设计文件及工程合同中,对建设的水利工程的安全、适用、经济、美观等特性的综合要求。工程质量不仅关系到水利工程的适用性、可靠性、耐久性和建设项目的投资效益,而且也直接关系到人民群众生命和财产的安全。切实加强水利工程施工质量管理,预防和正确处理可能发生的工程质量事故,保证工程质量达到预期目标,是水利工程施工项目管理的主要任务之一。

任务 1　施工质量保证体系的建立和运行

1　工程项目施工质量保证体系的内容和运行

根据水利部《关于贯彻质量发展纲要、提升水利工程质量实施意见》(水建管〔2012〕581 号)要求落实从业主体单位质量责任制、从业单位领导责任制、从业人员责任制、质量终身责任制,要求参建各方质量体系建设的总体要求是:项目法人建立健全质量管理体系,设计、勘察和施工单位建立健全质量保证体系,监理单位建立健全质量检查体系。在工程项目施工中,完善的质量保证体系是满足用户质量要求的保证。施工质量保证体系通过对那些影响施工质量的要素进行连续评价,对建筑、安装等工作进行检查,并提供证据。质量保证体系是企业内部的一种系统的技术和管理手段;在合同环境中,施工质量保证体系可以向建设单位(项目法人)证明,施工单位具有足够的管理和技术上的能力,保证全部施工是在严格的质量管理中完成的,从而取得建设单位(项目法人)的信任。

质量保证体系是为了保证某项产品或某项服务能满足给定的质量要求的体系,包括质量方针和目标,以及为实现目标所建立的组织结构系统、管理制度办法、实施计划方案和必要的物质条件组成的整体。质量保证体系的运行包括该体系全部有目标、有计划的系统活动。其内容主要包括以下几个方面。

1.1　施工项目质量目标

施工项目质量保证体系必须有明确的质量目标,并符合项目质量总目标的要求;要以工程承包合同为基本依据,逐级分解目标以形成在合同环境下的项目施工质量保证体系的各级质量目标。施工项目质量目标的分解主要从两个角度展开,即:从时间角度展开,实施全过程的管理;从空间角度展开,实现全方位和全员的质量目标管理。

1.2　施工项目质量计划

施工项目质量保证体系应有可行的质量计划。质量计划应根据企业的质量手册和项目质量目标来编制。施工项目质量计划可以按内容分为施工质量工作计划和施工质量成本计划。施工质量工作计划主要包括:质量目标的具体描述和定量描述,整个项目施工质量形成的各工作环节的责任和权限;采用的特定程序、方法和工作指导书;重要工序(工作)的试验、检验、验证和审核大纲;质量计划修订程序;为达到质量目标所采取的其他措施。施工质量成本计划是规定最佳质量成本水平的费用计划,是开展质量成本管理的基准。质量成本可分为运行质量成本和外部质量保证成本。运行质量成本是指为运行质量体系达到和保持规定的质量水平所支付的费用,包括预防成本、鉴定成本、内部损失成本和外部损失成本。外部质量保证成本是指依据合同要求向顾客提供所需要的客观证据所支付的费用,包括特殊的和附加的质量保证措施、程序、数据、证实试验和评定的费用。

1.3　思想保证体系

用全面质量管理的思想、观点和方法,使全体人员真正树立起强烈的质量意识。主要通过树立"质量第一"的观点,增强质量意识,贯彻"一切为用户服务"的思想,以达到提高施工质量的目的。

1.4　组织保证体系

工程施工质量是各项管理工作成果的综合反映,也是管理水平的具体体现。必须建立健全各级质量管理组织,分工负责,形成一个有明确任务、职责、权限、互相协调和互相促进的有机整体。组织保证体系主要由成立质量管理小组(QC 小组),健全各种规章制度,明确规定各职能部门主管人员和参与施工人员在保证和提高工程质量中所承担的任务、职责和权限,建立质量信息系统等内容构成。

1.5　工作保证体系

工作保证体系主要是明确工作任务和建立工作制度,要落实在以下三个阶段:

(1)施工准备阶段的质量管理。施工准备是为整个工程施工创造条件。准备工作的好坏,不仅直接关系到工程建设能否高速、优质地完成,而且也决定了能否对工程质量事故起到一定的预防、预控作用。因此,做好施工准备的质量管理是确保施工质量的首要工作。

(2)施工阶段的质量管理。施工过程是建筑产品形成的过程,这个阶段的质量管理是确保施工质量的关键。必须加强工序管理,建立质量检查制度,严格实行自检、互检和专检,开展群众性的 QC 活动,强化过程管理,以确保施工阶段的工作质量。

(3)竣工验收阶段的质量管理。工程竣工验收,是指单位工程或单项工程竣工,经检查验收,移交给下一道工序或移交给建设单位。这一阶段主要应做好成品保护,严格按规范标准进行检查验收和必要的处置,不让不合格工程进入下一道工序或进入市场,并做好相关资料的收集整理和移交,建立回访制度等。

2　施工质量保证体系的运行

施工质量保证体系的运行,应以质量计划为主线,以过程管理为重心,按照 PDCA 循环的原理,通过计划、实施、检查和处理的步骤开展管理。质量保证体系运行状态和结果的信息应及时反馈,以便进行质量保证体系的能力评价。

2.1　计划(Plan)

计划是质量管理的首要环节,通过计划,确定质量管理的方针、目标,以及实现方针、目标的措施和行动方案。计划包括质量管理目标的确定和质量保证工作计划。质量管理目标的确定，就是根据项目自身可能存在的质量问题、质量通病以及与国家规范规定的质量标准对比的差距，或者用户提出的更新、更高的质量要求所确定的项目在计划期应达到的质量标准。质量保证工作计划，就是为实现上述质量管理目标所采用的具体措施的计划。质量保证工作计划应做到材料、技术、组织三落实。

2.2　实施（Do）

实施包含两个环节，即计划行动方案的交底和按计划规定的方法及要求展开的施工作业技术活动。首先，要做好计划的交底和落实。落实包括组织落实、技术和物资材料的落实。有关人员要经过培训、实习并经过考核合格再执行。其次，计划的执行，要依靠质量保证工作体系，也就是要依靠思想工作体系，做好教育工作；依靠组织体系，即完善组织机构、责任制、规章制度等项工作；依靠产品形成过程的质量管理体系，做好质量管理工作，以保证质量计划的执行。

2.3　检查（Check）

检查就是对照计划，检查执行的情况和效果，及时发现计划执行过程中的偏差和问题。检查一般包括两个方面：一是检查是否严格执行了计划的行动方案，检查实际条件是否发生变化，总结成功执行的经验，查明没按计划执行的原因；二是检查计划执行的结果，即施工质量是否达到标准的要求，并对此进行评价和确认。

2.4　处理（Action）

处理就是在检查的基础上，把成功的经验加以肯定，形成标准，以利于在今后的工作中以此成为处理的依据，巩固成果，同时采取措施，克服缺点，吸取教训，避免重犯错误，对于尚未解决的问题，则留到下一次循环再加以解决。

质量管理的全过程是反复按照 PDCA 的循环周而复始地运转，每运转一次，工程质量就提高一步。PDCA 循环具有大环套小环、互相衔接、互相促进、螺旋式上升，形成完整的循环和不断推进等特点。

【案例9-1】　施工质量管理体系的建立和运行

背景资料

某泵站水利施工项目，通过招标选择了黄河鼎立公司承担施工任务，建设单位严格落实质量管理"四项责任"，施工单位在开工之前，建立了施工质量保证体系。

1. 根据工程建设创建优良工程的总体质量目标，将施工项目质量目标从两个角度分解质量目标，逐级分解，形成施工质量保证体系的各级质量目标。

2. 施工单位制订的施工质量工作计划主要包括：质量目标的具体描述和定量描述，整个项目施工质量形成的各工作环节的责任和权限；采用的特定程序、方法和工作指导书。

3. 施工单位制定了思想保证体系、组织保证体系和工作保证体系。

问题

1. 指出质量管理"四项责任"具体内容。质量目标从哪两个角度分解施工项目质量目标？

2. 质量计划按内容包括哪两个计划？

3. 思想保证体系主要树立什么质量管理思想？组织保证体系建设主要是建立何种机构？

答案

1."四项责任"是：落实从业主体单位质量责任制、从业单位领导责任制、从业人员责任制、质量终身责任制。

从时间角度展开,实施全过程的管理;从空间角度展开,实现全方位和全员的质量目标管理。

2. 按内容分为施工质量工作计划和施工质量成本计划。

3. 树立"一切为用户服务"的思想。组织保证体系主要是成立质量管理小组(QC 小组)。

任务 2　施工阶段质量管理

1　施工质量管理的基本内容和方法

1.1　施工质量管理的基本环节

施工质量管理应贯彻全面、全过程质量管理的思想,运用动态管理原理,进行质量的事前管理、事中管理和事后管理。

1.1.1　事前质量管理

即在正式施工前进行的事前主动质保管理,通过编制施工项目质量计划,明确质量目标,制订施工方案,设置质量管理点,落实质量责任,分析可能导致质量目标偏离的各种影响因素,针对这些影响因素制定有效的预防措施,防患于未然。

1.1.2　事中质量管理

即在施工质量形成过程中,对影响施工质量的各种因素进行全面的动态管理。事中质量管理首先是对质量活动的行为约束,其次是对质量活动过程和结果的监督管理。事中质量管理的关键是坚持质量标准,管理的重点是工序质量、工作质量和质量管理点的管理。

1.1.3　事后质量管理

事后质量管理也称为事后质量把关,以使不合格的工序或最终产品(包括单位工程或整个工程项目)不流入下一道工序、不进入市场。事后管理包括对质量活动结果的评价、认定和对质量偏差的纠正。管理的重点是发现施工质量方面的缺陷,并通过分析提出施工质量改进的措施,保持质量处于受控状态。

以上三大环节不是互相孤立和截然分开的,它们共同构成有机的系统过程,实质上也就是质量管理 PDCA 循环的具体化,在每一次滚动循环中不断提高,达到质量管理的持续改进。

1.2　施工质量管理的依据

1.2.1　共同性依据

共同性依据指适用于施工阶段且与质量管理有关的通用的、具有普遍指导意义和必须遵守的基本条件。主要包括:工程建设合同;设计文件、设计交底及图纸会审记录、设计修改和技术变更等；国家和政府有关部门颁布的与质量管理有关的法律和法规性文件，如《建筑法》、《招标投标法》和《建筑工程质量管理条例》等。

1.2.2　专门技术法规性依据

专门技术法规性依据指针对不同的行业、不同质量管理对象制定的专门技术法规文件。包括规范、规程、标准、规定等，如：水利水电工程建设项目质量检验评定验收标准；水利工程强制标准；有关建筑材料、半成品和构配件的质量方面的专门技术法规性文件；有关材料验收、包装和标志等方面的技术标准和规定；施工工艺质量等方面的技术法规性文件；有关新工艺、新技术、新材料、新设备的质量规定和鉴定意见等。

1.3　施工质量管理的一般方法

1.3.1　质量文件审核

审核有关技术文件、报告或报表，是项目经理对工程质量进行全面管理的重要手段。这些文件包括：

(1)施工单位的技术资质证明文件和质量保证体系文件；

(2)施工组织设计和施工方案及技术措施；

(3)有关材料和半成品及构配件的质量检验报告；

(4)有关应用新技术、新工艺、新材料的现场试验报告和鉴定报告；

(5)反映工序质量动态的统计资料或管理图表；

(6)设计变更和图纸修改文件；

(7)有关工程质量事故的处理方案；

(8)相关方面在现场签署的有关技术签证和文件等。

1.3.2　现场质量检查

1.3.2.1　现场质量检查的内容

现场质量检查的内容包括：

(1)开工前的检查。主要检查是否具备开工条件，开工后是否能够保持连续正常施工，能否保证工程质量。

(2)工序交接检查。对于重要的工序或对工程质量有重大影响的工序，应严格执行"三检"制度，即班组初检、作业队复检、项目部质检员终检。未经监理工程师签字认可，不得进行下一道工序施工。

(3)隐蔽工程的检查。施工中凡是隐蔽工程必须检查认证后方可进行隐蔽掩盖。

(4)停工后复工的检查。因客观因素停工或处理质量事故等停工复工时，经检查认可后方能复工。

(5)分项、分部工程完工后的检查。应经检查认可，并签署验收记录后，才能进行下一工程项目的施工。

(6)成品保护的检查。检查成品有无保护措施以及保护措施是否有效可靠。

1.3.2.2　现场质量检查的方法

现场质量检查的方法主要有目测法、实测法和试验法等。

(1)目测法。即凭借感官进行检查，也称观感质量检验。其手段可概括为"看、摸、敲、照"四个字。所谓看，就是根据质量标准要求进行外观检查。例如，对混凝土衬砌的表面,检查浆砌石的错缝搭接,粉饰面颜色是否良好、均匀,工人的操作是否正常,混凝土外观是否符合要求等。摸,就是通过触摸手感进行检查、鉴别。例如,油漆的光滑度,掉粉、掉渣情况、粗糙程度等。敲,就是运用敲击工具进行音感检查。例如,对地面工程、装饰工程中的饰面等,均应进行敲击检查。照,就是通过人工光源或反射光照射,检查难以看到或光线较暗的部位。例如,管道井、电梯井等内的管线、设备安装质量,装饰吊顶内连接及设备安装质量等。

(2)实测法。就是通过实测数据与施工规范、质量标准的要求及允许偏差值进行对照,以此判断质量是否符合要求。其手段可概括为"量、靠、套、吊"四个字。量,就是指用测量工具和计量仪表等检查断面尺寸、轴线、标高、湿度、温度等的偏差。例如,混凝土拌和料的温度,混凝土坍落度的检测等。靠,就是用直尺、塞尺检查诸如墙面、地面、路面等的平整度。套,就是以方尺套方,辅以塞尺检查。例如,对阴阳角的方正、预制构件的方正、门窗口及构件的对角线检查等。吊,就是利用托线板以及线锤吊线检查垂直度。例如,砌体垂直度检查、闸门导轨安装的垂直度检查等。

(3)试验法。是指通过必要的试验手段对质量进行判断的检查方法。主要包括:

①理化试验。工程中常用的理化试验包括力学性能、物理性能方面的检验和化学成分及其含量的测定等两个方面。力学性能的检验如各种力学指标的测定,包括抗拉强度、抗压强度、抗弯强度、抗折强度、冲击韧性、硬度、承载力等。各种物理性能方面的测定,如密度、含水量、凝结时间、安定性及抗渗、耐磨、耐热性能等。化学成分及其含量的测定如钢筋中的磷、硫含量,混凝土中粗骨料中的活性氧化硅成分,以及耐酸、耐碱、抗腐蚀性等。此外,根据规定有时还需进行现场试验,例如,对桩或地基的静载试验、下水管道的通水试验、压力管道的耐压试验、防水层的蓄水或淋水试验等。

②无损检测。利用专门的仪器仪表从表面探测结构物、材料、设备的内部组织结构或损伤情况。常用的无损检测方法有超声波探伤、X射线探伤、Y射线探伤等。

2　施工准备的质量管理

2.1　合同项目开工条件的准备

2.1.1　承包人组织机构和人员

在合同项目开工前,承包人应向监理人呈报其实施工程承包合同的现场组织机构表及各主要岗位的人员的主要资历,监理机构在总监理工程师主持下进行认真审查。施工单位按照投标承诺,组织现场机构,配备有类似工程长期经历和丰富经验的项目负责人、技术负责人、质量管理人员等技术与管理人员,并配备有能力对工程进行有效监督的工长和领班,投入顺利履行合同义务所需的技工和普工。

2.1.1.1　项目经理资格

施工单位项目经理是施工单位驻工地的全权负责人,必须持有相应水利水电建造师执业资格证书和安全考核合格证书,并具有类似工程的长期经历和丰富经验,必须胜任现场履行合同的职责要求。

2.1.1.2　技术管理人员和工人资格

必须向工地派遣或雇用技术合格和数量足够的下述人员:

（1）具有相应岗位资格的水利工程施工技术管理人员，如材料员、质检员、资料员、安全员、施工员等职业资格岗位人员。

（2）具有相应理论、技术知识和施工经验的各类专业技术人员及有能力进行现场施工管理和指导施工作业的工长。

（3）具有合格证明的各类专业技工和普工。技术岗位和特殊工种的工人均必须持有通过国家或有关部门统一考试或考核的资格证明，经监理机构审查合格者才准上岗，如爆破工、电工、焊工、登高架子工、起重工等工种均要求持相应职业技能岗位证书上岗。

同时，监理机构对未经批准人员的职务不予确认，对不具备上岗资格的人员完成的技术工作不予承认。监理机构根据施工单位人员在工作中的实际表现，要求施工单位及时撤换不能胜任工作或玩忽职守或监理机构认为由于其他原因不宜留在现场的人员。未经监理机构同意，不得允许这些人员重新从事该工程的工作。

2.1.2　工地试验室和试验计量设备准备

试验检测是对工程项目的材料质量、工艺参数和工程质量进行有效管理的重要途径。施工单位检测试验室必须具备与所承包工程相适应并满足合同文件和技术规范、规程、标准要求的检测手段和资质。工地建立的试验室包括试验设备和用品、试验人员数量和专业水平，核定其试验方法和程序等。在见证取样情况下进行各项材料试验，并为现场监理人进行质量检查和检验提供必要的试验资料与成果。主要建设内容：

（1）检测试验室的资质文件（包括资格证书、承担业务范围及计量认证文件等的复印件）。

（2）检测试验室人员配备情况（姓名、性别、岗位工龄、学历、职务、职称、专业或工种）。

（3）检测试验室仪器设备清单（仪器设备名称、规格型号、数量、完好情况及其主要性能），仪器仪表的率定及检验合格证。

（4）各类检测、试验记录表和报表的式样。

（5）检测试验人员守则及试验室工作规程。

（6）其他需要说明的情况或监理部根据合同文件规定要求报送的有关材料。

2.1.3　施工设备

（1）进场施工设备的数量和规格、性能以及进场时间是否符合施工合同约定要求。

（2）禁止不符合要求的设备投入使用并及时撤换。在施工过程中，对施工设备及时进行补充、维修、维护，满足施工需要。

（3）旧施工设备进入工地前，承包人应向监理提供该设备的使用和检修记录，以及具有设备鉴定资格的机构出具的检修合格证。经监理机构认可，方可进场。

（4）承包人从其他人处租赁设备时，则应在租赁协议书中明确规定。若在协议书有效期内发生承包人违约解除合同时，发包人或发包人邀请的其他承包人可以相同条件取得其使用权。

2.1.4　对基准点、基准线和水准点的复核和工程放线

根据项目法人提供的测量基准点、基准线和水准点及其平面资料，以及国家测绘标准和本工程精度要求，测设自己的施工管理网，并将资料报送监理人审批。待工程完工后完

好地移交给发包人。承包人应做好施工过程中的全部施工测量工作,包括地形测量、放样测量、断面测量、支付收方测量和验收测量等,并配置合格的人员、仪器、设备和其他物品。在各项目施工测量前,还应将所采取措施的报告报送监理人审批。施工项目机构应负责管理好施工管理网点,若有丢失或损坏,应及时修复。工程完工后应完好地移交给发包人。

2.1.5　原材料、构配件及施工辅助设施的准备

进场的原材料、构配件的质量、规格、性能应符合有关技术标准和技术条款的要求,原材料的储存量应满足工程开工及随后施工的需要。

根据工程需要建设砂石料系统、混凝土拌和系统以及场内道路、供水、供电、供风等施工辅助设施。

2.1.6　熟悉施工图纸,进行技术交底

施工承包人在收到监理人发布的施工图后,在用于正式施工之前应注意以下几个问题:

(1)检查该图纸是否已经监理人签字。

(2)熟悉施工图建筑物、设备、管线等工程对象的尺寸、布置、选用材料、构造、相互关系、施工及安装质量要求的详细图纸和说明,图纸有无正式的签署,供图是否及时,是否与招标图纸一致(如不一致是否有设计变更),施工图中的各种技术要求是否切实可行,是否存在不便于施工或不能施工的技术要求,各专业图纸的平面、立面、剖面图之间是否有矛盾,几何尺寸、平面位置、标高等是否一致,标注是否有遗漏,地基处理的方法是否合理。

(3)对施工图作仔细的检查和研究。内容如前所述。检查和研究的结果可能有以下几种情况:

①图纸正确无误,承包人应立即按施工图的要求组织实施,研究详细的施工组织和施工技术保证措施,安排机具、设备、材料、劳动力、技术力量进行施工。

②发现施工图纸中有不清楚的地方或有可疑的线条、结构、尺寸等,或施工图上有互相矛盾的地方,承包人应向监理人提出"澄清要求",待这些疑点澄清之后再进行施工。

监理人在收到承包人的"澄清要求"后,应及时与设计单位联系,并对"澄清要求"及时予以答复。

③根据施工现场的特殊条件、承包人的技术力量、施工设备和经验,认为对图纸中的某些方面可以在不改变原来设计图纸和技术文件的原则的前提下,进行一些技术修改,使施工方法更为简便,结构性能更为完善,质量更有保证,且并不影响投资和工期,此时,承包人可提出"技术修改"建议。

这种"技术修改"可直接由监理人处理,并将处理结果书面通知设计单位驻现场代表。

(4)如果发现施工图与现场的具体条件,如地质、地形条件等有较大差别,难以按原来的施工图纸进行施工,此时,承包人可提出"现场设计变更建议"。

2.1.7　施工组织设计的编制

施工组织设计是水利水电工程设计文件的重要组成部分,是工程建设和施工管理的指导性文件,认真做好施工组织设计,对整体优化设计方案、合理组织工程施工、保证工程

质量、缩短建设周期、降低工程造价都有十分重要的作用。

在施工投标阶段,施工单位根据招标文件中规定的施工任务、技术要求、施工工期及施工现场的自然条件,结合本单位的人员、机械设备、技术水平和经验,在投标书中编制了施工组织设计。对拟承包工程作出了总体部署,如工程准备采用的施工方法、施工工序、机械设计和技术力量的配置,内部的质量保证系统和技术保证措施。施工单位中标并签订合同后,这一施工组织设计也就成了施工合同文件的重要组成部分。在施工单位接到开工通知后,按合同规定时间,进一步提交更为完备、具体的施工组织设计,并征得监理机构的批准。

3　施工过程的质量管理

3.1　技术交底

做好技术交底是保证施工质量的重要措施之一。项目开工前应由项目技术负责人向承担施工的负责人或分包人进行书面技术交底,技术交底资料应办理签字手续并归档保存。每一分部工程开工前均应进行作业技术交底。技术交底书应由施工项目技术人员编制,并经项目技术负责人批准实施。技术交底的内容主要包括:任务范围、施工方法、质量标准和验收标准,施工中应注意的问题,可能出现意外的措施及应急方案,文明施工和安全防护措施以及成品保护要求等。技术交底应围绕施工材料、机具、工艺、工法、施工环境和具体的管理措施等方面进行,应明确具体的步骤、方法、要求和完成的时间等。技术交底的形式有书面、口头、会议、挂牌、样板、示范操作等。

3.2　工序施工质量管理

施工过程由一系列相互联系与制约的工序构成。工序是人、材料、机械设备、施工方法和环境因素对工程质量综合起作用的过程,所以对施工过程的质量管理,必须以工序质量管理为基础和核心。因此,工序的质量管理是施工阶段质量管理的重点。只有严格管理工序质量,才能确保施工项目的实体质量。工序施工质量管理主要包括工序施工条件质量管理和工序施工效果质量管理。

3.2.1　工序施工条件质量管理

工序施工条件是指从事工序活动的各生产要素质量及生产环境条件。工序施工条件质量管理就是管理工序活动的各种投入要素质量和环境条件质量。管理的手段主要有检查、测试、试验、跟踪监督等。管理的依据主要是设计质量标准、材料质量标准、机械设备技术性能标准、施工工艺标准以及操作规程等。

3.2.2　工序施工效果质量管理

工序施工效果主要反映工序产品的质量特征和特性指标。对工序施工效果的质量管理就是管理工序产品的质量特征和特性指标能否达到设计质量标准以及施工质量验收标准的要求。工序施工效果质量管理属于事后质量管理,其管理的主要途径是实测获取数据、统计分析所获取的数据、判断认定质量等级和纠正质量偏差。

3.3　4MIE 的质量管理

"人、材料、机械、方法、环境"是影响工程质量的五个因素,事前有效管理这些因素的质量是确保工程施工阶段质量的关键,也是监理人进行质量管理过程中的主要任务之一。

3.3.1　人的质量管理

工程质量取决于工序质量和工作质量,工序质量又取决于工作质量,而工作质量直接取决于参与工程建设各方所有人员的技术水平、文化修养、心理行为、职业道德、质量意识、身体条件等因素。

这里所指的人员包括施工承包人的操作、指挥及组织者。

"人"作为管理的对象。要避免产生失误,要充分调动人的积极性,以发挥"人是第一因素"的主导作用。要本着适才适用、扬长避短的原则来管理人的使用。

3.3.2　原材料与工程设备的质量管理

工程项目是由各种建筑材料、辅助材料、成品、半成品、构配件以及工程设备等构成的实体,这些材料、构配件本身的质量及其质量管理工作,对工程质量具有十分重要的影响。由此可见,材料质量及工程设备是工程质量的基础,材料质量及工程设备不符合要求,工程质量也就不可能符合标准。

承包人还应按合同规定的技术标准进行材料的抽样检验和工程设备的检验测试,并应将检验成果提交给现场监理人。现场监理人应按合同规定参加交货验收,承包人应为其监督检查提供一切方便。

发包人负责采购的工程设备,应由发包人(或发包人委托监理人)和承包人在合同规定的交货地点共同进行交货验收,由发包人正式移交给承包人。在验收时,承包人应按现场监理人的批示进行工程设备的检验测试,并将检验结果提交现场监理人。工程设备安装后,若发现工程设备存在缺陷,应由现场监理人和承包人共同查找原因,如属设备制造不良引起的缺陷,应由发包人负责;如属承包人运输和保管不慎或安装不良引起的损坏,应由承包人负责。

如果承包人使用了不合格的材料、工程设备和工艺,并造成工程损害时,监理人可以随时发出指示,要求承包人立即改正,并采取措施补救,直至彻底清除工程的不合格部位以及不合格的材料和工程设备。若承包人无故拖延或拒绝执行监理人的上述指令,则发包人可按承包人违约处理,发包人有权委托其他承包人。其违约责任应由承包人承担。

《进场材料质量检验报告单》、《水利水电工程砂料、粗骨料质量评定表》及《建筑材料质量检验合格证》均按一式 4 份报送。监理部完成认证手续后,返回施工单位 2 份,以作为工程施工基础资料和质量检验的依据。分部工程或单位工程验收时,施工单位按竣工资料要求将该资料归档。

材料质量检验方法分为书面检验、外观检验、理化检验和无损检验等四种。

(1)书面检验。指通过对提供的材料质量保证资料、试验报告等进行审核,取得认可方能使用。

(2)外观检验。指对材料从品种、规格、标志、外形尺寸等进行直观检验,看其有无质量问题。

(3)理化检验。指在物理、化学等方法的辅助下的量度。它借助于试验设备和仪器对材料样品的化学成分、机械性能等进行科学的鉴定。

(4)无损检验。指在不破坏材料样品的前提下,利用超声波、X 射线、表面探伤仪等进行检测。如超声波雷达(进行土的压实试验)、探地雷达(钢筋混凝土中对钢筋的探测）。

3.3.3　永久工程设备和施工设备的质量管理

永久工程设备运输是借助于运输手段，进行有目标的空间位置的转移，最终达到施工现场。工程设备运输工作的质量直接影响工程设备使用价值的实现，进而影响工程施工的正常进行和工程质量。

永久工程设备容易因运输不当而降低甚至丧失使用价值，造成部件损坏，影响其功能和精度等。因此，应加强工程设备运输的质量管理，与发包人的采购部门一起，根据具体情况和工程进度计划，编制工程设备的运送时间表，制定出参与设备运输的有关人员的责任，使有关人员明确在运输质量保证中应做的事和应负的责任，这也是保证运输质量的前提。

施工设备选择的质量管理，主要包括设备型式的选择和主要性能参数的选择两个方面。

（1）施工设备的选型。应考虑设备的施工适用性、技术先进、操作方便、使用安全，保证施工质量的可靠性和经济上的合理性。例如，疏浚工程应根据地质条件、疏浚深度、面积及工程量等因素，分别选择抓斗式、链斗式、吸扬式、耙吸式等不同型式的挖泥船；对于混凝土工程，在选择振捣器时，应考虑工程结构的特点、振捣器功能、适用条件和保证质量的可靠性等因素，分别选择大型插入式、小型软轴式、平板式或附着式振捣器。

（2）施工设备主要性能参数的选择。应根据工程特点、施工条件和已确定的机械设备型式，来选定具体的机械。例如，堆石坝施工所采用的振动碾，其性能参数主要是压实功能和生产能力，根据现场碾压试验选择振动频率。

加强施工设备操作人员的技术培训和考核，正确掌握和操作机械设备，做到定机定人，实行机械设备使用保养的岗位责任制。建立健全机械设备使用管理的各种规章制度，如人机固定制度、操作证制度、岗位责任制度、交接班制度、技术保养制度、安全使用制度、机械设备检查维修制度及机械设备使用档案制度等。

对于施工设备的性能及状况，不仅在其进场时应进行考核，在使用过程中也应进行考核。在使用过程中，由于零件的磨损、变形、损坏或松动，会降低效率和性能，从而影响施工质量。对施工设备特别是关键性的施工设备的性能和状况定期进行考核。例如，对吊装机械等必须定期进行无负荷试验、加荷试验及其他测试，以检查其技术性能、工作性能、安全性能和工作效率。发现问题时，应及时分析原因，采取适当措施，以保证设备性能的完好。

3.3.4　施工方法的质量管理

这里所指的施工方法的质量管理，包含工程项目整个建设周期内所采取的技术方案、工艺流程、组织措施、检测手段、施工组织设计等的管理。

施工方案合理与否、施工方法和工艺先进与否，均会对施工质量产生极大的影响，是直接影响工程项目的进度管理、质量管理、投资管理三大目标能否顺利实现的关键。在施工实践中，由于施工方案考虑得不周、施工工艺落后而造成施工进度迟缓，质量下降，增加投资等情况时有发生。

3.3.5　环境因素的质量管理

影响工程项目质量的施工环境因素较多,主要有技术环境、施工管理环境及自然环境。技术环境因素包括施工所用的规程、规范、设计图纸及质量评定标准。

施工管理环境因素包括质量保证体系、"三检制"、质量管理制度、质量签证制度、质量奖惩制度等。

自然环境因素包括工程地质、水文、气象等。

上述环境因素对施工质量的影响具有复杂而多变的特点,尤其是某些环境因素更是如此,如气象条件就是千变万化,温度、大风、暴雨、酷暑、严寒等均影响到施工质量。要根据工程特点和具体条件,采取有效的措施,严格管理影响质量的环境因素,确保工程项目质量。

3.4　质量管理点的设置

施工承包人在施工前全面、合理地选择质量管理点。必要时,应对质量管理实施过程进行跟踪检查或旁站监督,以确保质量管理点的实施质量。

设置质量管理点的对象,主要有以下几方面:

(1)关键的分项工程。如大体积混凝土工程、土石坝工程的坝体填筑工程、隧洞开挖工程等。

(2)关键的工程部位。如混凝土面板堆石坝面板趾板及周边缝的接缝、土基上水闸的地基基础,预制框架结构的梁板节点、关键设备的设备基础等。

(3)薄弱环节。指经常发生或容易发生质量问题的环节,或施工承包人施工无把握的环节,或采用新工艺(新材料)施工环节等。

(4)关键工序。如钢筋混凝土工程的混凝土振捣,灌注桩的钻孔,隧洞开挖的钻孔布置、方向、深度、用药量和填塞等。

(5)关键工序的关键质量特性。如混凝土的强度、土石坝的干密度等。

(6)关键质量特性的关键因素。如冬季混凝土强度的关键因素是环境(养护温度),支模的稳定性的关键是支撑方法,泵送混凝土输送质量的关键是机械等。

将质量管理点区分为质量检验见证点和质量检验待检点。所谓见证点,是指承包人在施工过程中达到这一类质量检验点时,应事先书面通知监理人到现场见证,观察和检查承包人的实施过程。然而,在监理人接到通知后未能在约定时间到场的情况下,承包人有权继续施工。例如,在建筑材料生产时,承包人应事先书面通知监理人对采石场的采石、筛分进行见证。当生产过程的质量较为稳定时,监理人可以到场见证,也可以不到场见证。承包人在监理人不到场的情况下可继续生产,然而需做好详细的施工记录,供监理人随时检查。在混凝土生产过程中,监理人不一定对每一次拌和都到场检验混凝土的温度、坍落度、配合比等指标,而可以由承包人自行取样,并做好详细的检验记录,供监理人检查。然而,在混凝土强度等级改变或发现质量不稳定时,监理人可以要求承包人事先书面通知监理人到场检查,否则不得开拌。此时,这种质量检验点就成了待检点。

对于某些更为重要的质量检验点,必须在监理人到场监督、检查的情况下承包人才能进行检验,这种质量检验点称为待检点。例如,在混凝土工程中,由基础面或混凝土施工缝处理、模板、钢筋、止水、伸缩缝和坝体排水管安装及混凝土浇筑等工序构成混凝土单元工程,其中每一道工序都应由监理人进行检查认证,每一道工序检验合格后才能进入下一道工序。根据承包人以往的施工情况,有的可能在模板架立上容易发生漏浆或模板走样事故,有的可能在混凝土浇筑方面经常出现问题。此时,就可以选择模板架立或混凝土浇筑作为待检点,承包人必须事先书面通知监理人,并在监理人到场进行检查监督的情况下,才能进行施工。隐蔽工程覆盖前的验收和混凝土工程开仓前的检验,也可以认为是待检点。

【案例 9-2】　施工阶段质量管理

背景资料

某河道整治施工项目,通过招标选择了黄河鼎立公司承担施工任务,施工单位签订合同后,接到监理进场通知,组织施工队伍进行开工之前的施工准备,经监理机构审核开工申请报告后组织施工,施工过程中发生如下事件。

事件 1:对某验收批次的钢筋进行了验收,随机抽取两根,首先将端头截取 300 mm,每根截取两个试件进行检验,并向监理机构申报了钢筋材料报验单。

事件 2:护坡为混凝土采用滑模衬砌,基面处理并检查后,用插入式振捣器振捣。

事件 3:在混凝土施工过程中天气突然降温达到最低气温 −4 ℃ 以下,施工单位根据天气预报采取了冬期施工措施。

问题

1. 指出事件 1 的进场钢筋验收和检验不妥之处,并说明正确做法。钢筋进场检验包括的质量检验方法有哪些?

2. 指出事件 2 基面处理和混凝土浇筑方法的不妥之处。

3. 事件 3 除自然环境对施工阶段的质量影响外,还包括哪些方面的影响?

答案

1. 验收批次为同规格 60 t,端头截取 500 mm,钢筋检验方法分为产品合格证检验的书面检验、量直径和外观检查的外观检验、拉伸和冷弯的理化检验。

2. 应将基面处理设置为待检点,施工方实施三检后报监理检验后才能浇筑混凝土,应选择附着式振捣器。

3. 还包括技术环境、管理环境对工程质量的影响。

■ 任务 3　工程质量统计与分析

利用质量数据和统计分析方法进行项目质量管理是管理工程质量的重要手段。通常通过收集和整理质量数据进行统计分析比较,找出生产过程的质量规律,判断工程产品质量状况,发现存在的质量问题,找出引起质量问题的原因,并及时采取措施,预防和纠正质量事故,使工程质量始终处于受控状态。

1　质量数据的类型及其波动

1.1　质量数据的类型

质量数据按其自身特征,可分为计量值数据和计数值数据;按其收集目的又可分为管理性数据和验收性数据。

(1)计量值数据。指可以连续取值的连续型数据。如长度、重量、面积、标高等质量特征,一般都是可以用量测工具或仪器等量测的,一般都带有小数点。

(2)计数值数据。指不连续的离散型数据。如不合格产品数、不合格构件数等,这些反映质量状况的数据是不能用量测器具来度量的,采用计数的办法,只能出现0、1、2等非负数的整数。

(3)管理性数据。一般以工序作为研究对象,是为分析、预测施工过程是否处于稳定状态而定期随机地抽样检验获得的质量数据。

(4)验收性数据。指以工程的最终实体内容为研究对象,以分析、判断其质量是否达到技术标准或用户的要求,而采取随机抽样检验获取的质量数据。

1.2　质量数据的波动

在工程施工过程中经常可看到在相同的设备、原材料、工艺及操作人员条件下,生产的同一种产品的质量不同,反映在质量数据上,即具有波动性,其影响因素有偶然性因素和系统性因素两大类。

偶然性因素引起的质量数据波动属于正常波动,偶然性因素是无法或难以管理的因素,所造成的质量数据的波动量不大,没有倾向性,作用是随机的,工程质量只有偶然性因素影响时,生产才处于稳定状态。

由系统性因素造成的质量数据波动属于异常波动,系统因素是可管理、易消除的因素,这类因素不经常发生,但具有明显的倾向性。质量管理的目的就是要找出出现异常波动的原因,即系统性因素是什么,并加以排除,使质量只受偶然性因素的影响。

1.3　质量数据的收集和样本数据特征

质量数据的收集总的要求应当是随机地抽样,即整批数据中每一个数据都有被抽到的相同机会。常用的方法有随机法、系统抽样法、二次抽样法和分层抽样法。

为了进行统计分析和运用特征数据对质量进行管理,经常要使用许多统计特征数据。统计特征数据主要有均值、中位数、极值、极差、标准偏差、变异系数,其中均值、中位数表示数据集中的位置;极差、标准偏差、变异系数表示数据的波动情况,即分散程度。

2　质量管理的统计方法

通过对质量数据的收集、整理和统计分析,找出质量的变化规律和存在的质量问题,提出进一步的改进措施,这种运用数学工具进行质量管理的方法是所有涉及质量管理的人员所必须掌握的,它可以使质量管理工作定量化和规范化。下面介绍在质量管理中常用的几种数学工具及方法。

2.1　分层法

由于工程质量形成的影响因素多,因此对工程质量状况的调查和质量问题的分析,必须分门别类地进行,以便准确有效地找出问题及其原因所在,这就是分层法的基本思想。

例如,一个焊工班组有 A、B、C 3 个工人实施焊接作业,共抽检 60 个焊接点,发现有 18 点不合格,占 30%。究竟问题在哪里?根据分层调查的统计数据表(见表 9-1)可知,主要是作业工人 C 的焊接质量影响了总体的质量水平。

表 9-1 分层调查的统计数据表

作业工人	抽检点数 (个)	不合格点数 (个)	个体不合格率 (%)	占不合格点总数百分率 (%)
A	20	2	10	11
B	20	4	20	22
C	20	12	60	67
合计	60	18	—	100

分层法的实际应用关键是调查分析的类别和层次划分。根据管理需要和统计目的,通常可按照以下分层方法取得原始数据:

(1)按施工时间分,如月、日、上午、下午、白天、晚间、季节;

(2)按地区部位分,如城市、乡村、上游、下游、左岸、右岸;

(3)按产品材料分,如产地、厂商、规格、品种;

(4)按检测方法分,如方法、仪器、测定人、取样方式;

(5)按作业组织分,如工法、班组、工长、工人、分包商;

(6)按工程类型分,如土石坝、混凝土重力坝、水闸、渠道、隧洞;

(7)按合同结构分,如总承包、专业分包、劳务分包。

经过第一次分层调查和分析,找出主要问题以后,还可以针对这个问题再次分层进行调查分析,一直到分析结果满足管理需要为止。层次类别划分越明确、越细致,就越能够准确有效地找出问题及其原因所在。

2.2 因果分析图法

因果分析图法也称为鱼刺图或质量特性要因分析法,其基本原理是对每一个质量特性或问题,采用如图 9-1 所示的方法,逐层深入排查可能原因,然后确定其中的最主要原因,进行有的放矢的处置和管理。

图 9-1 中把混凝土施工的生产要素,即人、材料、机械、方法和环境作为第一层面的因素进行分析;然后对第一层面的各个因素,再进行第二层面的可能原因的深入分析。依此类推,直至把所有可能的原因分层次地一一罗列出来。

2.3 排列图法

在质量管理过程中,通过抽样检查或检验试验所得到的质量问题、偏差、缺陷、不合格等统计数据,以及造成质量问题的原因分析统计数据,均可采用排列图法进行状况描述,它具有直观、主次分明的特点。

表 9-2 表示对某项模板施工精度进行抽样检查,得到 150 个不合格点数的统计数据。然后按照质量特性不合格点数(频数)由大到小的顺序,重新整理为表 9-3,并分别计算出累计频数和累计频率。

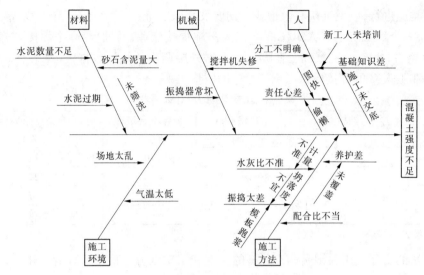

图 9-1　混凝土强度不合格因果分析图法

表 9-2　某项模板施工精度抽样检查数据

序号	检查项目	不合格点数(个)	序号	检查项目	不合格点数(个)
1	轴线位置	1	5	平面水平度	15
2	垂直度	8	6	表面平整度	75
3	标高	4	7	预埋设施中心位置	1
4	截面尺寸	45	8	预留孔洞中心位置	1

表 9-3　重新整理后的抽样检查数据

序号	检查项目	不合格点数(个)	频率(%)	累计频率(%)
1	表面平整度	75	50.0	50.0
2	截面尺寸	45	30.0	80.0
3	平面水平度	15	10.0	90.0
4	垂直度	8	5.3	95.3
5	标高	4	2.7	98.0
6	其他	3	2.0	100.0
合计		150	100	

　　根据表 9-3 的统计数据画排列图,如图 9-2 所示,并将其中累计频率 0～80% 定为 A
类问题,即主要问题,进行重点管理;将累计频率在 80%～90% 的问题定为 B 类问题,即
次要问题,作为次重点管理;将其余累计频率在 90%～100% 的问题定为 C 类问题,即一

般问题,按照常规进行管理。以上方法称为 ABC 分类管理法。

2.4　直方图法

直方图法的主要用途如下:①整理统计数据,了解统计数据的分布特征,即数据分布的集中或离散状况,从中掌握质量能力状态。②观察分析生产过程质量是否处于正常、稳定和受控状态以及质量水平是否保持在公差允许的范围内。

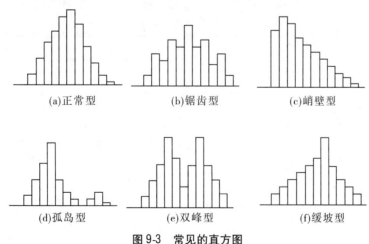

图 9-2　不合格点排列图

直方图有以下几种类型,见图 9-3。

(1)正常型。说明生产过程正常,质量稳定,如图 9-3(a)所示。

(2)锯齿型。原因一般是分组不当或组距确定不当,如图 9-3(b)所示。

(3)峭壁型。一般是剔除下限以下的数据造成的,如图 9-3(c)所示。

(4)孤岛型。一般是材质发生变化或他人临时替班造成的,如图 9-3(d)所示。

(5)双峰型。把两种不同的设备或工艺的数据混在一起造成的,如图 9-3(e)所示。

(6)缓坡型。生产过程中有缓慢变化的因素起主导作用,如图 9-3(f)所示。

应用直方图法应注意以下事项:

(1)直方图是属于静态的,不能反映质量的动态变化。

(2)画直方图时,数据不能太少,一般应大于 50 个数据,否则画出的直方图难以正确反映总体的分布状态。

(3)直方图出现异常时,应注意将收集的数据分层,然后再画出直方图。

(4)直方图呈正态分布时,可求平均值和标准差。

(a)正常型　　　(b)锯齿型　　　(c)峭壁型

(d)孤岛型　　　(e)双峰型　　　(f)缓坡型

图 9-3　常见的直方图

2.5　管理图法

管理图又称为管理图法,它是一种有管理界限的图,用来区分引起质量波动的原因是偶然的还是系统的,可以提供系统原因存在的信息,从而判断生产过程是否处于受控状态。管理图按其用途可分为两类:一类是供分析用的管理图,用管理图分析生产过程中有关质量特性值的变化情况,看工序是否处于稳定受控状态,如图9-4所示;另一类是供管理用的管理图,主要用于发现施工生产过程是否出现了异常情况,以预防施工产生不合格品。

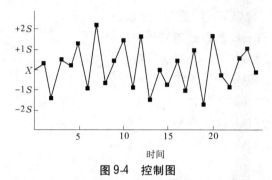

时间

图9-4 控制图

2.6 相关图法

相关图法又称散布图法,是用直角坐标图来表示两个与质量相关的因素之间的相互关系以进行质量管理的方法。产品质量与影响质量的因素之间,或者两种质量特性之间、两种影响因素之间,常有一定的相互关系。将有关的各对数据,用点子填列在直角坐标图上,就能分析判断它们之间有无相关关系以及相关的程度。运用这种关系,就能对产品或工序进行有效的管理。相关图可分正相关、负相关、非线性相关与无相关几种。

【案例9-3】 工程质量统计与分析

背景资料

某溢洪道除险加固工程浇筑 C25 混凝土时,先后测得混凝土抗压强度数据和各组区间出现的频数如表9-4、表9-5所示。(已知公差下限 $TL = 21.25$ MPa)。

表9-4 混凝土抗压强度数据

测次	试块抗压强度（MPa）									
1	29.4	27.3	28.2	27.3	28.3	28.5	28.9	28.3	29.9	28.0
2	28.9	27.9	28.1	28.3	28.9	28.3	27.8	27.5	28.4	27.9
3	28.5	29.0	28.4	29.4	28.6	28.9	28.2	27.8	28.6	28.4
4	27.8	27.1	27.1	27.9	28.0	28.5	28.6	28.3	29.1	27.8
5	28.7	29.2	29.0	29.1	28.0	28.5	28.9	27.7	27.9	27.7
6	29.1	29.5	28.7	27.6	28.3	28.6	28.0	28.3	28.4

问题

1. 根据实测数据,确定数据极差。

2. 根据绘出的直方图形状判断混凝土施工是否正常。

答案

1. $X_{max} = 29.9$, $X_{min} = 27.1$, 极差 $R = 29.9 - 27.1 = 2.8$。

2. 直方图关于均值基本左右对称,数据分布范围在标准公差范围之内,故生产是正常的,但由于 X_{min} 与 TL 之间余量过大,所以目前生产成本偏高,可适当降低适配强度。

表9-5　各组区间出现的频数

组号	组区间值	组中值	频数
1	26.95～27.25	27.1	2
2	27.25～27.55	27.4	3
3	27.55～27.85	27.7	7
4	27.85～28.15	28.0	9
5	28.15～28.45	28.3	14
6	28.45～28.75	28.6	10
7	28.75～29.05	28.9	7
8	29.05～29.35	29.2	4
9	29.35～29.65	29.5	3
10	29.65～29.95	29.8	1
总计			60

任务4　水利工程施工质量事故处理

根据《水利工程质量事故处理暂行规定》(水利部令第9号),水利工程质量事故是指在水利工程建设过程中,由于建设管理、监理、勘测、设计、咨询、施工、材料、设备等原因造成工程质量不符合规程规范和合同规定的质量标准,影响工程使用寿命和对工程安全运行造成隐患和危害的事件。需要注意的是,水利工程质量事故可以造成经济损失,也可以同时造成人身伤亡。这里主要是指没有造成人身伤亡的质量事故。

1　质量事故的分类

根据《水利工程质量事故处理暂行规定》,工程质量事故按直接经济损失的大小,检查、处理事故对工期的影响时间长短和对工程正常使用的影响,分为一般质量事故、较大质量事故、重大质量事故、特大质量事故。其中:

(1)一般质量事故指对工程造成一定经济损失,经处理后不影响正常使用且不影响使用寿命的事故。

(2)较大质量事故指对工程造成较大经济损失或延误较短工期,经处理后不影响正常使用但对工程使用寿命有一定影响的事故。

(3)重大质量事故指对工程造成重大经济损失或延误较长工期,经处理后不影响正常使用但对工程使用寿命有较大影响的事故。

(4)特大质量事故指对工程造成特大经济损失或长时间延误工期,经处理仍对正常使用和工程使用寿命有较大影响的事故。

（5）小于一般质量事故的质量问题称为质量缺陷。

水利工程质量事故分类标准见表9-6。

表9-6　水利工程质量事故分类标准

损失情况		特大质量事故	重大质量事故	较大质量事故	一般质量事故
事故处理所需的物资、器材和设备、人工等直接经济损失费(万元)	大体积混凝土、金属制作和机电安装工程	> 3 000	500 ~ 3 000	100 ~ 500	20 ~ 100
	土石方工程、混凝土薄壁工程	>1 000	100 ~ 1 000	30 ~ 100	10 ~ 30
事故处理所需合理工期		>6	3 ~ 6	1 ~ 3	≤1
事故处理后对工程功能和寿命影响		影响工程正常使用，需限制条件使用	不影响工程正常使用，但对工程寿命有较大影响	不影响工程正常使用，但对工程寿命有一定影响	不影响工程正常使用和工程寿命

注:1. 直接经济损失费为必要条件,事故处理所需合理工期以及事故处理后对工程功能和寿命影响主要适用于大中型工程。

　　2. 表中数值范围均指该项指标包括上限但不包括下限数值。如 10 ~ 30 表示 >10,≤30。

2　事故报告内容

根据《水利工程质量事故处理暂行规定》（水利部令第9号），事故发生后，事故单位要严格保护现场，采取有效措施抢救人员和财产，防止事故扩大。因抢救人员、疏导交通等原因需移动现场物件时，应做出标志、绘制现场简图并做出书面记录，妥善保管现场重要痕迹、物证，并进行拍照或录像。

发生质量事故后，项目法人必须将事故的简要情况向项目主管部门报告。项目主管部门接到事故报告后，按照管理权限向上级水行政主管部门报告。发生（发现）较大质量事故、重大质量事故、特大质量事故，事故单位要在48 h内向有关单位提出书面报告。有关事故报告应包括以下主要内容：

（1）工程名称、建设地点、工期、项目法人、主管部门及负责人电话；

（2）事故发生的时间、地点、工程部位以及相应的参建单位名称；

（3）事故发生的简要经过、伤亡人数和直接经济损失的初步估计；

（4）事故发生原因初步分析；

（5）事故发生后采取的措施及事故管理情况；

（6）事故报告单位、负责人以及联络方式。

3　施工质量事故处理

根据《水利工程质量事故处理暂行规定》（水利部令第9号），因质量事故造成人员伤亡的,还应遵从国家和水利部伤亡事故处理的有关规定。其中,质量事故处理的基本要求如下:发生质量事故,必须坚持"事故原因不查清楚不放过、主要事故责任者和职工未受教育不放过、补救和防范措施不落实不放过"的原则(简称"三不放过原则"),认真调查事故原因,研究处理措施,查明事故责任,做好事故处理工作。

3.1 质量事故处理职责划分

发生质量事故后,必须针对事故原因提出工程处理方案,经有关单位审定后实施。其中:

(1)一般质量事故,由项目法人负责组织有关单位制订处理方案并实施,报上级主管部门备案。

(2)较大质量事故,由项目法人负责组织有关单位制订处理方案,经上级主管部门审定后实施,报省级水行政主管部门或流域备案。

(3)重大质量事故,由项目法人负责组织有关单位提出处理方案,征得事故调查组意见后,报省级水行政主管部门或流域机构审定后实施。

(4)特大质量事故,由项目法人负责组织有关单位提出处理方案,征得事故调查组意见后,报省级水行政主管部门或流域机构审定后实施,并报水利部备案。

3.2 事故处理中设计变更的管理

事故处理需要进行设计变更的,需原设计单位或有资质的单位提出设计变更方案。需要进行重大设计变更的,必须经原设计审批部门审定后实施。

事故部位处理完毕后,必须按照管理权限经过质量评定与验收后,方可投入使用或进入下一阶段施工。

3.3 质量缺陷的处理

《水利工程质量事故处理暂行规定》(水利部令第9号)规定,小于一般质量事故的质量问题称为质量缺陷。所谓质量缺陷,是指小于一般质量事故的质量问题,即因特殊原因,使得工程个别部位或局部达不到规范和设计要求(不影响使用),且未能及时进行处理的工程质量问题(质量评定仍为合格)。根据水利部《关于贯彻落实〈国务院批转国家计委、财政部、水利部、建设部关于加强公益性水利工程建设管理若干意见的通知〉的实施意见》,水利工程实行水利工程施工质量缺陷备案及检查处理制度。

(1)对因特殊原因,使得工程个别部位或局部达不到规范和设计要求(不影响使用),且未能及时进行处理的工程质量缺陷问题(质量评定仍为合格),必须以工程质量缺陷备案形式进行记录备案。

(2)质量缺陷备案的内容包括质量缺陷产生的部位、原因,对质量缺陷是否处理和如何处理以及对建筑物使用的影响等。内容必须真实、全面、完整,参建单位(人员)必须在质量缺陷备案表上签字,有不同意见应明确记载。

(3)质量缺陷备案资料必须按竣工验收的标准制备,作为工程竣工验收备查资料存档。质量缺陷备案表由监理单位组织填写。

(4)工程项目竣工验收时,项目法人必须向验收委员会汇报并提交历次质量缺陷的备案资料。

质量缺陷备案表格式见表9-7。

表 9-7　质量缺陷备案表

1. 质量缺陷产生的部位(主要说明具体部位、缺陷描述,并附示意图):
2. 质量缺陷产生的主要原因:
3. 对工程的安全、功能和运用的影响分析:
4. 处理方案,或不处理原因分析:
5. 保留意见(保留意见应说明主要理由,或采用其他方案及主要理由): 　　　　　　　　　　　　　　　　　　　　　保留意见人:　　　　(签名) 　　　　　　　　　　　　　　　(或保留意见单位及责任人,盖公章,签名)
6. 参建单位和主要人员 1)施工单位:　　　　　　(公章) 质检部门负责人:　　　(签名) 技术负责人:　　　　　(签名) 2)设计单位:　　　　　(公章) 设计代表:　　　　　　(签名) 3)监理单位　　　　　　(公章) 监理工程师:　　　　　(签名) 总监理工程师:　　　　(签名) 4)项目法人:　　　　　(公章) 现场代表:　　　　　　(签名) 技术负责人:　　　　　(签名)

填表说明:

　　1. 本表由监理单位组织填写。

　　2. 本表应采用钢笔或中性笔,用深蓝色或黑色墨水填写。字迹应规范、工整、清晰。

【案例9-4】 水利工程施工质量事故处理

背景资料

某水库溢洪道加固工程,控制段共分3孔,每孔净宽8.0 m,加固方案为:底板顶面增浇20 cm厚混凝土,闸墩外包15 cm厚混凝土,拆除重建排架、启闭机房、公路桥及下游消能防冲设施。

溢洪道加固施工时,在铺盖上游填筑土围堰断流施工。随着汛期临近,堰前水位不断升高。某天突然发现围堰决口,导致刚浇筑的溢洪道底板、下游消能防冲设施被冲毁,造成直接经济损失100万元。事故发生后,施工单位及时提交了书面报告,报告包括以下几个方面内容:

1. 工程名称、建设地点、工期、项目法人、主管部门及负责人电话;
2. 事故发生的时间、地点、工程部位以及相应的参建单位名称;
3. 事故发生的简要经过、伤亡人数和直接经济损失的初步估计;
4. 事故报告单位、负责人以及联系方式。

事故发生后,项目法人组织联合调查组进行了事故调查。按照"三不放过原则",组织有关单位制订处理方案,报监理单位批准后,对事故进行了处理,处理后不影响工程的正常使用,对工程寿命影响不大。

问题

1. 补充完善质量事故报告的内容,指出事故调查的不妥之处,说明正确的做法。
2. 根据《水利工程质量事故处理暂行规定》,水利工程质量事故一般分为几类?指出本工程质量事故类别。
3. 根据质量事故类别,指出本工程质量事故处理方案制订的组织和报批程序方面的不妥之处,并说明正确做法。
4. 根据《水利工程质量事故处理暂行规定》,说明背景材料中"三不放过原则"的具体内容。

答案

1. 补充事故发生原因初步分析,事故发生后采取的措施及事故管理情况。

"项目法人组织联合调查组"不妥,应为"项目(或工程、或上级)主管部门组织调查"。

2. 水利工程质量事故分为以下四类:一般质量事故、较大质量事故、重大质量事故、特大质量事故。本工程造成经济损失100万元,在30万~100万元,属于较大质量事故。

3. 施工单位组织有关单位制订处理方案不妥,应由项目法人组织有关单位制订处理方案。

报监理单位批准后,对事故进行了处理不妥,应经上级主管部门审定后实施,报省级水行政主管部门或流域备案。

4. "三不放过原则"的具体内容为"事故原因不查清楚不放过、主要事故责任者和职工未受教育不放过、补救和防范措施不落实不放过"。

任务 5　施工质量评定

为加强水利水电工程建设质量管理,保证工程施工质量,统一施工质量检验与评定方法,使施工质量检验与评定工作标准化、规范化,水利部制定了《水利水电工程施工质量检验与评定规程》(SL 176—2007)。本规程适用于大中型水利水电工程及坝高 30 m 以上的水利枢纽工程、4 级以上的堤防工程、总装机 10 MW 以上的水电站、小(1)型以上的水闸工程等小型水利水电工程施工质量检验与评定。其他小型工程可参照执行。

1　水利水电工程项目划分

水利水电工程质量检验与评定应当进行项目划分。项目按级划分为单位工程、分部工程、单元(工序)工程等三级。

工程中永久房屋(管理设施用房)、专用公路、专用铁路等工程项目,可按相关行业标准划分和确定项目名称。

1.1　项目划分原则

水利水电工程项目划分应结合工程结构特点、施工部署及施工合同要求进行,划分结果应有利于保证施工质量以及施工质量管理。项目划分可参考附录Ⅱ。

1.2.1　单位工程项目划分原则

(1)枢纽工程,一般以每座独立的建筑物为一个单位工程。当工程规模大时,可将一个建筑物中具有独立施工条件的一部分划分为一个单位工程。

(2)堤防工程,按招标标段或工程结构划分单位工程。可将规模较大的交叉联结建筑物及管理设施以每座独立的建筑物划分为一个单位工程。

(3)引水(渠道)工程,按招标标段或工程结构划分单位工程。可将大中型(渠道)建筑物以每座独立的建筑物划分为一个单位工程。

(4)除险加固工程,按招标标段或加固内容,并结合工程量划分单位工程。

1.2.2　分部工程项目划分原则

(1)枢纽工程,土建部分按设计的主要组成部分划分;金属结构及启闭机安装工程和机电设备安装工程按组合功能划分。

(2)堤防工程,按长度或功能划分。

(3)引水(渠道)工程中的河(渠)道按施工部署或长度划分。大中型建筑物按工程结构主要组成部分划分。

(4)除险加固工程,按加固内容或部位划分。

(5)同一单位工程中,各个分部工程的工程量(或投资)不宜相差太大,每个单位工程中的分部工程数目不宜少于 5 个。

工程量不宜相差太大是指同种类分部工程(如几个混凝土分部工程)工程量差值不超过 50%,投资不宜相差太大是指不同种类分部工程(如混凝土分部工程、砌石分部工程、闸门及启闭机安装分部工程等)的投资差值不宜超过 1 倍。

1.2.3　单元工程项目划分原则

（1）按《水利建设工程单元工程施工质量验收评定标准》（SL 631～637—2012，以下简称《单元工程评定标准》）规定进行划分。

（2）河（渠）道开挖、填筑及衬砌单元工程划分界限宜设在变形缝或结构缝处，长度一般不大于100 m。同一分部工程中各单元工程的工程量（或投资）不宜相差太大。

（3）《单元工程评定标准》中未涉及的单元工程可依据工程结构、施工部署或质量考核要求，按层、块、段进行划分。

1.2　项目划分组织

由项目法人组织监理、设计及施工等单位进行工程项目划分，并确定主要单位工程、主要分部工程、重要隐蔽单元工程和关键部位单元工程。项目法人在主体工程开工前将项目划分表及说明书面报相应工程质量监督机构确认。

工程质量监督机构收到项目划分书面报告后，应当在14个工作日内对项目划分进行确认并将确认结果书面通知项目法人。

工程实施过程中，需对单位工程、主要分部工程、重要隐蔽单元工程和关键部位单元工程的项目划分进行调整时，项目法人应重新报送工程质量监督机构确认。

2　水利水电工程施工质量检验的要求

2.1　施工质量检验的基本要求

（1）承担工程检测业务的检测机构应具有水行政主管部门颁发的资质证书。

（2）工程施工质量检验中使用的计量器具、试验仪器仪表及设备应定期进行检定，并具备有效的检定证书。国家规定需强制检定的计量器具应经县级以上计量行政部门认定的计量检定机构或其授权设置的计量检定机构进行检定。

（3）检测人员应熟悉检测业务，了解被检测对象性质和所用仪器设备性能，经考核合格后，持证上岗。参与中间产品及混凝土（砂浆）试件质量资料复核的人员应具有工程师以上工程系列技术职称，并从事相关试验工作。

（4）工程质量检验项目和数量应符合《单元工程评定标准》规定。工程质量检验方法应符合《单元工程评定标准》和国家及行业现行技术标准的有关规定。

（5）工程项目中如遇《单元工程评定标准》中尚未涉及的项目质量评定标准，其质量标准及评定表格由项目法人组织监理、设计及施工单位按水利部有关规定进行编制和报批。

（6）工程中永久性房屋、专用公路、专用铁路等项目的施工质量检验与评定可按相应行业标准执行。

（7）项目法人、监理、设计、施工和工程质量监督等单位根据工程建设需要，可委托具有相应资质等级的水利工程质量检测机构进行工程质量检测。施工单位自检性质的委托检测项目及数量，按《单元工程评定标准》及施工合同约定执行。对已建工程质量有重大分歧时，由项目法人委托第三方具有相应资质等级的质量检测机构进行检测，检测数量视需要确定，检测费用由责任方承担。

（8）对涉及工程结构安全的试块、试件及有关材料，应实行见证取样。见证取样资料由施工单位制备,记录应真实齐全,参与见证取样人员应在相关文件上签字。

(9)工程中出现检验不合格的项目时,按以下规定进行处理:

①原材料、中间产品一次抽样检验不合格时,应及时对同一取样批次另取两倍数量进行检验。如仍不合格,则该批次原材料或中间产品应当定为不合格,不得使用。

②单元(工序)工程质量不合格时,应按合同要求进行处理或返工重做,并经重新检验且合格后方可进行后续工程施工。

③混凝土(砂浆)试件抽样检验不合格时,应委托具有相应资质等级的质量检测机构对相应工程部位进行检验。如仍不合格,由项目法人组织有关单位进行研究,并提出处理意见。

④工程完工后的质量抽检不合格,或其他检验不合格的工程,应按有关规定进行处理,合格后才能进行验收或后续工程施工。

2.2　施工过程中参建单位的质量检验职责的主要规定

(1)施工单位应当依据工程设计要求、施工技术标准和合同约定,结合《单元工程评定标准》的规定确定检验项目及数量并进行自检,自检过程应当有书面记录,同时结合自检情况如实填写《水利水电工程施工质量评定表》。

(2)监理单位应根据《单元工程评定标准》和抽样检测结果复核工程质量。其平行检测和跟踪检测的数量按监理规范或合同约定执行。

(3)项目法人应对施工单位自检和监理单位抽检过程进行督促检查,对工程质量监督机构核备、核定的工程质量等级进行认定。

(4)工程质量监督机构应对项目法人、监理、勘测、设计、施工单位以及工程其他参建单位的质量行为和工程实物质量进行监督检查。检查结果应当按有关规定及时公布,并书面通知有关单位。

(5)临时工程质量检验及评定标准,由项目法人组织监理、设计及施工等单位根据工程特点,参照《单元工程评定标准》和其他相关标准确定,并报相应的工程质量监督机构核备。

2.3　施工过程中质量检验内容的主要要求

(1)质量检验包括施工准备检查,原材料与中间产品质量检验,水工金属结构、启闭机及机电产品质量检查,单元(工序)工程质量检验,质量事故检查和质量缺陷备案,工程外观质量检验等。

(2)主体工程开工前,施工单位应组织人员对施工准备进行检查,并经项目法人或监理单位确认合格且履行相关手续后,才能进行主体工程施工。

(3)施工单位应按《单元工程评定标准》及有关技术标准对水泥、钢材等原材料与中间产品质量进行检验,并报监理单位复核。不合格产品不得使用。

(4)水工金属结构、启闭机及机电产品进场后,有关单位应按有关合同进行交货检查和验收。安装前,施工单位应检查产品是否有出厂合格证、设备安装说明书及有关技术文件,对在运输和存放过程中发生的变形、受潮、损坏等问题应做好记录,并进行妥善处理。无出厂合格证或不符合质量标准的产品不得用于工程中。

(5)施工单位应按《单元工程评定标准》检验工序及单元工程质量,做好书面记录,在自检合格后,填写《水利水电工程施工质量评定表》报监理单位复核。监理单位根据抽检资料核定单元(工序)工程质量等级。发现不合格单元(工序)工程,应要求施工单位及时进行处理,合格后才能进行后续单元工程施工。对施工中的质量缺陷应书面记录备案,进行必要的统计分析,并在相应单元(工序)工程质量评定表"评定意见"栏内注明。

(6)施工单位应及时将原材料、中间产品及单元(工序)工程质量检验结果报监理单位复核,并应按月将施工质量情况报送监理单位,由监理单位汇总分析后报项目法人和工程质量监督机构。

3　水利水电工程施工质量评定标准

水利水电工程施工质量等级分为"合格"、"优良"两级。合格标准是工程验收标准,是对施工管理质量的最基本要求,优良等级是为工程项目质量创优而设置的。为了鼓励包括施工单位在内的项目参建单位创造更好的施工质量和工程质量,全国和地方(部门)的建设主管部门或行业协会设立了各种优质工程奖,如中国水利工程优质(大禹)奖(简称大禹工程奖)是水利工程行业优质工程的最高奖项,评选标准是以工程质量为主,兼顾工程建设管理、工程效益和社会影响等因素,由中国水利工程协会(简称中水协)组织评选。

3.1　水利水电工程施工质量等级评定的主要依据

(1)国家及相关行业技术标准。

(2)《单元工程评定标准》。

(3)经批准的设计文件、施工图纸、金属结构设计图样与技术条件、设计修改通知书、厂家提供的设备安装说明书及有关技术文件。

(4)工程承发包合同中约定的技术标准。

(5)工程施工期及试运行期的试验和观测分析成果。

3.2　单元(工序)工程质量等级评定标准

根据《水利水电工程施工质量检验与评定规程》(SL 176—2007),《水利水电基本建设工程单元工程质量等级评定标准》是单元工程质量等级标准,自2012年12月19日起开始实施。

(1)《水利水电工程单元工程施工质量验收评定标准——土石方工程》(SL 631—2012);

(2)《水利水电工程单元工程施工质量验收评定标准——混凝土工程》(SL 632—2012);

(3)《水利水电工程单元工程施工质量验收评定标准——地基处理与基础工程》(SL 633—2012);

(4)《水利水电工程单元工程施工质量验收评定标准——堤防工程》(SL 634—2012);

(5)《水利水电工程单元工程施工质量验收评定标准——水工金属结构安装工程》(SL 635—2012);

(6)《水利水电工程单元工程施工质量验收评定标准——水轮发电机组安装工程》

（SL 636—2012）；

（7）《水利水电工程单元工程施工质量验收评定标准——水力机械辅助设备系统安装工程》（SL 637—2012）。

该标准将质量检验项目统一为主控项目、一般项目（主控项目，对单元工程功能起决定作用或对安全、卫生、环境保护有重大影响的检验项目；一般项目，除主控项目外的检验项目）。

单元工程是日常工程质量考核的基本单位，它是以有关设计、施工规范为依据的，其质量评定一般不超出这些规范的范围。

3.3　单元（工序）质量评定的主要要求

（1）单元工程按工序划分情况，分为划分工序单元工程和不划分工序单元工程。

划分工序单元工程应先进行工序施工质量验收评定。在工序验收评定合格和施工项目实体质量检验合格的基础上，进行单元工程施工质量验收评定。

不划分工序单元工程的施工质量验收评定，在单元工程中所包含的检验项目检验合格和施工项目实体质量检验合格的基础上进行。

（2）工序和单元工程施工质量等各类项目的检验，应采用随机布点和监理工程师现场指定区位相结合的方式进行。检验方法及数量应符合相关标准的规定。

（3）工序和单元工程施工质量验收评定表及其备查资料的制备由工程施工单位负责，其规格宜采用国际标准 A4 纸（210 mm × 297 mm），验收评定表一式 4 份，备查资料一式 2 份，其中验收评定表及其备查资料 1 份应由监理单位保存，其余应由施工单位保存。

3.4　工序施工质量验收评定的主要要求

3.4.1　单元工程中的工序分类

单元工程中的工序分为主要工序和一般工序。

3.4.2　工序施工质量验收评定的条件

工序施工质量验收评定应具备以下条件：

（1）工序中所有施工项目（或施工内容）已完成，现场具备验收条件；

（2）工序中所包含的施工质量检验项目经施工单位自检全部合格。

3.4.3　工序施工质量验收评定的程序

工序施工质量验收评定应按以下程序进行：

（1）施工单位应首先对已经完成的工序施工质量按标准进行自检，并做好检验记录。

（2）施工单位自检合格后，应填写工序施工质量验收评定表，质量责任人履行相应签认手续后，向监理单位申请复核。

（3）监理单位收到申请后，应在 4 h 内进行复核。复核内容包括：

①核查施工单位报验资料是否真实、齐全；

②结合平行检测和跟踪检测结果等，复核工序施工质量检验项目是否符合标准的要求；

③在施工单位提交的工序施工质量验收评定表中填写复核记录，并签署工序施工质量评定意见，核定工序施工质量等级，相关责任人履行相应签认手续。

3.4.4 工序施工质量验收评定的资料

工序施工质量验收评定应包括下列资料：

(1)施工单位报验时,应提交下列资料：

①各班、组的初检记录、施工队复检记录、施工单位专职质检员终检记录；

②工序中各施工质量检验项目的检验资料；

③施工单位自检完成后,填写的工序施工质量验收评定表。

(2)监理单位应提交下列资料：

①监理单位对工序中施工质量检验项目的平行检测资料(包括跟踪检测)；

②监理工程师签署质量复核意见的工序施工质量验收评定表。

3.4.5 评定标准

工序施工质量验收评定分为合格和优良两个等级,其标准如下：

(1)合格等级标准：

①主控项目,检验结果应全部符合标准的要求；

②一般项目,逐项应有70%及以上的检验点合格,且不合格点不应集中；

③各项报验资料应符合标准要求。

(2)优良等级标准：

①主控项目,检验结果应全部符合标准的要求；

②一般项目,逐项应有90%及以上的检验点合格,且不合格点不应集中；

③各项报验资料应符合标准要求。

3.5 单元工程施工质量验收评定主要要求

3.5.1 单元工程施工质量验收评定的条件

单元工程施工质量验收评定应具备以下条件：

(1)单元工程所含工序(或所有施工项目)已完成,施工现场具备验收的条件；

(2)已完工序施工质量经验收评定全部合格,有关质量缺陷已处理完毕或有监理单位批准的处理意见。

3.5.2 单元工程施工质量验收评定的程序

单元工程施工质量验收评定应按以下程序进行：

(1)施工单位应首先对已经完成的单元工程施工质量进行自检,并填写检验记录；

(2)施工单位自检合格后,应填写单元工程施工质量验收评定表,向监理单位申请复核。

(3)监理单位收到申请后,应在8 h内进行复核。复核内容包括：

①核查施工单位报验资料是否真实、齐全；

②对照施工图纸及施工技术要求,结合平行检测和跟踪检测结果等,复核单元工程质量是否达到标准要求；

③检查已完单元工程遗留问题的处理情况,在施工单位提交的单元工程施工质量验收评定表中填写复核记录,并签署单元工程施工质量评定意见,评定单元工程施工质量等级,相关责任人履行相应签认手续；

④对验收中发现的问题提出处理意见。

3.5.3　单元工程施工质量验收评定的资料

单元工程施工质量验收评定应包括下列资料：

(1)施工单位申请验收评定时,应提交下列资料：

①单元工程中所含工序(或检验项目)验收评定的检验资料；

②各项实体检验项目的检验记录资料；

③施工单位自检完成后,填写的单元工程施工质量验收评定表。

(2)监理单位应提交下列资料：

①监理单位对单元工程施工质量的平行检测资料；

②监理工程师签署质量复核意见的单元工程施工质量验收评定表。

3.5.4　划分工序单元工程施工质量评定标准

划分工序单元工程施工质量评定分为合格和优良两个等级,其标准如下：

(1)合格等级标准：

①各工序施工质量验收评定应全部合格；

②各项报验资料应符合标准要求。

(2)优良等级标准：

①各工序施工质量验收评定应全部合格,其中优良工序应达到50%及以上,且主要工序应达到优良等级；

②各项报验资料应符合标准要求。

3.5.5　不划分工序单元工程施工质量评定标准

不划分工序单元工程施工质量评定分为合格和优良两个等级,其标准如下：

(1)合格等级标准：

①主控项目,检验结果应全部符合标准的要求；

②一般项目,逐项应有70%及以上的检验点合格,且不合格点不应集中；

③各项报验资料应符合标准要求。

(2)优良等级标准：

①主控项目,检验结果应全部符合标准的要求；

②一般项目,逐项应有90%及以上的检验点合格,且不合格点不应集中；

③各项报验资料应符合标准要求。

3.5.6　单元(工序)工程施工质量不合格处理

单元(工序)工程质量达不到合格标准时,应及时处理。处理后的质量等级按下列规定重新确定：

(1)全部返工重做的,可重新评定质量等级。经检验达到优良标准时,可评为优良等级；

(2)经加固补强并经设计和监理单位鉴定能达到设计要求时,其质量评为合格；

(3)处理后的工程部分质量指标仍达不到设计要求时,经设计复核,项目法人及监理单位确认能满足安全和使用功能要求的,可不再进行处理；或经加固补强后,改变了外形尺寸或造成工程永久性缺陷的,经项目法人、监理及设计单位确认能基本满足设计要求的,其质量可定为合格,但应按规定进行质量缺陷备案。

3.5.7　单元(工序)工程质量评定组织

(1)单元(工序)工程质量在施工单位自评合格后,报监理单位复核,由监理工程师核定质量等级并签证认可。

(2)重要隐蔽单元工程及关键部位单元工程质量经施工单位自评合格、监理单位抽检后,由项目法人(或委托监理)、监理、设计、施工、工程运行管理(施工阶段已经有时)等单位组成联合小组,共同检查核定其质量等级并填写签证表(见表9-8),报工程质量监督机构核备。

表9-8　重要隐蔽单元工程(关键部位单元工程)质量等级签证表

单位工程名称		单元工程量	
分部工程名称		施工单位	
单元工程名称、部位		自评日期	年　月　日
施工单位 自评意见	1.自评意见: 2.自评质量等级: 　　　　　　　　　　　　终检人员(签名)		
监理单位 抽查意见	抽查意见: 　　　　　　　　　　　　监理工程师(签名)		
联合小组 核定意见	1.核定意见: 2.质量等级: 　　　　　　　　　　年　月　日		
保留意见	(签名)		
备查 资料 清单	1.地质编录 　□ 2.测量成果 　□ 3.检测试验报告(岩芯试验、软基承载力试验、传构强度等) 　□ 4.其他(　　　　) 　□		
联合 小组 成员	单位名称	职务、职称	签名
	项目法人		
	监理单位		
	设计单位		
	施工单位		
	运行管理		

注: 重要隐蔽单元工程验收时,设计单位应同时派地质工程师参加,备查资料清单中凡涉及的项目应在"□"内打√,如有其他资料应在括号内注明资料的名称。

4　施工质量评定表的使用

4.1　填写《水利水电基本建设工程单元工程质量评定表》注意事项

为了规范水利水电工程施工质量评定工作,进一步提高水利水电工程质量管理水平,2002 年 12 月 11 日,水利部办公厅颁发了《水利水电工程施工质量评定表填表说明与示例》(试行)(办建管〔2002〕182 号)。

《水利水电工程施工质量评定表填表说明与示例》(试行)采用了填表说明、《水利水电工程施工质量评定表》(试行)(以下简称《评定表》)原表、例表的版式安排,将列表中填写的具体内容与原表在字体上给予了区别。对填表说明进行了分类,将各评定表都应遵守的规定列入"填表基本规定";在各专业单元工程质量评定表前,增设了各专业填表说明;对每张表格设填表说明。为了便于正确评定工程施工质量,在工序及单元工程质量评定表的填表说明中,按《水利水电基本建设工程单元工程质量等级评定标准》(试行)列出了相应质量等级评定标准。

《评定表》是检验与评定施工质量的基础资料,也是进行工程维修和事故处理的重要参考。《水利水电建设工程验收规程》(SL 223—2008)规定,《评定表》是水利水电工程验收的备查资料。《水利工程建设项目档案管理规定》要求,工程竣工验收后,《评定表》归档长期保存。因此,对《评定表》的填写,作如下基本规定:

(1)单元(工序)工程完工后,应及时评定其质量等级,并按现场检验结果,如实填写《评定表》。现场检验应遵守随机取样原则。

(2)《评定表》应使用蓝色或黑色墨水钢笔填写,不得使用圆珠笔、铅笔填写。

(3)文字。应按国务院颁布的简化汉字书写。字迹应工整、清晰。

(4)数字和单位。数字使用阿拉伯数字(1、2、3、…、9、0)。单位使用国家法定计量单位,并以规定的符号表示(如 MPa、m、m^3、t 等)。

(5)合格率。用百分数表示,小数点后保留一位。如果恰为整数,则小数点后以 0 表示,如 95.0%。

(6)改错。将错误用斜线划掉,再在其右上方填写正确的文字(或数字),禁止使用修正液涂、贴纸重写、橡皮擦、刀片刮或用墨水涂黑等方法。

(7)表头填写。①单位工程、分部工程名称:按项目划分确定的名称填写。②单元工程名称、部位:填写该单元工程名称(中文名称或编号),部位可用桩号、高程等表示。③施工单位:填写与项目法人(建设单位)签订承包合同的施工单位全称。④单元工程量:填写本单元主要工程量。⑤检验(评定)日期:年——填写 4 位数,月——填写实际月份(1~12 月),日——填写实际日期(1~31 日)。

(8)质量标准中,凡有"符合设计要求"者,应注明设计具体要求(如内容较多,可附页说明);凡有"符合规范要求"者,应标出所执行的规范名称及编号。

(9)检验记录。文字记录应真实、准确、简练。数字记录应准确、可靠,小数点后保留位数应符合有关规定。

(10)设计值按施工图填写。实测值填写实际检测数据,而不是偏差值。当实测数据多时,可填写实测组数、实测值范围(最小值~最大值)、合格数,但实测值应作表格附件备查。

(11)《评定表》中列出的某些项目,如实际工程无该项内容,应在相应检验栏用斜线"/"表示。

(12)《评定表》表1～表7从表头至评定意见栏均由施工单位经"三检"合格后填写,"质量等级"栏由复核质量的监理人员填写。监理人员复核质量等级时,如对施工单位填写的质量检验资料有不同意见,可写入"质量等级"栏内或另附页说明,并在质量等级栏内填写出正确的等级。

(13)单元(工序)工程表尾填写:

①施工单位,由负责终检的人员签字。如果该工程由分包单位施工,则单元(工序)工程表尾由分包施工单位的终检人员填写分包单位全称,并签字。重要隐蔽工程、关键部位的单元工程,当分包单位自检合格后,总包单位应参加联合小组核定其质量等级。

②建设、监理单位,实行了监理制的工程,由负责该项目的监理人员复核质量等级并签字;未实行监理制的工程,由建设单位专职质检人员签字。

③表尾所有签字人员,必须由本人按照身份证上的姓名签字,不得使用化名,也不得由其他人代为签名。签名时应填写填表日期。

(14)表尾填写:××单位是指具有法人资格单位的现场派出机构,若须加盖公章,则加盖该单位的现场派出机构的公章。

(15)数值修约应符合 GB 8170—87 的规定。

(16)检验和分析数据可靠性时,应符合下列要求:

①检查取样应具有代表性;

②检验方法及仪器设备应符合国家及行业规定;

③操作应准确无误。

(17)实测数据是评定质量的基础资料,严禁伪造或随意舍弃检测数据。对可疑数据,应检查分析原因,并做出书面记录。

(18)单元(工序)工程检测成果按《单元工程评定标准》规定进行计算。

4.2 典型施工质量评定表的内容

以下以土石方工程施工质量评定表为例介绍。

工序施工质量验收评定采用表9-9的格式。

表9-9 表土及土质岸坡清理工序施工质量验收评定表

单位工程名称	张板桥闸除险加固工程	工序名称	表土清理
分部工程名称	闸室段	施工单位	河南省水利第一工程局
单元工程名称、部位	基础面处理	施工日期	2017 年 6 月 15 日 ～ 2017 年 6 月 21 日

续表 9-9

项次	检验项目	质量标准	检查(测)记录	合格数	合格率
主控项目	表土清理	树木、草皮、树根、乱石、坟墓以及各种建筑物全部清除;水井、泉眼、地道、坑窖等洞穴的处理符合设计要求	表土清理干净,无草皮、树根、乱石	全部	100%
	不良土质的处理	淤泥、腐殖质土、泥炭土全部清除;对风化岩石、坡积物、残积物、滑坡体、粉土、细砂等处理符合设计要求	对风化岩石、坡积物、残积物、滑坡体、粉土、细砂等处理符合设计要求	全部	100%
	地质坑、孔处理	构筑物基础区范围内的地质探孔、竖井、试坑的处理符合设计要求;回填材料质量满足设计要求	构筑物基础区范围内的地质探孔、竖井、试坑的处理符合设计要求	全部	100%
一般项目	清理范围	满足设计要求。长、宽边线允许偏差:机械施工 0 ~ 100 cm	100,97,100.9,100.8,96,99,98.6,96.7,98.8,98.9	8	80%
	土质岸边坡度	不陡于设计边坡	土质岸边坡度不陡于设计边坡 1∶2	全部	100%

施工单位自评意见	主控项目检验点100%合格,一般项目逐项检验点的合格率为80%,且不合格点不集中分布。 　　工序质量等级评定为:合格 　　　　　　　　　　　　　　　　　　　　　　　　　　　张×× 　　　　　　　　　　　　　　　　　　　　　　　　　　　2017 年 6 月 21 日
监理单位复核意见	经复核,主控项目检验点100%合格,一般项目逐项检验点的合格率为80%,且不合格点不集中分布。 　　工序质量等级评定为:合格 　　　　　　　　　　　　　　　　　　　　　　　　　　　王×× 　　　　　　　　　　　　　　　　　　　　　　　　　　　2017 年 6 月 21 日

土料填筑单元工程施工质量验收评定表填表说明及格式见表9-10。

表9-10 土料填筑单元工程施工质量验收评定表

单位工程名称	张板桥闸除险加固工程	单元工程量	30 m³
分部工程名称	闸室段	施工单位	河南省水利第一工程局
单元工程名称、部位	土方回填(左岸)	施工日期	2017 年 6 月 15 ~ 21 日

项次	工序名称	工序质量验收评定等级
1	土料填筑结合面处理工序	合格
2	土料填筑卸料及铺填工序	合格
3	△土料填筑及压实工序	优良
4	土料填筑及接缝处理工序	优良
施工单位自评意见	各工序施工质量全部合格,其中优良工序占50%,且主要工序达到优良等级。 单元工程质量等级评定为:优良 张×× 2017 年 6 月 21 日	
监理单位复核意见	经抽查并查验相关检验报告和检验资料,各工序施工质量全部合格,其中优良工序占50%,且主要工序达到优良等级。 单元工程质量等级评定为:优良 王×× 2017 年 6 月 21 日	

注:对重要隐蔽单元工程和关键部位单元工程的施工质量验收评定应有设计、建设等单位的代表签字,具体要求应满足 SL 176—2007 的规定。

填表时必须遵守"填表基本规定",并符合以下要求。

(1)单元工程划分:以工程设计结构或施工检查验收的区、段、层划分,通常每一区、段的每一层即为一个单元工程。

(2)单元工程量:填写本单元填筑工程量(m³)。

(3)土料铺填施工单元工程宜分为结合面处理、卸料及铺填、土料压实、接缝处理4个工序,其中土料压实工序为主要工序。

(4)单元工程施工质量验收评定应包括下列资料:

①施工单位应提交单元工程中所含工序(或检验项目)验收评定的检验资料,各项实体检验项目的检验记录资料;

②监理单位应提交对单元工程施工质量的平行检测资料。

(5)单元工程质量标准。

①合格标准:各工序施工质量验收评定应全部合格;各项报验资料应符合 SL 631—2012 的要求。

②优良标准:各工序施工质量验收评定应全部合格,其中优良工序应达到 50% 及以

上,且主要工序应达到优良等级;各项报验资料应符合 SL 631—2012 的要求。

5 分部工程、单位工程、工程项目评定标准

5.1 分部工程施工质量标准

5.1.1 分部工程施工质量合格标准

(1)所含单元工程的质量全部合格。质量事故及质量缺陷已按要求处理,并经检验合格。

(2)原材料、中间产品及混凝土(砂浆)试件质量全部合格,金属结构及启闭机制造质量合格,机电产品质量合格。

5.1.2 分部工程施工质量优良标准

(1)所含单元工程质量全部合格,其中 70%以上达到优良等级,主要单元工程以及重要隐蔽单元工程(关键部位单元工程)质量优良率达 90%以上,且未发生过质量事故。

(2)中间产品质量全部合格,混凝土(砂浆)试件质量达到优良等级(当试件组数小于30 时,试件质量合格)。原材料质量、金属结构及启闭机制造质量合格,机电产品质量合格。

分部工程施工质量评定表样表见表 9-11。

表 9-11　分部工程施工质量评定表

单位工程名称	泄水闸工程		施工单位	中国水利水电第××工程局	
分部工程名称	闸室分部(土建)		施工日期	自 × 年×月×日至 × 年×月×日	
分部工程量	混凝土 1 529 m³		评定日期	×年×月×日	
项次	单元工程类别	工程量	单元工程个数	合格个数	其中优良个数	备注
1	岩基开挖	856 m³	5	2	3	
2	混凝土	1 529 m³	10	3	7	
3	房建	140 m³	6	1	5	闸房
4	混凝土构件安装	80 t	2	0	2	
合计			23	6	17	优良率 74%
主要单元工程、重要隐蔽工程及关键部位的单元工程		150 m³	1	1	1	优良率 100%

续表9-11

施工单位自评意见	监理单位复核意见
本分部工程的单元工程质量全部合格,优良率为74%,主要单元工程、重要隐蔽工程及关键部位单元工程优良率100%,质量优良。施工中未发生过任何质量事故。原材料质量,金属结构、启闭机质量,机电产品质量,中间产品质量合格。 分部工程质量等级:优良 质检部门评定人:××× 项目经理或经理代表:×××　（盖公章） 　　　　　　　　　　　×年×月×日	复核意见:同意施工单位自评意见 分部工程质量等级:优良 监理工程师:××× 　　　　　　　　　　×年×月×日 总监或总监代表:　×××（盖公章） 　　　　　　　　　　×年×月×日
质量监督机构核定	核定意见: 核定等级:　　　核定人:　　　　项目站负责人: 　　　　　　　　年　月　日　　　　年　月　日

5.1.3　普通混凝土试块试验数据统计方法

　　（1）同一标号（或强度等级）混凝土试块28 d龄期抗压强度的组数 $n \geqslant 30$ 时,应符合表9-12的要求。

表9-12　混凝土试块28 d龄期抗压强度质量标准

项目		质量标准	
		优良	合格
任何一组试块抗压强度最低不得低于设计值的		90%	85%
无筋（或少筋）混凝土强度保证率		85%	80%
配筋混凝土强度保证率		95%	90%
混凝土抗压强度的离差系数	<20 MPa	<0.18	<0.22
	≥20 MPa	<0.14	<0.18

　　（2）同一标号（或强度等级）混凝土试块28 d龄期抗压强度的组数 n 为 5~30 时,混凝土试块强度应同时满足下列要求:

$$R_n - 0.7S_n > R_{标}$$
$$R_n - 1.6S_n \geqslant 0.83R_{标} \quad （当 R_{标} \geqslant 20）$$
或
$$R_n - 1.65S_n \geqslant 0.80R_{标} \quad （当 R_{标} < 20）$$

式中　S_n——n 组试块强度的标准差,MPa,$S_n = \sqrt{\dfrac{\sum\limits_{i=1}^{n}(R_i - R_n)^2}{n-1}}$,当统计得到的 $S_n < 2.0$

（或 1.5）MPa 时,应取 $S_n = 2.0$ MPa（$R_标 \geqslant 20$ MPa）;$S_n = 1.5$ MPa（$R_标 < 20$ MPa）;

　　R_n——n 组试块强度的平均值,MPa;

　　R_i——单组试块强度,MPa;

　　$R_标$——设计 28 d 龄期抗压强度值,MPa;

　　n——样本容量。

（3）同一标号（或强度等级）混凝土试块 28 d 龄期抗压强度的组数 n 为 2 ~ 5 时,混凝土试块强度应同时满足下列要求:

$$\overline{R_n} \geqslant 1.15R_标$$
$$R_{\min} \geqslant 0.95R_标$$

式中　$\overline{R_n}$——n 组试块强度的平均值,MPa;

　　$R_标$——设计 28 d 龄期抗压强度值,MPa;

　　$R_{\min}$——n 组试块中强度最小一组的值,MPa。

（4）同一标号（或强度等级）混凝土试块 28 d 龄期抗压强度的组数只有 1 组时,混凝土试块强度应同时满足下列要求:

$$R \geqslant 1.15R_标$$

式中　R——试块强度实测值,MPa;

　　$R_标$——设计 28 d 龄期抗压强度值,MPa。

5.1.4　喷射混凝土抗压强度检验评定标准

　　水利水电工程永久性支护工程的喷射混凝土试块 28 d 龄期抗压强度应满足重要工程的合格条件,临时性支护工程的喷射混凝土试块 28 d 龄期抗压强度应满足一般工程的合格条件。

（1）重要工程的合格条件为:

$$F'_{ck} - K_1 S_n \geqslant 0.9F_c$$
$$F'_{ck\min} \geqslant K_2 F_c$$

（2）一般工程的合格条件为:

$$F'_{ck} \geqslant F_c$$
$$F'_{ck\min} \geqslant 0.85F_c$$

式中　F'_{ck}——施工阶段同批 n 组喷射混凝土试块抗压强度的平均值,MPa;

　　F_c——喷射混凝土立方体抗压强度的设计值,MPa;

　　$F'_{ck\min}$——施工阶段同批 n 组喷射混凝土试块抗压强度的最小值,MPa;

　　K_1、K_2——合格判定系数,按表 9-13 取值;

　　n——施工阶段每批喷射混凝土试块的抽样组数;

　　S_n——施工阶段同批 n 组喷射混凝土试块抗压强度的标准差,MPa。

当同批试块组数 $n < 10$ 时,可按 $F'_{ck} \geqslant 1.15F_c$ 以及 $F'_{ck\min} \geqslant 0.95F_c$ 验收（同批试块是指原材料和配合比基本相同的喷射混凝土试块）。

表 9-13 合格判定系数 K_1、K_2 值

n	10 ~ 14	15 ~ 24	≥25
K_1	1.70	1.65	1.60
K_2	0.90	0.85	0.85

5.1.5 砂浆、砌筑用混凝土强度检验评定标准

（1）同一标号（或强度等级）试块组数 $n ≥ 30$ 时，28 d 龄期的试块抗压强度应同时满足以下标准：

①强度保证率不小于 80%。

②任意一组试块强度不低于设计强度的 85%。

③设计 28 d 龄期抗压强度小于 20.0 MPa 时，试块抗压强度的离差系数不大于 0.22；设计 28 d 龄期抗压强度大于或等于 20.0 MPa 时，试块抗压强度的离差系数小于 0.18。

（2）同一标号（或强度等级）试块组数 $n < 30$ 时，28 d 龄期的试块抗压强度应同时满足以下标准：

①各组试块的平均强度不低于设计强度。

②任意一组试块强度不低于设计强度的 80%。

5.1.6 分部工程施工质量评定组织

分部工程质量，在施工单位自评合格后，报监理单位复核，项目法人认定。分部工程验收的质量结论由项目法人报工程质量监督机构核备。大型枢纽工程主要建筑物的分部工程验收的质量结论由项目法人报工程质量监督机构核定。

5.2 单位工程施工质量标准

5.2.1 单位工程施工质量合格标准

（1）所含分部工程质量全部合格。

（2）质量事故已按要求进行处理。

（3）工程外观质量得分率达到 70% 以上。

（4）单位工程施工质量检验与评定资料基本齐全。

（5）工程施工期及试运行期，单位工程观测资料分析结果符合国家和行业技术标准以及合同约定的标准要求。

5.2.2 单位工程施工质量优良标准

（1）所含分部工程质量全部合格，其中 70% 以上达到优良等级，主要分部工程质量全部优良，且施工中未发生过较大质量事故。

（2）质量事故已按要求进行处理。

（3）外观质量得分率达到 85% 以上。

（4）单位工程施工质量检验与评定资料齐全。

（5）工程施工期及试运行期，单位工程观测资料分析结果符合国家和行业技术标准以及合同约定的标准要求。

单位工程施工质量评定表样表见表 9-14。

表 9-14 单位工程施工质量评定表

工程项目名称	青江水利枢纽工程	施工单位	中国水利水电第××工程局
单位工程名称	溢流泄水坝	施工日期	自 ×年×月×日至 ×年×月×日
单位工程量	混凝土 225 600 m³	评定日期	×年×月×日

序号	分部工程名称	合格	优良	序号	分部工程名称	合格	优良
		质量等级				质量等级	
1	5 坝段▽412 m 以下	√		8	7 坝段(中孔坝段)		√
2	5 坝段▽412 m 至坝顶		√	9	△坝基灌浆		√
3	△溢流面及闸墩		√	10	坝基及坝体排水		√
4	6 坝段▽412 m 以下	√		11	坝基开挖与处理		√
5	6 坝段▽412 m 至坝顶		√	12	中孔弧门及启闭机安装		√
6	坝顶工程		√	13	1#、2#弧门及启闭机安装		√
7	上游护岸加固	√		14	检修门及门机安装		√

分部工程共 14 个,其中优良 11 个,优良率 78.6%,主要分部工程优良率 100%	
外观质量	应得 118 分,实得 104.3 分,得分率 88.4%
施工质量检验资料	齐全
质量事故情况	施工中未发生过质量事故

施工单位自评等级:优良	监理复核等级:优良	质量监督机构核定等级:优良
评定人:×××	复核人:×××	核定人:×××
项目经理:×××(公章) ×年×月×日	总监理工程师:×××(公章) ×年×月×日	项目监督负责人:×××(公章) ×年×月×日

注:单位工程质量,在施工单位自评合格后,由监理单位复核,项目法人认定。单位工程验收的质量结论由项目法人报质量监督机构核定。

5.2.3 单位工程外观质量评定

单位工程完工后,项目法人组织监理、设计、施工及工程运行管理等单位组成工程外观质量评定组,进行工程外观质量检验评定并将评定结论报工程质量监督机构核定。参加工程外观质量评定的人员应具有工程师以上技术职称或相应执业资格。评定组人数应不少于 5 人,大型工程宜不少于 7 人。

单位工程外观评定组负责工程外观评定、检查、检测,项目经评定组全面检查后,抽测 25%,且各项不少于 10 个点。各项目工程外观质量评定等级分四级,一级检测项目测点合格率 100%,二级 90.0%~99.9%,三级 70.0~89.9%,四级小于 70.0%。外观评定表由评定组根据现场检查情况填写,其结论报质量监督机构核定。单位工程施工外观质量评定样表见表 9-15。

表9-15　房屋建筑安装工程外观质量评定表

单位工程名称	发电厂房工程	分部工程名称	主厂房房建工程		施工单位	中国水利水电第××工程局	
结构类型	框架、单层结构	建筑面积	1 200 m²		评定日期	×年×月×日	
项次	项目		标准分（分）	评定得分（分）				备注
				一级 100%	二级 90%	三级 80%	四级 70%	
1	建筑工程	室外墙面	10		9			
2		室外大角	2		1.8			
3		外墙面横竖线角	3	3				
4		散水、台阶、明沟	2			1.4		
5		滴水槽(线)	1		0.9			
6		变形缝、水落管	2		1.8			
7		屋面坡向	2			1.4		
8		屋面防水层	3			2.1		
9		屋面细部	3			2.1		
10		屋面保护层	1		0.9			
11		室内顶棚	5		4.5			
12		室内墙面	10		9			
13		地面与楼面	10			7		
14		楼梯、踏步	2			1.4		
15		厕浴、阳台泛水	2	—				
16		抽气、垃圾道	2	—				
17		细木、护栏	4	—				
18		门安装	4	4				
19		窗安装	4		3.6			
20		玻璃	2	2				
21		油漆	6		5.4			
22	室内给排水	管道坡度、接口、支架、管件	3		2.7			
23		卫生器具、支架、阀门、配件	3			2.1		
24		检查口、扫除口、地漏	2			1.4		

续表 9-15

项次	项目		标准分（分）	评定得分（分）				备注
				一级 100%	二级 90%	三级 80%	四级 70%	
25	室内暖气	管道坡度、支架、接口、弯道	3	—				
26		散热器及支架	2	—				
27		伸缩器、膨胀水箱	2	—				
28	室内煤气	管道坡度、接口、支架	2	—				
29		煤气管与其他管距离	1	—				
30		煤气表、阀门	1	—				
31	室内电气安装	线路敷设	2	2				
32		配电箱（盘、板）	2		1.8			
33		照明器具	2	2				
34		开关、插座	2		1.8			
35		防雷、动力	2		1.8			
36	通风	风管、支架	2			1.4		
37		风口、风阀、罩	2			1.4		
38		风机	1		0.9			
39	空调	风管、支架	2		1.8			
40		风口、风阀	2			1.4		
41		空气处理室、机组	1	1				
42	电梯	运行、平层、开关门	3	—				
43		层门、信号系统	1	—				
44		机房	1	—				
合计			应得 100 分，实得 87.4 分，得分率 87.4%					

施工单位	设计单位	监理单位	项目法人（建设单位）	质量监督机构
××× ×年×月×日	××× ×年×月×日	××× ×年×月×日	××× ×年×月×日	××× ×年×月×日

5.2.4　单位工程施工质量检验资料

单位工程施工质量检验资料核查每项不缺视为齐全,否则基本齐全或不合格。单位工程施工质量检验资料核查表样表见表9-16。

表9-16　单位工程施工质量检验资料核查表

单位工程名称		发电厂房工程	施工单位	中国水利水电第××工程局
			核定日期	×年×月×日
项次		项目	份数	核查情况
1	原材料	水泥出厂合格证、厂家试验报告	28	1. 主要原材料出厂合格证及厂家试验资料齐全,但有一批地面砖无出厂合格证 2. 复验资料齐全,数量符合规范要求,复验统计资料完整
2		钢材出厂合格证、厂家试验报告	8	
3		外加剂出厂合格证及技术性能指标	2	
4		粉煤灰出厂合格证及技术性能指标	—	
5		防水材料出厂合格证、厂家试验报告	2	
6		止水带出厂合格证及技术性能试验报告	1	
7		土工布出厂合格证及技术性能试验报告	—	
8		装饰材料出厂合格证及技术性能资料	3	
9		水泥复验报告及统计资料	18	
10		钢材复验报告及统计资料	8	
11		其他原材料出厂合格证及技术性能资料	12	
12	中间产品	砂、石骨料试验资料	38	1. 中间产品取样数量符合《评定标准》规定,统计方法正确,资料齐全 2. 有3组混凝土试件龄期超过28 d(实际龄期为31 d,38 d,49 d)
13		石料试验资料	3	
14		混凝土拌和物检查资料	87	
15		混凝土试件统计资料	8	
16		砂浆拌和物及试件统计资料	10	
17		混凝土预制件(块)检验资料	5	
18	金属结构及启闭机	拦污栅出厂合格证及有关技术文件	6	1. 出厂合格证及技术文件齐全 2. 安装记录齐全、清晰 3. 焊接记录清楚,探伤报告齐全 4. 焊工资质复印材料齐全 5. 运行记录清晰、完整 6. 缺门式启闭机1.25倍额定负荷试验资料
19		闸门出厂合格证及有关技术文件	8	
20		启闭机出厂合格证及有关技术文件	8	
21		压力钢管生产许可证及有关技术文件	5	
22		闸门、拦污栅安装测量记录	14	
23		压力钢管安装测量记录	3	
24		启闭机安装测量记录	8	
25		焊接记录及探伤报告	8	
26		焊工资质证明材料(复印件)	8	
27		运行试验记录	3	

续表 9-16

项次	项目		份数	核查情况
28	机电设备	产品出厂合格证、厂家提交的安装说明书及有关文件	93	1. 产品出厂合格证及有关技术资料齐全,并已装订成册 2. 机组及设备安装测试记录齐全,已装订成册 3. 各项试验记录齐全
29		重大设备质量缺陷处理资料	—	
30		水轮发电机组安装测量记录	3	
31		升压变电设备安装测试记录	3	
32		电气设备安装测试记录	3	
33		焊缝探伤报告及焊工资质证明	15	
34		机组调试及试验记录	3	
35		水力机械辅助设备试验记录	3	
36		发电电气设备试验记录	25	
37		升压变电电气设备检测试验报告	33	
38		管道试验记录	3	
39		72 h 试运行记录	3	
40	重要隐蔽工程施工记录	灌浆记录、图表	12	1. 灌浆记录清晰、齐全、准确,图表完整 2. 基础排水工程施工记录完全、准确
41		造孔灌注桩施工记录、图表	—	
42		振冲桩振冲记录	—	
43		基础排水工程施工记录	3	
44		地下防渗墙施工记录	—	
45		其他重要施工记录	2	
46	综合资料	质量事故调查及处理报告、重大缺陷处理检查记录	1	1. 综合资料齐全 2. 工序、单元工程资料均已按分部工程、单位工程装订成册
47		工程试运行期观测资料	2	
48		工序、单元工程质量评定表	635	
49		分部工程、单位工程质量评定表	28	

施工单位自查意见	监理单位复查结论
自查:基本齐全 填表人:××× 质检部门负责人:×××(公章) ×年×月×日	复查:基本齐全 监理工程师:××× 监理单位:(公章) ×年×月×日

5.3　工程项目施工质量标准

5.3.1　工程项目施工质量合格标准

(1)单位工程质量全部合格;

(2)工程施工期及试运行期,各单位工程观测资料分析结果均符合国家和行业技术标准以及合同约定的标准要求。

5.3.2　工程项目施工质量优良标准

（1）单位工程质量全部合格，其中 70% 以上单位工程质量达到优良等级，且主要单位工程质量全部优良。

（2）工程施工期及试运行期，各单位工程观测资料分析结果均符合国家和行业技术标准以及合同约定的标准要求。

5.3.3　工程项目施工质量评定组织

工程项目质量，在单位工程质量评定合格后，由监理单位进行统计并评定工程项目质量等级，经项目法人认定后，报质量监督机构核定。

工程项目施工质量评定表样表见表 9-17。

表 9-17　工程项目施工质量评定表

工程项目名称	青江水利枢纽工程				项目法人（建设单位）			青江水资源开发公司	
工程等级	Ⅱ 等，主要建筑物 2 级				设计单位			××水利水电勘测设计院	
建设地点	名山县竹青镇				监理单位			××水利水电工程监理公司	
主要工程量	土石方开挖 78.3 万 m^3，混凝土 68.4 万 m^3，金属安装 2 168 t				施工单位			中国水利水电第××工程局	
开工、竣工日期	×年×月至×年×月				评定日期			×年×月×日	
序号	单位工程名称	单元工程质量统计			分部工程质量统计			单位工程质量等级	备注
		个数（个）	其中优良（个）	优良率（%）	个数（个）	其中优良（个）	优良率（%）		
1	△左岸挡水坝	221	132	59.7	8	5	62.5	优良	加△者为主要建筑物单位工程
2	△溢流泄水坝	454	307	67.6	14	11	78.6	优良	
3	△右岸挡水坝	153	104	68.0	6	5	83.3	优良	
4	防护工程	232	160	69.0	5	4	80.0	优良	
5	大坝管理及监测设施	172	105	61.0	5	3	60.0	合格	
6	△引水工程进水口	140	76	54.3	9	5	55.6	优良	
7	进水口值班房	34	6	17.6	8	0	0	合格	
8	引水隧洞	517	337	65.2	24	18	75.0	优良	
9	调压井	154	41	26.6	9	5	55.6	合格	

续表9-17

序号	单位工程名称	单元工程质量统计			分部工程质量统计			单位工程质量等级	备注
		个数（个）	其中优良（个）	优良率（%）	个数（个）	其中优良（个）	优良率（%）		
10	调压井值班房	37	25	67.6	8	5	62.5	优良	加△者为主要建筑物单位工程
11	压力管道工程	487	415	85.2	6	5	83.3	优良	
12	永久支洞	161	70	43.5	3	1	33.3	合格	
13	发电厂房工程	544	393	72.2	15	12	80.0	优良	
14	升压变电工程	158	104	65.8	5	3	60.0	优良	
15	综合楼	268	140	52.2	8	4	50.0	优良	
16	厂区防护工程	197	96	48.7	5	3	60.0	合格	
17	永久交通工程	217	109	50.2	4	2	50.0	优良	
18	—								
	单元工程、分部工程合计	4 146	2 618	63.1	142	91	64.1		
评定结果	本项目有单位工程17个,质量全部合格。其中优良单位工程12个,优良率70.6%,主要建筑物单位工程优良率100%								

监理意见	项目法人(建设单位)意见	质量监督机构核定意见
工程项目质量等级:优良 总监理工程师:××× 监理单位:(公章) ×年×月×日	工程项目质量等级:优良 法定代表人:××× 项目法人:(公章) ×年×月×日	工程项目质量等级:优良 项目站长或负责人:××× 质量监督机构:(公章) ×年×月×日

【案例9-5】 水利工程施工质量评定

背景资料

长亭水库库容1.2亿 m^3 ,大坝为均质土坝,某水利工程公司承建大坝施工,最大干密度为1.69 g/cm^3 ,最优含水量为19.3%,设计压实干密度为1.56 g/cm^3 。该工程项目划分为1个单位工程,7个分部工程,其中坝体填筑碾压分部工程土方填筑量150万 m^3 。自2011年10月20日开工至2012年5月31日完工。

施工过程中发生了如下事件:

事件1:编号为 CS—Ⅱ—016 的单元工程桩号为 CS10 + 000 ~ CS10 + 100,高程为

18.5～18.75 m,宽度为40 m,土方填筑量为2 000 m³。土料铺填施工单元工程分为结合面处理、卸料及铺填、土料压实、接缝处理四个工序,其中土料压实工序为主要工序。结合面处理和接缝处理评定为优良。施工单位按照《水利水电工程施工质量检验与评定规程》(SL 176—2007)的规定,对 CS—Ⅱ—016 土料填筑工程质量进行了检查和检测,相关结果填在表9-18 中。

表9-18 土料碾压填筑工序质量评定表

单位工程名称		××水库大坝	单元工程量	(B)100 m×40 m		
分部工程名称		坝体填筑	检验日期	2010 年 3 月 20 日		
单元工程名称、部位		(A)CS—Ⅱ—016	评定日期	年　　月　　日		
项次	名称	质量标准	检验结果	合格数	合格率(%)	
主控项目	1 碾压参数	压实机具的型号、规格,碾压遍数、碾压速度、碾压振动频率、振幅和加水量应符合碾压试验确定的参数值	压实机具的型号、规格,碾压遍数、碾压速度、碾压振动频率、振幅和加水量符合碾压试验确定的参数值	达到标准	100	
	2 压实质量	压实度和最优含水率符合设计要求。1 级、2 级坝和高坝的压实度不低于 98%;3 级中低坝及 3 级以下中坝的压实度不低于 96%;土料的含水量应控制在最优量的 -2% ～ 3%。取样合格率不小于 90%。不合格试样不应集中,且不低于压实度设计值的 98%	压实度不低于 98%,土料的含水量控制在最优量的 -2% ～3%。取样合格率不小于 90%。不合格试样不集中,且不低于压实度设计值的 98%	达到标准	100	
	3 压实渗透系数	符合设计要求	—			
一般项目	1 碾压搭接带宽度、碾压面处理	分段碾压时,相邻两段交接带碾压迹应彼此搭接,垂直碾压方向搭接带宽度应不小于 0.3～0.5 m;顺碾压方向搭接带宽度应为 1.0～1.5 m	总测点数(个)	合格点数(个)	合格率(%)	
			25	23	①	
			15	14	②	
		碾压表面平整,无漏压,个别弹簧、起皮、脱空,剪力破坏部分处理符合设计要求	15	③	92.8	

续表 9-18

施工单位自评意见	主控项目检验点100%合格,一般项目逐项检验点的合格率为 %,且不合格点不集中分布。 工序质量等级评定为:④ (签字,加盖公章) 年 月 日
监理单位复评意见	经复核,主控项目检验点100%合格,一般项目逐项检验点的合格率为 %,且不合格点不集中分布。 工序质量等级评定为:⑤ (签字,加盖公章) 年 月 日

事件2:坝体填筑分部工程完毕后进行了质量评定,见表9-19。

表9-19 坝体填筑分部工程质量评定表

单位工程名称		长亭大坝工程	施工单位		F	
分部工程名称		坝体	施工日期		N	
分部工程量		E	评定日期		×年×月×日	
项次	单元工程类别	工程量	单元工程个数	其中合格个数	其中优良个数	备注
1	坝体填筑	1 500 000 m^3	750	187	56	
合计			750	187	563	P
重要单元、隐蔽单元						优良
施工单位自评意见			监理单位复核意见			
Q 质检部门评定人:××× ×年×月×日			复核意见:同意施工单位自评意见 监理工程师:××× (盖公章)×年×月×日			

事件3:大坝单位工程完工进行了外观质量评定,见表9-20。

表9-20　工程外观质量评定表

单位工程名称	W		施工单位		X	
主要工程量	H		评定日期		2010年6月3日	
项次	项目	标准分	一级 100%	二级 90%	三级 70%	四级 0	备注
1	外部尺寸	30		30(27)			
2	轮廓与坡度	10		10(9)			
3	护坡表面平整度	10		10(9)			
4	监测设备	5	5				
5	排水	5		5(4.5)			
6	马道	3	3				
7	坝顶设施	5(6)			4(3.5)		
8	岸坡	5	5				
9	排水棱体	5	—				
合计		应得分Y,实得分Z,得分率S%					
评定人员签名							

事件4:坝体单位工程,共分坝体填筑,上、下游护坡,坝顶,岸坡与清基,坝基防渗处理,观测设备7个分部工程,所有分部工程质量均合格。其中,坝体填筑,上、下游护坡,坝顶,岸坡与清基,观测设备6个分部工程质量优良。施工中未发生过质量事故,单位工程施工质量与检验资料齐全,施工期及试运行期的单位工程观测资料分析结果符合相关规定和要求。

问题

1. 根据事件2,改正表9-18中A、B两项内容填写的不妥之处。指出表9-18中①~⑤项所代表的数据和内容。指出评定表栏内用横线"—"表示什么内容。

2. 根据评定结果,指出土方填筑单元评定等级,并说明理由。

3. 指出事件2坝体填筑分部工程质量评定表9-19中E、F、P、Q分别代表的内容。指出该分部工程质量评定等级程序。

4. 指出事件3外观评定表9-20中W、H、X、Y、Z、S分别代表的内容,并更正外观质量评定表。该工程评定有哪些单位?对外观评定小组成员组成的要求是什么?

5. 根据事件4,指出坝体单位工程评定等级,并说明理由。

答案

1. A—单元工程桩号为CS10+000~CS10+100,高程为18.5~18.75 m;

B—2 000 m³。

①—92.0%,②—93.3%,③—13,④—主控项目达到质量标准,一般项目合格率为

90.0 % 以上,⑤为优良。评定表栏内用横线"—"表示实际工程中无该项内容。

2. 土方压实单元工程为优良。理由:碾压工序为主要工序且达到优良,其中 50% 工序达到优良。

3. E—1 500 000 m³;F—某水利工程总公司;N—2011 年 10 月 20 日至 2012 年 5 月 31 日;P—75.0%;Q—本分部工程的单元工程质量全部合格,优良率为 75 %,主要单元工程、重要隐蔽工程及关键部位单元质量优良。施工中未发生过任何质量事故。分部工程质量等级:优良。

分部工程质量在施工单位质检部门自评的基础上,由监理单位复核其质量等级,由于本工程为大(2)型水利枢纽工程的大坝主体建筑物的分部工程质量,在施工单位自评、监理单位复核后,需报质量监督机构核定其质量等级。

4. W—长亭水库大坝工程;H—150 万 m³;X—某省水利工程总公司;Y—73 分;Z—66 分;S—90.4% (注:表中括号内数据为正确数据得分)。

评定小组由项目法人、监理单位、施工单位、运行管理单位组成,结论报质量监督机构核定。

参加人员应具有工程师职称或相应执业资格人员,本工程属于大(2)型,故应不少于 7 人。

5. 坝体单位工程质量评定等级为合格。坝体单位工程共分坝体填筑,上、下游护坡,坝顶,岸坡与清基,坝基防渗处理,观测设备 7 个分部工程,所有分部工程质量均合格。其中,坝体填筑,上、下游护坡,坝顶,岸坡与清基,观测设备 6 个分部工程质量优良,合格率达到 81.7%。施工中未发生过质量事故,外观得分率 90.4%,单位工程施工质量与检验资料齐全,施工期及试运行期的单位工程观测资料分析结果符合相关规定和要求。但是,坝基防渗处理为主要分部工程,没有达到优良。所以,应为合格。

项目 10　水利水电工程验收

为了加强公益性建设项目的验收管理,《国务院办公厅关于加强基础设施工程质量管理的通知》中指出:"必须实行竣工验收制度。项目建成后必须按国家有关规定进行严格的竣工验收,由验收人员签字负责。项目竣工验收合格后,方可投入使用。对未经验收或验收不合格就交付使用的,要追究项目法定代表人的责任,造成重大损失的,要追究其法律责任。"对于水利工程建设项目,《国务院批转国家计委、财政部、水利部、建设部关于加强公益性水利工程建设管理若干意见的通知》中再次指出"严格水利工程项目验收制度"。

2006 年 12 月 18 日,水利部部长汪恕诚签发水利部令第 30 号,颁发《水利工程建设项目验收管理规定》,该规定自 2007 年 4 月 1 日起施行。《水利工程建设项目验收管理规定》是水利行业第一部针对验收工作的具体管理规章,该规定的实施,是完善水利工程建设管理方面制度的一项重要举措,标志着水利工程项目建设过程中的验收工作以及竣工验收管理工作进一步走向规范化、制度化,将有力推动水利工程建设管理各方面管理水平的提高。

水利部 2008 年 3 月 3 日发布《水利水电建设工程验收规程》(SL 223—2008),自 2008 年 6 月 3 日实施。该规程适用于由中央、地方财政全部投资或部分投资建设的大中型水利水电建设工程(含 1、2、3 级堤防工程)的验收,其他水利水电建设工程的验收可参照执行。《水利水电建设工程验收规程》共 9 章,15 节,146 条,25 个附录。

任务 1　水利水电工程验收依据与内容及其基本要求

1　水利水电工程验收分类

根据《水利水电建设工程验收规程》,水利水电建设工程验收按验收主持单位可分为法人验收和政府验收。

法人验收包括分部工程验收、单位工程验收、水电站(泵站)中间机组启动验收、合同工程完工验收等;政府验收包括阶段验收、专项验收、竣工验收等。验收主持单位可根据工程建设需要增设验收的类别和具体要求。

2　工程验收依据与验收工作的主要内容

2.1　工程验收依据

(1)国家现行有关法律、法规、规章和技术标准;

(2)有关主管部门的规定;

(3)经批准的工程立项文件、初步设计文件、调整概算文件；

(4)经批准的设计文件及相应的工程变更文件；

(5)施工图纸及主要设备技术说明书等；

(6)法人验收还应以施工合同为依据。

2.2　工程验收工作的主要内容

(1)检查工程是否按照批准的设计进行建设；

(2)检查已完工程在设计、施工、设备制造安装等方面的质量及相关资料的收集、整理和归档情况；

(3)检查工程是否具备运行或进行下一阶段建设的条件；

(4)检查工程投资控制和资金使用情况；

(5)对验收遗留问题提出处理意见；

(6)对工程建设做出评价和结论。

3　工程验收的组织及成果

政府验收应由验收主持单位组织成立的验收委员会负责；法人验收应由项目法人组织成立的验收工作组负责。验收委员会(工作组)由有关单位代表和有关专家组成。

验收的成果性文件是验收鉴定书，验收委员会(工作组)成员应在验收鉴定书上签字。对验收结论持有异议的，应将保留意见在验收鉴定书上明确记载并签字。

工程验收结论应经2/3以上验收委员会(工作组)成员同意。

验收过程中发现的问题，其处理原则应由验收委员会(工作组)协商确定。主任委员(组长)对争议问题有裁决权。若1/2以上的委员(组员)不同意裁决意见，法人验收应报请验收监督管理机关决定，政府验收应报请竣工验收主持单位决定。

工程项目中需要移交非水利行业管理的工程，验收工作宜同时参照相关行业主管部门的有关规定。

当工程具备验收条件时，应及时组织验收。未经验收或验收不合格的工程不应交付使用或进行后续工程施工。验收工作应相互衔接，不应重复进行。

工程验收应在施工质量检验与评定的基础上，对工程质量提出明确的结论意见。

验收资料制备由项目法人统一组织，有关单位应按要求及时完成并提交资料和备查资料，见表10-1和表10-2。项目法人应对提交的验收资料进行完整性、规范性检查。验收资料分为应提供的资料和需备查的资料。有关单位应保证其提交资料的真实性并承担相应责任。工程验收的图纸、资料和成果性文件应按竣工验收资料要求制备。除图纸外，验收资料的规格宜为国际标准A4(210 mm×297 mm)。文件正本应加盖单位印章且不应采用复印件。需归档资料应符合《水利工程建设项目档案管理规定》(水办〔2005〕480号)要求。验收资料应具有真实性、完整性和历史性。所谓真实性，是指如实记录和反映工程建设过程的实际情况。所谓完整性，是指建设过程应有及时、完整、有效的记录。所谓历史性，是指对未来工程建设有可靠和重要的参考价值。验收时所需备查资料与提供资料的区别主要是，备查资料是原始的且数量有限不可再制，提供资料是对原始资料的归纳和建立在实践基础上的经验总结。

表 10-1　工程验收应提供的资料清单

序号	资料名称	分部工程验收	单位工程验收	合同工程完工验收	机组启动验收	阶段验收	技术预验收	竣工验收	提供单位
1	工程建设管理工作报告		√	√	√	√	√	√	项目法人
2	工程建设大事记						√	√	项目法人
3	拟验工程清单、未完工程清单、未完工程的建设安排及完成时间		√	√	√	√	√	√	项目法人
4	技术预验收工作报告				*	*	√	√	专家组
5	验收鉴定书(初稿)				√	√	√	√	项目法人
6	度汛方案				*	√	√	√	项目法人
7	工程调度运用方案					√	√	√	项目法人
8	工程建设监理工作报告		√	√	√	√	√	√	监理机构
9	工程设计工作报告		√	√	√	√	√	√	设计单位
10	工程施工管理工作报告		√	√	√	√	√	√	施工单位
11	运行管理工作报告							√	运行管理单位
12	工程质量和安全监督报告				√	√	√	√	质安监督机构
13	竣工验收技术鉴定报告						*	*	技术鉴定单位
14	机组启动试运行计划文件				√				施工单位
15	机组启动试运行工作报告				√				施工单位
16	重大技术问题专题报告					*	*	*	项目法人

注:符号"√"表示"应提供",符号"*"表示"宜提供"或"根据需要提供"。

表 10-2　工程验收应准备的备查资料清单

序号	资料名称	分部工程验收	单位工程验收	合同工程完工验收	机组启动验收	阶段验收	技术预验收	竣工验收	提供单位
1	前期工作文件及批复文件		√	√	√	√	√	√	项目法人
2	主管部门批文		√	√	√	√	√	√	项目法人
3	招标投标文件		√	√	√	√	√	√	项目法人
4	合同文件		√	√	√	√	√	√	项目法人
5	工程项目划分资料	√	√	√	√	√	√	√	项目法人

续表 10-2

序号	资料名称	分部工程验收	单位工程验收	合同工程完工验收	机组启动验收	阶段验收	技术预验收	竣工验收	提供单位
6	单元工程质量评定资料	√	√	√	√	√	√	√	施工单位
7	分部工程质量评定资料		√	*	√	√	√	√	项目法人
8	单位工程质量评定资料		√	*			√	√	项目法人
9	工程外观质量评定资料		√				√	√	项目法人
10	工程质量管理有关文件	√	√	√	√	√	√	√	参建单位
11	工程安全管理有关文件	√	√	√	√	√	√	√	参建单位
12	工程施工质量检验文件	√	√	√	√	√	√	√	施工单位
13	工程监理资料	√	√	√	√	√	√	√	监理单位
14	施工图设计文件		√	√	√	√	√	√	设计单位
15	工程设计变更资料	√	√	√	√	√	√	√	设计单位
16	竣工图纸						√	√	施工单位
17	征地移民有关文件						√	√	承担单位
18	重要会议记录	√	√	√	√	√	√	√	项目法人
19	质量缺陷备案	√	√	√	√	√	√	√	监理机构
20	安全、质量事故资料	√	√	√	√	√	√	√	项目法人
21	阶段验收鉴定书						√	√	项目法人
22	竣工决算及审计资料						√	√	项目法人
23	工程建设中使用的技术标准	√	√	√	√	√	√	√	参建单位
24	工程建设标准强制性条文	√	√	√	√	√	√	√	参建单位
25	专项验收有关文件						√	√	项目法人
26	安全、技术鉴定报告				√		√	√	项目法人
27	其他档案资料	根据需要由有关单位提供							

注:符号"√"表示"应提供",符号"*"表示"宜提供"或"根据需要提供"。

4　水利水电工程验收监督管理的基本要求

根据《水利水电建设工程验收规程》,有关验收监督管理的基本要求:

(1)水利部负责全国水利工程建设项目验收的监督管理工作。水利部所属流域管理机构(以下简称流域管理机构)按照水利部授权,负责流域内水利工程建设项目验收的监督管理工作。县级以上地方人民政府水行政主管部门按照规定权限负责本行政区域内水利工程建设项目验收的监督管理工作。

（2）法人验收监督管理机关应对工程的法人验收工作实施监督管理。由水行政主管部门或者流域管理机构组建项目法人的，该水行政主管部门或者流域管理机构是本工程的法人验收监督管理机关；由地方人民政府组建项目法人的，该地方人民政府水行政主管部门是本工程的法人验收监督管理机关。

（3）工程验收监督管理的方式应包括现场检查、参加验收活动、对验收工作计划与验收成果性文件进行备案等。工程验收监督管理应包括以下主要内容：

①验收工作是否及时；

②验收条件是否具备；

③验收人员组成是否符合规定；

④验收程序是否规范；

⑤验收资料是否齐全；

⑥验收结论是否明确。

（4）当发现工程验收不符合有关规定时，验收监督管理机关应及时要求验收主持单位予以纠正，必要时可要求暂停验收或重新验收并同时报告竣工验收主持单位。

（5）项目法人应在开工报告批准后 60 个工作日内，制订法人验收工作计划，报法人验收监督管理机关备案。当工程建设计划进行调整时，法人验收工作计划也应相应地进行调整并重新备案。法人验收工作计划内容要求有：

①工程概况；

②工程项目划分；

③工程建设总进度计划；

④法人验收工作计划。

（6）法人验收过程中发现的技术性问题原则上应按合同约定进行处理。合同约定不明确的，应按国家或行业技术标准规定处理。当国家或行业技术标准暂无规定时，应由法人验收监督管理机关负责协调解决。

【案例 10-1】　水利工程验收依据与内容及其基本要求

背景资料

某水电站工程由华安水利水电工程施工有限公司承建。施工中发生以下事件：

事件 1：项目法人在开工报告批准后 2 个月，制订法人验收工作计划，报项目主管单位备案。

事件 2：水电站机组启动和合同工程完工验收、竣工验收由法人主持进行了验收。

事件 3：在电站厂房验收时，7 名专家中有 6 名专家同意验收意见，1 名专家拒绝在验收鉴定书上签字。

问题

1. 根据事件 1，法人验收工作计划申报有无不妥？若有不妥，请加以更正。法人验收工作计划内容有哪些？

2. 指出事件 2 的不妥之处。

3. 根据验收规定,事件 3 中不同意验收意见的 1 名专家不签字应该怎么办?

答案

1. 有不妥,项目法人应在开工报告批准后 60 个工作日内,制订法人验收工作计划,报法人验收监督管理机关备案。

法人验收工作计划内容有:①工程概况;②工程项目划分;③工程建设总进度计划;④法人验收工作计划。

2. 法人验收包括分部工程验收、单位工程验收、水电站(泵站)中间机组启动验收、合同工程完工验收等。

3. 应在鉴定书的保留意见栏,书写保留意见并签字。

■ 任务 2　法人验收

1　分部工程验收

每个分部工程内的单元工程完成后,即应进行该分部工程验收,因此分部工程验收是工程建设过程中经常性的工作。根据《水利水电建设工程验收规程》(SL 223—2008),分部工程验收的基本要求是:

分部工程验收应由项目法人(或委托监理单位)主持。验收工作组应由项目法人、勘测、设计、监理、施工、主要设备制造(供应)商等单位的代表组成。运行管理单位可根据具体情况决定是否参加。质量监督机构宜派代表列席大型枢纽工程主要建筑物的分部工程验收会议。大型工程分部工程验收工作组成员应具有中级及其以上技术职称或相应执业资格。

其他工程的验收工作组成员应具有相应的专业知识或执业资格。参加分部工程验收的每个单位代表人数不宜超过 2 名。

分部工程具备验收条件时,施工单位应向项目法人提交验收申请报告。项目法人应在收到验收申请报告之日起 10 个工作日内决定是否同意进行验收。

分部工程验收应具备以下条件:

(1)所有单元工程已完成;

(2)已完单元工程施工质量经评定全部合格,有关质量缺陷已处理完毕或有监理机构批准的处理意见;

(3)合同约定的其他条件。

分部工程验收工作包括以下主要内容:

(1)检查工程是否达到设计标准或合同约定标准的要求;

(2)评定工程施工质量等级;

(3)对验收中发现的问题提出处理意见。

项目法人应在分部工程验收通过之日后 10 个工作日内,将验收质量结论和相关资料报质量监督机构核备。大型枢纽工程主要建筑物分部工程的验收质量结论应报质量监督机构核定。质量监督机构应在收到验收质量结论之日后 20 个工作日内,将核备(定)意见书面反馈项目法人。当质量监督机构对验收质量结论有异议时,项目法人应组织参加验收单位进一步研究,并将研究意见报质量监督机构。当双方对验收质量结论仍然有分歧意见时,应报上一级质量监督机构协调解决。

分部工程验收遗留问题处理情况应有书面记录并由相关责任单位代表签字,书面记录应随分部工程验收鉴定书一并归档。

分部工程验收的成果性文件是分部工程验收鉴定书。正本数量可按参加验收单位、质量和安全监督机构各一份以及归档所需要的份数确定。自验收鉴定书通过之日起 30 个工作日内,由项目法人发送有关单位,并报送法人验收监督管理机关备案。分部工程验收程序如图 10-1 所示。

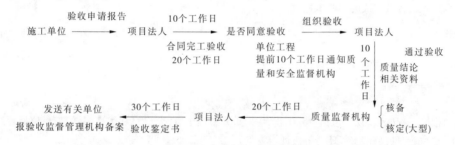

图 10-1 分部工程验收程序

根据《水利水电建设工程验收规程》(SL 223—2008),分部工程验收鉴定书(见表 10-3)的主要内容及填写注意事项如下:

(1)开工完工日期,系指本分部工程开工及完工日期,具体到日。

(2)质量事故及质量缺陷处理情况,达不到《水利工程质量事故处理暂行规定》(水利部令第 9 号)所规定分类标准下限的,均为质量缺陷。对于质量事故的处理程序应符合水利部第 9 号令的规定,对于质量缺陷按有关规范及合同进行处理。需说明本分部工程是否存在上述问题,如果存在,是如何处理的。

(3)拟验工程质量评定,主要填写本分部单元工程、主要单元工程个数、单元工程合格数和优良数以及优良率,并应按《水利水电工程施工质量检验与评定规程》(SL 176—2007)和《堤防工程施工质量评定与验收规程(试行)》(SL 239—1999)的要求进行质量评定。工程质量指标,主要填写有关质量方面设计指标(或规范要求的指标)、施工单位自检统计结果、监理单位抽检统计结果,以及各指标之间的对比情况。

(4)验收遗留问题及处理意见,主要填写本分部工程质量方面是否存在问题,以及如何处理。处理意见应明确存在问题的处理责任单位、完成期限以及应达到的质量标准。还应填写存在问题处理后的验收责任单位。

(5)验收结论,系填写验收的简单过程(包括验收日期、质量评定依据)和结论性意见。

(6)保留意见,系填写对验收结论的不同意见以及需特别说明与该分部工程验收有关的问题,并需持保留意见的人签字。

表 10-3　　分部工程验收鉴定书

前言(包括验收依据、组织机构、验收过程等)

一、分部工程开工完工日期

二、分部工程建设内容

三、施工过程及完成的主要工程量

四、质量事故及质量缺陷处理情况

五、拟验工程质量评定(包括单元工程、主要单元工程个数、合格率和优良率;施工单位自评结果;
监理单位复核意见;分部工程质量等级评定意见)

六、验收遗留问题及处理意见

七、结论

八、保留意见(持保留意见人签字)

九、分部工程验收工作组成员签字表

十、附件:验收遗留问题处理记录

2　单位工程验收与合同工程完工验收

2.1　单位工程验收

根据《水利水电建设工程验收规程》(SL 223—2008),单位工程验收的基本要求如下。

2.1.1　验收的组织

单位工程验收应由项目法人主持。验收工作组应由项目法人、勘测、设计、监理、施工、主要设备制造(供应)商、运行管理等单位的代表组成。必要时,可邀请上述单位以外的专家参加。单位工程验收工作组成员应具有中级及其以上技术职称或相应执业资格,每个单位代表人数不宜超过 3 名。

单位工程完工并具备验收条件时,施工单位应向项目法人提出验收申请报告。项目法人应在收到验收申请报告之日起 10 个工作日内决定是否同意进行验收。

项目法人组织单位工程验收时,应提前 10 个工作日通知质量和安全监督机构。主要建筑物单位工程验收应通知法人验收监督管理机关。法人验收监督管理机关可视情况决定是否列席验收会议,质量和安全监督机构应派员列席验收会议。

需要提前投入使用的单位工程应进行单位工程投入使用验收。单位工程投入使用验收应由项目法人主持,根据工程具体情况,经竣工验收主持单位同意,单位工程投入使用验收也可由竣工验收主持单位或其委托的单位主持。

2.1.2　验收的条件

单位工程验收应具备以下条件:所有分部工程已完建并验收合格;分部工程验收遗留问题已处理完毕并通过验收,未处理的遗留问题不影响单位工程质量评定并有处理意见;合同约定的其他条件。

单位工程投入使用验收除应满足以上条件外,还应满足以下条件:

(1)工程投入使用后,不影响其他工程正常施工,且其他工程施工不影响该单位工程安全运行;

(2)已经初步具备运行管理条件,需移交运行管理单位的,项目法人与运行管理单位已签订提前使用协议书。

2.1.3　单位工程验收工作包括的主要内容

(1)检查工程是否按批准的设计内容完成;

(2)评定工程施工质量等级;

(3)检查分部工程验收遗留问题处理情况及相关记录;

(4)对验收中发现的问题提出处理意见;

(5)单位工程投入使用验收除完成以上工作内容外,还应对工程是否具备安全运行条件进行检查。

2.1.4　单位工程验收工作程序

(1)听取工程参建单位工程建设有关情况的汇报;

(2)现场检查工程完成情况和工程质量;

(3)检查分部工程验收有关文件及相关档案资料;

(4)讨论并通过单位工程验收鉴定书。

2.1.5　验收工作的成果

　　单位工程验收的成果性文件是单位工程验收鉴定书。项目法人应在单位工程验收通过之日起 10 个工作日内,将验收质量结论和相关资料报质量监督机构核定。质量监督机构应在收到验收质量结论之日起 20 个工作日内,将核定意见反馈项目法人。当质量监督机构对验收质量结论有异议时,应按分部工程验收的有关规定执行。

　　单位工程验收鉴定书(见表 10-4)正本数量可按参加验收单位、质量和安全监督机构、法人验收监督管理机关各一份以及归档所需要的份数确定。自验收鉴定书通过之日起 30 个工作日内,由项目法人发送有关单位并报法人验收监督管理机关备案。

2.2　合同工程完工验收

　　根据《水利水电建设工程验收规程》(SL 223—2008),合同工程完成后,应进行合同工程完工验收。当合同工程仅包含一个单位工程(分部工程)时,宜将单位工程(分部工程)验收与合同工程完工验收一并进行,但应同时满足相应的验收条件。

2.2.1　验收的组织

　　合同工程完工验收应由项目法人主持。验收工作组应由项目法人以及与合同工程有关的勘测、设计、监理、施工、主要设备制造(供应)商等单位的代表组成。

　　合同工程具备验收条件时,施工单位应向项目法人提出验收申请报告,其格式见《水利水电建设工程验收规程》(SL 223—2008)。项目法人应在收到验收申请报告之日起 20个工作日内决定是否同意进行验收。

2.2.2　合同工程完工验收的条件

　　合同范围内的工程项目已按合同约定完成,工程已按规定进行了有关验收,观测仪器和设备已测得初始值及施工期各项观测值,工程质量缺陷已按要求进行处理,工程完工结算已完成,施工现场已经进行清理,需移交项目法人的档案资料已按要求整理完毕,合同约定的其他条件。

2.2.3　合同工程验收的主要内容

　　(1)检查合同范围内工程项目和工作完成情况;

　　(2)检查施工现场清理情况;

　　(3)检查已投入使用工程运行情况;

　　(4)检查验收资料整理情况;

　　(5)鉴定工程施工质量;

　　(6)检查工程完工结算情况;

　　(7)检查历次验收遗留问题的处理情况;

　　(8)对验收中发现的问题提出处理意见;

　　(9)确定合同工程完工日期;

　　(10)讨论并通过合同工程完工验收鉴定书。

2.2.4　验收工作程序及成果

　　合同工程完工验收的工作程序可参照单位工程验收的有关规定进行。合同工程完工验收的成果性文件是合同工程完工验收鉴定书(见表 10-5)。正本数量可按参加验收单位、质量和安全监督机构以及归档所需要的份数确定。自验收鉴定书通过之日起 30 个工作日内,由项目法人发送有关单位,并报送法人验收监督管理机关备案。

表 10-4　单位工程验收鉴定书

前言(包括验收依据、组织机构、验收过程等)

一、单位工程概况

(一)单位工程名称及位置

(二)单位工程主要建设内容

(三)单位工程建设过程(包括工程开工、完工时间,施工中采取的主要措施等)

二、验收范围

三、单位工程完成情况和完成主要工程量

四、单位工程质量评定

(一)分部工程质量评定

(二)工程外观质量评定

(三)工程质量检测情况

(四)单位工程质量等级评定意见

五、分部工程验收遗留问题处理情况

六、运行准备情况(投入使用验收需要此部分)

七、存在的主要问题及处理意见

八、意见和建议

九、结论

十、保留意见(应有本人签字)

十一、单位工程验收工作组成员签字表

表 10-5　合同工程完工验收鉴定书

前言(包括验收依据、组织机构、验收过程等)

一、合同工程概况

(一)合同工程名称及位置

(二)合同工程主要建设内容

(三)合同工程建设过程

二、验收范围

三、合同执行情况(包括合同管理、工程完成情况和完成的主要工程量、结算情况等)

四、合同工程质量评定

五、历次验收遗留问题处理情况

六、存在的主要问题及处理意见

七、意见和建议

八、结论

九、保留意见(应有本人签字)

十、合同工程验收工作组成员签字表

十一、附件(施工单位向项目法人移交资料目录)

【案例 10-2】 法人验收

背景资料

某水闸工程共 8 孔,单孔净宽 10.0 m,其中闸室为两孔一联,每联底板顺水流方向与垂直水量方向宽度均为 22.7 m,底板厚 1.8 m。交通桥采用预制"T"形梁板结构;检修桥为现浇板式结构,板厚 0.35 m。各部位混凝土设计强度等级如下:闸底板、闸墩、检修桥为 C25,交通桥为 C30。施工中发生以下事件:

事件 1:为做好分部工程验收评定工作,施工单位对闸室分部混凝土试件抗压强度进行统计分析,其中 C25 混凝土取样 55 组,最小强度为 23.5 MPa,强度保证率为 96%,离差系数为 0.16。分部工程完成后,施工单位向项目法人提交了分部工程验收申请报告,项目法人根据工程完成情况同意进行验收。

事件 2:施工中,施工单位组织有关人员对闸墩出现的蜂窝、麻面等质量缺陷在工程质量缺陷备案表上进行填写,并报监理单位备案,作为工程竣工验收备查资料。工程质量缺陷备案表填写内容包括质量缺陷产生的部位、原因等。

事件 3:闸室分部工程验收工作组由项目法人、勘测、设计、监理、施工等单位的代表组成。验收后法人报质量监督机构核备,质量监督机构对验收结论有异议不予核备。

问题

1. 根据事件 1 中混凝土强度统计结果,确定闸室段分部工程 C25 混凝土试件抗压强度质量等级,并说明理由。该分部工程验收应具备的条件有哪些?验收主要内容有哪些?

2. 指出事件 2 中质量缺陷备案做法的不妥之处,并加以改正;工程质量缺陷备案表除给出的填写内容外,还应填写哪些内容?

3. 事件 3 验收成员还包括哪些单位?质量监督机构对水闸单位工程验收鉴定书若有异议,应如何处理?

答案

1. 根据评定标准,当超过 30 组时,离差系数小于 0.18,属于合格。本工程属于合格。

分部工程验收应具备的条件有:所有单元工程已经完工;已完单元工程全部合格,质量缺陷处理完毕或有监理机构处理意见;合同约定的其他条件。

2. 不妥之处:施工单位组织有关人员填写,并报监理单位备案,作为工程竣工验收备查资料。

应由监理单位组织填写,竣工验收时项目法人向验收委员会汇报并提交备案,其内容还应包括是否处理和如何处理以及对建筑物使用的影响。

3. 还应有主要设备供应商、运行管理单位根据情况决定是否参加。

当质量监督机构对验收质量结论有异议时,项目法人应组织参加验收单位进一步研究,并将研究意见报质量监督机构。当双方对验收质量结论仍然有分歧意见时,应报上一级质量监督机构协调解决。

任务 3 政府验收

1 阶段验收

根据工程建设需要,当工程建设达到一定关键阶段(如截流、水库蓄水、机组启动、输水工程通水等)时,应进行阶段验收。阶段验收应包括枢纽工程导(截)流验收、水库下闸蓄水验收、引(调)排水工程通水验收、水电站(泵站)首(末)台机组启动验收、部分工程投入使用验收以及竣工验收主持单位根据工程建设需要增加的其他验收。

阶段验收应由竣工验收主持单位或其委托的单位主持。阶段验收委员会应由验收主持单位、质量和安全监督机构、运行管理单位的代表以及有关专家组成;必要时,可邀请地方人民政府以及有关部门参加。工程参建单位应派代表参加阶段验收,并作为被验收单位在验收鉴定书上签字。

1.1 阶段验收工作内容

(1)检查已完工程的形象面貌和工程质量;

(2)检查在建工程的建设情况;

(3)检查后续工程的计划安排和主要技术措施落实情况,以及是否具备施工条件;

(4)检查拟投入使用工程是否具备运行条件;

(5)检查历次验收遗留问题的处理情况;

(6)鉴定已完工程施工质量;

(7)对验收中发现的问题提出处理意见;

(8)讨论并通过阶段验收鉴定书;

(9)大型工程在阶段验收前,验收主持单位根据工程建设需要,可成立专家组先进行技术预验收,技术预验收工作可参照验收规程的有关规定进行。

1.2 验收的工作程序及成果

工程建设具备阶段验收条件时,项目法人应向竣工验收主持单位提出阶段验收申请报告。竣工验收主持单位应自收到申请报告之日起 20 个工作日内决定是否同意进行阶段验收。

阶段验收的成果性文件是阶段验收鉴定书。数量按参加验收单位、法人验收监督管理机关、质量和安全监督机构各 1 份以及归档所需要的份数确定。自验收鉴定书通过之日起 30 个工作日内,由验收主持单位发送有关单位。阶段验收流程见图 10-2。

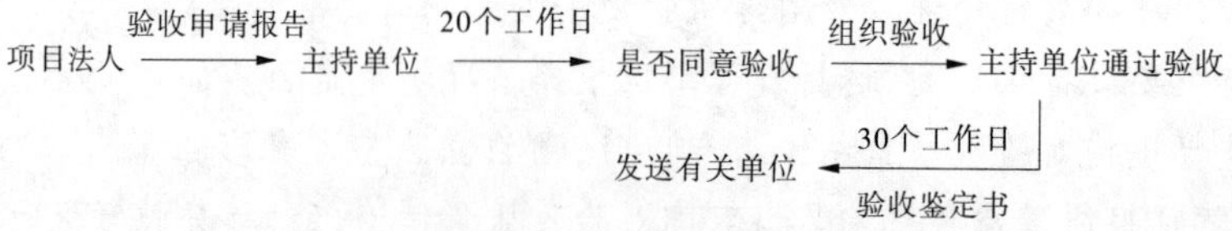

```
              验收申请报告       20个工作日              组织验收
项目法人 ──────────→ 主持单位 ──────────→ 是否同意验收 ──────────→ 主持单位通过验收

                                              30个工作日
                            发送有关单位 ←──────────
                                            验收鉴定书
```

图 10-2 阶段验收流程

1.3　枢纽工程导(截)流验收

(1)枢纽工程导(截)流前,应进行导(截)流验收。

(2)导(截)流验收应具备以下条件:

①导流工程已基本完成,具备过流条件,投入使用(包括采取措施后)不影响其他未完工程继续施工;

②满足截流要求的水下隐蔽工程已完成;

③截流设计已获批准,截流方案已编制完成,并做好各项准备工作;

④工程度汛方案已经有管辖权的防汛指挥部门批准,相关措施已落实;

⑤截流后壅高水位以下的移民搬迁安置和库底清理已完成并通过验收;

⑥有航运功能的河道,碍航问题已得到解决。

(3)导(截)流验收工作包括以下主要内容:

①检查已完水下工程、隐蔽工程、导(截)流工程是否满足导(截)流要求;

②检查建设征地、移民搬迁安置和库底清理完成情况;

③审查导(截)流方案,检查导(截)流措施和准备工作落实情况;

④检查为解决碍航等问题而采取的工程措施落实情况;

⑤鉴定与截流有关已完工程施工质量;

⑥对验收中发现的问题提出处理意见;

⑦讨论并通过阶段验收鉴定书。

(4)工程分期导(截)流时,应分期进行导(截)流验收。

1.4　水库下闸蓄水验收

(1)水库下闸蓄水前,应进行下闸蓄水验收。

(2)下闸蓄水验收应具备以下条件:

①挡水建筑物的形象面貌满足蓄水位的要求;

②蓄水淹没范围内的移民搬迁安置和库底清理已完成并通过验收;

③蓄水后需要投入使用的泄水建筑物已基本完成,具备过流条件;

④有关观测仪器、设备已按设计要求安装和调试,并已测得初始值和施工期观测值;

⑤蓄水后未完工程的建设计划和施工措施已落实;

⑥蓄水安全鉴定报告已提交;

⑦蓄水后可能影响工程安全运行的问题已处理,有关重大技术问题已有结论;

⑧蓄水计划、导流洞封堵方案等已编制完成,并做好各项准备工作;

⑨年度度汛方案(包括调度运用方案)已经有管辖权的防汛指挥部门批准,相关措施已落实。

(3)下闸蓄水验收工作包括以下主要内容:

①检查已完工程是否满足蓄水要求;

②检查建设征地、移民搬迁安置和库区清理完成情况;

③检查近坝库岸处理情况;

④检查蓄水准备工作落实情况;

⑤鉴定与蓄水有关的已完工程施工质量;

⑥对验收中发现的问题提出处理意见；

⑦讨论并通过阶段验收鉴定书。

(4)工程分期蓄水时,宜分期进行下闸蓄水验收。

(5)拦河水闸工程可根据工程规模、重要性,由竣工验收主持单位决定是否组织蓄水(挡水)验收。

1.5　引(调)排水工程通水验收

(1)引(调)排水工程通水前,应进行通水验收。

(2)通水验收应具备以下条件:

①引(调)排水建筑物的形象面貌满足通水的要求;

②通水后未完工程的建设计划和施工措施已落实;

③引(调)排水位以下的移民搬迁安置和障碍物清理已完成并通过验收;

④引(调)排水的调度运用方案已编制完成;度汛方案已得到有管辖权的防汛指挥部门批准,相关措施已落实。

(3)通水验收工作包括以下主要内容:

①检查已完工程是否满足通水的要求;

②检查建设征地、移民搬迁安置和清障完成情况;

③检查通水准备工作落实情况;

④鉴定与通水有关的工程施工质量;

⑤对验收中发现的问题提出处理意见;

⑥讨论并通过阶段验收鉴定书。

(4)工程分期(或分段)通水时,应分期(或分段)进行通水验收。

1.6　水电站(泵站)机组启动验收

(1)水电站(泵站)每台机组投入运行前,应进行机组启动验收。

(2)首(末)台机组启动验收应由竣工验收主持单位或其委托单位组织的机组启动验收委员会负责;中间机组启动验收应由项目法人组织的机组启动验收工作组负责。验收委员会(工作组)应有所在地区电力部门的代表参加。

根据机组规模情况,竣工验收主持单位也可委托项目法人主持首(末)台机组启动验收。

(3)机组启动验收前,项目法人应组织成立机组启动试运行工作组开展机组启动试运行工作。首(末)台机组启动试运行前,项目法人应将试运行工作安排报验收主持单位备案,必要时,验收主持单位可派专家到现场收集有关资料,指导项目法人进行机组启动试运行工作。

(4)机组启动试运行工作组应主要进行以下工作:

①审查批准施工单位编制的机组启动试运行试验文件和机组启动试运行操作规程等;

②检查机组及相应附属设备安装、调试、试验以及分部试运行情况,决定是否进行充水试验和空载试运行;

③检查机组充水试验和空载试运行情况;

④检查机组带主变压器与高压配电装置试验和并列及负荷试验情况,决定是否进行机组带负荷连续运行;

⑤检查机组带负荷连续运行情况;

⑥检查带负荷连续运行结束后消缺处理情况;

⑦审查施工单位编写的机组带负荷连续运行情况报告。

(5)机组带负荷连续运行应符合以下要求:

①水电站机组带额定负荷连续运行时间为 72 h,泵站机组带额定负荷连续运行时间为 24 h 或 7 d 内累计运行时间为 48 h,包括机组无故障停机次数不少于 3 次;

②受水位或水量限制无法满足上述要求时,经过项目法人组织论证并提出专门报告报验收主持单位批准后,可适当降低机组启动运行负荷以及减少连续运行的时间。

(6)首(末)台机组启动验收前,验收主持单位应组织进行技术预验收,技术预验收应在机组启动试运行完成后进行。技术预验收应具备以下条件:

①与机组启动运行有关的建筑物基本建设完成,满足机组启动运行要求;

②与机组启动运行有关的金属结构及启闭设备安装完成,并经过调试合格,可满足机组启动运行要求;

③过水建筑物已具备过水条件,满足机组启动运行要求;

④压力容器、压力管道以及消防系统等已通过有关主管部门的检测或验收;

⑤机组、附属设备以及油、水、气等辅助设备安装完成,经调试合格并经分部试运转,满足机组启动运行要求;

⑥必要的输配电设备安装调试完成,并通过电力部门组织的安全性评价或验收,送(供)电准备工作已就绪,通信系统满足机组启动运行要求;

⑦机组启动运行的测量、监测、控制和保护等电气设备已安装完成并调试合格;

⑧有关机组启动运行的安全防护措施已落实,并准备就绪;

⑨按设计要求配备的仪器、仪表、工具及其他机电设备已能满足机组启动运行的需要;

⑩机组启动运行操作规程已编制,并得到批准;

⑪水库水位控制与发电水位调度计划已编制完成,并得到相关部门的批准;

⑫运行管理人员的配备可满足机组启动运行的要求;

⑬水位和引水量满足机组启动运行最低要求;

⑭机组按要求完成带负荷连续运行。

(7)技术预验收工作包括以下主要内容:

①听取有关建设、设计、监理、施工和试运行情况报告;

②检查评价机组及其辅助设备质量、有关工程施工安装质量,检查试运行情况和消缺处理情况;

③对验收中发现的问题提出处理意见;

④讨论形成机组启动技术预验收工作报告。

(8)首(末)台机组启动验收应具备以下条件:

①技术预验收工作报告已提交;

②技术预验收工作报告中提出的遗留问题已处理。

（9）首（末）台机组启动验收应包括以下主要内容：

①听取工程建设管理报告和技术预验收工作报告；

②检查机组、有关工程施工和设备安装以及运行情况；

③鉴定工程施工质量；

④讨论并通过机组启动验收鉴定书。

（10）中间机组启动验收可参照首（末）台机组启动验收的要求进行。

（11）机组启动验收的成果性文件是机组启动验收鉴定书，与阶段验收鉴定书的内容有所不同。机组启动验收鉴定书是机组交接和投入使用运行的依据。

1.7　部分工程投入使用验收

（1）项目施工工期因故拖延，并且预期完成计划不确定的工程项目，部分已完成工程需要投入使用的，应进行部分工程投入使用验收。

（2）在部分工程投入使用验收申请报告中，应包含项目施工工期拖延的原因、预期完成计划的有关情况和部分已完成工程提前投入使用的理由等内容。

（3）部分工程投入使用验收应具备以下条件：

①拟投入使用工程已按批准设计文件规定的内容完成并已通过相应的法人验收；

②拟投入使用工程已具备运行管理条件；

③工程投入使用后，不影响其他工程正常施工，且其他工程施工不影响部分工程安全运行（包括采取防护措施）；

④项目法人与运行管理单位已签订部分工程提前使用协议；

⑤工程调度运行方案已编制完成；度汛方案已经有管辖权的防汛指挥部门批准，相关措施已落实。

（4）部分工程投入使用验收工作包括以下主要内容：

①检查拟投入使用工程是否已按批准设计完成；

②检查工程是否已具备正常运行条件；

③鉴定工程施工质量；

④检查工程的调度运用、度汛方案落实情况；

⑤对验收中发现的问题提出处理意见；

⑥讨论并通过部分工程投入使用验收鉴定书。

（5）部分工程投入使用验收的成果性文件是部分工程投入使用验收鉴定书，与阶段验收鉴定书的内容有所不同；部分工程投入使用验收鉴定书是部分工程投入使用运行的依据，也是施工单位向项目法人交接和项目法人向运行管理单位移交的依据。

（6）提前投入使用的部分工程如有单独的初步设计，可组织进行单项工程竣工验收，验收工作参照竣工验收的有关规定进行。

2　专项验收

根据《水利水电建设工程验收规程》（SL 223—2008），工程竣工验收前，应按有关规定进行专项验收。专项验收前，项目法人应按国家和相关行业主管部门的规定，向有关部门提出专项验收申请报告,并做好有关准备和配合工作。专项验收应具备的条件、验收主要内容、验收程序以及验收成果性文件的具体要求等应执行国家及相关行业主管部门有关规定。专项验收成果性文件应是工程竣工验收成果性文件的组成部分。项目法人提交竣工验收申请报告时,应附相关专项验收成果性文件复印件。水利水电工程的专项验收主要有环境保护、水土保持、移民安置以及工程档案等。

2.1　建设项目竣工环境保护验收

建设项目竣工环境保护验收主要根据《建设项目竣工环境保护验收管理办法》(国家环境保护总局令第 13 号)、《关于建设项目竣工环境保护验收实行公示的通知》(环办〔2003〕26 号)、《环境保护部建设项目"三同时"监督检查和竣工环保验收管理规程(试行)》(环发〔2009〕150 号)以及《建设项目竣工环境保护验收技术规程　水利水电》(HJ 464—2009)进行。

建设项目竣工环境保护验收是指建设项目竣工后,环境保护行政主管部门依据环境保护验收监测或调查结果,并通过现场检查等手段,考核该建设项目是否达到环境保护要求的活动。建设项目竣工环境保护验收范围包括:

(1)与建设项目有关的各项环境保护设施,包括为防治污染和保护环境所建成或配备的工程、设备、装置和监测手段,各项生态保护设施;

(2)环境影响报告书(表)或者环境影响登记表和有关项目设计文件规定应采取的其他各项环境保护措施。

国务院环境保护行政主管部门负责对其审批的环境影响报告书(表)或者环境影响登记表的建设项目竣工环境保护验收工作。县级以上地方人民政府环境保护行政主管部门按照环境影响报告书(表)或环境影响登记表的审批权限负责建设项目竣工环境保护验收。建设项目竣工验收前,验收监测或调查报告编制完成后,建设单位应当向有审批权的环境保护行政主管部门,申请该建设项目竣工环境保护验收。对于验收申请材料完整的建设项目,环境保护行政主管部门予以受理,并出具受理回执;对于验收申请材料不完整的建设项目,不予受理,并当场一次性告知需要补充的材料。验收申请材料包括:

(1)建设项目竣工环保验收申请报告,纸件 2 份;

(2)验收监测(表)或调查报告(表),纸件 2 份,电子件 1 份;

(3)由验收监测或调查单位编制的建设项目竣工环保验收公示材料,纸件 1 份,电子件 1 份;

(4)环境影响评价审批文件要求开展环境监理的建设项目,提交施工期环境监理报告,纸件 1 份。

根据国家建设项目环境保护分类管理的规定,对建设项目竣工环境保护验收实施分类管理。其中,对编制环境影响报告书的建设项目,为建设项目竣工环境保护验收申请报告,并附环境保护验收监测报告或调查报告;对编制环境影响报告表的建设项目,为建设项目竣工环境保护验收申请表,并附环境保护验收监测表或调查表;对填报环境影响登记表的建设项目,为建设项目竣工环境保护验收登记卡。

环境保护验收监测报告(表)由建设单位委托经环境保护行政主管部门批准有相应资质的环境监测站或环境放射性监测站编制。环境保护验收调查报告(表)由建设单位委托经环境保护行政主管部门批准有相应资质的环境监测站或环境放射性监测站,或者具有相应资质的环境影响评价单位编制。承担该建设项目环境影响评价工作的单位不得同时承担该建设项目环境保护验收调查报告(表)的编制工作。承担环境保护验收监测或者验收调查工作的单位,对验收监测或验收调查结论负责。

水利水电工程竣工验收环境保护调查报告应当根据《建设项目竣工环境保护验收技术规程　水利水电》(HJ 464—2009)编制。调查包括工程前期、施工期、运行期三个时段。

经验收审查,对验收合格的建设项目,环境保护行政主管部门在受理建设项目验收申请材料之日起 30 个工作日内办理验收审批手续(不包括验收现场检查和整改时间),完成验收。环境保护行政主管部门在进行建设项目竣工环境保护验收时,应组织建设项目所在地的环境保护行政主管部门和行业主管部门等成立验收组(或验收委员会)。验收组(或验收委员会)应对建设项目的环境保护设施及其他环境保护措施进行现场检查和审议,提出验收意见。建设项目的建设单位、设计单位、施工单位、环境影响报告书(表)编制单位、环境保护验收监测(调查)报告(表)的编制单位应当参与验收。对符合规定验收条件的建设项目,环境保护行政主管部门批准建设项目竣工环境保护验收申请报告、建设项目竣工环境保护验收申请表或建设项目竣工环境保护验收登记卡。

环境保护部受理建设项目验收申请后,组织Ⅰ类建设项目验收现场检查;环境保护督查中心或省级环境保护行政主管部门受委托组织Ⅱ类建设项目验收现场检查,并将验收现场检查情况和验收意见报送环境保护部。Ⅰ类建设项目包括涉及国家级自然保护区、饮用水水源保护区等重大敏感项目,跨大区项目,库容 10 亿 m^3 及以上的国际及跨省(区、市)河流上的水库项目等。Ⅱ类建设项目是指Ⅰ类建设项目以外的非核与辐射项目。

国家对建设项目竣工环境保护验收实行公告制度。在完成建设项目竣工环境保护验收审批前,在国家环境保护部网站和《中国环境报》上向社会公示,公示时间为 7 天。

2.2　开发建设项目水土保持设施验收

开发建设项目水土保持设施验收工作主要依据《开发建设项目水土保持设施验收管理办法》(水利部令第 16 号)、《开发建设项目水土保持设施验收技术规程》(GB/T 2249—2008)(适用于征占地面积在 1 hm^2 以上或挖填土石方总量在 1 万 m^3 以上的建设项目的水土保持设施验收工作)、《开发建设项目水土保持设施验收技术规程》(SL 387—2007)进行。

县级以上人民政府水行政主管部门按照开发建设项目水土保持方案的审批权限,负责项目的水土保持设施的验收工作。水土保持设施验收的范围应当与批准的水土保持方案及批复文件一致。水土保持设施验收工作的主要内容如下:检查水土保持设施是否符合设计要求、施工质量、投资使用和管理维护责任落实情况,评价防治水土流失效果,对存在问题提出处理意见等。

水土保持设施验收包括自查初验和行政验收两个方面。自查初验是指建设单位或其委托监理单位在水土保持设施建设过程中组织开展的水土保持设施验收,主要包括分部工程的自查初验和单位工程的自查初验,是行政验收的基础。行政验收是指由水土保持方案审批部门在水土保持设施建成后主持开展的水土保持设施验收，是主体工程验收（含阶段验收）前的专项验收。

国务院水行政主管部门负责验收的开发建设项目，应当先进行技术评估。省级水行政主管部门负责验收的开发建设项目，可以根据具体情况确定是否先进行技术评估。地、县级水行政主管部门负责验收的开发建设项目，可以直接进行竣工验收。技术评估是指建设单位委托的水土保持设施验收技术评估机构对建设项目中的水土保持设施的数量、质量、进度及水土保持效果等进行的全面评估。

在开发建设项目土建工程完成后，建设单位应当会同水土保持方案编制单位，依据批复的水土保持方案报告书、设计文件的内容和工程量，对水土保持设施完成情况进行检查，编制水土保持方案实施工作总结报告和水土保持设施竣工验收技术报告。对于符合下列验收合格条件的，方可向审批该水土保持方案的机关提出水土保持设施验收申请：

（1）开发建设项目水土保持方案审批手续完备，水土保持工程设计、施工、监理、财务支出、水土流失监测报告等资料齐全。

（2）水土保持设施按批准的水土保持方案报告书和设计文件的要求建成，符合主体工程和水土保持的要求。

（3）治理程度、拦渣率、植被恢复率、水土流失控制量等指标达到了批准的水土保持方案和批复文件的要求及国家和地方的有关技术标准。

（4）水土保持设施具备正常运行条件，且能持续、安全、有效运转，符合交付使用要求。水土保持设施的管理、维护措施落实。

县级以上人民政府水行政主管部门在受理验收申请后，应当组织有关单位的代表和专家成立验收组，依据验收申请、有关成果和资料，检查建设现场，提出验收意见。其中，需要先进行技术评估的开发建设项目，建设单位在提交验收申请时，应当同时附上技术评估报告。

建设单位、水土保持方案编制单位、设计单位、施工单位、监理单位、监测报告编制单位应当参加现场验收。验收合格意见必须经 2/3 以上验收组成员同意，由验收组成员及被验收单位的代表在验收成果文件上签字。

县级以上人民政府水行政主管部门应当自受理验收申请之日起 20 日内作出验收结论。对验收合格的项目，水行政主管部门应当自作出验收结论之日起 10 日内办理验收合格手续，作为开发建设项目竣工验收的重要依据之一。

2.3 建设项目工程档案验收

为加强水利工程建设项目档案管理工作，根据《中华人民共和国档案法》、《水利档案工作规定》及有关业务建设规范，结合水利工程的特点，2005 年 11 月 1 日水利部发布《水利工程建设项目档案管理规定》（水办〔2005〕480 号），自 2005 年 12 月 10 日起施行。该办法共 5 章，即第一章总则、第二章档案管理、第三章归档与移交管理、第四章档案验收、第五章附则，共 32 条。水利部制定的《水利基本建设项目档案资料管理规定》（水办〔1997〕275 号）同时废止。

水利工程档案是指水利工程建设项目根据水利工程建设程序在工程建设各阶段（前期工作、施工准备、建设实施、生产准备、竣工验收等）形成的，具有保存价值的文字、图表、声像等不同形式的历史记录。

2.3.1　档案的归档与移交方面的基本要求

根据《水利工程建设项目档案管理规定》的有关规定,工程参建单位在档案的归档与移交方面的基本要求有:

(1)水利工程档案的保管期限分为永久、长期、短期三种。长期档案的实际保存期限不得短于工程的实际寿命。

(2)水利工程档案的归档工作一般由产生文件材料的单位或部门负责。总包单位对各分包单位提交的归档材料负有汇总责任。

(3)监理工程师对施工单位提交的归档材料应履行审核签字手续,监理单位应向项目法人提交对工程档案内容与整编质量情况的专题审核报告。

(4)水利工程文件材料的收集、整理应符合《科学技术档案案卷构成的一般要求》(GB/T 1182—2000)。归档图纸应按《技术制图复制图的折叠方法》(GB/T 10609.3—1989)要求统一折叠。

(5)竣工图是水利工程档案的重要组成部分,必须做到完整、准确、清晰、系统、修改规范、签字手续完备。项目法人应负责编制项目总平面图和综合管线竣工图。施工单位应以单位工程或专业为单位编制竣工图。竣工图须由编制单位在图标上方空白处逐张加盖"竣工图章",有关单位和责任人应严格履行签字手续。每套竣工图应附编制说明、鉴定意见及目录。

(6)施工单位应按以下要求编制竣工图:

①按施工图施工没有变动的,须在施工图上加盖并签署竣工图章。

②一般性的图纸变更及符合杠改或划改要求的,可在原施工图上更改,在说明栏内注明变更依据,加盖并签署竣工图章。

③凡涉及结构形式、工艺、平面布置等重大改变,或图面变更超过1/3的,应重新绘制竣工图(可不再加盖竣工图章)。重绘图应按原图编号,并在说明栏内注明变更依据,在图标栏内注明"竣工阶段"和绘制竣工图的时间、单位、责任人。监理单位应在图标上方加盖并签署"竣工图确认章"。

(7)水利工程建设声像档案是纸制载体档案的必要补充。参建单位应指定专人负责各自产生的照片、胶片、录音、录像等声像材料的收集、整理、归档工作,归档的声像材料均应标注事由、时间、地点、人物、作者等内容。工程建设重要阶段、重大事件、事故,必须有完整的声像材料归档。

(8)电子文件的整理、归档,参照《电子文件归档与管理规范》(GB/T 18894—2002)执行。

(9)项目法人可根据实际需要,确定不同文件材料的归档份数,但应满足以下要求:

①项目法人与运行管理单位应各保存1套较完整的工程档案材料(当二者为一个单位时,应异地保存1套);

②工程涉及多家运行管理单位时,各运行管理单位则只保存与其管理范围有关的工程档案材料;

③当有关文件材料需由若干单位保存时,原件应由项目产权单位保存,其他单位保存

复制件；

④流域控制性水利枢纽工程或大江、大河、大湖的重要堤防工程,项目法人应负责向流域机构档案馆移交 1 套完整的工程竣工图及工程竣工验收等相关文件材料。

(10)工程档案的归档时间,可由项目法人根据实际情况确定。可分阶段在单位工程或单项工程完工后向项目法人归档,也可在主体工程全部完工后向项目法人归档。整个项目的归档工作和项目法人向有关单位的档案移交工作,应在工程竣工验收后 3 个月内完成。

2.3.2　工程档案验收方面的基本要求

根据《水利工程建设项目档案管理规定》以及水利部《水利工程建设项目档案验收管理办法》(水办〔2008〕366 号)的有关规定,档案验收是指各级水行政主管部门依法组织的水利工程建设项目档案专项验收。工程档案验收方面的基本要求有:

(1)档案验收依据《水利工程建设项目档案验收评分标准》对项目档案管理及档案质量进行量化赋分,满分为 100 分。验收结果分为 3 个等级:总分达到或超过 90 分的,为优良;达到 70～89.9 分的,为合格;达不到 70 分或"应归档文件材料质量与移交归档"项达不到 60 分的,均为不合格。

《水利工程建设项目档案验收评分标准》中,"应归档文件材料质量与移交归档"满分为 70 分,其中:

①文件材料完整性(24 分)。

②文件材料的准确性(32 分),基本要求为:

a. 反映同一问题的不同文件材料内容应一致。

b. 竣工图编制规范,能清晰、准确地反映工程建设的实际,竣工图图章签字手续完备,监理单位按规定履行了审核手续。

c. 归档材料应字迹清晰,图表整洁,审核签字手续完备,书写材料符合规范要求。

d. 声像与电子等非纸质文件材料应逐张、逐盒(盘)标注事由、时间、地点、人物、作者等内容。

e. 案卷题名简明、准确,案卷目录编制规范,著录内容翔实。

f. 卷内目录著录清楚、准确,页码编写准确、规范。

g. 备考表填写规范,案卷中需说明的内容均在案卷备考表中清楚注释,并履行了签字手续。

h. 图纸折叠符合要求,对不符合要求的归档材料采取了必要的修复、复制等补救措施。

i. 案卷装订牢固、整齐、美观,装订线不压内容,每份文件归档时,应在每份文件首页右上方加盖、填写档号章,案卷中均是图纸的可不装订,但应逐张填写档号章。

③文件材料的系统性(10 分),基本要求为:

a. 分类科学。依据项目档案分类方案,归类准确,每类文件材料的脉络清晰,各类文件材料之间的关系明确。

b. 组卷合理。遵循文件材料的形成规律,保持文件之间的有机联系,组成的案卷能反映相应的主题,且薄厚适中,便于保管和利用;设计变更文件材料应按单位工程或分部工程或专业单独组成一卷或数卷。

c.排列有序。相同内容或关系密切的文件按重要程度或时间循序排列在相关案卷中;反映同一主题或专题的案卷相对集中排列。

④归档与移交(4分)。

(2)水利工程档案验收是水利工程竣工验收的重要内容,应提前或与工程竣工验收同步进行。凡档案内容与质量达不到要求的水利工程,不得通过档案验收;未通过档案验收或档案验收不合格的,不得进行或通过工程的竣工验收。

(3)大中型水利工程在竣工验收前应进行档案专项验收。其他工程的档案验收应与工程竣工验收同步进行。档案专项验收可分为初步验收和正式验收。初步验收可由工程竣工验收主持单位委托相关单位组织进行;正式验收应由工程竣工验收主持单位的档案业务主管部门负责。

(4)水利工程在进行档案专项验收前,项目法人应组织工程参建单位对工程档案的收集、整理、保管与归档情况进行自检,确认工程档案的内容与质量已达要求后,可向有关单位报送档案自检报告,并提出档案专项验收申请。

档案验收申请应包括项目法人开展档案自检工作的情况说明、自检得分、自检结论等内容,并将项目法人的档案自检工作报告和监理单位专项审核报告附后。

档案自检工作报告的主要内容有:工程概况,工程档案管理情况,文件材料收集、整理、归档与保管情况,竣工图编制与整理情况,档案自检工作的组织情况,对自检或以往阶段验收发现问题的整改情况,按《水利工程建设项目档案验收评分标准》自检得分与扣分情况,目前仍存在的问题,对工程档案完整、准确、系统性的自我评价等。

专项审核报告的主要内容有:监理单位履行审核责任的组织情况,对监理和施工单位提交的项目档案审核、把关情况,审核档案的范围、数量,审核中发现的主要问题与整改情况,对档案内容与整理质量的综合评价,目前仍存在的问题,审核结果等。

(5)档案专项验收工作的步骤、方法与内容如下:

①听取项目法人有关工程建设情况和档案收集、整理、归档、移交、管理与保管情况的自检报告;

②听取监理单位对项目档案整理情况的审核报告;

③对验收前已进行档案检查评定的水利工程,还应听取被委托单位的检查评定意见;

④查看现场(了解工程建设实际情况);

⑤根据水利工程建设规模,抽查各单位档案整理情况,抽查比例一般不得少于项目法人应保存档案数量的8%,其中竣工图不得少于一套竣工图总张数的10%,抽查档案总量应在200卷以上;

⑥验收组成员进行综合评议;

⑦形成档案专项验收意见,并向项目法人和所有会议代表反馈;

⑧验收主持单位以文件形式正式印发档案专项验收意见。

3　竣工验收

根据《水利水电建设工程验收规程》(SL 223—2008),竣工验收应在工程建设项目全部完成并满足一定运行条件后 1 年内进行。不能按期进行竣工验收的,经竣工验收主持单位同意,可适当延长期限,但最长不得超过 6 个月。一定运行条件是指:

(1)泵站工程经过一个排水或抽水期;

(2)河道疏浚工程完成后;

(3)其他工程经过 6 个月(经过一个汛期)至 12 个月。

竣工验收分为竣工技术预验收和竣工验收两个阶段。

大型水利工程在竣工技术预验收前,应按照有关规定进行竣工验收技术鉴定。中型水利工程,竣工验收主持单位可以根据需要决定是否进行竣工验收技术鉴定。

3.1　竣工验收条件

(1)工程已按批准设计全部完成;

(2)工程重大设计变更已经有审批权的单位批准;

(3)各单位工程能正常运行;

(4)历次验收所发现的问题已基本处理完毕;

(5)各专项验收已通过;

(6)工程投资已全部到位;

(7)竣工财务决算已通过竣工审计,审计意见中提出的问题已整改并提交了整改报告;

(8)运行管理单位已明确,管理养护经费已基本落实;

(9)质量和安全监督工作报告已提交,工程质量达到合格标准;

(10)竣工验收资料已准备就绪。

工程有少量建设内容未完成,但不影响工程正常运行,且能符合财务有关规定,项目法人已对尾工做出安排的,经竣工验收主持单位同意,可进行竣工验收。

3.2　竣工验收工作程序

(1)项目法人组织进行竣工验收自查;

(2)项目法人提交竣工验收申请报告;

(3)竣工验收主持单位批复竣工验收申请报告;

(4)竣工验收技术鉴定(大型工程);

(5)进行竣工技术预验收;

(6)召开竣工验收会议;

(7)印发竣工验收鉴定书。

3.2.1　竣工验收自查

(1)申请竣工验收前,项目法人应组织竣工验收自查。自查工作由项目法人主持,勘测、设计、监理、施工、主要设备制造(供应)商以及运行管理等单位的代表参加。

(2)竣工验收自查应包括以下主要内容:

①检查有关单位的工作报告;

②检查工程建设情况,评定工程项目施工质量等级;

③检查历次验收、专项验收的遗留问题和工程初期运行所发现问题的处理情况;

④确定工程尾工内容及其完成期限和责任单位;

⑤对竣工验收前应完成的工作做出安排；

⑥讨论并通过竣工验收自查工作报告。

（3）项目法人组织工程竣工验收自查前，应提前10个工作日通知质量和安全监督机构，同时向法人验收监督管理机关报告。质量和安全监督机构应派员列席自查工作会议。

（4）项目法人应在完成竣工验收自查工作之日起10个工作日内，将自查的工程项目质量结论和相关资料报质量监督机构核备。

（5）竣工验收自查的成果性文件是竣工验收自查工作报告。参加竣工验收自查的人员应在自查工作报告上签字。项目法人应自竣工验收自查工作报告通过之日起30个工作日内，将自查报告报法人验收监督管理机关。

3.2.2　工程质量抽样检测

（1）根据竣工验收的需要，竣工验收主持单位可以委托具有相应资质的工程质量检测单位对工程质量进行抽样检测。项目法人应与工程质量检测单位签订工程质量检测合同。检测所需费用由项目法人列支，质量不合格工程所发生的检测费用由责任单位承担。

（2）工程质量检测单位不应与参与工程建设的项目法人、设计、监理、施工、设备制造（供应）商等单位隶属同一经营实体。

（3）根据竣工验收主持单位的要求和项目的具体情况，项目法人应负责提出工程质量抽样检测的项目、内容和数量，经质量监督机构审核后报竣工验收主持单位核定。堤防工程质量抽检要求见《水利水电建设工程验收规程》（SL 223—2008）附录R。

（4）工程质量检测单位应按照有关技术标准对工程进行质量检测，按合同要求及时提出质量检测报告并对检测结论负责。项目法人应自收到检测报告10个工作日内将检测报告报竣工验收主持单位。

（5）对抽样检测中发现的质量问题，项目法人应及时组织有关单位研究处理。在影响工程安全运行以及使用功能的质量问题未处理完毕前，不应进行竣工验收。

3.2.3　竣工技术预验收

（1）竣工技术预验收应由竣工验收主持单位组织的专家组负责。技术预验收专家组成员应具有高级技术职称或相应执业资格，2/3以上成员应来自工程非参建单位。工程参建单位的代表应参加技术预验收，负责回答专家组提出的问题。

（2）竣工技术预验收专家组可下设专业工作组，并在各专业工作组检查意见的基础上形成竣工技术预验收工作报告。

（3）竣工技术预验收工作包括以下主要内容：

①检查工程是否按批准的设计完成；

②检查工程是否存在质量隐患和影响工程安全运行的问题；

③检查历次验收、专项验收的遗留问题和工程初期运行中所发现问题的处理情况；

④对工程重大技术问题做出评价；

⑤检查工程尾工安排情况；

⑥鉴定工程施工质量；

⑦检查工程投资、财务情况；

⑧对验收中发现的问题提出处理意见。

（4）竣工技术预验收应按以下程序进行：

①现场检查工程建设情况并查阅有关工程建设资料；

②听取项目法人、设计、监理、施工、质量和安全监督机构、运行管理等单位工作报告；

③听取竣工验收技术鉴定报告和工程质量抽样检测报告；

④专业工作组讨论并形成各专业工作组意见；

⑤讨论并通过竣工技术预验收工作报告；

⑥讨论并形成竣工验收鉴定书初稿。

（5）竣工技术预验收的成果性文件是竣工技术预验收工作报告，竣工技术预验收工作报告是竣工验收鉴定书的附件。

3.2.4　竣工验收会议

（1）竣工验收委员会可设主任委员 1 名，副主任委员以及委员若干名，主任委员应由验收主持单位代表担任。竣工验收委员会应由竣工验收主持单位、有关地方人民政府和部门、有关水行政主管部门和流域管理机构、质量和安全监督机构、运行管理单位的代表以及有关专家组成。工程投资方代表可参加竣工验收委员会。

（2）项目法人、勘测、设计、监理、施工和主要设备制造（供应）商等单位应派代表参加竣工验收，负责解答验收委员会提出的问题，并应作为被验收单位代表在验收鉴定书上签字。

（3）竣工验收会议应包括以下主要内容和程序：

①现场检查工程建设情况及查阅有关资料。

②召开大会：

a. 宣布验收委员会组成人员名单；

b. 观看工程建设声像资料；

c. 听取工程建设管理工作报告；

d. 听取竣工技术预验收工作报告；

e. 听取验收委员会确定的其他报告；

f. 讨论并通过竣工验收鉴定书；

g. 验收委员会委员和被验收单位代表在竣工验收鉴定书上签字。

（4）工程项目质量达到合格以上等级的，竣工验收的质量结论意见应为合格。

（5）竣工验收会议的成果性文件是竣工验收鉴定书。数量应按验收委员会组成单位、工程主要参建单位各 1 份以及归档所需要份数确定。自鉴定书通过之日起 30 个工作日内，应由竣工验收主持单位发送有关单位。

3.3　工程移交及遗留问题处理

3.3.1　工程交接手续

（1）通过合同工程完工验收或投入使用验收后，项目法人与施工单位应在 30 个工作日内组织专人负责工程的交接工作，交接过程应有完整的文字记录并有双方交接负责人签字。

（2）项目法人与施工单位应在施工合同或验收鉴定书约定的时间内完成工程及其档案资料的交接工作。

（3）工程办理具体交接手续的同时，施工单位应向项目法人递交单位法定代表人签字的工程质量保修书，保修书的内容应符合合同约定的条件。保修书的主要内容有：

①合同工程完工验收情况；

②质量保修的范围和内容；

③质量保修期；

④质量保修责任；

⑤质量保修费用；

⑥其他。

（4）工程质量保修期应从工程通过合同工程完工验收后开始计算，但合同另有约定的除外。

（5）在施工单位递交了工程质量保修书、完成施工场地清理以及提交有关竣工资料后，项目法人应在 30 个工作日内向施工单位颁发经单位法定代表人签字的合同工程完工证书。

3.3.2　工程移交手续

（1）工程通过投入使用验收后，项目法人宜及时将工程移交运行管理单位管理，并与其签订工程提前启用协议。

（2）在竣工验收鉴定书印发后 60 个工作日内，项目法人与运行管理单位应完成工程移交手续。

（3）工程移交应包括工程实体、其他固定资产和工程档案资料等，应按照初步设计等有关批准文件进行逐项清点，并办理移交手续。办理工程移交应有完整的文字记录和双方法定代表人签字。

3.4　验收遗留问题及尾工处理

（1）有关验收成果性文件应对验收遗留问题有明确的记载。影响工程正常运行的，不应作为验收遗留问题处理。

（2）验收遗留问题和尾工处理应由项目法人负责。项目法人应按照竣工验收鉴定书、合同约定等要求，督促有关责任单位完成处理工作。

（3）验收遗留问题和尾工处理完成后，有关单位应组织验收，并形成验收成果性文件。项目法人应参加验收并负责将验收成果性文件报竣工验收主持单位。

（4）工程竣工验收后，应由项目法人负责处理验收遗留问题，项目法人已撤销的，应由组建或批准组建项目法人的单位或其指定的单位处理完成。

3.5　工程竣工证书颁发

（1）工程质量保修期满后 30 个工作日内，项目法人应向施工单位颁发工程质量保修责任终止证书。但保修责任范围内的质量缺陷未处理完成的应除外。

（2）工程质量保修期满以及验收遗留问题和尾工处理完成后，项目法人应向工程竣工验收主持单位申请领取竣工证书。申请报告应包括以下内容：

①工程移交情况；

②工程运行管理情况；

③验收遗留问题和尾工处理情况；

④工程质量保修期有关情况。

（3）竣工验收主持单位应自收到项目法人申请报告后 30 个工作日内决定是否颁发工程竣工证书，包括正本和副本。颁发竣工证书应符合以下条件：

①竣工验收鉴定书已印发；

②工程遗留问题和尾工处理已完成并通过验收；

③工程已全面移交运行管理单位管理。

（4）工程竣工证书是项目法人全面完成工程项目建设管理任务的证书，也是工程参建单位完成相应工程建设任务的最终证明文件。

（5）工程竣工证书数量应按正本 3 份和副本若干份颁发，正本应由项目法人、运行管理单位和档案部门保存，副本应由工程主要参建单位保存。

【案例 10-3】　政府验收

背景资料

某水电站工程由大坝、泄水洞、电站、溢洪道等建筑物组成。大坝为壤土均质 2 级建筑物，坝顶高程 170 m，最大坝高 30 m。施工区河谷狭窄，枯水期流量较小，两岸地形陡峻，山岩为坚硬的玄武岩。采用全断面围堰法隧洞导流、立堵法截流进行施工。汛期最高水位 160 m，大坝拦洪度汛高程 162 m。施工相关程序包括：①导流隧洞开挖；②围堰填筑；③截流；④基坑排水；⑤坝体施工；⑥下闸蓄水；⑦第一台机组发电；⑧泄水洞、电站、溢洪道等建筑物施工；⑨所有机组并网发电；⑩工程竣工。

工程在建设过程中发生如下事件：

事件 1：水电站机组在验收之前进行了试运行，带额定负荷连续运行时间为 24 h，或 7 d 内累计运行时间为 48 h，包括机组无故障停机次数；由于受来水量限制无法满足上述要求，经过项目法人组织论证减少连续运行的时间。

事件 2：竣工后，当地政府进行了环境保护验收和水土保持设施验收。

事件 3：档案专项验收可分为初步验收和正式验收。验收结果为总分达到 89.9 分，"应归档文件材料质量与移交归档"项达不到 40 分。

事件 4：竣工验收委员会可设主任委员 1 名，副主任委员以及委员若干名，主任委员应由验收主持单位代表担任。竣工验收委员会应由竣工验收主持单位、有关地方人民政府和部门、有关水行政主管部门和流域管理机构。

事件 5：在竣工验收鉴定书印发后 30 个工作日内，施工单位与运行管理单位应完成工程移交手续。

问题

1. 指出施工相关程序验收分类，并指出事件 1 电站机组验收不妥之处，说明正确做法。

2. 分别指出事件 2 环境保护和水土保持验收主持单位不妥之处，并说明环境保护验收范围。

3. 指出事件 3 档案专项验收负责单位以及档案验收等级。

4. 除事件 4 竣工验收委员会单位外，还应有哪些单位参加竣工验收？

5. 指出项目法人与运行管理单位移交工程单位和时间不妥之处。

答案

1. (1)法人验收包括坝体、泄水洞、电站、溢洪道施工的分部和单位工程验收,中间机组启动验收。政府验收包括导流和截流、下闸蓄水、第一台机组发电前阶段验收、工程竣工。

(2)水电站机组带额定负荷连续运行时间为 72 h,或 7 d 内累计运行时间为 48 h,包括机组无故障停机次数不少于 3 次,经过项目法人组织论证并提出专门报告报验收主持单位批准后,可适当降低机组启动运行负荷以及减少连续运行的时间。

2. 竣工后,环境保护验收由环境保护行政部门主持;水土保持设施验收包括自查初验和行政验收两个方面。自查初验是由监理单位在水土保持设施建设过程中组织开展的水土保持设施验收,行政验收是由水土保持方案审批部门主持开展的水土保持设施验收。

环境保护验收范围包括:与建设项目有关的各项环境保护设施,包括为防治污染和保护环境所建成或配备的工程、设备、装置和监测手段,各项生态保护设施;环境影响报告书(表)或者环境影响登记表和有关项目设计文件规定应采取的其他各项环境保护措施。

3. 初步验收可由工程竣工验收主持单位委托相关单位组织进行;正式验收应由工程竣工验收主持单位的档案业务主管部门负责。验收等级为不合格,因为"应归档文件材料质量与移交归档"项达不到 60 分。

4. 质量和安全监督机构、运行管理单位、工程投资方的代表以及有关专家参加竣工验收委员会。

5. 在竣工验收鉴定书印发后 30 个工作日内,项目法人与运行管理单位应完成工程移交手续。

任务 4　水力发电工程验收管理

1　水力发电工程验收的分类和依据

为了加强对水电工程验收工作的管理,国家发展和改革委员会办公厅颁发了《关于水电站基本建设工程验收管理有关事项的通知》(发改办能源〔2003〕1311 号)。水电工程验收包括工程截流验收、工程蓄水验收、水轮发电机组启动验收和工程竣工验收。水电工程各项验收应具备的条件、验收委员会的主要工作及有关要求按《水电站基本建设工程验收规程》(DL/T 5123—2000)执行。

1.1　水力发电工程验收的分类

水电工程验收实行分级和分类验收制度。工程截流验收由项目法人会同省级政府主管部门共同组织工程截流验收委员会进行;工程蓄水验收由项目审批部门委托有资质单位与省级政府主管部门共同组织工程蓄水验收委员会进行;水轮发电机组启动验收由项目法人会同电网经营管理单位共同组织启动验收委员会进行;枢纽工程专项验收由项目审批部门委托有资质单位与省级政府主管部门组织枢纽工程专项验收委员会进行;库区移民专项验收由省级政府有关部门会同项目法人组织库区移民专项验收委员会进行;环保、消防、劳动安全与工业卫生、工程档案和工程决算验收由项目法人按有关法规办理;工程竣工验收由工程建设的审批部门负责;在库区移民、环保、消防、劳动安全与工业卫生、工程档案和工程决算各专项验收完成的基础上,由项目法人向项目审批部门提出竣工验收申请报告,由项目审批部门组织竣工验收。

　　水电工程安全鉴定是水电工程蓄水验收和枢纽工程专项验收的重要条件,也是确保工程安全的重要措施。工程安全鉴定由项目审批部门指定有资质单位负责。

　　水电工程的各项验收由项目法人根据工程建设的进展情况适时提出验收建议,配合有关部门和单位组成验收委员会,并按验收委员会制定的验收大纲要求做好验收工程。工程竣工验收在枢纽工程、库区移民、环保、消防、劳动安全与工业卫生、工程档案和工程决算各专项验收的基础上进行。

1.2　水力发电工程验收的依据

　　《水电站基本建设工程验收规程》(DL/T 5123—2000)由国家经贸委 2000 年 11 月 3日批准并于 2001 年 1 月 1 日起实施,同时《水电站基本建设工程验收规程》(SDJ 275—88)在水电行业停止使用。《水电站基本建设工程验收规程》(DL/T 5123—2000)分为第一章范围、第二章引用标准、第三章总则、第四章工程截流验收、第五章工程蓄水验收、第六章机组启动验收、第七章单项工程竣工验收、第八章工程竣工验收以及附录等。

　　根据《关于水电站基本建设工程验收管理有关事项的通知》以及《水电站基本建设工程验收规程》(DL/T 5123—2000),水电工程必须及时进行验收,验收的目的是检查工程进度和质量,协调建设中存在的问题,以确保工程安全度汛和正常安全运行,发挥投资效益。

　　水电工程在截流、下闸蓄水、机组启动时应进行阶段性验收,工程整体竣工时应进行竣工验收。能独立发挥效益且不影响工程运行安全的单项工程验收,不能与工程阶段性验收和竣工验收同步进行时,可单独进行竣工验收。

　　根据《关于水电站基本建设工程验收管理有关事项的通知》以及《水电站基本建设工程验收规程》(DL/T 5123—2000),水电工程验收的依据是批准的可行性研究设计文件及项目立项、开工文件,合同中明确采用的规程、规范、质量标准和技术文件。非水电专业的单项工程竣工验收,应遵循有关部门的验收法规进行。

　　验收过程中的争议,由验收委员会主任委员协调、裁决,并将验收委员会成员提出的涉及重大问题的保留意见列入备忘录,作为验收鉴定书(报告)的附件。主任委员裁决意见有半数以上委员反对或难以裁决的重大问题,应由验收委员会报请验收委员会主任委员单位或国家有关部门决定。重要技术问题可组织国内专家协助决策。

2　水力发电工程阶段验收

2.1　工程截流验收

　　工程截流是指在枯水期截断河道主流,迫使河水从导流建筑物或预留的通道绕过基坑向下游宣泄。根据《关于水电站基本建设工程验收管理有关事项的通知》以及《水电站基本建设工程验收规程》(DL/T 5123—2000),工程截流验收的基本要求如下。

2.1.1　工程截流验收应具备的基本条件

（1）导流工程已基本建成。包括导流隧洞、导流明渠等建筑物符合设计要求,质量符合合同文件规定的标准,可以过水,且过水后不会影响未完工程的继续施工。

（2）主体工程中与截流有关部分的水下隐蔽工程已经完成,质量符合合同文件规定的标准。

（3）已按审定的截流设计做好各项准备工作,包括组织、人员、机械、道路、备料和应急措施等。

（4）安全度汛方案已经审定,措施基本落实,上游报汛工作已有安排,能满足安全度汛要求。

（5）截流后壅高水位以下的库区移民搬迁已完成;施工度汛标准洪水位以下的库区工程和移民安置计划正在实施,所需资金基本落实,且能在汛前完成。

（6）通航河流的临时过船、漂木问题已基本解决,或已与有关部门达成协议。

（7）有关验收的文件、资料已齐全。文件和资料分验收应提供的和备查的两种。

2.1.2　工程截流验收的组织

根据有关规定,工程截流验收由项目法人会同有关省级政府主管部门共同组织工程截流验收委员会进行。

2.1.3　工程截流验收的主要工作

（1）听取并研究项目法人的工程建设报告,听取担任截流工程设计、施工、监理单位以及库区移民工作汇报等,以及质量监督单位的报告。

（2）通过现场检查和审查文件资料,确认是否具备验收条件。

（3）对存在的问题提出处理意见。

（4）提出工程截流验收鉴定书。

2.2　工程蓄水验收

工程蓄水是指截断导流建筑物的水流,拦河大坝开始挡水,水库蓄水,标志着主体工程即将发挥效益。根据《关于水电站基本建设工程验收管理有关事项的通知》以及《水电站基本建设工程验收规程》(DL/T 5123—2000),工程蓄水验收的基本要求如下。

2.2.1　工程蓄水验收应具备的基本条件

（1）大坝基础和防渗工程、大坝及其他挡水建筑物的高程、坝体接缝灌浆等形象面貌已能满足水库初期蓄水的要求,工程质量符合合同文件规定的标准,且水库蓄水后不会影响工程的继续施工及安全度汛。

（2）引水建筑物的进口已经完成,拦污栅已就位,可以挡水。

（3）水库蓄水后需要投入运行的泄水建筑物已基本建成,蓄水、泄水所需的闸门、启闭机已安装完毕,电源可靠,可正常运行,控制泄水,调节库水位。

（4）各建筑物的内外观测仪器、设备已按设计要求埋设和调试,并已测得初始值。

（5）导流建筑物的封堵门、门槽及其启闭设备,经检查正常完好,可满足下闸封堵要求。

（6）初期蓄水位以下的库区工程和移民已基本完成,库区清理完毕;库区文物古迹保护已得到妥善解决;近坝区的地形测量已经完成;蓄水后影响工程安全运行的渗漏、浸没、滑坡、塌方等已按设计要求进行处理。

（7）已编制下闸蓄水施工组织设计，并做好各项准备工作，包括组织、人员、道路、通信、堵漏和应急措施。

（8）为保证初期运行的安全，已制订水库调度和度汛规划，水情测报系统已能满足初期蓄水要求，可以投入运用；水库蓄水期间的通航及下游因断流或流量减少而产生的问题已得到妥善解决。

（9）生产单位的准备工作已就绪，已配备合格的操作运行人员和制定各项控制设备的操作规程，生产、生活建筑设施已能满足初期运行的要求。

（10）工程安全鉴定单位已提交工程蓄水安全鉴定报告，并有可以下闸蓄水的明确结论。库区移民初步验收单位已提交工程蓄水库区移民初步验收报告，并有库区移民不影响工程蓄水的明确结论。

（11）有关验收的文件、资料已齐全。

2.2.2　工程蓄水验收的组织

根据有关规定，工程蓄水验收由项目审批部门委托有资质单位与省级政府主管部门共同组织工程蓄水验收委员会进行，工程蓄水前，应按原电力部《水电建设工程安全鉴定规定》（电综〔1998〕219 号）进行工程安全鉴定。水电工程安全鉴定是水电工程蓄水验收和枢纽工程专项验收的重要条件，也是确保工程安全的重要措施。工程安全鉴定由项目审批部门指定有资质单位负责。

项目法人应在计划蓄水时间前 9 个月向有关部门报送蓄水验收申请报告。

2.2.3　工程蓄水验收的主要工作及成果

（1）听取并研究工程建设报告、工程度汛措施计划报告、工程蓄水安全鉴定报告、工程蓄水库区移民初步验收报告以及工程设计、施工、监理、质量监督等单位的报告。

（2）通过现场检查和审查文件资料，确认是否具备验收条件。

（3）对存在的问题提出处理意见。

（4）检查次年工程安全度汛措施和度汛标准。

（5）提出工程蓄水验收鉴定书。

根据有关规定，工程蓄水验收的成果是工程蓄水验收鉴定书。验收鉴定书正本一式8 份。

2.3　机组启动验收

水电工程的每一台水轮发电机组及相应附属设备安装完毕后，在移交生产单位投入初期商业运行前，应进行机组启动试运行和验收。根据《关于水电站基本建设工程验收管理有关事项的通知》以及《水电站基本建设工程验收规程》（DL/T 5123—2000），机组启动验收的基本要求如下。

2.3.1　机组启动验收应具备的基本条件

（1）大坝及其他挡水建筑物和引水、尾水系统已按设计文件基本建成，或挡水建筑物的形象面貌已能满足初期发电的要求，质量符合合同文件规定的标准，且库水位已蓄至最低发电水位以上。待验机组进水口闸门及其启闭设备已安装完毕，经调试可满足启闭要求。

（2）尾水闸门及其启闭设备已安装完毕，经调试可满足启闭要求；其他未安装机组的尾水已用闸门等可靠封堵;尾水围堰和下游集渣已按设计要求清除干净。

（3）厂房内土建工程已按合同文件、设计图纸要求基本建成,待验机组段已做好围栏隔离,各层交通通道和厂内照明已形成,能满足在建工程的安全施工和待验机组的安全试运行;厂内排水系统已安装完毕,经调试,可靠正常运行;厂区防洪排水设施已作安排,能保证汛期运行安全。

（4）待验机组及相应附属设备,包括风、水、油系统已全部安装完毕,并经调试和分部试运转,质量符合规定标准;全厂共用系统和自动化系统已投入,能满足待验机组试运行的需要。

（5）待验机组相应的电气一次、二次设备经检查试验合格,动作准确、可靠,能满足升压、变电、送电和测量、控制、保护等要求,全厂接地系统接地电阻符合设计规定。机组计算机现地控制单元 LCU 已安装调试完毕,具备投入及与全厂计算机监控系统通信的条件。

（6）升压站、开关站、出线站等部位的土建工程已按设计要求基本建成,能满足高压电气设备的安全送电;对外必需的输电线路已经架设完成,并经系统调试合格。

（7）厂区通信系统和对外通信系统已按设计建成,通信可靠。

（8）消防设施满足防火要求。

（9）负责电站运行的生产单位已组织就绪,生产运行人员的配备能适应机组初期商业运行的需要,运行操作规程已制定,配备的有关仪器、设备能满足机组试运行和初期商业运行的需要。

（10）有关验收的文件、资料齐全。

2.3.2　机组启动验收的组织

根据有关规定,机组启动验收由项目法人会同电网经营管理单位共同组织机组启动验收委员会进行。

2.3.3　机组启动验收的主要工作及成果

（1）听取并研究工程建设报告,以及工程设计、施工、监理、质量监督等单位的报告。

（2）通过现场检查和审查文件资料,确认是否具备验收条件。

（3）对存在的问题提出处理意见。

（4）提出机组启动验收鉴定书。

根据有关规定,机组启动验收的成果是在机组完成 72 h 带负荷连续运行后提出机组启动验收鉴定书。验收鉴定书正本一式 8 份。

3　水力发电工程单项工程验收

单项工程验收是指工程中的取水、通航、对外永久交通等单项工程,在工程竣工前已经建成,能独立发挥效益且需要提前投入运行的,或需要单独进行验收的,均应分别进行单项工程验收。个别单项工程延期建设或缓建,可在工程竣工验收后,待该单项工程建成时再进行单项工程竣工验收。根据《水电站基本建设工程验收规程》（DL/T 5123—2000）,单项工程验收的基本要求如下。

3.1　单项工程验收应具备的基本条件

（1）工程已按合同文件、设计图纸的要求基本完成,质量符合合同文件规定的标准,施工现场已清理。

（2）设备的制作与安装经调试、试运行检验安全可靠，达到合同文件和设计要求。

（3）观测仪器、设备已按设计要求埋设，并已测得初始值。

（4）工程质量事故已妥善处理，缺陷处理也已基本完成，能保证工作安全运行；剩余尾工和缺陷处理工作已明确由施工单位在质量保证期内完成。

（5）施工原始资料和竣工图纸齐全，并已整编，满足归档要求。

（6）生产使用单位已做好接收、运行准备工作。

（7）有关验收的文件、资料齐全。

3.2 单项工程竣工验收的组织

单项工程竣工验收由项目法人自行组织进行，必要时，会同有关部门或单位共同组织单项工程竣工验收委员会进行。

3.3 单项工程验收的主要工作

（1）听取并研究工程建设报告，以及工程设计、施工、监理、质量监督、生产等单位的报告。

（2）通过现场检查和审查文件资料，确认是否具备验收条件。

（3）对存在的问题提出处理意见。

（4）提出单项工程竣工验收鉴定书。

4 水力发电工程竣工验收

枢纽工程和库区工程已按批准的设计文件全部建成，并经过一个洪水期的运行考验后，应进行工程竣工验收，竣工验收分专项进行。专项竣工验收指枢纽工程专项竣工验收、库区移民专项竣工验收以及环保、消防、劳动安全卫生、工程档案、工程竣工决算等专项验收。根据《关于水电站基本建设工程验收管理有关事项的通知》以及《水电站基本建设工程验收规程》（DL/T 5123—2000），工程竣工验收的基本要求如下。

4.1 枢纽工程专项竣工验收应具备的基本条件

（1）枢纽工程已按批准的设计规模、设计标准全部建成，质量符合合同文件规定的标准。

（2）施工单位在质量保证期内已及时完成剩余尾工和质量缺陷处理工作。

（3）工程运行已经过至少一个洪水期的考验，最高库水位已经达到或基本达到正常高水位，水轮发电机组已能按额定出力正常运行，各单项工程运行正常。

（4）工程安全鉴定单位已提出工程竣工安全鉴定报告，并有可以安全运行的结论意见。

（5）有关验收的文件、资料齐全。

4.2 枢纽工程专项竣工验收的组织

枢纽工程专项竣工验收由项目审批部门委托有资质单位与省级政府主管部门组织枢纽工程专项验收委员会进行，枢纽工程专项竣工验收的成果是枢纽工程专项竣工验收鉴定书。

库区移民专项验收由省级政府有关部门会同项目法人组织库区移民专项验收委员会进行，环保、消防、劳动安全与工业卫生、工程档案和工程决算验收由项目法人按有关法规办理。工程竣工验收由工程建设的审批部门负责。

各项验收(包括枢纽工程、库区移民、环保、消防、劳动安全与工业卫生、工程档案、工程决算)工作完成后,项目法人对验收工作进行总结,提出工程竣工验收总结报告。

4.3　枢纽工程专项竣工验收委员会的主要工作

(1)听取并研究工程建设报告、监理报告、工程竣工安全鉴定报告,以及生产、设计、施工、质量监督等有关单位的报告。

(2)通过现场检查和审查文件资料,确认验收具备规定的各项条件以及验收委员会认为必须具备的其他条件是否具备。

(3)对枢纽工程存在的主要问题提出处理意见。

(4)提出枢纽工程专项竣工验收鉴定书。

4.4　颁发工程竣工验收证书的条件

符合下列条件的工程,由国家有关部门向项目法人颁发工程竣工验收证书:

(1)已按规定完成各专项竣工验收的全部工作;

(2)各专项竣工验收的鉴定书均有明确的可以通过工程竣工验收的结论;

(3)遗留的单项工程不致对工程和上下游人民生命财产安全造成影响,并已制订该单项工程建设和竣工验收计划。

水电工程的各项验收由项目法人根据工程建设的进展情况适时提出验收建议,配合有关部门和单位组成验收委员会,并按验收委员会制定的验收大纲要求做好验收工程。工程竣工验收要在枢纽工程、库区移民、环保、消防、劳动安全与工业卫生、工程档案和工程决算各专项验收完成的基础上,由项目法人向项目审批部门提出竣工验收申请报告,由项目审批部门组织竣工验收。

【案例 10-4】　水力发电工程验收管理

背景资料

某电力公司投资建设的水电站,装机容量为 5×50 万 kW,挡水坝为混凝土重力坝,总库容 10 亿 m^3。电站建设过程中进行了工程截流验收、工程蓄水验收、水轮发电机组启动验收、枢纽工程专项验收、工程竣工验收等一系列验收工作。

枢纽工程已按批准的设计规模、设计标准全部建成,质量符合合同文件规定的标准。施工单位在质量保证期内已及时完成剩余尾工和质量缺陷处理工作。工程安全鉴定单位已提出工程竣工安全鉴定报告,并有可以安全运行的结论意见。在满足有关验收的文件、资料齐全等条件后进行了验收。

问题

1. 工程截流验收、工程蓄水验收、水轮发电机组启动验收、枢纽工程专项验收、工程竣工验收分别由哪些单位负责?

2. 除背景中枢纽工程验收具备条件外,还应具有什么条件方能进行枢纽工程验收?

3. 枢纽工程专项验收包括哪些验收项目?

答案

1. 工程截流验收由项目法人会同省级政府主管部门共同组织工程截流验收委员会进

行;工程蓄水验收由项目审批部门委托有资质单位与省级政府主管部门共同组织工程蓄水验收委员会进行;水轮发电机组启动验收由项目法人会同电网经营管理单位共同组织机组启动验收委员会进行;枢纽工程专项验收由项目审批部门委托有资质单位与省级政府主管部门组织枢纽工程专项验收委员会进行;库区移民专项验收由省级政府有关部门会同项目法人组织库区移民专项验收委员会进行;环保、消防、劳动安全与工业卫生、工程档案和工程决算验收由项目法人按有关法规办理;工程竣工验收由工程建设的审批部门负责;在各专项验收完成的基础上,由项目法人向项目审批部门提出竣工验收申请报告,由项目审批部门组织竣工验收。

2. 工程运行已经过至少一个洪水期的考验,最高库水位已经达到或基本达到正常高水位,水轮发电机组已能按额定出力正常运行,各单项工程运行正常。

3. 枢纽工程专项验收包括库区移民、环保、消防、劳动安全与工业卫生、工程档案和工程决算等。

附　录

附录 Ⅰ　工程量清单报价案例

1　投标总价

工　程　名　称：　南水北调中线一期工程总干××标段

合　同　编　号：　HNJ－2010/NY/SG－004

投标总价(小写)：　　　220 597 959 元

　　　　　　　(大写)：　贰亿贰仟零伍拾玖万柒仟玖佰伍拾玖元

投　标　人：　中国水利水电第××工程局　(单位盖章)

法 定 代 表 人
(或委托代理人)：　　　×××　　　(签字盖章)

编 制 时 间　　　2010－11－8

2　工程项目总价表

合同编号:HNJ – 2010/NY/SG – 004

工程名称:南水北调中线一期工程总干渠陶岔—沙河南(委托建管项目)南阳段

序号	工程项目名称	金额(元)
一	分类分项工程	207 195 460
1	建筑工程	206 941 335
2	水力机械设备工程	254 125
二	措施项目	11 345 888
三	其他措施项目	2 056 611
	合计	220 597 959

3　分类分项工程量清单计价表

合同编号:HNJ - 2010/NY/SG - 004

工程名称:南水北调中线一期工程总干渠陶岔—沙河南(委托建管项目)南阳段

序号	项目编码	项目名称	单位	工程数量	单价(元)	合价(元)	备注
1		建筑工程				206 941 335	
1.1		渠道工程				123 822 163	
1.1.1		渠道土石方工程				81 152 693	
1.1.1.1	50010103001	表土清除	m³	297 450	12.53	3 727 049	
1.1.1.2	50010103002	土方开挖	m³	832 144	11.79	9 810 978	
1.1.1.3	50010103003	硬岩开挖	m³	62 916	43.95	2 765 158	
1.1.1.4	50010103004	换土挖方	m³	260 570	12.73	3 317 056	
1.1.1.5	500103001001	土方填筑	m³	824 940	13.91	11 474 915	
1.1.1.6	500103001002	改性土换土填筑	m³	143 313.5	88.33	12 658 881	
1.1.1.7	500103001003	非膨胀土换土填筑	m³	117 256.5	62.04	7 274 593	
1.1.1.8	500103001004	水泥改性土填筑	m³	341 040	88.33	30 124 063	
1.1.2		渠道衬砌工程				27 502 374	
1.1.2.1	500109001001	C20W6F150 渠坡混凝土衬砌	m³	27 025	443.90	11 996 398	
1.1.2.2	500109001002	C20W6F150 渠底混凝土衬砌	m³	9 752	417.26	4 069 120	
1.1.2.3	500109001003	C20W6F150 封顶板混凝土	m³	458	403.66	184 876	
1.1.2.4	500109001004	C20W6F150 坡脚齿墙混凝土	m³	5 755	372.05	2 141 148	
1.1.2.5	500109001005	C20W6F150 下渠台阶混凝土	m³	121	445.20	53 869	
1.1.2.6	500114001001	密封胶填缝	m³	46.55	48 120.40	2 240 005	
1.1.2.7	500114001002	聚乙烯闭孔泡沫板	m²	11 697.8	22.60	264 370	
1.1.2.8	500103014001	复合土工膜 (两布一膜,576 g/m²)	m²	427 994	15.31	6 552 588	
	……						

4 措施项目清单计价表

合同编号:HNJ-2010/NY/SG-004

工程名称:南水北调中线一期工程总干渠陶岔—沙河南(委托建管项目)南阳段

序号	项目名称	金额(元)	备注
1	临时工程	6 139 541	
1.1	施工导流工程	851 100	总价承包
1.2	施工交通	1 769 421	总价承包
1.3	施工供电系统	1 109 520	总价承包
1.4	施工供水系统	151 000	总价承包
1.5	施工通信系统	35 000	总价承包
1.6	混凝土系统	416 000	总价承包
1.7	仓库	434 600	总价承包
1.8	办公及生活福利房屋	1 122 900	
1.8.1	监理及其他有关单位用房	42 000	总价承包
1.8.2	施工办公及生活福利房屋	1 080 900	总价承包
1.9	其他施工临时工程	250 000	总价承包
2	施工期环境保护	377 010	总价承包
3	安全与文明施工措施费	350 000	总价承包
4	质量、进度、安全、文明措施费	4 370 837	不低于分类分项工程量清单报价与措施项目费用中临时工程报价之和的2%,其中0.9%用于激励考核,发包人控制使用
5	施工期安全监测	108 500	总价承包
	合计	11 345 888	

5　其他项目清单计价表

合同编号：HNJ - 2010/NY/SG - 004

工程名称：南水北调中线一期工程总干渠陶岔—沙河南(委托建管项目)南阳段

序号	项目名称	金额(元)	备注
1	施工控制网基准点施测费	337 000	
2	施工区围挡费	1 719 611	暂定金额
	合计	2 056 611	

6　计日工项目计价表

合同编号:HNJ－2010/NY/SG－004

工程名称:南水北调中线一期工程总干渠陶岔—沙河南(委托建管项目)南阳段

序号	名称	型号规格	计量单位	单价(元)	备注
1	人工				
	工长		工时	10.80	
	高级工		工时	10.12	
	中级工		工时	8.74	
	初级工		工时	4.64	
2	材料				
	水泥	42.5	t	459.00	
	水泥	52.5	t	533.25	
	柴油	0$^\#$	t	9 450.00	
	汽油	90$^\#$	t	11 772.00	
	块石		m^3	62.10	
	碎石		m^3	60.75	
	钢筋	综合	t	5 832.00	
	密封胶		m^3	43 065.00	
	砂子	垫层用砂	m^3	70.20	
	砂子	混凝土骨料用砂	m^3	78.30	
	土工膜	两布一膜,576 g/m^2	m^2	14.31	
3	机械				
	单斗挖掘机	1.0 m^3 液压	台时	242.15	
	单斗挖掘机	2.0 m^3 液压	台时	405.68	
	装载机	3.0 m^3	台时	352.49	
	推土机	74 kW	台时	171.94	
	推土机	103 kW	台时	248.32	
	……				

7 工程单价汇总表

合同编号：HNJ－2010/NY/SG－004

工程名称：南水北调中线一期工程总干渠陶岔—沙河南（委托建管项目）南阳段

序号	项目编码	项目名称	计量单位	人工费	材料费	机械使用费	施工管理费	企业利润	其他	税金	合计
1		建筑工程									
1.1		渠道工程									
1.1.1		渠道土石方工程									
1.1.1.1	50010103001	表土清除	m³	0.09	0.20	9.93	1.10	0.79	0.02	0.39	12.53
1.1.1.2	50010103002	土方开挖	m³	0.09	0.19	9.34	1.03	0.75	0.02	0.37	11.79
1.1.1.3	50010103003	硬岩开挖	m³	1.99	9.96	22.58	5.18	2.78	0.09	1.37	43.95
1.1.1.4	50010103004	换土挖方	m³	0.09	0.40	9.90	1.12	0.81	0.02	0.40	12.73
1.1.1.5	50010300 1001	土方填筑	m³	0.60	0.22	10.53	1.22	0.88	0.03	0.43	13.91
1.1.1.6	50010300 1002	改性土换土填筑	m³	5.52	30.03	36.51	7.75	5.59	0.17	2.76	88.33
1.1.1.7	50010300 1003	非膨胀土换土填筑	m³	0.60	0.99	49.02	5.45	3.92	0.12	1.94	62.04
1.1.1.8	50010300 1004	水泥改性土填筑	m³	5.52	30.03	36.51	7.75	5.59	0.17	2.76	88.33
1.1.2		渠道衬砌工程									
1.1.2.1	50010900 1001	C20W6F150渠坡混凝土衬砌	m³	26.53	184.12	144.82	45.64	28.08	0.86	13.85	443.90
1.1.2.2	50010900 1002	C20W6F150渠底混凝土衬砌	m³	26.53	184.12	123.49	42.90	26.39	0.81	13.02	417.26
1.1.2.3	50010900 1003	C20W6F150封顶板混凝土	m³	38.40	233.89	50.96	41.50	25.53	0.78	12.59	403.66
1.1.2.4	50010900 1004	C20W6F150坡脚齿墙混凝土	m³	13.11	228.15	56.68	38.26	23.53	0.72	11.61	372.05
1.1.2.5	50010900 1005	C20W6F150下渠台阶混凝土	m³	26.29	277.19	53.04	45.78	28.16	0.86	13.89	445.20
……											

8 工程单价费(税)率汇总表

合同编号:HNJ-2010/NY/SG-004

工程名称:南水北调中线一期工程总干渠陶岔—沙河南(委托建管项目)南阳段

序号	工程类别	工程单价费(税)率(%)			备注
		施工管理费	企业利润	税金	
一	建筑工程				
1	土方工程	10.76	7	3.22	施工管理费以直接费为取费基数
2	石方工程	15.01	7	3.22	施工管理费以直接费为取费基数
3	混凝土工程	12.84	7	3.22	施工管理费以直接费为取费基数
4	模板工程	15.01	7	3.22	施工管理费以直接费为取费基数
5	钻孔灌浆及锚固工程	17.17	7	3.22	施工管理费以直接费为取费基数
6	其他工程	12.88	7	3.22	施工管理费以直接费为取费基数
二	安装工程	95	7	3.22	施工管理费以人工费为取费基数

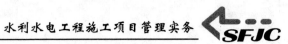

9　投标人生产电、风、水、砂石基础单价汇总表

合同编号:HNJ – 2010/NY/SG – 004

工程名称:南水北调中线一期工程总干渠陶岔—沙河南(委托建管项目)南阳段

序号	名称	规格型号	计量单位	人工费	材料费	机械使用费	合计	备注
1	电		kWh				0.75	
2	风		m³				0.13	
3	水		m³				0.53	

10 投标人生产混凝土配合比材料费表

合同编号:HNJ-2010/NY/SG-004

工程名称:南水北调中线一期工程总干渠陶岔—沙河南(委托建管项目)南阳段

序号	工程部位	混凝土强度等级	水泥强度等级	级配	水灰比	预算材料量(kg/m³)					单价	备注
						水泥	砂	石	水	外加剂		
1	建筑物垫层;植草混凝土	C10	42.5	2	0.75	210.54	882.88	1 412.77	176.55		145.55	
2	截流沟、马道路缘石	C15	42.5	1	0.65	273.30	919.53	1 252.79	200.09		163.82	
3	防护网基座	C20	42.5	1	0.60	346.04	891.51	1 265.26	200.09		187.82	
4	坡面防护、倒虹吸进出口挡墙、通信管道包封	C20	42.5	2	0.60	307.20	816.05	1 429.39	176.55		176.30	
5	渠道衬砌	C20W6F150	42.5	2	0.60	307.20	816.05	1 429.39	176.55		176.30	
6	倒虹吸进出口挡墙、管身	C25	42.5	2	0.55	340.15	790.17	1 435.62	176.55		186.68	
7	桥梁灌注桩	C25	42.5	2	0.55	342.28	690.00	1 344.00	176.55		180.95	
8	桥梁预制混凝土附属结构	C30	42.5	1	0.50	415.48	802.03	1 298.50	200.09		208.90	
9	桥梁帽梁、墩柱、台身	C30	42.5	2	0.50	364.87	753.52	1 442.89	176.55		193.87	
10	桥梁垫石	C40	42.5	1	0.50	513.17	0.50	0.75	0.20		237.00	
11	桥面铺装	C40	42.5	2	0.50	505.00	735.00	1 056.00	150.00		229.90	
12	桥梁预应力混凝土上部结构	C50	42.5	2	0.50	487.00	645.00	1 264.00	176.55		252.95	

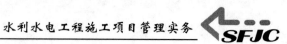

11　投标人自行采购主要材料预算价格汇总表

合同编号：HNJ – 2010/NY/SG – 004

工程名称：南水北调中线一期工程总干渠陶岔—沙河南（委托建管项目）南阳段

序号	材料名称	规格型号	计量单位	预算价格（元）	备注
1	水泥	52.5	t	395.00	
2	钢筋	综合	t	4 320.00	
3	砂子	垫层用砂	m³	52.00	
4	碎石		m³	45.00	
5	块石		m³	46.00	
6	柴油		t	7 000.00	
7	汽油		t	8 720.00	
8	水泥	42.5	t	340.00	
9	土工膜	两布一膜，576 g/m²	m²	10.60	
10	密封胶填缝		m³	31 900.00	
11	聚乙烯闭孔泡沫板	90 kg/m³	m²	17.00	
12	聚乙烯闭孔泡沫板	120 kg/m³	m²	52.00	
13	紫铜片止水	厚1 mm，宽50 cm	kg	60.00	
14	透水软管	φ250	m	38.00	
15	砂子	混凝土骨料用砂	m³	58.00	

12　投标人自备施工机械台时（班）费汇总表

合同编号：HNJ-2010/NY/SG-004
工程名称：南水北调中线一期工程总干渠陶岔—沙河南（委托建管项目）南阳段

单位：元/台时（班）

序号	机械名称	规格型号	一类费用				人工	二类费用						合计
			折旧费	维修费	安拆费	小计		柴油	电	汽油	风	水	小计	
1	单斗挖掘机	1.0 m³ 液压	35.63	25.46	2.18	63.27	11.80	104.30	0	0	0	0	116.10	179.37
2	单斗挖掘机	2.0 m³ 液压	89.06	54.68	3.56	147.3	11.80	141.40	0	0	0	0	153.20	300.50
3	装载机	3.0 m³	51.15	38.37	0	89.52	5.68	165.90	0	0	0	0	171.58	261.10
4	推土机	59 kW	10.8	13.02	0.49	24.31	10.49	58.80	0	0	0	0	69.29	93.60
5	推土机	74 kW	19	22.81	0.86	42.67	10.49	74.20	0	0	0	0	84.69	127.36
6	推土机	88 kW	26.72	29.07	1.06	56.85	10.49	88.20	0	0	0	0	98.69	155.54
7	凸块振动碾	13~14 t	74.35	33.46	0	107.81	11.80	114.10	0	0	0	0	125.90	233.71
8	凸块振动碾	20 t	84	36.01	0	120.01	11.80	127.40	0	0	0	0	139.20	259.21
9	自行式振动碾	18 t	80.13	34.35	0	114.48	11.80	104.30	0	0	0	0	116.10	230.58
10	拖式斜坡振动碾	10 t	17.27	6.91	0	24.18	0	59.50	0	0	0	0	59.50	83.68
11	蛙式打夯机	2.8 kW	0.17	1.01	0	1.18	8.74	0	1.88	0	0	0	10.62	11.80
12	刨毛机		13.73	5.89	0	19.62	10.49	51.80	0	0	0	0	62.29	81.91
13	渠道衬砌机		510.86	200.13	17.6	728.59	34.96	215.60	46.73	0	0	0	297.29	1 025.88
14	胶轮车		0.26	0.64	0	0.9	0	0	0	0	0	0	0	0.90
15	混凝土搅拌机	0.4 m³	3.29	5.34	1.07	9.7	5.68	0	6.45	0	0	0	12.13	21.83
	……													

13　工程单价计算表(1)

<u>　　　表土清除　　　</u>工程

单价编号:1.1.1.1　　　　　　　　　　　　　　　　　　　　定额单位:100 m³

施工方法:挖装、运输、自卸、空回等。

序号	名称	规格型号	计量单位	数量	单价 (元)	合价 (元)
1	直接费		元			1 022.38
1.1	人工费					9.07
	工长		工时		5.40	0.00
	高级工		工时		5.06	0.00
	中级工		工时		4.37	0.00
	初级工		工时	3.91	2.32	9.07
1.2	材料费		元			20.05
	零星材料费		元	2.00%	1 002.33	20.05
1.3	机械使用费		元			993.26
	单斗挖掘机	2.0 m³ 液压	台时	0.58	300.50	174.29
	推土机	59 kW	台时	0.29	93.60	27.14
	自卸汽车	15 t	台时	4.66	169.92	791.83
2	施工管理费		元	10.76%	1 022.38	110.01
3	企业利润		元	7.00%	1 132.39	79.27
4	其他			0.20%	1 211.66	2.42
5	税金		元	3.22%	1 214.08	39.09
	合计		元			1 253.17

13　工程单价计算表(2)

_____土方开挖_____工程

单价编号:1.1.1.2　　　　　　　　　　　　　　　　　　　定额单位:100 m³

施工方法:挖装、运输、自卸、空回等。

序号	名称	规格型号	计量单位	数量	单价 (元)	合价 (元)
1	直接费		元			961.72
1.1	人工费					9.07
	工长		工时		5.40	0.00
	高级工		工时		5.06	0.00
	中级工		工时		4.37	0.00
	初级工		工时	3.91	2.32	9.07
1.2	材料费		元			18.86
	零星材料费		元	2.00%	942.86	18.86
1.3	机械使用费		元			933.79
	单斗挖掘机	2.0 m³ 液压	台时	0.58	300.50	174.29
	推土机	59 kW	台时	0.29	93.60	27.14
	自卸汽车	15 t	台时	4.31	169.92	732.36
2	施工管理费		元	10.76%	961.72	103.48
3	企业利润		元	7.00%	1 065.20	74.56
4	其他			0.20%	1 139.76	2.28
5	税金		元	3.22%	1 142.04	36.77
	合计		元			1 178.81

14　人工费单价汇总表

合同编号:HNJ - 2010/NY/SG - 004

工程名称:南水北调中线一期工程总干渠陶岔—沙河南(委托建管项目)南阳段

序号	工种	单位	单价(元)	备注
1	工长	工时	5.40	
2	高级工	工时	5.06	
3	中级工	工时	4.37	
4	初级工	工时	2.32	

▊ 附录Ⅱ　工程项目划分

表1　水利水电枢纽工程项目划分表

工程类别	单位工程	分部工程	说明
一、拦河坝工程	（一）土质心（斜）墙土石坝	1.坝基开挖与处理	
		△2.坝基及坝肩防渗	视工程量可划分为数个分部工程
		△3.防渗心（斜）墙	视工程量可划分为数个分部工程
		＊4.坝体填筑	视工程量可划分为数个分部工程
		5.坝体排水	视工程量可划分为数个分部工程
		6.坝脚排水棱体（或贴坡排水）	视工程量可划分为数个分部工程
		7.上游坝面护坡	
		8.下游坝面护坡	1.含马道、梯步、排水沟； 2.如为混凝土面板（或预制块）和浆砌石护坡,应含排水孔及反滤层
		9.坝顶	含防浪墙、栏杆、路面、灯饰等
		10.护岸及其他	
		11.高边坡处理	视工程量可划分为数个分部工程,当工程量很大时,可单列为单位工程
		12.观测设施	含监测仪器埋设、管理房等。单独招标时,可单列为单位工程
	（二）均质土坝	1.坝基开挖与处理	
		△2.坝基及坝肩防渗	视工程量可划分为数个分部工程
		＊3.坝体填筑	视工程量可划分为数个分部工程
		4.坝体排水	视工程量可划分为数个分部工程
		5.坝脚排水棱体（或贴坡排水）	视工程量可划分为数个分部工程
		6.上游坝面护坡	
		7.下游坝面护坡	1.含马道、梯步、排水沟； 2.如为混凝土面板（或预制块）和浆砌石护坡,应含排水孔及反滤层
		8.坝顶	含防浪墙、栏杆、路面、灯饰等
		9.护岸及其他	
		10.高边坡处理	视工程量可划分为数个分部工程
		11.观测设施	含监测仪器埋设、管理房等。单独招标时,可单列为单位工程

续表1

工程类别	单位工程	分部工程	说明
一、拦河坝工程	(三)混凝土面板堆石坝	1. 坝基开挖与处理	
		△2. 趾板及周边缝止水	视工程量可划分为数个分部工程
		△3. 坝基及坝肩防渗	视工程量可划分为数个分部工程
		△4. 混凝土面板及接缝止水	视工程量可划分为数个分部工程
		5. 垫层与过渡层	
		6. 堆石体	视工程量可划分为数个分部工程
		7. 上游铺盖和盖重	
		8. 下游坝面护坡	含马道、梯步、排水沟
		9. 坝顶	含防浪墙、栏杆、路面、灯饰等
		10. 护岸及其他	
		11. 高边坡处理	视工程量可划分为数个分部工程,当工程量很大时,可单列为单位工程
		12. 观测设施	含监测仪器埋设、管理房等。单独招标时,可单列为单位工程
	(四)沥青混凝土面板(心墙)堆石坝	1. 坝基开挖与处理	视工程量可划分为数个分部工程
		△2. 坝基及坝肩防渗	视工程量可划分为数个分部工程
		△3. 沥青混凝土面板(心墙)	视工程量可划分为数个分部工程
		＊4. 坝体填筑	视工程量可划分为数个分部工程
		5. 坝体排水	
		6. 上游坝面护坡	沥青混凝土心墙土石坝有此分部工程
		7. 下游坝面护坡	含马道、梯步、排水沟
		8. 坝顶	含防浪墙、栏杆、路面、灯饰等
		9. 护岸及其他	
		10. 高边坡处理	视工程量可划分为数个分部工程,当工程量很大时,可单列为单位工程
		11. 观测设施	含监测仪器埋设、管理房等。单独招标时,可单列为单位工程

续表1

工程类别	单位工程	分部工程	说明
一、拦河坝工程	(五)复合土工膜斜(心)墙土石坝	1. 坝基开挖与处理	
		△2. 坝基及坝肩防渗	
		△3. 土工膜斜(心)墙	
		*4. 坝体填筑	视工程量可划分为数个分部工程
		5. 坝体排水	
		6. 上游坝面护坡	
		7. 下游坝面护坡	含马道、梯步、排水沟
		8. 坝顶	含防浪墙、栏杆、路面、灯饰等
		9. 护岸及其他	
		10. 高边坡处理	视工程量可划分为数个分部工程
		11. 观测设施	含监测仪器埋设、管理房等。单独招标时,可单列为单位工程
	(六)混凝土(碾压混凝土)重力坝	1. 坝基开挖与处理	
		△2. 坝基及坝肩防渗与排水	
		3. 非溢流坝段	视工程量可划分为数个分部工程
		△4. 溢流坝段	视工程量可划分为数个分部工程
		*5. 引水坝段	
		6. 厂坝联结段	
		△7. 底孔(中孔)坝段	视工程量可划分为数个分部工程
		8. 坝体接缝灌浆	
		9. 廊道及坝内交通	含灯饰、路面、梯步、挑水沟等。如为无灌浆(排水)廊道,本分部工程应为主要分部工程
		10. 坝顶	含路面、灯饰、栏杆等
		11. 消能防冲工程	视工程量可划分为数个分部工程
		12. 高边坡处理	视工程量可划分为数个分部工程,当工程量很大时,可单列为单位工程
		13. 金属结构及启闭机安装	视工程量可划分为数个分部工程
		14. 观测设施	含监测仪器埋设、管理房等。单独招标时,可单列为单位工程

续表1

工程类别	单位工程	分部工程	说明
一、拦河坝工程	（七）混凝土（碾压混凝土）拱坝	1. 坝基开挖与处理	
		△2. 坝基及坝肩防渗排水	视工程量可划分为数个分部工程
		3. 非溢流坝段	视工程量可划分为数个分部工程
		△4. 溢流坝段	
		△5. 底孔（中孔）坝段	
		6. 坝体接缝灌浆	视工程量可划分为数个分部工程
		7. 廊道	含梯步、挑水沟、灯饰等。如为无灌浆（排水）廊道，本分部工程应为主要分部工程
		8. 消能防冲	视工程量可划分为数个分部工程
		9. 坝顶	含路面、灯饰、栏杆等
		△10. 推力墩（重力墩、翼坝）	
		11. 周边缝	仅限于有周边缝拱坝
		12. 绞座	仅限于铰拱坝
		13. 高边坡处理	视工程量可划分为数个分部工程，当工程量很大时，可单列为单位工程
		14. 金属结构及启闭机安装	视工程量可划分为数个分部工程
		15. 观测设施	含监测仪器埋设、管理房等。单独招标时，可单列为单位工程
	（八）浆砌石重力坝	1. 坝基开挖与处理	
		△2. 坝基及坝肩防渗排水	视工程量可划分为数个分部工程
		3. 非溢流坝段	视工程量可划分为数个分部工程
		△4. 溢流坝段	
		＊5. 引水坝段	
		6. 厂坝联结段	
		△7. 底孔（中孔）坝段	
		8. 坝面（心墙）防渗	
		9. 廊道及坝内交通	含灯饰、路面、梯步、挑水沟等。如为无灌浆（排水）廊道，本分部工程应为主要分部工程
		10. 坝顶	含路面、灯饰、栏杆等
		11. 消能防冲工程	视工程量可划分为数个分部工程
		12. 高边坡处理	视工程量可划分为数个分部工程
		13. 金属结构及启闭机安装	
		14. 观测设施	含监测仪器埋设、管理房等。单独招标时，可单列为单位工程

续表1

工程类别	单位工程	分部工程	说明
一、拦河坝工程	(九)浆砌石拱坝	1.坝基开挖与处理	
		△2.坝基及坝肩防渗排水	
		3.非溢流坝段	视工程量可划分为数个分部工程
		△4.溢流坝段	
		△5.底孔(中孔)坝段	
		△6.坝面防渗	
		7.廊道	含灯饰、路面、梯步、挑水沟等
		8.消能防冲工程	
		9.坝顶	含路面、灯饰、栏杆等
		△10.推力墩(重力墩、翼墩)	视工程量可划分为数个分部工程
		11.高边坡处理	视工程量可划分为数个分部工程
		12.金属结构及启闭机安装	
		13.观测设施	含监测仪器埋设、管理房等。单独招标时,可单列为单位工程
	(十)橡胶坝	1.坝基开挖与处理	
		2.基础底板	
		3.边墩(岸墙)、中墩	
		4.铺盖或截渗墙、上游翼墙及护坡	
		5.消能防冲	
		△6.坝袋安装	
		△7.控制系统	含管路安装、水泵安装、空压机安装
		8.安全与观测系统	含充水坝安全溢流设备安装、排气阀安装;充气坝安全阀安装、水封管(或U形管)安装;自动塌坝装置安装;坝袋内压力观测设施安装,上下游水位观测设施安装
		9.管理房	房建工程按《建筑工程施工质量验收统一标准》(GB 50300—2001)附录B划分分项工程

续表1

工程类别	单位工程	分部工程	说明
二、泄洪工程	(一)溢洪道工程(含陡槽溢洪道、侧堰溢洪道、竖井溢洪道)	△1. 地基防渗及排水	
		2. 进水渠段	
		△3. 控制段	
		4. 泄槽段	
		5. 消能防冲段	视工程量可划分为数个分部工程
		6. 尾水段	
		7. 护坡及其他	
		8. 高边坡处理	视工程量可划分为数个分部工程
		9. 金属结构及启闭机安装	视工程量可划分为数个分部工程
	(二)泄洪隧洞(防空洞、排砂洞)	△1. 进水口或竖井(土建)	
		2. 有压洞身段	视工程量可划分为数个分部工程
		3. 无压洞身段	
		△4. 工作闸门段(土建)	
		5. 出口消能段	
		6. 尾水段	
		△7. 导流洞堵体段	
		8. 金属结构及启闭机安装	
三、枢纽工程中的引水工程	(一)坝体引水工程(含发电、灌溉、工业及生活取水口工程)	△1. 进水闸室段(土建)	
		2. 引水渠段	
		3. 厂坝联结段	
		4. 金属结构及启闭机安装	
	(二)引水隧洞及压力管道工程	△1. 进水闸室段(土建)	
		2. 洞身段	视工程量可划分为数个分部工程
		3. 调压井	
		△4. 压力管道段	
		5. 灌浆工程	含回填灌浆、固结灌浆、接缝灌浆
		6. 封堵体	长隧洞临时支洞
		7. 封堵闸	长隧洞永久支洞
		8. 金属结构及启闭机安装	

续表1

工程类别	单位工程	分部工程	说明
四、发电工程	(一)地面发电厂房工程	1. 进口段(指闸坝式)	
		2. 安装间	
		3. 主机段	土建,每台机组段为一个分部工程
		4. 尾水段	
		5. 尾水渠	
		6. 副厂房、中控室	安装工程量大时,可单列控制盘柜安装分部工程。房建工程按 GB 50300—2001 附录 B 划分分项工程
		△7. 水轮发电机组安装	以每台机组安装工程为一个分部工程
		8. 辅助设备安装	
		9. 电气设备安装	电气一次、电气二次可分列分部工程
		10. 通信系统	通信设备安装,单独招标时,可单列为单位工程
		11. 金属结构及启闭(起重)设备安装	拦污栅、进口及尾水闸门启闭机、桥式起重机可单列分部工程
		△12. 主厂房房建工程	按 GB 50300—2001 附录 B 序号 2、3、4、5、6、8 划分分项工程
		13. 厂区交通、排水及绿化	含道路、建筑小品、亭台、花坛、场坪绿化、排水沟等
	(二)地下发电厂房工程	1. 安装间	
		2. 主机段	土建,每台机组段为一个分部工程
		3. 尾水段	
		4. 尾水洞	
		5. 副厂房、中控室	安装工程量大时,可单列控制盘柜安装分部工程。房建工程按 GB 50300—2001 附录 B 划分分项工程
		6. 交通隧洞	视工程量可划分为数个分部工程
		7. 出线洞	
		8. 通风洞	
		△9. 水轮发电机组安装	以每台机组安装工程为一个分部工程
		10. 辅助设备安装	
		11. 电气设备安装	电气一次、电气二次可分列分部工程
		12. 金属结构及启闭(起重)设备安装	拦污栅、进口及尾水闸门启闭机、桥式起重机可单列分部工程
		13. 通信系统	通信设备安装,单独招标时,可单列为单位工程
		14. 砌体及装修工程	按 GB 50300—2001 附录 B 序号 2、3、4、5、6、8 划分分项工程

续表1

工程类别	单位工程	分部工程	说明
四、发电工程	(三)坝内式发电厂房工程	△1.进水口闸室段(土建)	
		2.压力管道	
		3.安装间	
		4.主机段	土建,每台机组段为一个分部工程
		5.尾水段	
		6.副厂房、中控室	安装工程量大时,可单列控制盘柜安装分部工程。房建工程按 GB 50300—2001 附录 B 划分分项工程
		△7.水轮发电机组安装	以每台机组安装工程为一个分部工程
		8.辅助设备安装	
		9.电气设备安装	电气一次、电气二次可分列分部工程
		10.通信系统	通信设备安装,单独招标时,可单列为单位工程
		11.交通廊道	含梯步、路面、灯饰工程。电梯按 GB 50300—2001 附录 B 序号 9 划分分项工程
		12.金属结构及启闭(起重)设备安装	视工程量可划分为数个分部工程
		13.砌体及装修工程	按 GB 50300—2001 附录 B 序号 2、3、4、5、6、8 划分分项工程
五、升压变电工程	地面升压变电站、地下升压变电站	1.变电站(土建)	
		2.开关站(土建)	
		3.操作控制室	房建工程按 GB 50300—2001 附录 B 划分分项工程
		△4.主变压器安装	
		5.其他电器设备安装	按设备类型划分
		6.交通洞	仅限于地下升压站
六、水闸工程	泄洪闸、冲砂闸、进水闸	1.上游联结段	
		2.地基防渗及排水	
		△3.闸室段(土建)	
		4.消能防冲段	
		5.下游联结段	
		6.交通桥(工作桥)	含栏杆、灯饰等
		7.金属结构及启闭机安装	视工程量可划分为数个分部工程
		8.闸房	按 GB 50300—2001 附录 B 划分分项工程

续表1

工程类别	单位工程	分部工程	说明
七、过鱼工程	(一)鱼闸工程	1.上鱼室	
		2.井或闸室	
		3.下鱼室	
		4.金属结构及启闭机安装	
	(二)鱼道工程	1.进口段	
		2.槽身段	
		3.出口段	
		4.金属结构及启闭机安装	
八、航运工程	(一)船闸工程	按交通部《船闸工程质量检验评定标准》(JTJ 288—93)表 2.0.2-1、表 2.0.2-2和表 2.0.2-3 划分分部工程和分项工程	
	(二)升船机工程	1.上引航道及导航建筑物	按交通部 JTJ 288—93 表 2.0.2-1、表 2.0.2-2和表 2.0.2-3 划分分项工程
		2.上闸首	按交通部 JTJ 288—93 表 2.0.2-1、表 2.0.2-2和表 2.0.2-3 划分分项工程
		3.升船机主体	含普通混凝土、混凝土预制构件制作、混凝土预制构件安装、钢构件安装、承船厢制作、承船厢安装、升船机制作、升船机安装、机电设备安装等
		4.下闸首	按交通部 JTJ 288—93 表 2.0.2-1、表 2.0.2-2和表 2.0.2-3 划分分项工程
		5.下引航道	按交通部 JTJ 288—93 表 2.0.2-1、表 2.0.2-2和表 2.0.2-3 划分分项工程
		6.金属结构及启闭机安装	按交通部 JTJ 288—93 表 2.0.2-1、表 2.0.2-2和表 2.0.2-3 划分分项工程
		7.附属设施	按交通部 JTJ 288—93 表 2.0.2-1、表 2.0.2-2和表 2.0.2-3 划分分项工程
九、交通工程	(一)永久性专用公路工程	按交通部《公路工程质量检验评定标准》(JTG F80/1～2—2004)进行项目划分	
	(二)永久性专用铁路工程	按铁道部发布的铁路工程有关规定进行项目划分	
十、管理设施		永久性辅助性生产房屋及生活用房按 GB 50300—2001 附录 B 及附录 C 进行项目划分	

注:分部工程名称前加△者为主要分部工程。加 * 者可定为主要分部工程,也可定为一般分部工程,视实际情况决定。

表2　堤防工程项目划分表

工程类别	单位工程	分部工程	说明
一、防洪堤(1、2、3、4级堤防)	(一)△堤身工程	△1. 堤基处理	
		2. 堤基防渗	
		3. 堤身防渗	
		△4. 堤身填(浇、砌)筑工程	包括碾压式土堤填筑、土料吹填筑堤、混凝土防洪墙、砌石堤等
		5. 填塘固基	
		6. 压浸平台	
		7. 堤身防护	
		8. 堤脚防护	
		9. 小型穿堤建筑物	视工程量,以一个或同类数个小型穿堤建筑物为一个分部工程
	(二)堤岸防护	1. 护脚工程	
		△2. 护坡工程	
二、交叉联结建筑物(仅限于较大建筑物)	(一)涵洞	1. 地基与基础工程	
		2. 进口段	
		△3. 洞身	视工程量可划分为一个或数个分部工程
		4. 出口段	
	(二)水闸	1. 上游联结段	
		2. 地基与基础	
		△3. 闸室(土建)	
		4. 交通桥	
		5. 消能防冲段	
		6. 下游联结段	
		7. 金属结构及启闭机安装	
	(三)公路桥	按照JTG F80/1—2004附录A进行项目划分	
	(四)公路		
三、管理设施	(一)管理设施	△1. 观测设施	单独招标时,可单列为单位工程
		2. 生产生活设施	房建工程按GB 50300—2001附录B划分分项工程
		3. 交通工程	公路按JTG F80/1~2—2004划分分项工程
		4. 通信工程	通信设备安装,单独招标时,可单列为单位工程

注:1. 单位工程名称前加△者为主要单位工程,分部工程名称前加△者为主要分部工程。

　　2. 交叉联结建筑物中的"较大建筑物"指该建筑物的工程量(投资)与防洪堤中所划分的其他单位工程的工程量(投资)接近的建筑物。

表3　引水(渠道)工程项目划分表

工程类别	单位工程	分部工程	说明
一、引(输)水河(渠)道	(一)明渠、暗渠	1.渠基开挖工程	以开挖为主。视工程量划分为数个分部工程
		2.渠基填筑工程	以填筑为主。视工程量划分为数个分部工程
		△3.渠道衬砌工程	视工程量划分为数个分部工程
		4.渠顶工程	含路面、排水沟、绿化工程、桩号及界桩埋设等
		5.高边坡处理	指渠顶以上边坡处理,视工程量划分为数个分部工程
		6.小型渠系建筑物	以同类数座建筑物为一个分部工程
二、建筑物	(一)水闸	1.上游引河段	视工程量划分为数个分部工程
		2.上游联结段	
		3.闸基开挖与处理	
		4.地基防渗及排水	
		△5.闸室段(土建)	
		6.消能防冲段	
		7.下游联结段	
		8.下游引河段	视工程量划分为数个分部工程
		9.桥梁工程	
		10.金属结构及启闭机安装	
		11.闸房	按 GB 50300—2001 附录 B 中划分分项工程
	(二)渡槽	1.基础工程	
		2.进出口段	
		△3.支承结构	视工程量划分为数个分部工程
		△4.槽身	视工程量划分为数个分部工程

续表3

工程类别	单位工程	分部工程		说明
二、建筑物	(三)隧洞	1.进口段		
		2.洞身	△1)洞身段	围岩软弱或裂隙发育时,按长度将洞身划分为数个分部工程,每个分部工程中有开挖单元及衬砌单元。洞身分部工程中对安全、功能或效益起控制作用的分部工程为主要分部工程
			2)洞身开挖	围岩质地条件较好时,按施工顺序将洞身划分为数个洞身开挖分部工程和数个洞身衬砌分部工程。洞身衬砌分部工程中对安全、功能或效益起控制作用的分部工程为主要分部工程
			△3)洞身衬砌	
		3.隧洞固结灌浆		
		△4.隧洞回填灌浆		
		5.堵头段(或封堵闸)		临时支洞为堵头段,永久支洞为封堵闸
		6.出口段		
	(四)倒虹吸工程	1.进口段		含开挖、砌(浇)筑及回填工程
		△2.管道段		含管床、管道安装、镇墩、支墩、阀井及设备安装等。视工程量可按管道长度划分为数个分部工程
		3.出口段		含开挖、砌(浇)筑及回填工程
		4.金属结构及启闭机安装		
	(五)涵洞	1.基础与地基工程		
		2.进口段		
		△3.洞身		视工程量可划分为数个分部工程
		4.出口段		
	(六)泵站	1.引渠		视工程量可划分为数个分部工程
		2.前池及进水池		
		3.地基与基础处理		
		4.主机段(土建,电机层地面以下)		以每台机组为一个分部工程
		5.检修间		按 GB 50300—2001 附录 B 中划分分项工程
		6.配电间		
		△7.泵房房建工程(电机层地面至屋顶)		

续表3

工程类别	单位工程	分部工程	说明
二、建筑物	(六)泵站	△8.主机泵设备安装	以每台机组安装为一个分部工程
		9.辅助设备安装	
		10.金属结构及启闭机安装	视工程量可划分为数个分部工程
		11.输水管道工程	视工程量可划分为数个分部工程
		12.变电站	
		13.出水池	
		14.观测设施	
		15.桥梁(检修桥、清污机桥等)	
	(七)公路桥涵(含引道)	按照JTG F80/1—2004附录A进行项目划分	
	(八)铁路桥涵	按照铁道部发布的规定进行项目划分	
	(九)防冰设施(拦冰索、排冰闸等)	按设计及施工部署进行项目划分	
三、船闸工程		按交通部JTJ 288—93表2.0.2-1、表2.0.2-2和表2.0.2-3划分分部工程和分项工程	
四、管理设施	管理处(站、点)的生产及生活用房	按GB 50300—2001附录B及附录C进行项目划分。观测设施及通信设施单独招标时,单列为单位工程	

注:1. 分部工程名称前加△者为主要分部工程。

2. 建筑物级别按《灌溉与排水工程设计规范》GB 50288—99第2章规定执行。

3. 工程量较大的4级建筑物也可划分为单位工程。

参 考 文 献

［1］中华人民共和国水利部.水利工程建设项目招标投标管理规定(水利部令第 14 号).2001.

［2］中华人民共和国水利部.水利水电工程标准施工招标文件(2009 年版).2009.

［3］中华人民共和国水利部.GB 50501—2007 水利工程工程量清单计价规范［S］.北京:中国水利水电出版社,2007.

［4］中华人民共和国水利部.SL 223—2008 水利水电建设工程验收规程［S］.北京:中国水利水电出版社,2008.

［5］中华人民共和国水利部.SL 176—2007 水利水电工程施工质量检验与评定规程［S］.北京:中国水利水电出版社,2007.

［6］中华人民共和国水利部.SL 631 ～ 637—2012 水利水电基本建设工程单元工程质量等级评定标准［S］.北京:中国水利水电出版社,2012.

［7］全国建造师执业资格编写委员会.水利水电工程管理与实务［M］.北京:中国建筑工业出版社,2018.

［8］中国水利工程协会.水利工程建设进度控制［M］.2 版.北京:中国水利水电出版社,2010.

［9］中国水利工程协会.水利工程建设质量控制［M］.2 版.北京:中国水利水电出版社,2010.

［10］中国水利工程协会.水利工程建设合同管理［M］.2 版.北京:中国水利水电出版社,2010.

［11］梁建林,等.水利水电工程造价与招投标［M］.3 版.郑州:黄河水利出版社,2015.